Eduardo Citto

INTRODUCCIÓN AL ANÁLISIS MATEMÁTICO

UNIVERSITAS

CÓRDOBA

Pasaje España 1467. Bº Nueva Córdoba. Tel.:0351 - 4680913.
Mail: editorialuniversitas@yahoo.com.ar

UNIVERSITAS
CÓRDOBA

Diseño de Tapa: Universitas
Diseño Interior: Universitas
Producción Gráfica: Universitas.

Email: editorialuniversitas@yahoo.com.ar

I.S.B.N.: 978-987-1457-54-0

Al recuerdo de mi abuelo

Francisco Bizzarri

Introducción al

Análisis Matemático

Acerca del Autor

Eduardo Citto es Ingeniero Químico egresado en 1984 de la Universidad Tecnológica Nacional FRC.

En 1986 inició su actividad docente como auxiliar en las cátedras de Química General y de Matemáticas I y II de la Facultad de Ciencias Químicas UNC y Termodinámica de la FCEFyN de la UNC.

Desde el año 1988 se ha desempeñado en las cátedras de Análisis Matemático I, II y III de la Universidad Tecnológica Nacional FRC y de la FCEFyN de la UNC.

Actualmente es profesor adjunto de Análisis Matemático III en la FCEFy N de la UNC y de Análisis Matemático I y II en la Universidad Tecnológica Nacional FRC.

Presentación

En su carácter de introductorio al Análisis Matemático, este texto es autocontenido y no requiere conocimientos previos de la materia; el primer capítulo justamente, está dedicado a los números reales y, como el resto del libro, ha sido ilustrado punto por punto con ejemplos.

El propósito es dar al alumno, destreza en el manejo de las dos operaciones fundamentales del cálculo, la derivación y la integración, la que no debe limitarse a la resolución de ejercicios, sino también a desarrollar la capacidad de comprender y describir la realidad en términos analíticos, y de algoritmos en general. Estas habilidades implican un proceso que ha de extenderse mucho más allá de este primer curso introductorio, abarcando toda la formación del estudiante que, de esta manera, irá preparándose para resolver los problemas prácticos de su futura actividad profesional.

Actualmente la enseñanza de la matemática en las distintas áreas de aplicación, está decididamente orientada a la resolución de problemas y la formulación de modelos que describan la realidad o, más propiamente, los sistemas, aquella parte de la realidad que aislamos para su estudio.

Se ha tratado de dar un mínimo de perspectiva histórica sobre la evolución de conceptos fundamentales del cálculo, como el de función, derivada e integral, que no aparecen por cierto en la historia de la ciencia, en la forma elaborada actualmente ni en el orden en que los desarrollamos.

Los contenidos temáticos tratados, suponen el desarrollo a lo largo de dos cuatrimestres y están ordenados consecutivamente según lo hacen los programas de estudio en general, lo que responde tanto a la tradición, como al hecho práctico de introducir la derivación previo a la integración. Esta secuencia tiene como finalidad proveer al alumno de más recursos de cálculo, antes de abordar el problema de la integral, y puede posponerse el estudio de la integral, pasando directamente del capítulo 6 al 8, para estudiar previamente las series.

Para facilitar una mejor comprensión de los aspectos teóricos, se han resuelto ejemplos típicos a lo largo de todo el texto. También hay un número mínimo de problemas, y no se han agregado más, para no sobrecargar el texto con abundancia de problemas aplicables a la mayoría de las áreas, pero que al estudiante orientado en un área curricular, solo le interesarán unos pocos. Esta tarea queda a cargo de los profesores, quienes agregarán otros problemas aplicativos, según los requerimientos del área, programa e institución, cuando lo consideren pertinente, juzgando el tipo y cantidad de problemas a agregar.

En cada sección, para mejorar la familiaridad con los conceptos desarrollados, se agrega un listado de ejercicios con sus soluciones y, los recursos para resolverlos, han sido previamente desarrollados en el texto con los ejemplos correspondientes.

Al final del texto, se ha agregado un apéndice con los elementos de trigonometría y finalmente, hay un breve apéndice biográfico, referido a los matemáticos mencionados a lo largo del texto, en tanto la matemática, como toda ciencia, es un conocimiento que evoluciona en el tiempo y no es independiente en su desarrollo, de los contextos históricos y sociales en que vivieron sus creadores.

E. C.

ÍNDICE

Pág.

1 NÚMEROS REALES **15**

1.1 Axiomas de Cuerpo 15

Ejercicios 1.1 17

1.2 Representación Geométrica de los Números Reales 17

Ejercicios 1.2 19

1.3 Conjuntos e intervalos acotados 19

Ejercicios 1.3 23

1.4 Axioma de Continuidad, del Supremo o de Completez 23

1.5 Módulo de un Número Real 24

Ejercicios 1.5 24

1.6. Entorno de un punto 25

Ejercicios 1.6 27

1.7 Caracterización de conjuntos de puntos 28

1.8 Complementos al capítulo 30

2 FUNCIONES REALES **35**

2.1 Relaciones y funciones 35

Ejercicios 2.1 37

2.2 Funciones 37

Ejercicios 2.2 39

2.3 Representación de funciones 40

Ejercicios 2.3 43

2.4 Simetrías de las funciones 44

Ejercicios 2.4 46

2.5 Operaciones con funciones 46

Ejercicios 2.5 49

2.6 Clasificación de funciones 49

Ejercicios 2.6 50

2.7 Función inversa 51

2.8 Conjuntos numerables 53

3 LÍMITE DE FUNCIONES **57**

3.1 El límite de una variable y el límite de una función 58

3.2 Existencia del límite 59

Ejercicios 3.2 62

3.3 Teoremas sobre límites 63

Ejercicios 3.3 72

3.4 Límites laterales 72

Ejercicios 3.4 74

3.5 Inexistencia del límite 75

3.6 El límite infinito 77

Ejercicios 3.6 79

3.7 Límites en el infinito 79

Ejercicios 3.7 82

3.8 El límite infinito en el infinito 83

Ejercicios 3.8 84

3.9 Límites indeterminados 84

Ejercicios 3.9 85

3.10 Asíntotas horizontal y vertical 85

Ejercicios 3.10 87

4 FUNCIONES CONTINUAS **89**

4.1 Continuidad 89

Ejercicios 4.1 92

4.2 Propiedades de las funciones continuas 94

Ejercicios 4.2 96

4.3 Continuidad en un conjunto 96

Ejercicios 4.3 104

4.4 Funciones crecientes y monótonas 104

5 La función derivada **107**

5.1 El problema de la tangente 107

5.2 La función derivada 109

Ejercicios 5.2 116

5.3 Fórmulas de derivación 116

Ejercicios 5.3 121

5.4 Derivada de las funciones trigonométricas 122

5.5 Derivada de la función inversa 124

Ejercicios 5.5 125

5.6 La recta tangente 125

Ejercicios 5.6 130

5.7 La diferencial 131

Tabla de derivadas 136

6 Máximos y mínimos **137**

6.1 Máximo y mínimo 137

Ejercicios 6.1 142

6.2 Funciones crecientes y cóncavas 142

Ejercicios 6.2 154

6.3 Formas indeterminadas 156

Ejercicios 6.3 161

6.4 Estudio de funciones 161

Ejercicios 6.4 172

7 La función primitiva **175**

7.1 Primitiva 175

Tabla de integrales inmediatas 179

Ejercicios 7.1 180

7.2 Interpretación geométrica 181

Ejercicios 7.2 186

7.3 Métodos de Integración 187

Ejercicios 7.3 203

8 SUCESIONES Y SERIES **205**

8.1 Sucesiones 205

8.2 Operaciones con sucesiones 206

8.3 Límite de sucesiones 208

Ejercicios 8.3 211

8.4 Convergencia de sucesiones 212

8.5 Series numéricas infinitas 217

Ejercicios 8.5 223

8.6 criterios de convergencia absoluta 224

Ejercicios 8.6 231

8.7 Sucesiones y series de funciones 233

Ejercicios 8.7 238

9 LA INTEGRAL DEFINIDA **239**

9.1 El problema del área 239

9.2 La integral de Riemann 240

Ejercicios 9.2 249

9.3 Propiedades de la integral definida 250

9.4 Tres teoremas 254

9.5 aplicaciones de la integral definida 264

Ejercicios 9.5 281

9.6 Métodos gráficos de integración 283

Ejercicios 9.6 287

9.7 La integral impropia de Riemann 288

Ejercicios 9.7 293

9.8 Complementos al capítulo 295

10 LA SERIE DE TAYLOR **303**

10.1 Obtención de la serie de Taylor 303

Ejercicios 10.1 308

10.2 Convergencia y unicidad de la serie 309

Ejercicios 10.2 312

10.3 Integración con el empleo de series 313

APÉNDICES **315**

A.1 TRIGONOMETRÍA 315

A.2 NOTAS BIOGRÁFICAS 321

A.3 BIBLIOGRAFÍA 333

ÍNDICE ALFABÉTICO **315**

1 NÚMEROS REALES

Suponemos ya alguna familiaridad con la notación de la teoría de conjuntos y con el conjunto de los números reales que designamos como R.

Recordamos que $\mathbb{R}$ puede construirse a partir del conjunto N de los números *naturales* que identificamos con el de los *enteros positivos*
}.

A partir del conjunto Z^+, obtenemos el conjunto Q^+ de los *racionales positivos*, números que se pueden expresar como el cociente o razón entre dos números del conjunto Z^+. A partir de los racionales inferimos los *irracionales* como π, $\sqrt{2}$, números que *no* se pueden expresar como el cociente de dos números *enteros*. Si reunimos los *racionales positivos* y los *irracionales positivos*, tenemos los *reales positivos* que notamos como R^+.

Si reunimos el *cero* (ver axioma 6 más adelante) con   y los *reales negativos* (ver axioma 5 más adelante) que notamos como   , tenemos el con junto R de los *números reales*. En forma más compacta: R   .

> *Damos por supuesto que existe un conjunto no vacio que designamos como R y a cuyos elementos llamamos números reales. Estos números reales, satisfacen tres grupos de axiomas.*

1.1 Axiomas de Cuerpo

Introducimos en   dos operaciones; *suma* y *producto*, que indicamos respectivamente con los signos   y . , o *más* y *por*. Estas operaciones verifican los siguientes axiomas.

1.1.1. *Axioma 1*

> Para todo x, y todo y que pertenezcan a los reales se cumple,
>
> y $x.y$ pertenecen a los reales   (*Propiedad de cierre*)

1.1.2. *Axioma 2*

> Para todo x, y todo y que pertenezcan a los reales se cumple,
>
> y   (*Propiedad conmutativa*)

1.1.3. *Axioma 3*

Para todo $x,\, y,\, z$ que pertenezcan a los reales se cumple,

$$z) = (x + y) + z \qquad x\,.\,(y\,.\,z) = (x\,.\,y)\,.\,z \qquad \text{(\textit{Propiedad asociativa})}$$

1.1.4. *Axioma 4*

Para todo $x,\, y,\, z$ que pertenezcan a los reales se cumple,

(Propiedad distributiva)

1.1.5. *Axioma 5*

Para todo x que pertenezca a los reales se cumple,

Existe $(-x)$ tal que   *(Opuesto para la suma)*

Existe   – tal que   *(Opuesto para el producto)*

1.1.6. *Axioma 6*

Para todo x que pertenezca a los reales se cumple,

Existe 0 tal que   *(Neutro para la suma)*

Existe 1 tal que   *(Neutro para el producto)*

1.1.7. *Axioma 7*

Para todo x que pertenezca a los reales se cumple: x pertenece a los reales positivos   o   es igual a cero o x pertenece a los reales negativos .

(Propiedad de tricotomía)

Este último axioma permite introducir una *relación de orden* en R: Decimos que es menor que y, y lo notamos y, si se cumple que $y - x$ pertenece a los reales positivos.

Los axiomas 1 a 6 son *axiomas de cuerpo conmutativo*, el axioma 7 es de *cuerpo ordenado* de modo que estos 7 axiomas conforman un *cuerpo ordenado y conmutativo*. El tercer grupo de axiomas, esta formado por un solo axioma, el *axioma del supremo* cuyo enunciado posponemos.

Hacemos unas breves observaciones acerca de las operaciones con desigualdades:

Si $\Rightarrow$ para todo $x,\, y,\, z$ reales

Si $\quad\Rightarrow\quad$ multiplicar por $\quad$ invierte la desigualdad

Si $\quad\Rightarrow -\quad -\quad$ la inversión invierte la desigualdad

Ejercicios 1.1

Resolver las desigualdades estableciendo el conjunto en el que se verifican.

1. $\qquad x.$ **2.** $\qquad$ 1. **3.** —— 2. **4.** —— 2. **5.** —— –

Respuestas:

1. $\quad$ 1. **2.** $\quad$ –. **3.** $\quad$ _ $\quad$ 1. **4.** $\quad$ 0. **5.** $\quad$ 0.

1.2 Representación Geométrica de los Números Reales

Es usual representar a los números reales como puntos de una recta que denominamos *recta real* o *eje real*.

Para asociar el conjunto R de los reales con la recta, elegimos un punto arbitrario y lo designamos como 0 y a la derecha de 0 elegimos otro punto para representar el 1. Queda determinada así una *escala* y, en esta representación, cuando y está a la derecha de x, se verifica que $y > x$. Siempre a la derecha está el mayor.

Figura 1.2.1

Los positivos están a la derecha de cero y los negativos a la izquierda de cero. Si $\quad < b$, entonces un punto x satisface las desigualdades $a < x < b$ si y solo si está entre a y b.

El símbolo $\quad$ indica la relación de orden *estrictamente mayor* de modo que un número positivo x, *estrictamente positivo,* es $\quad$ mientras que, el signo $\geq$ indica la relación de orden *mayor que* pero no estrictamente mayor, y un número $\quad \geq 0$, indica un número *no negativo*. De igual forma $x > y$ indica que x es estrictamente mayor que y a la vez que $x \geq y$ indica que x *no es menor* que y.

1.2.1. *Intervalos.* Si fijamos en la recta real dos puntos a y b, *el conjunto de todos los puntos que están entre a y b se denomina intervalo.*

Notación: $\{x : verifica\ P\}$ designa el conjunto de todos los números reales x que satisfacen la propiedad P.

1.2.2. *Ejemplo.* **a**. $A = \{x : 1 < x < 4\}$ designa a todos los números reales que tienen la propiedad de estar a la derecha de 1 y a la izquierda de 4.

1   4

Es necesario distinguir entre los intervalos que incluyen los puntos extremos a y b de los que no los incluyen.

b. $B = \{x : a < x < b\}$ designa a todos los números reales que son mayores que a y menores que b pero no los incluyen e indicamos esto abreviadamente como (a, b) y decimos que el intervalo (a, b) es *abierto.*

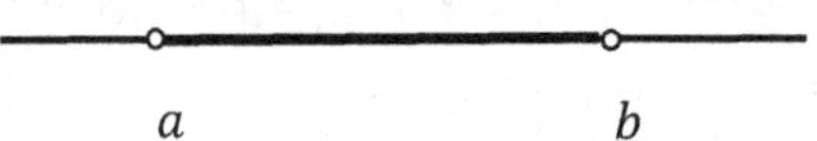

a b

c. $B = \{x : a \leq x < b\}$ designa a todos los números reales que son mayores o iguales que a y menores que b y lo indicamos abreviadamente como $[a, b)$. Decimos que el intervalo $[a, b)$ es *cerrado por la izquierda* y *abierto por la derecha.* Se usan también las expresiones *semiabierto* y *semicerrado.*

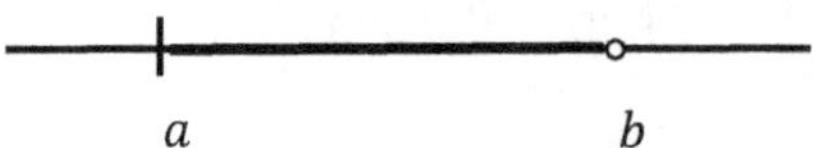

a b

d. $C = \{x : a \leq x \leq b\}$ designa a todos los números reales que son mayores o iguales que a y menores o iguales que b y lo indicamos abreviadamente como $[a, b]$. Decimos que el intervalo $[a, b]$ es *cerrado.* A lo largo del curso se verá que esta diferenciación entre intervalos abiertos y cerrados es importante.

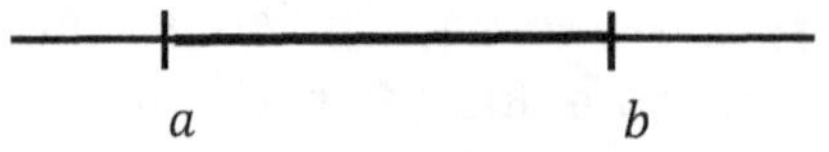

a b

1.2.3. *Longitud de un intervalo.* Designamos a la cantidad $b - a$, *longitud* de los intervalos (a, b), $[a, b)$, $(a, b]$ y $[a, b]$. La longitud de un intervalo *no cambia* por inclusión o exclusión de los puntos extremos.

Ejercicios 1.2

Representar gráficamente los conjuntos.

1. $C = \{x \in \mathrm{R}: x < -3 \land x > 2\}$. **2.** $C = \{x \in \mathrm{R}: x \leq -3 \lor x > 2\}$.

3. $C = \{x \in \mathrm{R}: x \leq 2 \underline{\lor} x > -1\}$. **4.** $C = \{x \in \mathrm{R}: x \geq -2 \lor x \leq -1\}$

5. $C = \{x \in \mathrm{R}: -6 < x \leq -2\}$

Respuestas:

1. R: -3 2 .   **2.** R: -3 2

3. R: -1 2 .   **4.** R: -2 -1

5. R: -6 -2

1.3 Conjuntos e intervalos acotados

Cualquier conjunto de puntos, cuyos elementos estén a la izquierda o derecha de un valor fijo en la recta real será un conjunto acotado por uno de sus lados. En particular nos ocuparemos de conjuntos de puntos que son a su vez intervalos, abiertos o cerrados.

1.3.1. *Definición. Cota Superior de un conjunto.* Decimos que un conjunto S es acotado superiormente, si se verifica que todos sus elementos son menores o iguales que un cierto número k. Abreviadamente: k es cota superior de S si

$$\forall x \in S : x \leq k.$$

1.3.2. *Definición. Cota Inferior de un conjunto.* Decimos que un conjunto S es acotado inferiormente, si se verifica que todos sus elementos son mayores o iguales que un cierto número m. Abreviadamente: m es cota inferior de S si

$$\forall x \in S : x \geq m.$$

1.3.3. *Ejemplo.* **a.** $B = \{x : a \leq x < b\}$ es un conjunto acotado porque todos sus elementos están comprendidos entre a y b que son respectivamente sus cotas inferior e superior. Debemos notar que en el primer caso, la cota pertenece al conjunto dado que $a \leq x$, mientras que en el segundo caso la cota no pertenece al conjunto.

Tengamos presente que para un conjunto como $A = \{x : 1 < x < 4\}$, que es el intervalo $(1, 4)$, cualquier número real mayor o igual a 4, cumple con la definición de cota superior de igual manera que cualquier número menor o igual que 1 cumple con la definición de cota inferior de modo que, un conjunto acotado superiormente posee infinitas cotas superiores de igual manera que un conjunto acotado inferiormente posee infinitas cotas inferiores. Al conjunto de todas las cotas superiores lo llamamos *conjunto mayorante* y al conjunto de todas las cotas inferiores, *conjunto minorante*.

b. $A = \{x : 1 < x < 4\}$, tiene a $M = \{x : x \geq 4\}$ como conjunto mayorante y a $L = \{x : x \leq 1\}$ como conjunto minorante.

1.3.4. *Supremo e Ínfimo de un Conjunto.* Hemos visto que si un conjunto S es acotado superiormente posee infinitas cotas, pero habrá entre todas las cotas superiores, una que es la menor de todas. A esa cota superior, la menor entre todas las cotas superiores, la llamamos *supremo* del conjunto S.

1.3.5. *Ejemplo.* **a.** $A = \{x : 1 < x < 4\}$, 4 es el supremo de A porque no existe ningún valor menor que 4 que cumpla con la definición de cota superior para el conjunto A.

Consideramos ahora todas las cotas inferiores del conjunto S, habrá entre ellas una que es la mayor, a esa cota la designamos como el *ínfimo* de S.

b. $A = \{x : 1 < x < 4\}$, 1 es el ínfimo de A porque no existe ningún valor mayor que 1 que cumpla con la definición de cota inferior para el conjunto A.

1.3.6. *Máximo y Mínimo de un Conjunto.* Cuando el supremo de un conjunto, pertenece al conjunto se denomina *máximo* del conjunto, recíprocamente, cuando el ínfimo pertenece al conjunto se denomina *mínimo* del conjunto.

1.3.7. *Ejemplo.* **a.** $S = \{x : 0 \leq x < 7\} = [0, 7)$. Las cotas 0 y 7 son respectivamente el supremo y el ínfimo de S porque 0 es la mayor cota inferior y 7 es la menor cota superior pero: 0 pertenece al conjunto y es por lo tanto el mínimo de S mientras que 7 no pertenece al conjunto en consecuencia el conjunto no posee máximo, figura 1.3.7.a. Nos detenemos aquí en una breve reflexión que se relaciona con la propiedad de *continuidad* de los números reales, establecida por el *axioma del supremo* cuyo enunciado hemos pospuesto. Debemos notar que S tiene un mínimo en cero en tanto no hay en S ningún valor menor que cero, que podemos designar como el primer elemento de S, no hay en cambio un último (o máximo) elemento de S porque entre 6 y 7 (o entre 6,9 y 7), podemos situar infinitos elementos del conjunto, siempre en orden creciente, 6,9; 6,99; 6,999; 6,9999; ... etc.

<table>
<tr><td>Figura 1.3.7.a</td><td>Figura 1.3.7.b</td></tr>
</table>

Si en cambio excluimos el punto $x = 0$ del conjunto, el nuevo conjunto $T = \{x : 0 < x < 7\}$, no posee mínimo, figura 1.3.7.b. En este conjunto siempre podemos ubicar, dentro del conjunto mismo, elementos que están a la izquierda de 0,1, por tomar una referencia y en orden decreciente podremos ordenar la sucesión 1,01; 0,001; 0,0001; ... etc. y todos estos términos de la sucesión infinita estarán a la derecha del ínfimo cero. En consecuencia no hay mínimo, el conjunto estará ordenado en sentido creciente pero no podremos establecer un *primer elemento (principio del buen orden)*.

1.3.8. *Conjuntos no acotados.* Cuando los elementos de un conjunto superan cualquier número real arbitrariamente dado, decimos que el conjunto es *no acotado superiormente*. Para este caso introducimos el símbolo ∞ (infinito), que *no* representa a ningún número real. El valor de infinito, supera a todo número real y no podemos operar con el basándonos en lo establecido en los axiomas 1 a 7.

1.3.9. *Ejemplo.* $A = \{x : 0 \le x\} = [0, \infty)$, es la semirrecta real que diverge a *mas infinito* (infinito positivo).

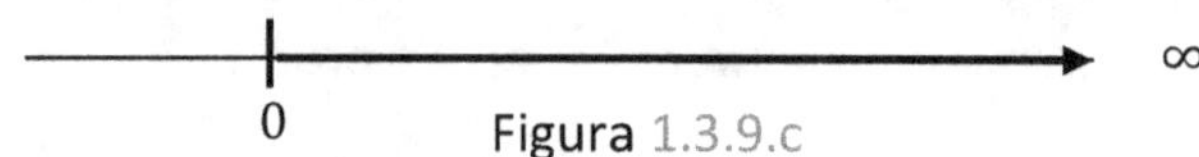

Figura 1.3.9.a

$B = \{x : x \le -5\} = (-\infty, -5]$, tiene cota por superior -5 (el máximo de B) pero no posee cota inferior.

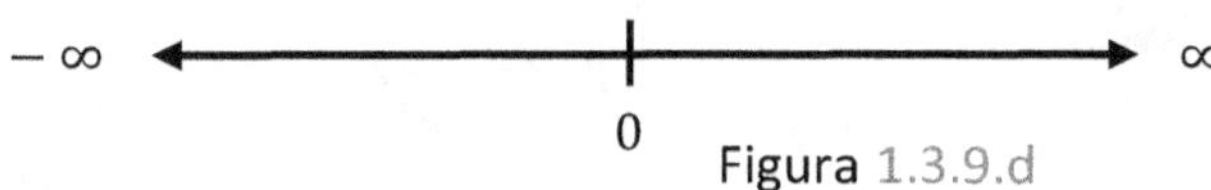

Figura 1.3.9.b

$C = (0, \infty)$, es la semirrecta real que diverge a *más infinito* (infinito positivo).

Figura 1.3.9.c

$R = (-\infty, \infty)$, es el conjunto de los reales.

Figura 1.3.9.d

Todo conjunto de números reales, es necesariamente *abierto en infinito* porque infinito *no pertenece al sistema de números reales*. Si unimos el infinito a los números reales, tenemos el conjunto R* que denominamos *conjunto ampliado de los reales*. R* = R ∪ ∞. El símbolo ∞ fue introducido por J. Wallis (1656).

1.3.10. *Definición.* El sistema ampliado de los números reales R*, es el conjunto de los números reales R, junto con los dos símbolos $+\infty$ y $-\infty$ que satisfacen las siguientes propiedades para todo número real x:

a. $\quad x + (+\infty) = +\infty \qquad x + (-\infty) = -\infty \qquad \dfrac{x}{\pm\infty} = 0$

b. $\quad x\,(+\infty) = \infty \;/\; x > 0 \qquad x\,(-\infty) = -\infty \;/\; x > 0$

$\quad x\,(+\infty) = -\infty \;/\; x < 0 \qquad x\,(-\infty) = +\infty \;/\; x < 0$

c. $\quad (+\infty)(+\infty) = (-\infty)(-\infty) = \infty$

$$(-\infty) + (-\infty) = (+\infty)(-\infty) = -\infty$$

Usaremos estas propiedades al tratar *límites*.

Ejercicios 1.3

Establecer cotas, máximo, mínimo, ínfimo y supremo para los intervalos dados.

1. $I = (-1,5]$. **2.** $I = [-3,10]$. **3.** $I = (-1,4)$. **4.** $I = (-\infty,3) \cap [-4,\infty)$

5. $I = (-\infty,1] \cup (0,10)$.

Respuestas:

1. $R \colon \nexists m, inf = -1, sup = M = 5$. **2.** $R \colon m = inf - 3, sup = M = 10$. **3.** $R \colon \nexists, inf = -1. sup = 4, \nexists M$. **4.** $R \colon m = inf = -4, sup = 3, \nexists M$. **5.** $R \colon sin\ cota\ inf, sup = 10, \nexists M$.

1.4 Axioma de Continuidad, del Supremo o de Completez

Axioma 8

> Todo conjunto no vacio de números reales acotado superiormente, admite un supremo que pertenece a los reales.

1.4.1. *Ejemplo.* Consideremos el conjunto A de todos los números racionales, esto es, que pueden expresarse como cociente de dos números que son enteros y menores que $\sqrt{2}$, este conjunto es evidentemente no vacio (el 1 por ejemplo, está en este conjunto) y tiene cota una superior que es justamente $\sqrt{2}$, pero $\sqrt{2}$ no pertenece al conjunto Q de los números racionales ya que no hay ningún par de enteros m y n tales que $\sqrt{2} = m/n$. Entonces; $A = \{x \colon x \in Q\ y\ x < \sqrt{2}\}$ *no posee un supremo* (menor cota superior) que pertenezca a los racionales, el conjunto posee infinitos elementos, números racionales menores que la cota superior $\sqrt{2} = 1{,}414 \ldots$ sin que podamos encontrar un elemento al que podamos asignar como supremo de A. El supremo es $\sqrt{2}$ y no pertenece a Q. En cambio el conjunto $B = \{x \colon x \in R\ y\ x < \sqrt{2}\}$, posee un supremo que pertenece a R y es justamente $\sqrt{2}$.

1.5 Módulo de un Número Real

Para todo número real x, definimos el módulo de x y lo notamos como $|x|$, de forma tal que $|x| = x \ si \ x \geq 0$ y $|x| = - \ x \ si \ x \leq 0$.

1.5.1. *Ejemplo.* $|3| = 3$ ya que $3 \geq 0$ y $|-3| = -(-3) = 3$ ya que $-3 \leq 0$.

En otras palabras, el módulo de un número es el mismo número con signo positivo y $|0| = 0$, en todo otro caso, *el módulo siempre es positivo*. También puede definirse módulo de un número real como; $|x| = +\sqrt{x^2}$.

1.5.2. *Propiedades del Módulo.* Enumeramos sin demostración las siguientes propiedades del módulo:

1. $|x| > 0, \forall \, x \neq 0$

2. $|x| = |-x|$

3. $-|x| \leq x \leq |x|$

4. $|x.y| = |x|.|y|$

5. $\forall \, k > 0 : |x| \leq k \Leftrightarrow - k \leq x \leq k$

6. $\forall \, k > 0 : |x| \geq k \Leftrightarrow x \leq - k \ o \ x \geq k$

   Notar que no se verifican simultáneamente las dos proposiciones en tanto son contradictorias (ver axioma 7)

7. $|x + y| \leq |x| + |y|$ (*desigualdad triangular*).

8. $|x - y| \geq |x| - |y|$

Ejercicios 1.5

Graficar los siguientes conjunto en la recta R.

1. $C = \{x : |x| \leq 3\}$. **2.** $C = \{x : |x| > 1\}$. **3.** $C = \{x : |x - 1| < 2\}$.

4. $C = \{x : |x - 2| > 0\}$. **5.** $C = \{x : |x + 2| \geq 4\}$

Respuestas:

1. R: 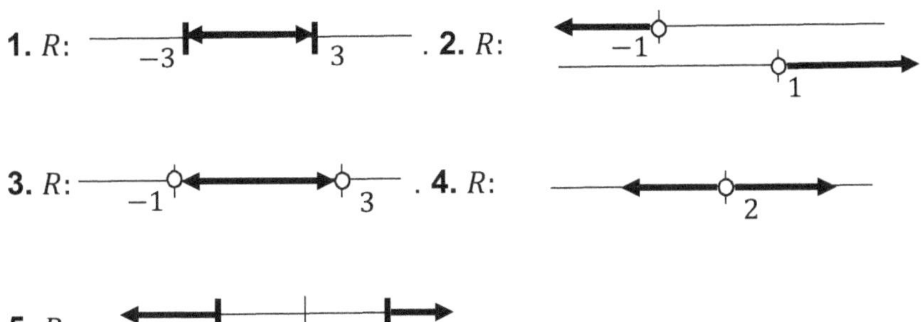 . **2.** R:

3. R: . **4.** R:

5. R:

1.6. Entorno de un punto

Un entorno de un punto a de la recta real, es un intervalo abierto que contiene al punto a. Para mayor precisión: Sea a un punto de la recta real y h un número positivo (en general un número pequeño), definimos el entorno del punto a de radio h, como el conjunto de todos los puntos que están a una distancia de a menor que h y lo notamos como

$$E(a,h) = \{x : a - h < x < a + h\}$$

y lo leemos como; *Entorno de centro a y radio h es igual al conjunto de los x tales que son mayores que a– h y menores que a + h.* Gráficamente

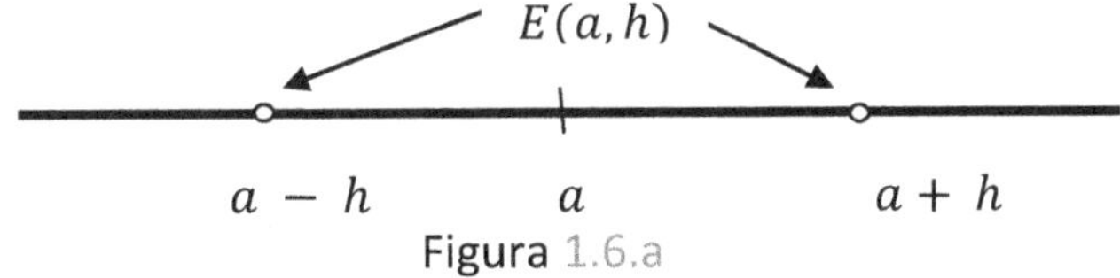

Figura 1.6.a

se puede aun con más generalidad, definir dos radios h_1 y h_2 para el entorno

$$E(a, h_1, h_2) = \{x : a - h_1 < x < a + h_2\}$$

Figura 1.6.b

Por simplicidad, siempre usaremos entornos simétricos tales que $h_1 = h_2 = h$. Usando las propiedades de módulo, se puede escribir en forma mas compacta

$$E(a,h) = \{x : |x - a| < h\}$$

1.6.1. *Entorno reducido.* Si del entorno $E(a,h)$ excluimos el punto a, tenemos un entorno reducido de a, $E'(a,h)$ donde hemos agregado una tilde para indicar que es un entorno reducido de a.

$$E'(a,h) = \{x : a - h < x < a + h \text{ y } x \neq a\}$$

o en forma más compacta

$$E'(a,h) = \{x : 0 < |x - a| < h\}$$

Se usan otras notaciones como $E_h(a)$ y es frecuente designar a un entorno de a, como una *vecindad* de a.

La salvedad $|x - a| > 0$ que hemos introducido, indica que x nunca toma el valor de a, por eso la distancia entre x y a que indicamos como $|x - a|$, es siempre mayor que cero.

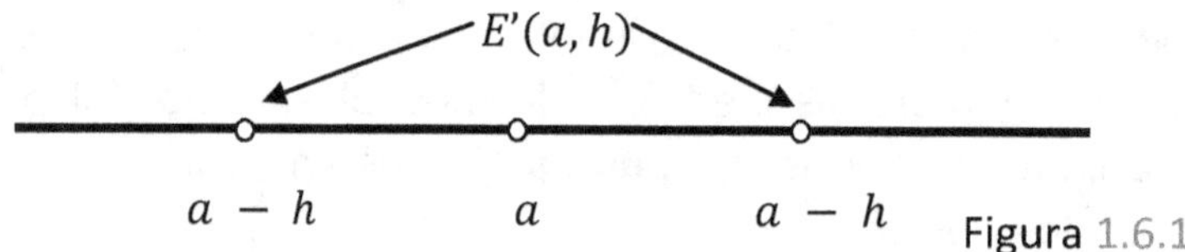

Figura 1.6.1

1.6.2. *Punto interior.* Un punto a es *interior* a un conjunto C si existe un entorno de a, totalmente incluido en C.

$$a \text{ es interior a } C \;/\; \exists \; E(a,h) \subset C$$

1.6.3 *Punto exterior.* Un punto a es *exterior* a un conjunto C si existe un entorno de a que no contiene puntos de C o bien, la intersección de un entorno de a con C es vacía.

$$a \text{ es exterior a } C \;/\; \exists \; E(a,h) \cap C = \varnothing$$

1.6.4. *Punto Frontera.* Un punto a de un conjunto C es un *punto frontera* si todo entorno de a contiene puntos interiores y puntos exteriores de C.

1.6.5. *Punto de acumulación.* Un punto a de un conjunto C es un *punto de acumulación* o *punto límite* de C, si todo entorno reducido de a contiene puntos de

C. Consideramos un entorno reducido, para excluir el caso trivial en que el único punto es a.

$$a \text{ es punto de acumulación de } C \; / \; \forall \; E'(a,h) \cap C \neq \varnothing$$

1.6.6. *Ejemplo*. **a.** Consideremos $C = \{x : -1 \leq x < 2\}$, todos los puntos de C son puntos de acumulación porque tan cerca como se quiera de cualquier x que esté en C, hay otros puntos que también están en C. Como casos particulares examinaremos los puntos extremos $x = -1$ y $x = 2$. El extremo izquierdo $x = -1$, es punto de acumulación, pertenece al conjunto y es *punto frontera* ya que cualquier entorno o vecindad de $x = -1$ con radio arbitrariamente pequeño, incluirá puntos que son de C situados a la derecha de $x = -1$ y puntos exteriores a C situados a la izquierda de $x = -1$. **b.** El conjunto de los números naturales, $N = \{1, 2, 3, ..., n, ...\}$, no posee puntos de acumulación en la recta real. Para comprobarlo, basta tomar en torno a cualquiera de sus elementos una vecindad de radio $h < 1$ como $E(n, \frac{1}{2})$. Decimos en este caso que los puntos del conjunto son *aislados*, esto es; para cada uno de ellos existe un entorno reducido que no contiene puntos del conjunto. **c.** El conjunto $M = \left\{ x : x = \frac{1}{n} \right\}$ y $n \in N$, $M = \{1, \frac{1}{2}, \frac{1}{3}, ..., \frac{1}{n}, ...\}$ posee un solo punto de acumulación en $x = 0$.

Ejercicios 1.6

Establecer cuales son los puntos de acumulación y cuales son los puntos aislados.

1. $C = \{x : x \in N\}$. **2.** $C = \{x : x \in Z \land |x - 2| < 3\}$. **3.** $C = \{x : x \in Q \land |x - 2| < 3\}$

4. $C = \{x : x \in R - 2 < x \leq 1 \lor x = 3\}$. **5.** $C = \{x : x \in Q \land x = \frac{1}{n}\}$

Respuestas:

1. R: solo hay ptos. aislados. **2.** R: solo hay ptos. aislados.

3. R: todos sus punto mas la frontera. **4.** R: $x = 3$ es el único punto aislado.

5. R: $x = 0$ es el único punto de acumulación.

1.7 Caracterización de conjuntos de puntos

1.7.1. *Conjunto*: Entendemos por conjunto, toda reunión de objetos (reales o abstractos) que son los *elementos* del conjunto. Identificamos los conjuntos con letras mayúsculas como A, B, C, etc. y los elementos los designamos con las minúsculas a, b, c. Nos interesan en particular, los *conjuntos de números* o *puntos* de la recta real y designamos el conjunto de los números reales con R, los naturales con N, los enteros con Z y los racionales con Q. Debemos contar por cierto con una ley o regla que nos permita decidir que elementos pertenecen al conjunto y cuales no. Cuando un elemento x pertenece a un conjunto C, lo indicamos como $x \in C$ y cuando no pertenece al conjunto lo indicamos como $x \notin C$.

1.7.2. *El conjunto Vacio*: Debemos considerar el conjunto carente de elementos, que no contiene elemento alguno dentro del, decimos entonces que el conjunto es *vacio* y como todos los conjuntos vacios son iguales, los designamos como el conjunto vacio que notamos como $\emptyset$.

1.7.3. *Conjuntos iguales*: Dos conjuntos A y B son iguales cuando están formados por los mismos elementos. Lo indicamos como $A = B$.

1.7.4. *Subconjunto*: Un conjunto S es subconjunto de otro C, cuando S es una parte de C o bien, sus elementos son todos elementos de C y lo indicamos como $S \subset C$ o $C \supset S$. También decimos que S *está incluido* en C o que C *incluye* a S. En la relación de inclusión, contemplamos $C \supset C$ y el caso $S \supset C \wedge C \supset S \Rightarrow S = C$.

1.7.5. *Conjunto finito*: Posee un número finito de elementos.

1.7.6. *Intersección*: La intersección de dos conjuntos A y B, la indicamos como $A \cap B$ y es el conjunto formado por los elementos que pertenece a A y B, cosa que indicamos con $A \cap B = \{x : x \in A \wedge x \in B\}$. También contemplamos la intersección de mas de dos conjuntos $I = A \cap B \cap C$ y con mas generalidad la *intersección finita* $I = \bigcap_1^n A_j$ y *la intersección infinita* de conjuntos $I = \bigcap_1^\infty A_j$.

1.7.7. *Conjuntos disjuntos*: Si dos conjuntos A y B no tienen elementos comunes, decimos que su intersección es vacía y lo indicamos como $A \cap B = \varnothing$.

1.7.8. *Reunión*: La reunión de dos conjuntos A y B, es la agrupación de los elementos de A con los de B, incluyendo los elementos comunes a ambos conjuntos. Esta operación la indicamos como $A \cup B = \{x: x \in A \lor x \in B\}$. También contemplamos la unión de mas de dos conjuntos $I = A \cup B \cup C$, y con mas generalidad la *unión finita* $I = \bigcup_1^n A_j$ y *la unión infinita* de conjuntos $I = \bigcup_1^\infty A_j$.

1.7.9. *Complemento de un conjunto*: El complemento de un conjunto S esta formado por los elementos que no pertenecen a S y lo indicamos como S^c. Queda claro que S^c no está determinado si no se especifica la totalidad de los elementos considerados. Un subconjunto de la recta real, tal como un intervalo por ejemplo, tendrá un complemento respecto de la recta real y otro respecto del plano. Entonces; Si $S \subset A \Rightarrow S \cup S^c = A$ y $S^c = A - S$ o $S^c = A \backslash S$.

1.7.10. *Distancia*: Definimos como $|a - b|$ la distancia entre dos puntos a y b de la recta real. Este concepto nos permite dar mas precisión a las expresiones *arbitrariamente próximo, tan próximo como se quiera, suficientemente próximo*. Así, x suficientemente próximo a a significa $|x - a| < \varepsilon$ con $\varepsilon > 0$.

1.7.11. *Teorema de Bolzano-Weierstrass. Si un conjunto acotado posee infinitos puntos, tiene por lo menos un punto de acumulación.*

Demostración: Procedemos por el método de la bisección: Sea I el conjunto acotado que contiene infinitos puntos y cuyos extremos son a y b. La longitud de I es $b - a$. Dividimos I en dos partes iguales, una de las cuales al menos, deberá contener infinitos puntos. Identificamos el semiintervalo de I que contiene infinitos puntos como I_1 y comprobamos que su longitud es $\frac{b-a}{2}$. Procedemos de igual manera con I_1 bisecándolo para obtener de el otro semiintervalo que contenga infinitos puntos y lo identificamos como I_2 y comprobamos que su longitud es $\frac{b-a}{4}$. Una consecutiva bisección nos dará I_3 de longitud $\frac{b-a}{8}$. Continuando con el mismo procedimiento, obtendremos I_n de longitud $\frac{b-a}{2^n}$, digamos "muy pequeña". Podemos entonces incrementar n de forma que $\frac{b-a}{2^n} < h$ con h arbitrariamente pequeño y todavía contendrá infinitos puntos por la forma en que se eligieron los intervalos y, para cualquier a que esté en I_n podremos encontrar un entorno reducido de a que posee un punto de I_n distinto de a.

1.8 Complementos al capítulo

1.8.1. *El conjunto* $Z^+ = \{1, 2, 3, ..., n, ...\}$ *de los enteros positivos, no es acotado.*

En efecto, si k es una cota superior de Z^+, existe un $a = sup\ Z^+$ tal que $a - 1 < n$ para algún n de Z^+. Esto significa que $n + 1 > a$ para este n y se contradice el hecho de ser $a = sup\ Z^+$ ya que $(n + 1) \in Z^+$.

Consecuencia: El conjunto R de los números reales, *no es acotado*. Si R fuera acotado, existiría un x que pertenece a R que acota a Z^+.

1.8.2. *Propiedad arquimediana. Todo segmento de longitud* y, *puede ser recubierto por aplicación sucesiva de otro segmento menor, de longitud* x. *Esto es: Si* $x > 0$ *y si* y *es un número real arbitrario, existe un entero positivo* n, *tal que* $n\,x > y$.

Prueba: Ya que para todo x real hay un n entero tal que $n > x$, sustituimos x por $\frac{y}{x}$ y obtenemos $n > \frac{y}{x}$ de donde se deduce $n\,x > \frac{y}{x}$ ♦

1.8.3. *Teorema de densidad. I)* Para todo par de números reales $x < y$, existe un número racional q, tal que $x < q < y$. *II)* Para todo par de números reales x e y, existe un número irracional q, tal que $x < q < y$.

Prueba I: Sin perdida de generalidad, podemos suponer $x > 0$. Por la propiedad arquimediana, hay un n entero tal que $n > \frac{1}{y-x}$, de donde obtenemos $n(y - x) > 1$ o bien $n\,y - n\,x > 1$. La última expresión significa que la distancia entre nx y ny es mayor que uno, por lo tanto entre nx y ny hay un entero m por lo que podemos escribir $n\,y < m < n\,x$ y dividiendo por n, tenemos $x < \frac{m}{n} < y$. Haciendo $\frac{m}{n} = q$, se tiene la tesis. Como consecuencia, se tiene que: *Entre dos números reales, siempre hay un racional.*

Prueba II: Hemos probado ya que entre dos números reales x e y siempre hay un número racional q, esto es: $x < q < y$. Si sustituimos x e y por $\sqrt{2}\,x$ y $\sqrt{2}\,y$, obtenemos $\sqrt{2}\,x < q < \sqrt{2}\,y$. Dividiendo por $\sqrt{2}$, se tiene $x < \frac{q}{\sqrt{2}} < y$ o bien $x < \frac{q\sqrt{2}}{2} < y$ que prueba la tesis $\blacklozenge$

1.8.4. *Intervalos anidados*. Dada una sucesión de intervalos $I_1 = (a_1, b_1)$, $I_2 = (a_2, b_2)$, $I_3 = (a_3, b_3), \ldots$ se dice que están anidados, si cada uno de ellos está incluido en el anterior, esto es

$$I_1 \supset I_2 \supset I_3 \supset \ldots \supset I_n \supset I_{n+1} \supset \ldots$$

1.8.5. *Ejemplo*. La sucesión de intervalos $I_n = \left(2 - \frac{1}{n}, 3 + \frac{1}{n}\right)$, $n = 1, 2, 3, \ldots$ está anidada; $I_1 = (1,4)$, $I_2 = \left(2 - \frac{1}{2}, 3 + \frac{1}{2}\right)$, $I_3 = \left(2 - \frac{1}{3}, 3 + \frac{1}{3}\right)$, $I_4 = \left(2 - \frac{1}{4}, 3 + \frac{1}{4}\right), \ldots$ figura 1.8.5.

Figura 1.8.5

1.8.6. *Teorema. De los intervalos anidados*. Si $I_n = (a_n, b_n), n = 1, 2, 3, \ldots$ es una sucesión anidada de intervalos cerrados y acotados, entonces existe un número $\gamma \in \mathbb{R}$ tal que $\gamma \in I_n \ \forall n$. En otras palabras, hay un punto común a todos los intervalos.

Demostración. Debemos probar que se mantiene $a_n \leq \gamma \leq b_n \ \forall n$, o sea, que γ está dentro de cualquiera de los intervalos, para ello observamos que siempre se cumple que $a_n \leq b_n$ porque a_n es el extremo izquierdo y b_n el extremo derecho de cada I_n, además, $I_1 \supset I_n$ cualquiera sea el n porque los intervalos son anidados, esto hace que el conjunto $\{a_n\} \neq \emptyset$, sea acotado y por lo tanto tiene un supremo al que llamamos γ. A continuación, probaremos que γ es ínfimo de $\{b_n\}$; esto lo probamos mostrando que $a_n \leq b_m \ \forall m, n \in \mathbb{N}$ o sea, que todos los a_n son menores que cualquier b_m.

Supongamos que $n < m$, entonces $I_n \supset I_m$ y $a_m < b_m < b_n$.

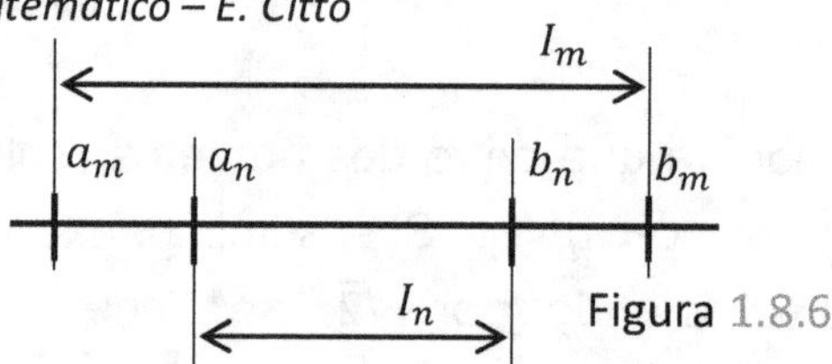

Figura 1.8.6

Si en cambio $n > m$, entonces $I_m \supset I_n$ y $a_m < a_n < b_n$ por lo que está probado que $a_n \le b_m$ $\forall m, n \in$ N. esto último implica que b_n es *una* cota superior del conjunto $\{a_n\}$ y por lo tanto $a_n \le \gamma \le b_n$ $\forall n$, con lo que queda probado que γ pertenece a todos los I_n ♦

1.8.7. *Definición. Recubrimiento de un conjunto*. Una colección o *familia* $F = \{A_1, A_2, ..., A_n, ...\}$ de conjuntos, es una cubierta de un conjunto C, si $C \subset \bigcup_{j=1}^{\infty} A_j$ donde el operador $\bigcup_{j=1}^{\infty}$ indica la reunión infinita de conjuntos A_j pertenecientes a la familia F. Si los A_j son conjuntos abiertos, la cubierta se denomina *abierta*. Si F' es una subcolección de conjuntos de F de modo tal que $F' \subset F$ y también recubre a C, decimos que F es una *subcubierta* de F. En particular, si F' consta de un número finito de conjuntos decimos que es una *subcubierta finita*.

1.8.8. *Ejemplo*. **a.** La colección de todos los intervalos de la forma $\left(\frac{1}{n}, \frac{2}{n}\right)$, $n = 2,3,4, ...$ es un recubrimiento abierto del intervalo $(0,1)$ y este cubrimiento es numerable. También es un cubrimiento de $(0,1)$, la colección de intervalos $[0, x)$ con $0 < x < 3$ pero este cubrimiento, no es numerable.

b. La recta R queda cubierta por todos los intervalos de la forma (a, b), este cubrimiento, no es numerable pero se puede extraer de el, un *subrecubrimiento* o *subcubierta* de R de la forma $(n - 1, n + 1)$ con $n \in$ Z, que está incluido en el primero y es numerable.

c. La colección de conjuntos $F := (1/n, 4)$ es un cubrimiento abierto y numerable de $(0,3]$ del que no se puede ningún subrecubrimiento finito de $(0,3]$. Cualquiera sea el n de $(1/n, 4)$, habrá un $x \in (0,3]$ tal que $x < \frac{1}{n}$ y queda fuera del cubrimiento.

1.8.9. *Teorema de Heine-Borel*. Sea un conjunto I, *cerrado y acotado*, y sea $F = \{F_\alpha\}$ una colección de conjuntos abiertos que cubren I, entonces I está contenido en alguna subcolección F' de F que es finita.

Demostración: Probaremos por contradicción el teorema suponiendo que en el conjunto $I = [a, b]$ hay al menos un punto que no está dentro de alguno de los intervalos abiertos que forman el recubrimiento de I.

Sea entonces $F = \{F_\alpha\}$ una colección de intervalos abiertos que recubre $I = [a, b]$ y supongamos que en I hay puntos que no quedan dentro de la reunión de un número finito de conjuntos F_α. Dividamos entonces justo por su medio I y formemos dos intervalos $I'_1 = [a, \frac{a+b}{2}]$ y $I''_1 = [\frac{a+b}{2}, b]$; en uno de los dos hay por lo menos un punto que no está dentro de algún F_α, a ese intervalo lo designamos I_1 y lo bisecamos de la misma forma que a I para obtener dos intervalos I'_2, I''_2 y en uno de ellos deberá estar el punto que tratamos de localizar, a ese intervalo lo designamos I_2 y, continuando con el proceso de bisección y elección, tendremos finalmente un intervalo I_n cuya longitud es $\frac{b-a}{2^n}$ y en cuyo interior habrá un punto z que, según suponemos, queda fuera de todo F_α para un α finito.

La sucesión $I_1, I_2, \ldots, I_n$ es una sucesión de intervalos anidados $I_1 \supset I_2 \supset \ldots \supset I_n$ y como se vio en 1.8.6 el punto z pertenece a todos los I_n y es punto de acumulación de I porque todos los $I_1, I_2, \ldots, I_n$ contienen puntos de I y además podemos elegir n tan grande como sea necesario para que la longitud de I_n, sea $\frac{b-a}{2^n} < \varepsilon$ entonces, podemos probar que el punto z, que está dentro de I_n, debe quedar, contrariamente a lo que supusimos, dentro de algún F_α para algún α finito figura 1.8.9, porque si F_α es de la forma $F_\alpha = (z - \varepsilon, z + \varepsilon)$, debe contener a I_n cuya longitud es $\frac{b-a}{2^n} < \varepsilon$ y esto prueba que la suposición de que en I pueda haber puntos que no queden comprendidos dentro de una reunión finita de conjuntos F_α es incorrecta ♦

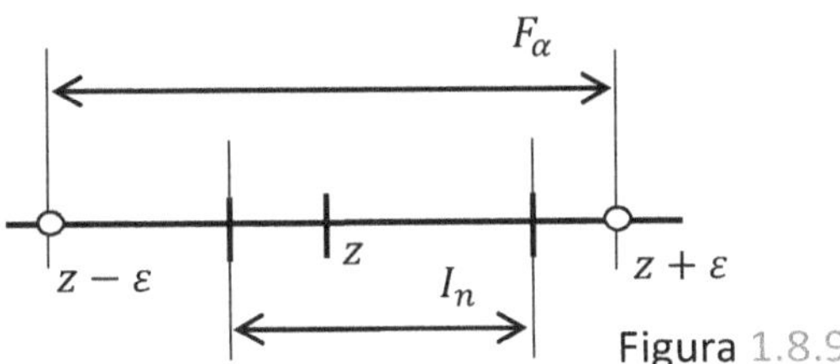

Figura 1.8.9

1.8.10. *Ejemplo.* **a.** La colección de intervalos abiertos $F = \{(0 + \frac{1}{n}, 2) : n \in \mathbb{N}\}$, cubre al intervalo $I = (0,1)$ pero debemos tomar infinitos conjuntos de F para cubrir el abierto $(0,1)$. **b.** El conjunto $C = \{\frac{1}{n} : n \in \mathbb{N}\}$ tiene un cubrimiento de la forma $F = \{(\frac{1}{x}, 2) : x \in \mathbb{R}^+\}$ pero no se puede extraer de el ningún recubrimiento finito porque para cualquier $x \in \mathbb{R}^+$, podemos seleccionar un número natural $n > x$ como lo garantiza la propiedad arquimediana 1.10.2 y entonces $\frac{1}{n} < \frac{1}{x}$ pero para todo n, habrá un $\frac{1}{m} < \frac{1}{n}$ que no queda cubierto. **c.** El conjunto N tiene una cubierta $F = \{\left(n - \frac{1}{n}, n + \frac{1}{n}\right) : n \in \mathrm{N}\}$ pero, al no ser N acotado, no se puede extraer de F una subcubierta finita.

2 FUNCIONES REALES

La idea de relacionar cosas o hechos, ha de tener un origen ciertamente difícil de rastrear, pero en Babilonia (2000 a. C.) ya se construían tablas de cuadrados y cubos de números naturales, que asociaban a cada número, su cuadrado y su cubo, hoy decimos que esas tablas definen funciones de N en N. Mucho más adelante en el tiempo, C. TOLOMEO (S. II) llevó adelante el cómputo de cuerdas de arco, o sea funciones trigonométricas pero, el concepto de función, es posterior al origen del Cálculo.

Hacia 1750, L. EULER dió una definición de función, como *cantidad variable* que depende de una *cantidad variable,* pero no separó las ideas de función y su representación. Hasta J. FOURIER (1758-1830) la idea de función permaneció ligada a la de función analítica y continua.

Retomando ideas de FOURIER, P. DIRICHLET (1837) dio la definición moderna de función y exhibió una función discontinua en todos sus puntos. A E. GOURSAT (1923) se debe la versión que está en casi todos los textos.

2.1 Relaciones y funciones

Establecer una *relación* entre dos objetos, es establecer alguna *conexión* o *correspondencia* entre esos objetos. Cuando decimos $x < y$, estamos establecien do una relación de orden, en la que aseguramos que x es menor que y. Los objetos de una relación pueden ser del más diverso tipo, según el propósito de la relación. En nuestro caso, los objetos de relación serán números o conjuntos de números. La conexión o correspondencia entre esos conjuntos, la estableceremos con una *ley de asignación,* que pone en *relación* o *correspondencia* los elementos de ambos conjuntos, *asignando* a los elementos de uno de ellos, elementos del otro.

2.1.1. *Definición*. Relación R es todo conjunto de pares ordenados (x, y). Los pares ordenados (x, y) son dos elementos puestos en un orden preestablecido. En nuestro caso, el primer elemento, designa genéricamente a un elemento x (un número) del primer conjunto o *conjunto de partida* y el segundo elemento y, representa un elemento genérico (un número) del *conjunto de llegada*, que la relación R *asigna* a x. Al conjunto de partida lo llamamos *dominio* de la relación R

y lo designamos como D_R y al conjunto de las y, que están en el conjunto de llegada lo llamamos *recorrido* de la relación y lo designamos con R_R.

2.1.2. *Variables*. A los elementos de los conjuntos de la relación, los identificamos genéricamente con x e y como en 2.1.1. En tanto x como y podrán asumir distintos valores, las designamos como *variables*.

2.1.3. *Representación de las relaciones.* Representamos las relaciones, como conjuntos de pares ordenados del *plano cartesiano,* plano que definimos con dos rectas reales R o *ejes cartesianos*. También nos podemos referir a este plano como $R^2 = R \times R$. Dispondremos los dos ejes en forma *ortogonal* o perpendiculares entre si, ubicando en forma horizontal el eje de las x como ya lo hicimos al representar R en la recta real y en forma vertical el eje de las y. La intersección de los ejes, el punto o par $(0,0)$, es el *origen del sistema*, mantenemos para las x como sentido creciente el de izquierda a derecha ya establecido al tratar la recta R. A las y les asignamos el *sentido positivo* o creciente al que va de abajo hacia arriba. La elección de la representación cartesiana es arbitraria y la preferimos a otra por simple conveniencia a nuestros fines.

2.1.4. *Ejemplo.* **a.** $x < y$; tenemos una relación de orden, ya conocida desde el capítulo de números reales que asigna a cada x real, todos los y reales mayores que x. La aclaración de ser reales, la obviaremos en adelante ya que se da por descontado que tratamos con relaciones de números reales. El dominio de la relación D_R, es el conjunto de todas las x que pertenecen a los reales o simplemente, los reales. El recorrido de la relación R_R, es el conjunto de todas las y mayores que x, por lo que comprende todo el semiplano sobre la recta $y = x$. $D_R = \{x \in R\}$, $R_R = \{y > x\}$, figura 2.1.4.a

b. $xy > 1 \wedge x > 0$; a cada x mayor que cero se le asigna un y tal que multiplicado por x da un valor mayor que uno. El dominio de R son los reales mayores que cero. El recorrido de R es el conjunto de todas las y tales que estas y, son mayores que $1/x$. $D_R = R^{>0}$, $R_R = \{y: y > \frac{1}{x}\}$. También podríamos describir D_R y R_R como: $D_R = R_R = (0, \infty) = R^+$, los reales positivos, figura 2.1.4.b.

c. $x^2 + y^2 = 1$; es la conocida ecuación de la circunferencia que asigna a cada $-1 < x < 1$ dos valores $\pm\sqrt{1 - y^2}$. El dominio de R es el intervalo cerrado $[-1, 1]$. El recorrido de R es el intervalo cerrado $[-1, 1]$. $D_R = [-1, 1]$, $R_R = [-1, 1]$.

También podríamos describir D_R y R_R como $D_R = R_R = \{x: -1 \leq x \leq 1\}$, figura 2.1.4.c.

d. $y \geq x \wedge x = 1$; asigna a un solo valor, uno en el conjunto de partida, todos los y mayores o iguales que uno. El dominio de R es conjunto que tiene a 1 por único elemento. El recorrido de R, son los reales mayores o iguales a 1. $D_R = \{1\}$, $R_R = \{y/\, y \geq 1\}$, cosa que también podríamos expresar como $D_R = [1]$, $R_R = [1, \infty)$, figura 2.1.4.d.

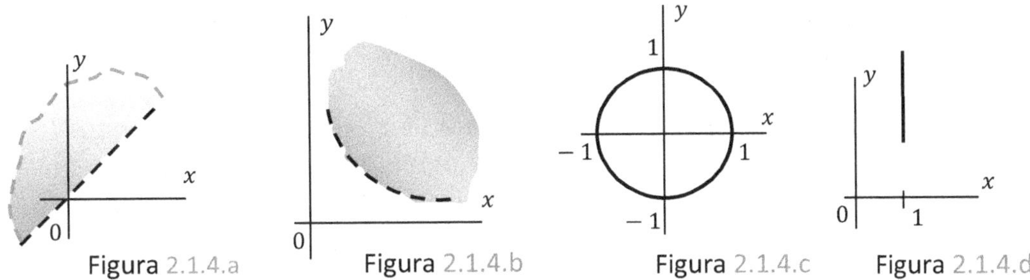

Figura 2.1.4.a   Figura 2.1.4.b   Figura 2.1.4.c   Figura 2.1.4.d

Ejercicios 2.1

Encontrar los valores de x que satisfacen las siguientes relaciones.

1. $|x - 1| = |2x - 2|$. **2.** $|x - 1| = |x - 2|$. **3.** $|x - 1| = |2x - 1|$. **4.** $|x| = |x - 2|$

Respuestas:

1. $R: x = 1$. **2.** $R: x = \frac{3}{2}$. **3.** $R: x = 0, x = \frac{2}{3}$. **4.** $R: x > 1$.

2.2 Funciones

Al concepto tan amplio y general como el de relación R, le haremos una importante restricción para obtener un particular tipo de relación, la *función f: cada elemento del conjunto de partida, tendrá uno y solo un elemento asignado en el conjunto de llegada.*

2.2.1. *Definición. Función.* Una función f es un conjunto de pares ordenados (x, y), ninguno de los cuales tienen el mismo primer elemento.

Esto es, si $(x, y) \in f$ y $(x, z) \in f$, entonces $y = z$.

2.2.2. *Terminología y notación*. Si la función f asigna a los elementos de un conjunto A, elementos de un conjunto B, lo indicamos como

$$f \colon A \to B$$

y lo leemos como *efe que aplica A en B*.

Todo elemento de A *debe ser aplicado por* f, en otro caso, f *no aplicará A en B* si no un subconjunto de A que deberemos precisar. Decimos que A es el dominio de la función f y lo indicamos como D_f, es también frecuente la denominación del dominio de f como *campo de definición* de f.

El conjunto B es el conjunto de *llegada*, donde están los elementos que *genera f* al *transformar* los elementos de A y aplicarlos o *mandarlos* en B. Al conjunto de valores que genera la función f y que están en B, se le llama *imagen* de f o *recorrido* de f y se lo designa con R_f.

A los elementos en A y B los designamos respectivamente como x e y y son las variables como en 2.1.2, que relaciona la función f. El conjunto A es el *campo* o *dominio de variación* de x y el conjunto $R_f \subset B$ es el *rango de variación* de y.

Puede visualizarse la función como un *dispositivo* que transforma los elementos de un conjunto en los elementos de otro, bien que entendamos por dispositivo artefacto físico, bien que entendamos por ello procedimiento matemático

Cuando especifiquemos la *ley de transformación* o *asignación* con la que opera la función f, escribiremos

$$f \colon \mathrm{R} \xrightarrow[x \to x^2]{} \mathrm{R}$$

que leemos como: *efe aplica los reales en los reales y a x hace corresponder* x^2.

Por cierto no podremos escribir

$$f \colon \mathrm{R} \xrightarrow[x \to \ln x]{} \mathrm{R}$$

porque $\ln x$ no está definido en $\mathrm{R}^{\leq 0}$ y por lo tanto f *no podrá aplicar* R con esa ley de asignación y deberemos escribir

$$f \colon \mathrm{R}^+ \xrightarrow[x \to \ln x]{} \mathrm{R}$$

Siendo esto un tanto engorroso de escribir, pondremos $f = \ln x$ o $f(x) = \ln x$ para representar la función f y queda sobreentendido, que el dominio es el mayor conjunto posible mientras no se consignen indicaciones en otro sentido.

En rigor, $f(x)$ representa el valor de f en x de modo que $f = x^2$ representa el valor que toma f para un valor de x pero en ese caso, en el lugar de x pondremos directamente un número. Si el valor es $x = 2$, pondremos $f(2) = 2^2 = 4$ o bien x con un subíndice para indicar que nos referimos a un valor de la variable como x_0, x_1, $x_2 \ldots$ y escribiremos $f(x_0)$, $f(x_1)$, etc.

La variable x es la variable independiente porque son los valores dados a los que *transforma* la función f. Los valores que *genera* la función f transformando los valores dados de x los identificamos con la letra y o bien $f(x)$, el valor que f toma en x, cosa que podemos indicar como $y = f(x)$ que es la variable dependiente.

Nótese aquí la ambigüedad a la que conduce, confundir la relación entre dos conjuntos que es la función f, y sus valores $f(x)$. Como difícilmente esta ambigüedad lleve a confusión, y el rigor en la notación no será necesariamente fuente de claridad, nos referiremos a la función f indistintamente como f o $f(x)$ o bien $y(x)$ diciendo $y = f(x)$. Cuando estemos definiendo una función, podremos recurrir a la notación $:=$ con el valor de; se define como.

2.2.3. Ejemplo. a. $h := \begin{cases} sen\ x, & si\ x > 0 \\ x, si\ x < 0 \end{cases}$ estamos diciendo que h se define como; $sen\ x$ cuando x es positivo y x cuando x es negativo, así: $\nexists\ h(0)$, $h(-\pi) = -\pi$ $h(\pi) = 0$. **b.** $f = x^2$ $f(-1) = 1$, $f(4) = 16$, $f(x+h) = x^2 + 2\,x + h^2$. **c.** $y = \frac{1}{x}$, $\nexists\ y(0)$, $y(-2) = -\frac{1}{2}$, $y\left(\frac{1}{2}\right) = 2$. **d.** $h = \tan x$, $h(0) = 0$, $h(\frac{\pi}{4}) = h(\frac{5\pi}{4}) = 1$, $\nexists\ h(\pm\frac{\pi}{2})$. **e.** $w = ln\,(x+1)$, $w(0) = ln\,1 = 0$, $\nexists\ w(-1)$, $w(1+h) = ln\,(2+h)$.

Ejercicios 2.2

Determinar cuales de las siguientes relaciones son funciones.

1. $r: \{a, b\} \to \{-1, 0, 1\} \wedge a \to \begin{cases} -1 \\ 1 \end{cases} \wedge b \to 0$. **2.** $r: Z \to N \wedge x \to 2x$.

3. $r: R \to R \wedge r(x) \pm \sqrt{x}$. **4.** $r: R \to R \wedge x^2 + y^2 = 1$

Respuestas:

1. $R: x =$ no es función. **2.** $R:$ no es función, $\nexists\ r(x)$ si $x \le 0$. **3.** $R: x =$ no es función.

4. $R:$ no es funcion, r no está definida si $|x| > 1 \wedge y = \pm\sqrt{1 - x^2}$.

2.3 Representación de funciones

Como para las relaciones en 2.1.3, haremos uso de los ejes cartesianos para la representar gráficamente las funciones, y a esta representación la llamaremos *grafico de la función*, que es la representación en el plano R^2 de los pares ordenados de la función, puntos que ubicaremos sobre el plano en la intersección del valor de x y el correspondiente valor $f(x)$ de modo que, un punto (x, y) es un punto $(x, f(x))$. A los ejes cartesianos los denominaremos también *ejes coordenados*.

No debemos confundir la función f con su representación.

2.3.1. *Ejemplo.* En la figura 2.3.1.a vemos la representación grafica de la función $y = ln\,(x + 1)$. Digamos a título ilustrativo que la expresión 2.3.1.b es una *representación integral* de la misma función y. La expresión 2.3.1.c representa y en *serie de Taylor*.

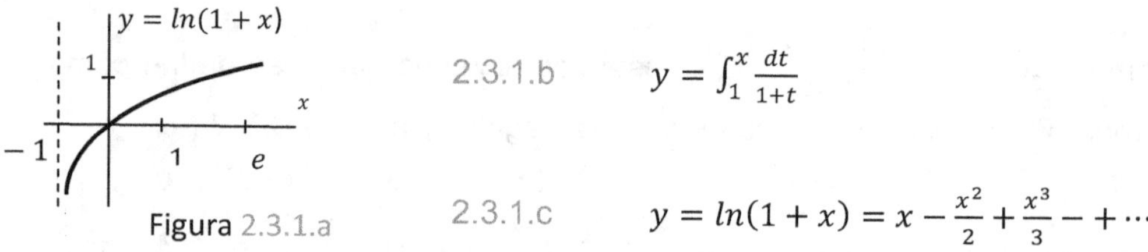

Figura 2.3.1.a

$$2.3.1.b \qquad y = \int_1^x \frac{dt}{1+t}$$

$$2.3.1.c \qquad y = ln(1 + x) = x - \frac{x^2}{2} + \frac{x^3}{3} - + \cdots$$

El conjunto de pares de puntos o pares (x, y) determinara en la mayoría de los casos que nos ocuparemos, una *curva* o *trozo de curva,* pero no siempre será ese el caso.

Nota: La definición 2.2.1, al requerir que cada x tenga una imagen única, exige que cualquier recta vertical, corte al gráfico de la función en un solo punto. Si bien de funciones como $y = \pm\sqrt{x}$ podemos decir que son *bivaluadas* y, en otros contextos se aceptan aun funciones *multivaluadas*, nos referiremos siempre a funciones *univaluadas*. En el caso de las raíces cuadradas por ejemplo, asumiremos siempre que se trata del valor positivo a menos que se indique lo contrario.

2.3.2. *Ejemplo.* **a.** $f = \sqrt{cos^2 x - 1}$, esta función solo admite valores reales en $x = 0, \pm n\pi, n \in N$ donde $f = 0$, todo otro valor de x es inadmisible dado que $|cos\,x| \leq 1$ y $cos^2 x - 1 < 0$ si $x \neq 0, \pm n\pi, n \in N$. $R_f = \{0\}$, el grafico de f se muestra en la figura 2.3.2.a.

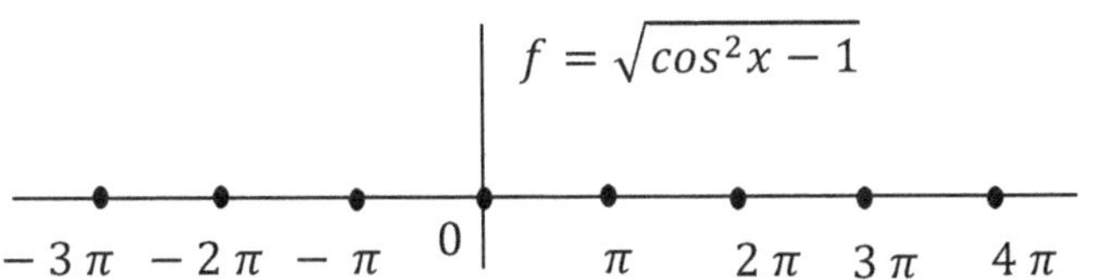

Figura 2.3.2.a.

b. $h = 1 + \sqrt{\cos x - 1}$, h solo existe en $x = 2\,n\pi, n \in Z^{\geq 0}$ donde $f = 1$. $R_f = \{1\}$, el grafico de f se muestra en la figura 2.3.2.b.

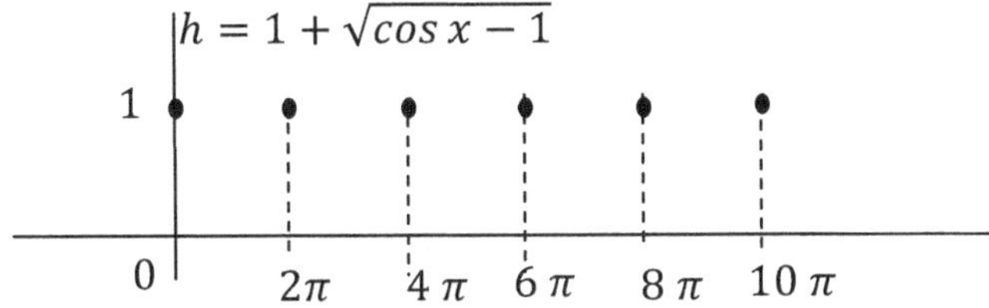

Figura 2.3.2.b.

c. La función de DIRICHLET (1837) $f(x) := \begin{cases} 1 \,/\, x \in Q \\ 0 \,/\, x \notin Q \end{cases}$ no es representable gráficamente, solo podemos aproximar una representación grafica como dos líneas de puntos sobre las recta $f = 0$ y $f = 1$, representandola a esta última como "menos densa" en puntos ya que, según veremos en 2.8, los racionales son "menos numerosos" que los irracionales. La figura 2.3.2.c muestra la "representación" gráfica. La expresión 2.3.2.d muestra una representación de la misma función en términos de límites.

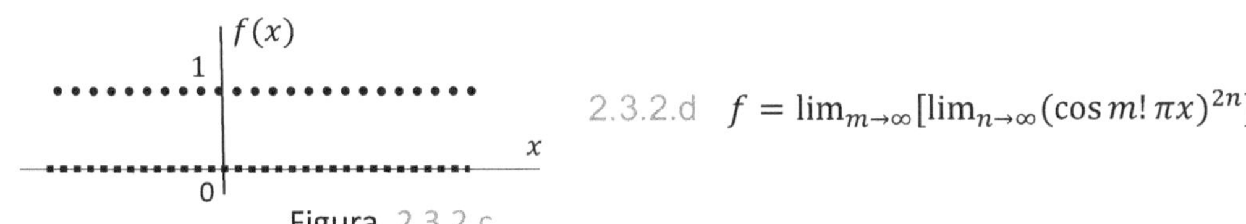

Figura 2.3.2.c

2.3.2.d $\quad f = \lim_{m \to \infty}[\lim_{n \to \infty}(\cos m!\,\pi x)^{2n}]$

2.3.3. *Extensiones y restricciones.* Es común *extender* el dominio de definición de una cierta función f, para obtener una *extensión* de f que podemos llamar f^*, o bien *restringir* el dominio de una función h para obtener una *restricción* de h que podemos llamar h^*.

2.3.4. *Ejemplo.* **a.** $f = \frac{sen\,x}{x}$, no esta definida en $x = 0$. Podemos extender D_f incluyendo el 0 y hacer una extensión; $f^* := \begin{cases} sen\,x/x, \; si\,x \neq 0 \\ 1, \; si\,x = 0 \end{cases}$. **b.** $g = x\,sen\,\frac{1}{x}$, no está definida en $x = 0$. $g^* := \begin{cases} g, \; si\,x \neq 0 \\ 0, si\,x = 0 \end{cases}$ es una extensión de g. **c.** $h = x^2$

supone como dominio el conjunto R. Podemos restringir $D_h = $ R para tener una h^* solo definida para $x \leq 0$; $h^* := x^2 \wedge x \leq 0$.

2.3.5. *Raíces y ordenada al origen.* Los puntos donde la curva f toca al eje de las x son las raíces de la función. Si la curva no toca en ningún punto el eje de las x no tiene raíces en el campo real. El punto donde f corta al eje y de las ordenadas, se denomina ordenada al origen o simplemente $f(0)$.

2.3.4. *Ejemplo.* **a.** x^2 tiene una raíz doble en $x = 0$, figura 2.3.4.a. **b.** $x^2 - 1$ tiene dos raíces reales en $x = \pm 1$, figura 2.3.4.b. **c.** $x^2 + 1$ no tiene raíces reales, figura 2.3.4.c.

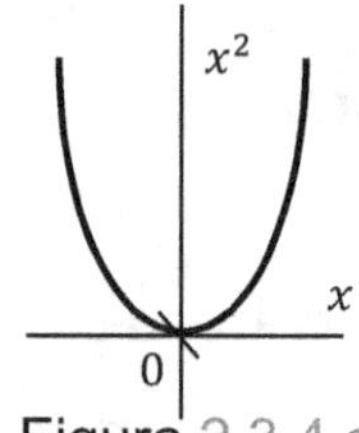

Figura 2.3.4.a

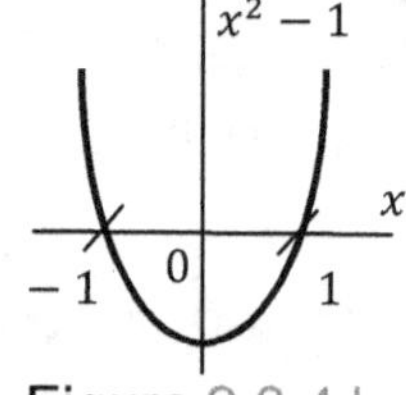

Figura 2.3.4.b

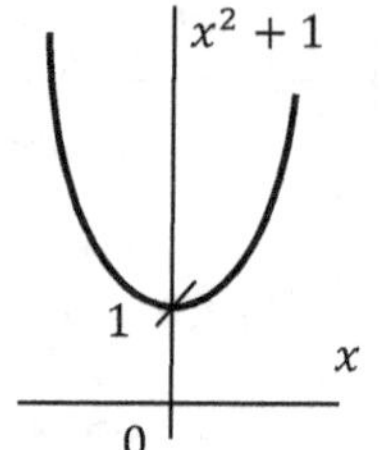

Figura 2.3.4.c

2.3.5. *Polos.* Cuando una función f tenga una expresión de la forma $f = \frac{h}{g}$, los puntos donde $g = 0$ y $h \neq 0$, se denominan polos de f.

2.3.6. *Ejemplo.* **a.** $\tan x$ tiene polos en $x = \pm \frac{\pi}{2}$, figura 2.3.6.a. **b.** $\frac{1}{x^2 - 1}$ tiene polos en $x = \pm 1$, figura 2.3.6.b.

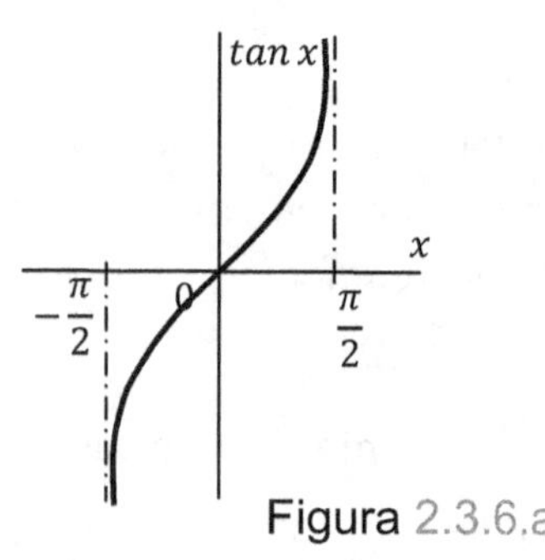

Figura 2.3.6.a

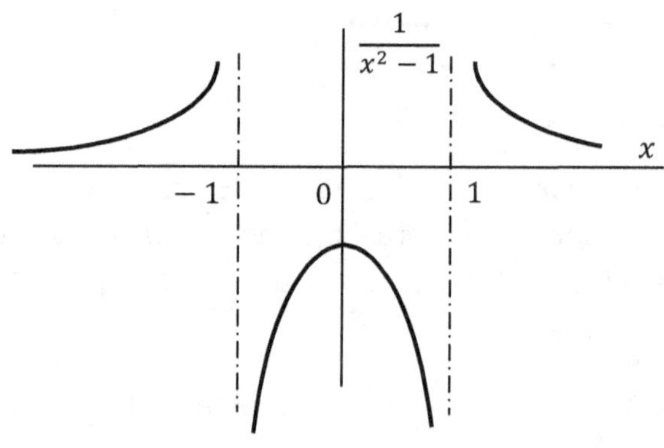

Figura 2.3.6.b

Ejercicios 2.3

Determinar el dominio D_f las siguientes funciones y graficar.

1. $f = 2x - 1$. **2.** $f = 2x^2 - 2x - 4$. **3.** $f = (x - 2)^2$. **4.** $f = x^2(x - 3)$

5. $f = \ln x$. **6.** $f = \sqrt{x^2 - 4}$. **7.** $f = sen\,|x|$. **8.** $f = |sen\,x|$

Respuestas:

1. $R: D_f = R$, figura e. 2.3.1. **2.** $R: D_f = R$, figura e. 2.3.2. **3.** $R: D_f = R$, figura e. 2.3.3.

4. $R: D_f = R$, figura e. 2.3.4. **5.** $R: D_f = R^{>0}$, figura e. 2.3.5. **6.** $R: D_f = (-\infty, 2] \cup [2,0)$, figura e. 2.3.6. **7.** $R: D_f = R$, figura e. 2.3.7. **8.** $R: D_f = R$, figura e. 2.3.8.

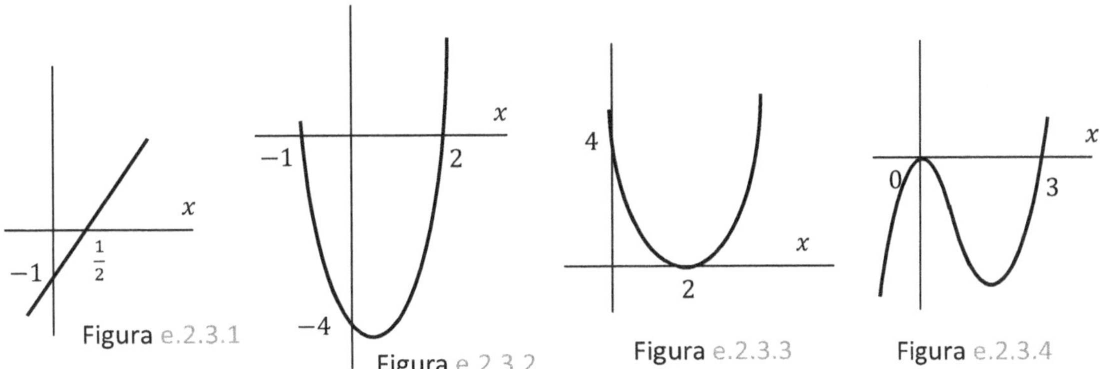

Figura e.2.3.1   Figura e.2.3.2   Figura e.2.3.3   Figura e.2.3.4

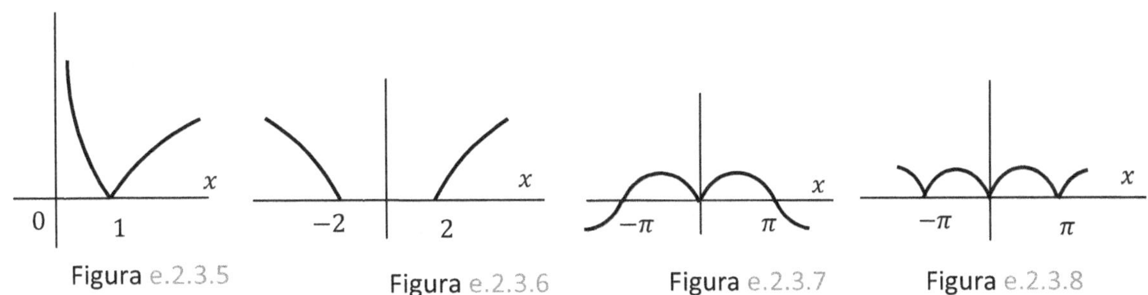

Figura e.2.3.5   Figura e.2.3.6   Figura e.2.3.7   Figura e.2.3.8

2.4 Simetrías de las funciones

Hay simetrías que facilitan el trazado de la representación gráfica de las funciones, como así también la determinación de sus valores en todo su dominio.

2.4.1. *Paridad.* Cuando se verifica que $f(x) = f(-x)$, decimos que f es *par*. Si f es par, es simétrica con respecto al eje de las y, lo que permite obtener el gráfico en el semiplano derecho o izquierdo por reflexión del adyacente. Es el caso de $y = x^2$ y de todas las $y = x^{2n}$, o bien de funciones que se compongan por sumas, productos o cocientes de potencias pares de x.

Si $f(x) = -f(-x)$ se dice que f es *impar*. Si f es impar, tiene una simetría respecto del centro del sistema de ejes, es el caso de $y = x$ y todas las $y = x^{2n+1}$ o de aquellas funciones que se obtienen por sumas productos y cocientes de potencias impares de x.

Como regla: *el producto de dos funciones pares da una función par, el producto de dos funciones impares da una función par, y el producto de una par por una impar da una función impar.* No es difícil comprobar que en un intervalo $[-a, a]$, toda función f puede expresarse como suma de una función par f_P y una función impar f_I, definidas como: $f_P = \frac{f(x) + f(-x)}{2}$ y $f_I = \frac{f(x) - f(-x)}{2}$.

2.4.2. *Ejemplo.* **a.** $f = \frac{1}{x}$ es impar porque $f(x) = \frac{1}{x} = -f(-x) = -\frac{1}{-x}$. **b.** $h = x^3$ es impar porque $h(x) = x^3 = -h(-x) = -(-x)^3$. **c.** $w = e^{-x^2}$ es par porque $w(x) = e^{-x^2} = w(-x) = e^{-(-x)^2}$. **c.** $g = x + 1$ no es ni par ni impar. **d.** $y = e^x$ no es par ni impar y tiene asociada una par $y_P = \frac{e^x + e^{-x}}{2}$ y una impar $y_I = \frac{e^x - e^{-x}}{2}$, que son $y_P = \cosh x$ y $y_I = \operatorname{senh} x$. La función $y = e^x$ puede ser representada como $y = y_P + y_I$.

2.4.3. *Periodicidad.* Cuando se verifica que $f(x) = f(x + p)$, decimos que f es *periódica* y el menor valor p para el que se verifica $f(x) = f(x + p)$ es el *período* de f. Esta simetría por desplazamiento en el eje x, hace que el grafico se repita cada p unidades hacia la derecha o hacia la izquierda donde la función estuviera definida. Es el caso de las trigonométricas.

2.4.4. *Ejemplo.* **a.** $\operatorname{sen} x$ tiene período 2π. **b.** $\operatorname{sen} 2x$ tiene período π y $\operatorname{sen} \frac{x}{3}$ tiene período 6π. **c.** $\cosh x$ y $\operatorname{senh} x$ son aperiódicas en R.

2.4.5. *Desplazamientos en el plano.* Sumar a la función f una constante c, desplaza el gráfico de f hacia arriba c unidades si $c > 0$ y lo desplaza hacia abajo c unidades si $c < 0$, figura 2.4.5.a.

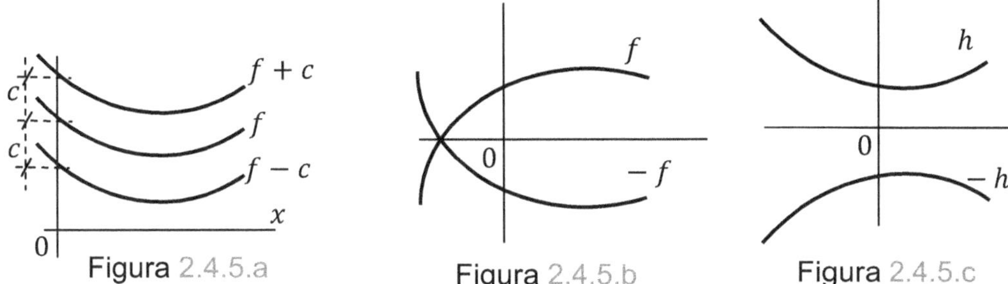

Figura 2.4.5.a   Figura 2.4.5.b   Figura 2.4.5.c

La multiplicación por -1 de f, refleja el gráfico sobre el eje de las x volteándolo verticalmente al transformar f en $-f$ y $-f$ en f, dejando los puntos $f = 0$ como puntos fijos, figura 2.4.5.b y, figura 2.4.5.c.

Sumar una constante $c > 0$ a la variable x desplaza el gráfico de la función hacia la izquierda c unidades y restar c a x desplaza el grafico c unidades a la derecha. Esto es así porque el cero de $x - c$, está c unidades a la derecha del cero de x y la transformación equivale a desplazar el eje y, c unidades a la derecha para pasar por el cero de una nueva variable $u = x - c$, figura 2.4.5.d.

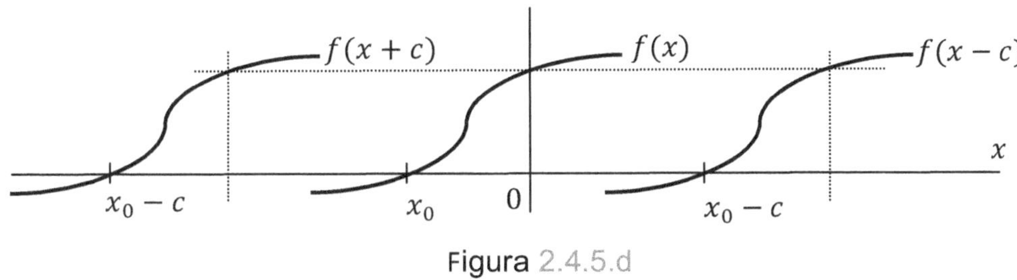

Figura 2.4.5.d

Cambiar x por $-x$ es equivalente a voltear el plano horizontalmente, figura 2.4.5.e.

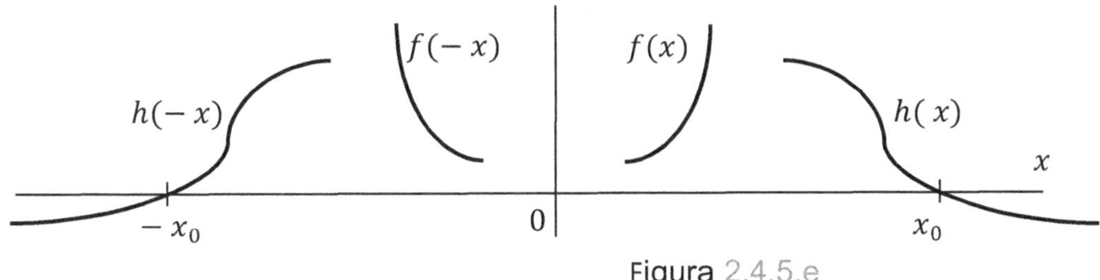

Figura 2.4.5.e

Ejercicios 2.4

Determinar la paridad de las siguientes funciones. Cuando no tuvieran una paridad determinada, encontrar la y_P par y la y_I impar que la componen.

1. $f = x + 1$. **2.** $f = e^{-x^2}$. **3.** $f = \frac{x+1}{x-1}$. **4.** $f = \frac{1}{x+1}$.

Respuestas:

1. R: sin paridad, $y_P = 1, y_I = 1$. **2.** $R: D_f =$ par.

3. R: sin paridad, $y_P = \frac{x^2+1}{x^2-1}$, $y_I = \frac{2x}{x^2-1}$. **4.** R: sin paridad, $y_P = \frac{-1}{x^2-1}$, $y_I = \frac{x}{x^2-1}$.

2.5 Operaciones con funciones

Operar con funciones permite construir nuevas funciones a partir de funciones dadas.

2.5.1. *Definición. Igualdad de funciones.* Dos funciones son iguales si aplican iguales conjuntos en un mismo recorrido; $f = h \Leftrightarrow D_f = D_h \wedge f(x) = h(x) \ \forall \ x \in D_f$.

2.5.2. *Ejemplo.* **a**. No necesariamente la aplicación de iguales conjuntos sobre iguales conjuntos garantiza la igualdad de las funciones; $f : [0,1] \xrightarrow[x \to 1-x]{} [0,1]$ y $h : [0,1] \xrightarrow[x \to x]{} [0,1]$ tienen el mismo conjunto de partida y cubren el mismo conjunto de llegada pero $f(0) = 1$ y $h(0) = 0$, solo $f\left(\frac{1}{2}\right) = h\left(\frac{1}{2}\right) = \frac{1}{2}$. **b.** $f : [0,1] \xrightarrow[x \to 1-x]{} [0,1]$ y $w : [0,1] \xrightarrow[x \to x^2]{} [0,1]$ coinciden en sus conjuntos de partida y de llegada pero defieren en sus recorridos excepto en $x = 0$ y $x = 1$. **c.** Las funciones $f = \frac{x^2-1}{x-1}$ y $h = x - 1$ no son iguales en ningún dominio que incluya $x = 1$ donde f no está definida pero podemos extender f definiendo: $f^* := f$ si $x \neq 1, f^*(1) = 2$ entonces, $f^* = h$ en R. Podemos en cambio restringir h definiendo $h^* := x - 1 \wedge x \neq 1$ que deja h^* indefinida en $x = 1$. f y h^* son iguales en todo R. En cualquier dominio que no incluya $x = 1$, f y h son iguales.

2.5.3. *Algebra de funciones.* Dadas dos funciones $f: A \to \mathrm{R}$, $g: B \to \mathrm{R}$ y $C = A \cap B$, la intersección de los dominios de f y g, definimos en C las operaciones de suma, resta, producto y cociente entre f y g, con la condición de que $g \neq 0$ en el caso del cociente. Definimos Las operaciones algebraicas en C porque es donde están simultáneamente definidas f y g. Si los dominios de definición A y B son disjuntos, esto es $A \cap B = \emptyset$, no se puede definir ninguna operación entre f y g.

2.5.4. *Definición. Suma y resta de funciones.* Dadas dos funciones $f: A \to \mathrm{R}$, $g: B \to \mathrm{R}$ y $C = A \cap B$,

$$\forall\, x \in C, \ (f \pm g)(x) := f(x) \pm g(x)$$

2.5.5. *Definición. Producto de funciones.* Dadas dos funciones $f: A \to \mathrm{R}$, $g: B \to \mathrm{R}$ y $C = A \cap B$,

$$\forall\, x \in C, \ (f.g)(x) := f(x).g(x)$$

2.5.6. *Definición. Cociente de funciones.* Dadas dos funciones $f: A \to \mathrm{R}$, $g: B \to \mathrm{R}$ y $C = A \cap B$,

$$\forall\, x \in C, \ \left(\frac{f}{g}\right)(x) := \frac{f(x)}{g(x)} \ / \ g(x) \neq 0$$

2.5.7. *Composición de funciones.* Si bien todas las funciones que estudiamos aplican conjuntos de reales en reales, o sea, números en números, puede ser que esos números sobre los que opera la función provengan de otra función, es decir, que sean los valores que se obtienen al aplicar otra función a cierto conjunto. Tendremos entonces una función compuesta. Por cierto, para que la composición pueda definirse, debe estar el recorrido de una dentro del dominio de la otra o sea, dentro de los valores que puede transformar la función que se aplica a otra función.

2.5.8. *Definición. Composición de funciones.* Sea $A \subset R$ y $B \subset R$ dos conjuntos sobre los que están definidas dos funciones $f: A \to R$ y $g: B \to R$, si $X \subset A$ y $f(X) = Y \subset \mathrm{B}$, entonces se define la función compuesta $h = g \circ f$ como la función que aplica X en Z, esto es:

$$f: X \to Y \qquad\qquad g: Y \to Z \qquad\qquad h: X \to Z$$

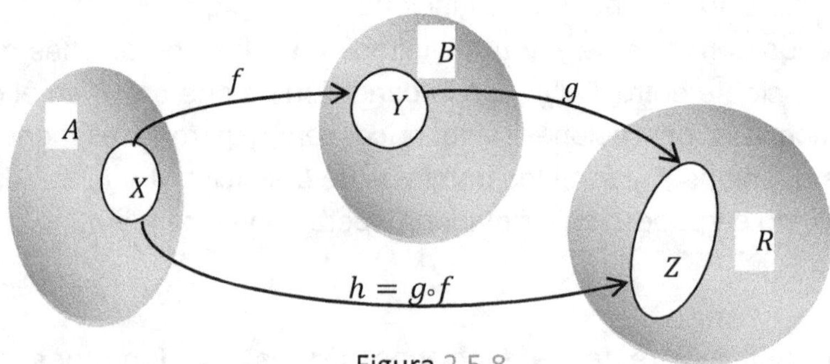

Figura 2.5.8

Usaremos indistintamente las notaciones $g{\circ}f(x)$, $(g{\circ}f)(x)$ o $g[f(x)]$, pero siempre será preciso *respetar el orden* de la composición que se muestra en la figura 2.5.8, porque en general $g{\circ}f \neq f{\circ}g$. Puede darse el caso que una de las dos composiciones esté definida y la otra no, por caso: $f = \ln x$ y $g = -\sqrt{x}$, definidas ambas en $(0,1)$, tienen sus imágenes en conjuntos negativos que son inadmisibles tanto en el dominio de f como el de g y por lo tanto no se pueden componer. En cambio $h = +\sqrt{x}$ se puede componer con f como $f{\circ}h$ pero no está definida la composición $h{\circ}f$.

Los sucesos físicos no conmutan, hay siempre en ellos una *direccionalidad* en la que *el orden de los factores altera el producto*, en otros términos; invertir el orden de media y zapato, no da el mismo resultado.

2.5.9. *Ejemplo.* **a.** $f = x + 1$, $g = x^2$; $h = f{\circ}g = f(x^2) = x^2 + 1$ $D_h = \mathrm{R}$. $w = g{\circ}f = g(x + 1) = (x + 1)^2$, $D_w = \mathrm{R}$. **b.** $f = -x$, $g = \sqrt{x}$; $h = f{\circ}g = f(\sqrt{x}) = -\sqrt{x}$, $D_h = \mathrm{R}^{\geq 0}$. $w = g{\circ}f = g(-x) = \sqrt{-x}$, $D_w = \mathrm{R}^{\leq 0}$. **c.** $f = -x^2$ $g = \ln x$; $h = f{\circ}g = f(\ln x) = -(\ln x)^2$, $D_h = \mathrm{R}^+$. $w = g{\circ}f = g(-x^2) = \ln(-x^2)$ no está definida en R.

Para visualizar una representación cartesiana de la composición de funciones debemos recurrir a tres ejes ortogonales como se muestra en la figura 2.5.9.

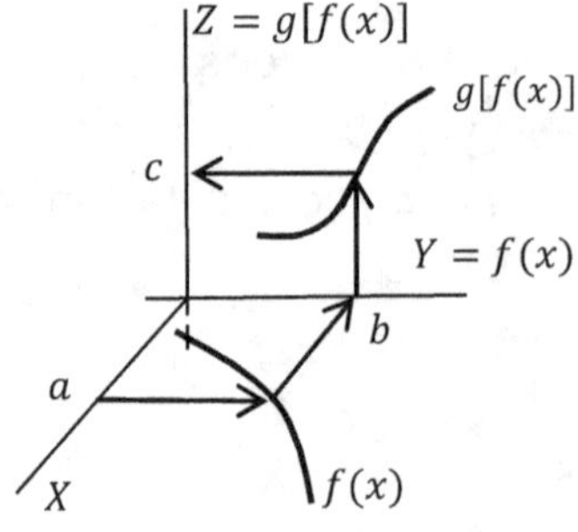

Figura 2.5.9

En la figura 2.5.9 se puede observar que el punto a en el conjunto X es transformado en el punto b del conjunto Y por la función f y a su vez el punto b es transformado por la función g en el punto c del conjunto Z

Ejercicios 2.5

Definir cuando sea posible $kf. \ -2g, \ f - g, \ f - 2g, \ \frac{f}{g}, \ \frac{g}{f}, \ g{\circ}f, \ f{\circ}g.$

1. $f = x + 1, \ g = x - 1.$ **2.** $f = \sqrt{-x - 2}, \ g = x^2$

Respuestas:

1. $R: kf = kx + k, \ -2g = -2x - 2, \ f - g = 2, \ f - 2g = -x + 3, \ \frac{f}{g} = \frac{x+1}{x-1} \wedge x \neq 1, \ \frac{g}{f} =$

$\frac{x-1}{x+1} \wedge x \neq -1, \ g{\circ}f = x, \ f{\circ}g = x$

2. $R: kf = k\sqrt{-x - 2}, \ -2g = -2x^2, \ f - g = \sqrt{-x - 2} \wedge x \leq -2, \ f - 2g = \sqrt{-x - 2} -$

$2x^2 \wedge x \leq -2, \ \frac{f}{g} = \frac{\sqrt{-x-2}}{x^2} \wedge x \leq -2, \ \frac{g}{f} = \frac{x^2}{\sqrt{-x-2}} \wedge x < -2, \quad g{\circ}f = -(x + 2) \wedge x \leq -2,$

$\nexists f{\circ}g.$

2.6 Clasificación de funciones

Clasificamos a las funciones según su ley de asignación.

2.6.1. *Funciones **en** un conjunto.* Cuando f aplica los elementos de un conjunto A dentro de otro B, decimos que f aplica A *en* B. La imagen de A, está contenida dentro del conjunto de llegada B. Esto es: $f: A \to B \wedge f(A) \subset B$. De hecho todas las funciones son *en* algún conjunto, pero no necesariamente lo *cubren*.

2.6.2. *Ejemplo.* **a.** $f: R \xrightarrow[x \to e^x]{} R$, el conjunto B en este caso es R pero los valores de f son siempre positivos en tanto $\forall \ x \in R : e^x > 0$, de modo que la imagen de f está *dentro* de $B = R$ pero no lo *cubre*. **b.** $h: R \xrightarrow[x \to x^2 - 1]{} R$, $h(R) = [-1, \infty)$ que está en R pero no lo *cubre*.

2.6.3. *Funciones **sobre** un conjunto o suryectivas.* Si la imagen o recorrido de f *cubre* todo el conjunto de llegada B, decimos que f es *sobre* B. Toda función es *sobre* su recorrido porque si $B = R_f = f(A)$, f es *sobre* B.

2.6.4. *Ejemplo.* **a.** $f: R \xrightarrow[x \to x^2]{} R^{\geq 0}$ aplica R *sobre* $R^{\geq 0}$ ya que $f(R)$ cubre todo $B = R^{\geq 0}$.   **b.** $g: R^{> 0} \xrightarrow[x \to \ln x]{} R$ es *sobre* R. **c.** $h = x^2 + 1$ es *sobre* $[1, \ \infty)$ pero no es *sobre* $[0, \ \infty)$.

2.6.5. *Funciones uno a uno o inyectivas.* Si a distintos elementos del dominio de f corresponden distintas imágenes en el recorrido de f, decimos que f es *uno a uno* o *inyectiva*, esto es; $(x_1, y) \in f \wedge (x_2, y) \in f \Rightarrow x_1 = x_2$ o bien, $f(x_1) = f(x_2) \Rightarrow x_1 = x_2$.

El gráfico de una función uno a uno se reconoce inmediatamente porque ninguna recta horizontal, lo corta en más de un punto.

Las funciones uno a uno mas simples que podemos imaginar son las rectas, con la obvia excepción de la recta $y = c$ que aplica todo su dominio en un solo valor c. El caso más simple de función *no inyectiva* es $y = x^2$, y junto con ella todas las pares ya que $f(x) = f(-x)$.

2.6.6. *Ejemplo.* **a.** $f: [-\frac{\pi}{2}, \frac{\pi}{2}] \xrightarrow[x \to sen\, x]{} R$, es una función uno a uno, en cambio $g: [0, \pi] \xrightarrow[x \to sen\, x]{} R$ no es uno a uno. **b.** $h: R \xrightarrow[x \to e^x]{} R$, es uno a uno en R.

2.6.7. *Funciones biyectivas.* Las funciones que son *Inyectivas* y *sobre* se denominan *biyectivas* y son de particular interés porque pueden ser invertidas, ver teorema 2.7.3.

2.6.8. *Ejemplo.* **a.** $f: R \xrightarrow[x \to e^x]{} R$ es uno a uno pero no sobre porque $f(R)$ no cubre R; $f^*: R \xrightarrow[x \to e^x]{} R^{>0}$ es uno a uno y sobre. Su inversa es $f^{*-1} = ln\, x$. **b.** $h: R \xrightarrow[x \to x^2]{} R^{\geq 0}$, es sobre pero no es uno a uno; $h^*: R^{\leq 0} \xrightarrow[x \to x^2]{} R^{\geq 0}$ es uno a uno y sobre. Su inversa es $h^{*-1} = -\sqrt{-x}$. En cambio $\hat{h}: R^{\geq 0} \xrightarrow[x \to x^2]{} R^{\geq 0}$ tiene inversa $\hat{h}^{-1} = +\sqrt{-x}$.

Ejercicios 2.6

Establecer cuales funciones son Inyectivas y, para aquellas que no lo sean, hacer las restricciones que las convierten en biyectivas.

1. $f = 2x - 1$. **2.** $f = 2x^2 - 2x - 4$. **3.** $f = (x - 2)^2$. **4.** $f = x^3 - x$.

5. $f = \begin{cases} x, si\ x < 0 \\ \sqrt{x}, si\ 0 \leq x \leq 1 \\ 2x - 1, si\ x \geq 1 \end{cases}$

Respuestas:

1. R: iny. **2.** R: iny. $\Leftrightarrow x \geq \frac{1}{2}$. **3.** R: iny. $\Leftrightarrow x \leq 2 \ \underline{\vee} \ x \geq 2$.

4. R: iny. $\Leftrightarrow x \geq \frac{-1}{\sqrt{3}} \ \underline{\vee} \ \frac{-1}{\sqrt{3}} \leq x \leq \frac{1}{\sqrt{3}} \ \underline{\vee} \ x \geq \frac{1}{\sqrt{3}}$. **5.** R: iny.

2.7 Función inversa

Dada una función $f: X \xrightarrow[x \to y(x)]{} Y$, podemos saber que valor de y en el conjunto Y corresponde a cada valor de x en el conjunto X, o sea; vamos de las x a las y con la ley de asignación $y = y(x)$, figura 2.7.a.

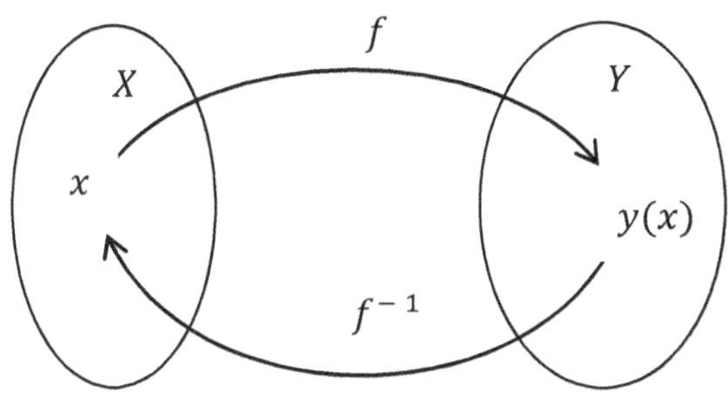

Figura 2.7.a

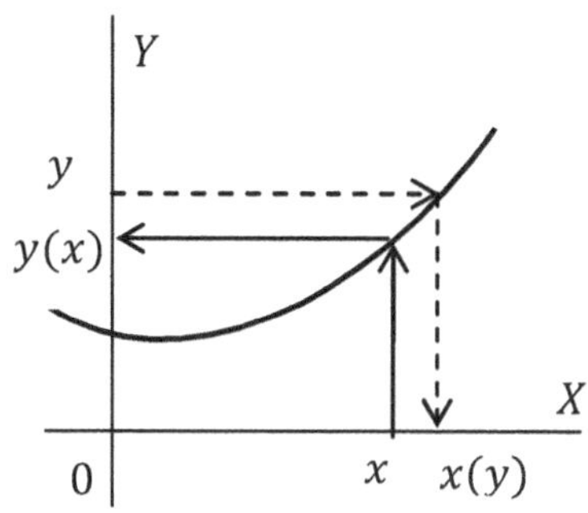

Figura 2.7.b

Ocurre con frecuencia que nos interese la operación inversa; retornar a las x desde las y con una ley $x = x(y)$, figuras 2.7.a y 2.7.b. Para retornar desde las y a las x, debemos encontrar la ley $x = x(y)$ que traiga cada una de las y al punto de partida x. No siempre podremos encontrar una función f^{-1}, que compuesta con f deje a x invariante, esto es; $f^{-1}[f(x)] = x$ o $f^{-1}[y] = x$. En las figuras 2.7.c y 2.7.d se muestra dos casos en que es posible establecer $y = y(x)$ pero no $x = x(y)$ y ello se debe a que $y(x)$ no es uno a uno y en consecuencia, a una imagen y en el recorrido de f, corresponde mas de un valor x en el dominio de f. En el caso de $y = constante$ son infinitos, figura 2.7.c.

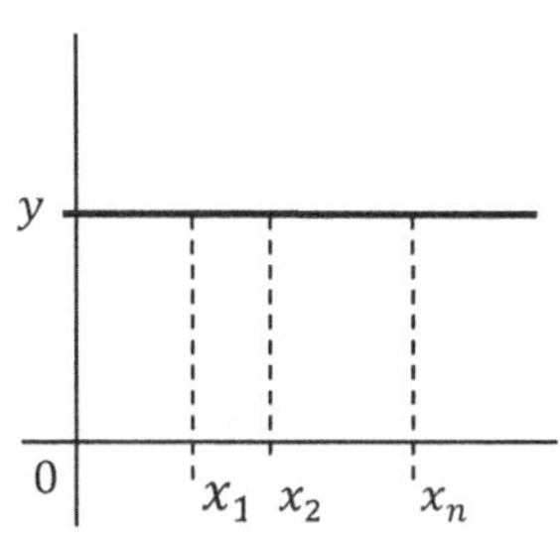

Figura 2.7.c

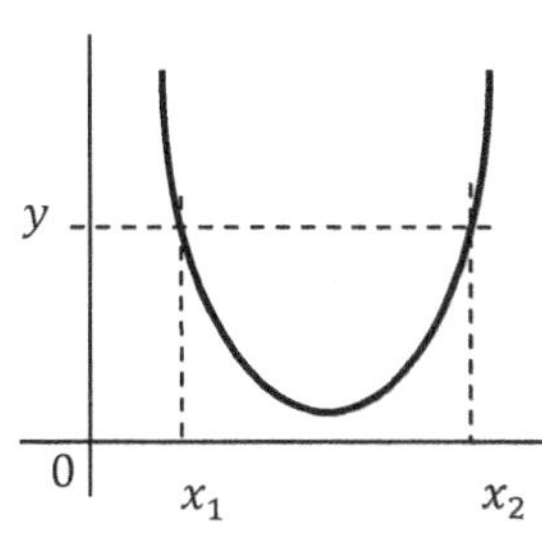

Figura 2.7.d

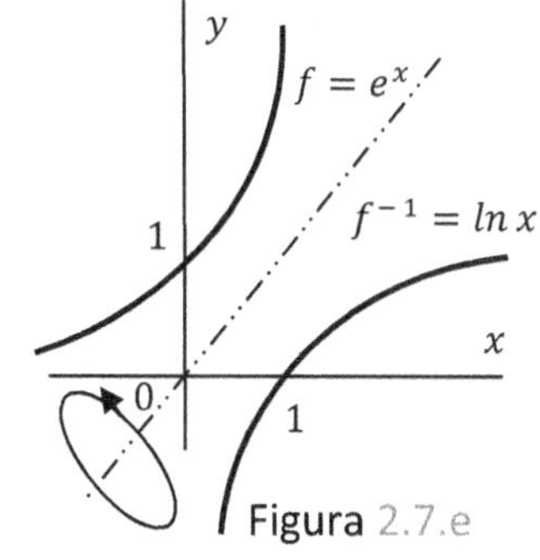

Figura 2.7.e

Como se ve en la figura 2.7.e, la gráfica de la función inversa f^{-1} es simétrica con f respecto de una recta a 45° que pasa por $(0,0)$. Se puede ver inmediatamente la gráfica de f^{-1} a partir de la de f, si volteamos la pagina y la observamos al trasluz, llevando las y a la posición de las x y viceversa.

Si observamos la representación gráfica de la función $y = x^2$ vemos que efectivamente su "inversa", tiene dos valores; $+\sqrt{x}$ y $-\sqrt{x}$, figura 2.7.d. Para evitar este inconveniente restringimos el dominio de x^2 a $R^{\leq 0}$ y $R^{\geq 0}$ como en las figuras 2.7.e y 2.7.f.

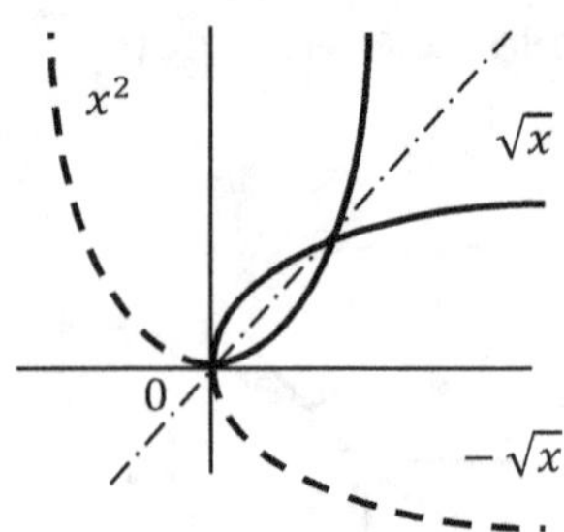

Figura 2.7.d

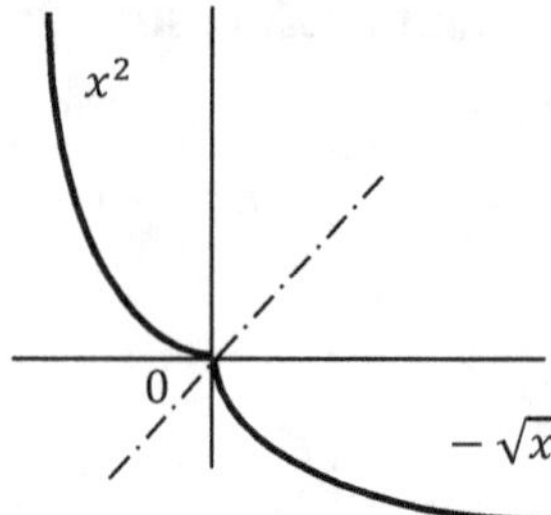

Figura 2.7.e

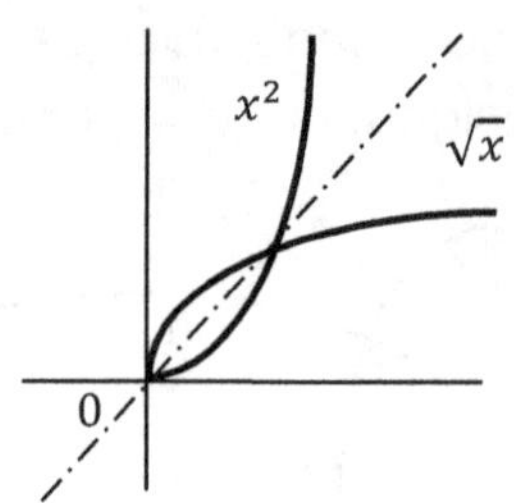

Figura 2.7.f

2.7.1. *Definición. Función inversa.* Sea $f: X \to Y$ una función biyectiva con dominio $D_f = X$ y recorrido $R_f = Y$, entonces su función inversa f^{-1} es tal que:

$$x = f^{-1}(y) \iff y = f(x)$$

2.7.2. *Ejemplo.* **a.** $f: R \to R$, $x \to y = 2x + 1$. De $y(x)$ despejamos $x(y)$ y obtenemos $x = \frac{y-1}{2}$, luego intercambiamos las variables y obtenemos $f^{-1} = y = \frac{x-1}{2}$. **b.** $f: R^{\geq 2} \to R^{\geq 0}$, $x \to y = (x-2)^2$. Despejamos $x(y)$ y obtenemos $x = \sqrt{y} + 2$, intercambiando las variables obtenemos $f^{-1} = y = \sqrt{x} + 2$. **c.** $f: R^{\neq 2} \to R^{\neq 0}$, $x \to y = \frac{1}{x-2}$. De $y(x)$ despejamos $x(y)$ y obtenemos $x = \frac{1}{y} + 2$, luego intercambiamos las variables y obtenemos $f^{-1} = y = \frac{1}{x} + 2$.

2.7.3. *Teorema.* Si f es biyectiva, entonces tiene inversa f^{-1} y f^{-1} es función.

Demostración: Debemos probar que si $(y, x_1) \in f^{-1}$ y $(y, x_2) \in f^{-1}$, entonces $x_1 = x_2$, y que todo y en $D_{f^{-1}}$ tiene imagen x en $R_{f^{-1}}$.

Si el par $(y, x_1) \in f^{-1}$, entonces el par $(x_1, y) \in f$ por la definición de función inversa y por la misma razón, si el par $(y, x_2) \in f^{-1}$ entonces el par $(x_2, y) \in f$. Pero f es *uno a uno* y eso exige que: si $(x_1, y) \in f$ y $(x_2, y) \in f$, entonces $x_1 = x_2$ en consecuencia y como todo elemento de $D_{f^{-1}}$ tiene imagen en la contraimagen de f o D_f por ser f uno a uno, f es función $\blacklozenge$

2.8 Conjuntos numerables

G. Cantor (1845-1918) llamó *contables* (1874) o *denumerablemente infinitos* a los conjuntos que pueden ponerse en correspondencia biyectiva con el conjunto N de los números naturales, y por lo tanto se pueden *contar*. Un conjunto se dice *numerable* si sus elementos pueden ser contados y, por contar, se entiende rotular cada uno de los elementos del conjunto, poniendo al primer elemento del conjunto el *rotulo uno*, al segundo el *dos*, al tercero el *tres* y así sucesivamente, sin saltar ninguno de los números 1,2,3 ... del conjunto N. Si este procedimiento se puede realizar, el conjunto es contado, y cuando se hayan agotado los elementos del conjunto, al último número que se usó para rotular los elementos del conjunto, se lo llama el *cardinal* del conjunto. Contar un conjunto entonces, es establecer una correspondencia *uno a uno* entre los elementos del conjunto y N.

El hecho de que los números pares alternen con los impares, sugiere que los pares son justo la mitad de los naturales, sin embargo, son la misma cantidad. Lo comprobamos si al dos lo rotulamos uno, al cuatro lo rotulamos dos, al seis tres etc.

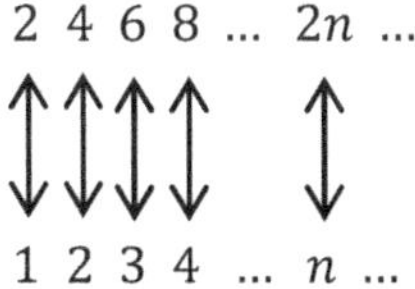

Lo mismo sucede con las potencias enteras de 2, aun cuando la sucesión $2, 4, 8, 16, ...$ sugiere que al espaciarse estos números, serán menos en cantidad que los enteros o los pares

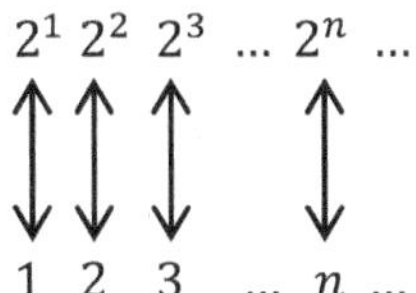

De estos conjuntos para los que no hay un último elemento contado se dice que son *infinito numerable,* y a su cardinalidad CANTOR la denominó $\aleph_0$ *alef-cero*.

También pueden contarse los enteros

$$0 \quad 1 \quad -1 \quad 2 \quad -2 \quad 3 \quad -3 \dots$$

$$\updownarrow \quad \updownarrow \quad \updownarrow \quad \updownarrow \quad \updownarrow \quad \updownarrow \quad \updownarrow$$

$$1 \quad 2 \quad 3 \quad 4 \quad 5 \quad 6 \quad 7$$

El conjunto de los racionales positivos Q^+, que es el conjunto de todos los números que pueden expresarse en la forma $n = \frac{p}{q}$ con p y q números naturales, $Q^+ = \{n = \frac{p}{q} : p, q \in N\}$, puede contarse arreglando todos los números racionales posibles, en un cuadro en cuyas filas aparecen sucesivamente; en la primera fila, la sucesión natural $1, 2, 3 \dots$ con denominador 1, en la segunda fila, nuevamente la sucesión natural $1, 2, 3 \dots$ con denominador 2, en la tercera fila el denominador es 3 y así sucesivamente, de modo que el cuadro incluye todas las combinaciones posibles con las repeticiones como; $1 = \frac{2}{2} = \frac{3}{3} \dots$, $2 = \frac{4}{2} = \frac{6}{3} \dots$, que se eliminan

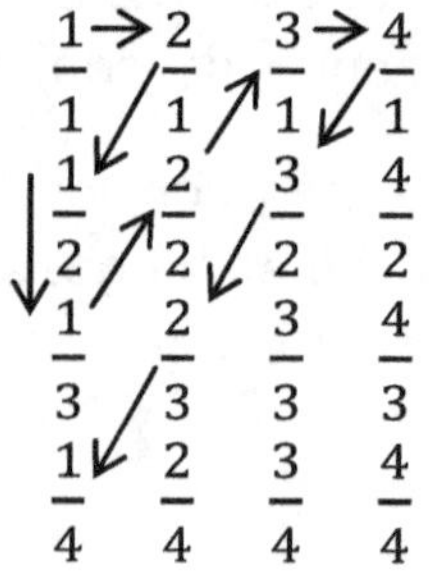

$$
\begin{array}{cccc}
\frac{1}{1} & \frac{2}{1} & \frac{3}{1} & \frac{4}{1} \\[4pt]
\frac{1}{2} & \frac{2}{2} & \frac{3}{2} & \frac{4}{2} \\[4pt]
\frac{1}{3} & \frac{2}{3} & \frac{3}{3} & \frac{4}{3} \\[4pt]
\frac{1}{4} & \frac{2}{4} & \frac{3}{4} & \frac{4}{4}
\end{array}
$$

Siguiendo las flechas, puede recorrerse todo el cuadro ordenadamente, y eliminando los repetidos, contar los elementos de Q^+. Con una ligera modificación se pueden contar los racionales positivos y negativos.

El conjunto de los reales R, está formado por los racionales y los irracionales, estos últimos no pueden expresarse en la forma $n = \frac{p}{q}$ con p y q enteros, tal como lo hacemos por ejemplo con $1{,}25 = \frac{5}{4}$ o $0{,}\hat{3} \dots = \frac{1}{3}$. Entre los números irracionales, distinguimos aún entre los irracionales *algebraicos* como $\sqrt{2} = 1{,}414 \dots$, $\sqrt{5} = 2{.}236 \dots$ y los irracionales *trascendentes* como π, e, que no son solución de una ecuación algebraica con coeficientes enteros, como es el caso de $\sqrt{2}$ que es la solución de $x^2 - 2 = 0$.

Para contar los reales, debemos tener una forma de representación y ordenamiento que nos permita ponerlos en correspondencia uno a uno con el conjunto N de los naturales. Podemos expresar los reales en forma decimal y tratar de contar solo aquellos que están entre 0 y 1. Teniendo la expresión decimal de un número, una cantidad infinita de dígitos, continuados con ceros cuando el número de dígitos fuera finito, el problema se presenta al querer ordenarlos sucesivamente. Elegido uno cualquiera: cual es el próximo? Solo tratemos de elegir el primero entre 0 y 1 y aparecerá el problema, el conjunto (0,1) es un conjunto ordenado porque para cualquier par x e y que pertenezca al conjunto, podremos decidir si $x < y$ o $y < x$ pero no está *bien ordenado* porque no se pude escoger un primer elemento. Para salvar la dificultad, CANTOR supuso que tal ordenamiento fuera posible, aun sin darlo en forma explícita designando al primero como $0, a_1 a_2 a_3$ ..., al segundo como $0, b_1 b_2 b_3$ ... etc. indicando con la letra el orden de aparición del decimal y con el subíndice el lugar que ocupa el dígito en la expresión decimal del número. Entonces el arreglo para equiparar los elementos de (0,1) con los naturales podría ser

$$
\begin{aligned}
1 &\leftrightarrow 0, a_1 a_2 \ldots a_n \\
2 &\leftrightarrow 0, b_1 b_2 \ldots b_n \\
3 &\leftrightarrow 0, c_1 c_2 \ldots c_n \\
&\ldots \ldots \ldots \ldots \ldots \\
n &\leftrightarrow 0, n_1 n_2 \ldots n_n \\
&\ldots \ldots \ldots \ldots \ldots .
\end{aligned}
$$

Se observa que no pueden ser estos todos los números entre 0 y 1, porque puede agregarse un número $0, x_1 x_2 \ldots x_n$ en el que $x_1 \neq a_1$, $x_2 \neq a_2, \ldots, x_n \neq a_n, \ldots$ y así sucesivamente, siguiendo la diagonal como lo indica la flecha superpuesta al ordenamiento, y el número obtenido con el reemplazo diagonal, no está en el arreglo porque difiere del primero en el primer dígito $x_1 \neq a_1$, difiere en el segundo $x_2 \neq a_2$, etc. En consecuencia, no alcanzan los naturales para contar los reales contenidos en (0,1) como lo muestra la *prueba diagonal de Cantor* y, desde luego, tampoco se puede contar el conjunto R que contiene a (0,1).

El intervalo (0,1) que está contenido en R, puede ponerse en correspondencia uno a uno con R; la función $f = \frac{x}{1-x^2}$ aplica biyectivamente $(-1,1)$ en R y $g = 2x - 1$ es una biyección de (0,1) en $(-1,1)$ de modo que $h = f \circ g$ aplica (0,1) en R uno a uno o sea que, a cada punto de (0,1) corresponde biunívocamente un número real y entonces, hay tantos puntos o números en (0,1) como los hay en R o bien, (0,1) y R poseen la misma cardinalidad c, la cardinalidad del continuo. Puede probarse que c, la cardinalidad de (0,1) es $c = 2^{\aleph_0}$ y esta, es la cardinalidad de R.

Los conjuntos infinitos tienen la propiedad de que el todo, no es mayor que las partes que lo componen, pueden entresacarse sin que disminuya su cardinalidad. De R puede eliminarse (0,1) sin que cambie su cardinalidad como también pueden eliminarse todos los racionales que según vimos son numerables y no se afecta la cardinalidad de R. Pueden también extraerse de N todos los pares o todos los impares sin que ello afecte la cardinalidad de N y, aun cuando estos conjuntos tienen la misma cardinalidad de N, la cardinalidad de N no se afecta.

3 Límite de Funciones

Comenzamos a introducirnos en el tema con un ejemplo: Sea la suma

$$S_n = 0,9 + 0,09 + 0,009 + 0.0009 ....$$

donde el subíndice n de S_n está indicando el número de términos involucrados en la suma. Es evidente que cualquiera sea n, la suma tendrá la forma

$$S_n = 0,999 ... ... 9$$

podemos entonces considerar a la suma, una función de n, esto es $S_n = S(n)$ y preguntarnos; ¿a cuanto tiende el valor de S cuando el número de sumandos crece indefinidamente superando cualquier valor de n preestablecido? La repuesta obvia es 1 y lo expresamos como

$$\lim_{n \to \infty} S_n = 1$$

expresión que leemos como; *límite para n que tiende a infinito de S_n igual a uno* o bien, *límite en infinito de S_n igual a uno*. Recordamos que infinito no pertenece al sistema de los números reales y usamos el símbolo ∞ (o $+\infty$) para indicar una cantidad mas grande que cualquier número real, de la misma forma que con $-\infty$ indicamos una cantidad menor que cualquier número real.

Como ejemplo geométrico podemos considerar el área de un polígono inscripto o circunscripto en una circunferencia. Al aumentar el número de lados, el área del polígono se va aproximando por exceso o por defecto al área del círculo limitado por la circunferencia, con lo que estamos describiendo el método de *exhaución* que usaron los griegos para calcular áreas, figura 3.1.

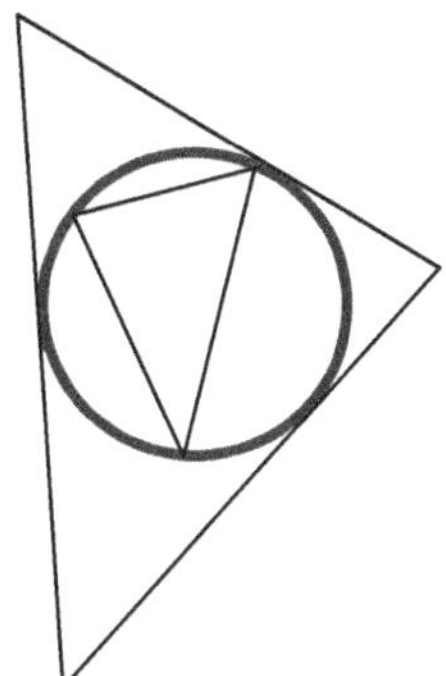
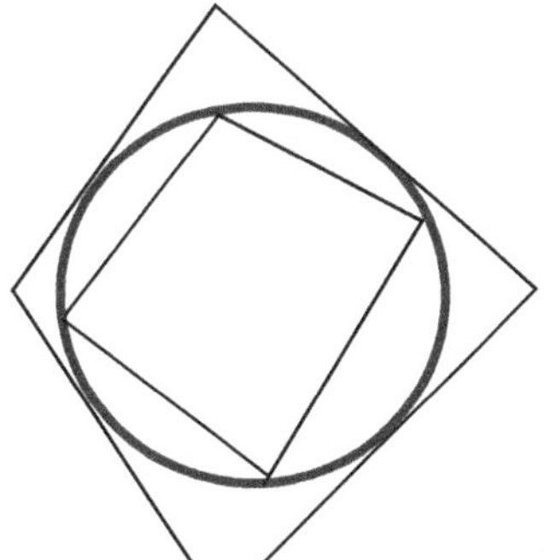
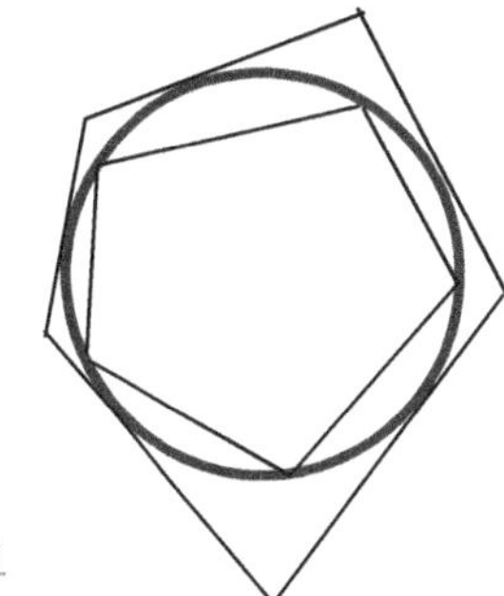

Figura 3.1

3.1 El límite de una variable y el límite de una función

El límite de una variable. El concepto de límite, esta indisociablemente unido al de variable y haremos uso extensivo de la expresion, *la variable x tiende a a* para señalar que los valores de x se aproximan a a o bien que *toman valores próximos a a*, cosa que indicaremos como $x \to a$ o bien escribiendo $|x - a| < \delta$, donde δ es una cantidad positiva pequeña. Cuando en cambio, hagamos referencia a la variable dependiente (o función de x), diremos que y o $f(x)$ *tiende a L* y representaremos este hecho como $f(x) \to L$ o bien $|f(x) - L| < \varepsilon$, siendo ε una cantidad positiva pequeña que, como en el caso anterior indica el hecho de que los valores de $f(x)$ están próximos a L. También $y \to L$ o $|y - L| < \varepsilon$, si hemos usado la letra y para representar variable dependiente (o función de x). Veamos como se relacionan estos dos hechos con el comportamiento de una función.

El límite de una función. Consideremos las funciones; $f = 2x + 1$ y $h = \dfrac{1}{|x| + 1}$. Observamos que cuando x se *aproxima* a 1, los valores de f se *aproximan* o *tienden* a 3 figura 3.1.1 y también podemos ver que los valores de h tienden a 1 cuando x se aproxima a 0 figura 3.1.2.

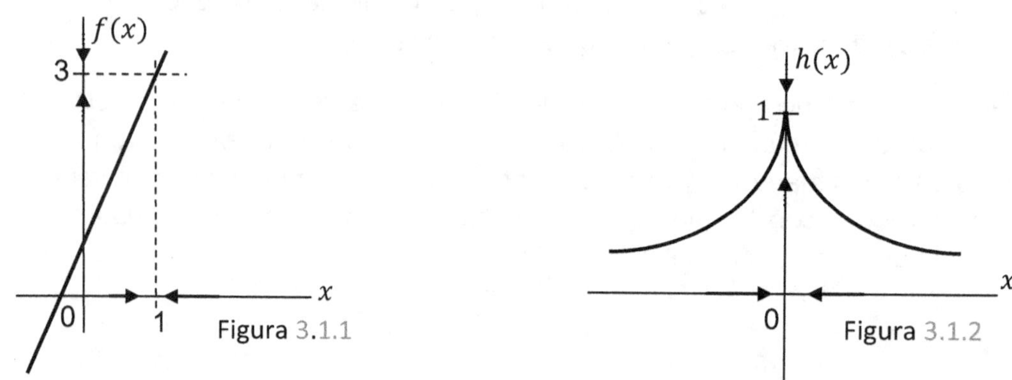

Figura 3.1.1

Figura 3.1.2

Decimos que el límite de f cuando x tiende a 1 es 3, y que el límite de h cuando x tiende a 0 es 1, y lo notamos como:

$$\lim_{x \to 1} f(x) = 3 \quad y \quad \lim_{x \to 0} h(x) = 1 \quad \text{o también} \quad \lim_1 f = 3 \quad y \quad \lim_0 h = 1$$

expresiones que leemos como: "*el límite de $f(x)$ para x que tiende a 1 es 3*" o bien, "*el límite en 1 de f es 3*". También "*el límite de f en 1 es 3*".

3.2 Existencia del límite

Decir $\lim_{x \to a} f = L$, geométricamente significa que en tanto estemos en las cercanías de a, la función tomará valores próximos a L y representamos este hecho, construyendo una ventana de ancho 2δ en torno al punto a y de alto 2ε en torno al valor de L como se ve en la figura 3.2.1, donde $f(x)$ asigna puntos del intervalo $(a - \delta,\ a + \delta)$ en puntos que están dentro del intervalo $(L - \varepsilon,\ L + \varepsilon)$. En el caso de la figura 3.2.2, no todos los puntos del intervalo $(a - \delta, a + \delta)$ tiene imagen en el intervalo $(L - \varepsilon, L + \varepsilon)$ del recorrido de f. En este caso decimos que *no existe* $\lim_a f(x)$.

En la figura 3.2.1, se puede apreciar que los puntos del dominio de la función f, que están sobre el segmento de ancho 2δ y centrado en a, tienen su correspondiente imagen en el segmento de ancho 2ε centrado en L. Esta situación, se verifica *para todo* ε ya que, si reducimos la ventana en los valores de f seleccionando un ε mas pequeño, digamos ε_1, encontraremos un δ_1 apropiado, que determina un segmento de longitud $2\delta_1$ centrado en a, cuyos puntos tienen imágenes comprendidas dentro de un segmento de longitud $2\varepsilon_1$ centrado en L. En este caso decimos: $\exists\ \lim_a f(x) = L$.

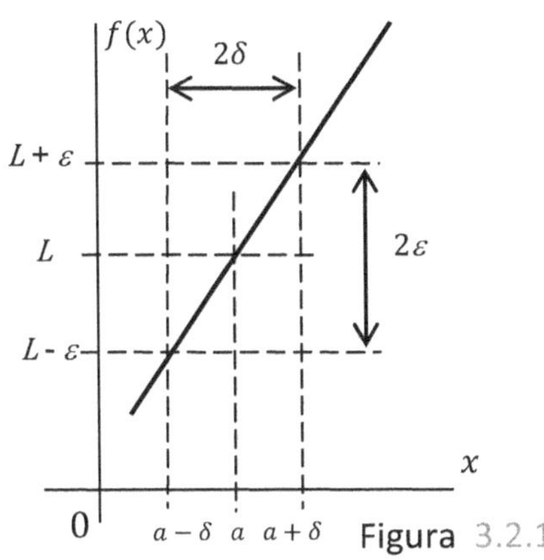

Figura 3.2.1

En la figura 3.2.2, observamos en cambio que para un cierto ε, como el establecido en la figura, no existe un δ apropiado que determine un segmento de ancho 2δ, centrado en a, en el que todos sus puntos, tengan una imagen $f(x)$ comprendida dentro del segmento de ancho 2ε centrado en L. En efecto, en la figura se observa que a la izquierda del punto a, o abreviadamente, en a^-, sucede que todos los valores de x contenidos en el intervalo $(a - \delta, a)$, tienen una imagen en el intervalo $(L - \varepsilon, L]$, cosa que no sucede por la derecha de a o en a^+, donde se observa que los puntos situados en a^+, tienen imágenes con valores mayores que $L + \varepsilon$ y por lo tanto no están en el segmento $[L, L + \varepsilon)$. En este caso decimos: $\nexists\ \lim_a f(x)$.

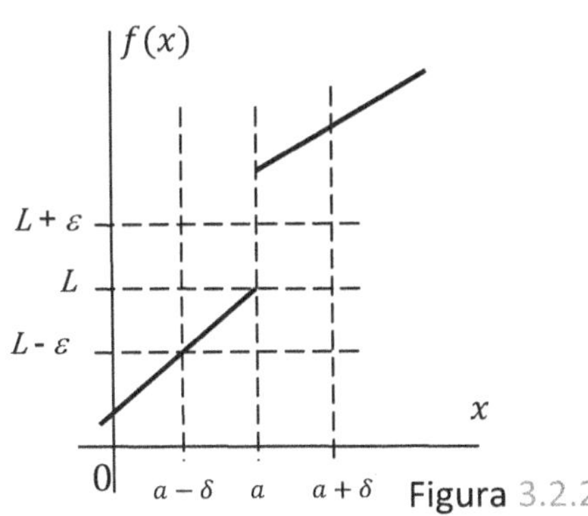

Figura 3.2.2

El hecho de que, a valores de x *arbitrariamente próximos* a a en el dominio de f, correspondan valores de la función próximos a un cierto valor L, *bien definidos* en el recorrido de f, *para todo rango de proximidad* a L previamente fijado de manera arbitraria como ε, esto es: $0 < |x - a| < \delta \Rightarrow |f(x) - L| < \varepsilon$, es la *condición* misma de la *existencia de límite en* a de $f(x)$. Debemos notar aún, que la restricción $0 < |x - a| < \delta$, indica que la variable x, nunca toma el valor $x = a$, donde la función puede tomar cualquier valor $f(a)$, o aun no estar definida y ser el punto a ajeno al dominio de f.

Formalmente definimos el límite de $f(x)$ en a punto de acumulación de su dominio como:

3.2.1. *Definición.* $f(x)$ *tiene límite* L *en* a, *punto de acumulación de su dominio si:*

$$\forall\, \varepsilon > 0,\ \exists\, \delta > 0/ \,\forall\, x : \ (x \in D_f \wedge 0 < |x - a| < \delta \Rightarrow |f(x) - L| < \varepsilon)$$

expresión que leemos como: "*para todo* ε *mayor que cero, existe un* δ *mayor que cero tal que para todo* x *se cumple; que* x *pertenece al dominio de la función y cuando la distancia de* x *a* a *es mayor que cero y menor que* δ, *entonces la distancia de* $f(x)$ *a* L *es menor que* ε". La condición de que la distancia a a siempre se mantenga mayor que cero, cosa que hemos expresado como $0 < |x - a| < \delta$, se debe al hecho de que no indagamos el valor de la función en a si no *a que valor tiende* la función cuando x se aproxima a a.

3.2.2. *Ejemplo.* **a.** $f(x) = 1$, toma siempre el valor uno, entonces: si x se aproxima a cero por la derecha o por la izquierda de cero (sin tomar el valor $x = 0$) la función tiende a uno, tomando siempre el valor uno ya que en todo su dominio vale uno. Decimos entonces; $\lim_0 f = 1$, figura 3.2.2.a.

b. $g(x) = x$, se aproxima a cero si x tiende a cero por la derecha o por la izquierda pero no toma justamente el valor $f(0) = 0$ porque no damos a x el valor $x = 0$ donde $f(0) = 0$. Hacemos *tender* x a cero pero *no tomar* ese valor. Decimos entonces; $\lim_0 g = 0$, figura 3.2.2.b.

c. $h(x) = \dfrac{x}{x}$, toma siempre el valor uno, excepto en cero donde no está definida entonces: si x se aproxima a cero por derecha o por izquierda f tiende exactamente a uno como en el ejemplo 3.2.2.a pero no está definida en $x = 0$ donde no tiene asignado valor alguno. Decimos entonces; $\lim_0 h = 1$, figura 3.2.2.c.

d. $w(x) = \begin{cases} \dfrac{x^2}{x} & si\ x \neq 0 \\ 1, & si\ x = 0 \end{cases}$, se comporta igual que la función g del ejemplo 3.2.2.b si

x se aproxima a cero por la derecha o por la izquierda. En este caso también $\lim_0 w = 0$ pero $w(0) = 1$, decimos entonces; $\lim_0 w = 0$. Notemos que $w(0) = 1$, y recordemos que no estamos buscando el valor de w en a, que es $w(a)$ cuando w está definida en a si no el valor al que tiende w en las proximidades de a. En este caso $w(a) = w(0) = 1$ y $\lim_0 w = 0$, figura 3.2.2.d.

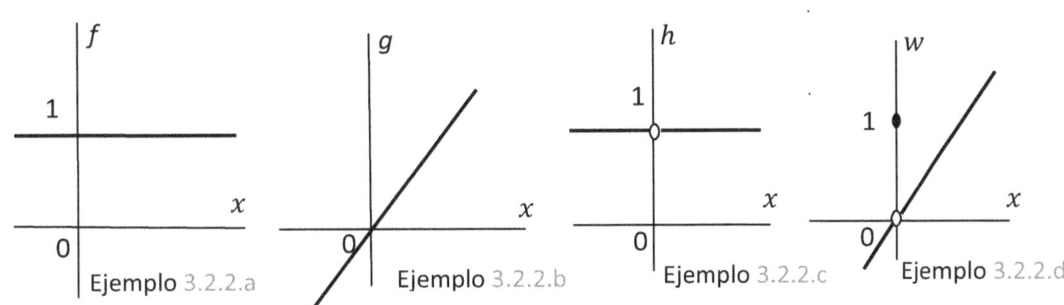

Advertencia: La definición de límite *no dice como calcular el límite*. La definición de límite solo *establece las condiciones* bajo las cuales existe el límite. Hasta ahora hemos recurrido a la intuición geométrica para establecer los límites de una función. El procedimiento más frecuente para el cálculo de límites es el de *valuación* de la función en el punto a, recordemos que $f(x)$ puede no estar definida en a o bien $\lim_a f(x) \neq f(a)$ por lo que, la práctica de *valuar* f en a deberá ser justificada, cosa que haremos al referirnos a la *continuidad de las funciones*.

El valor de δ en general, estará condicionado por la elección de ε y por lo tanto lo correcto, en la definición de límite, seria escribir $\forall\, \varepsilon > 0,\ \exists\, \delta(\varepsilon) > 0 \dots$, cosa que no hemos hecho con el fin de simplificar la notación.

3.2.3. *Ejemplo.* Verificar que: **a.** si $f(x) = k$, constante, $\lim_a f = k$ para cualquier a del domino de f. **b.** si $f(x) = x$, $\lim_a f = a$ para cualquier a del domino de f.

a. debemos probar que $|f - L| < \varepsilon$ si $x \in E'(a, \delta)$, entonces: Si $L = k$ deberá ser $|f - k| < \varepsilon$ y como $f = k$ en todo su dominio, $|f - k| = |k - k| = 0 < \varepsilon$ si $x \in E'(a, \delta)$ y siempre se obtiene $|f - L| < \varepsilon$ ya que para cualquier $\varepsilon > 0$ seleccionado, todo $\delta > 0$ satisface la definición de límite en tanto f, siempre vale k y la definición de límite se cumplirá siempre, independientemente del par $\varepsilon - \delta$.

b. Es también inmediato comprobar que para $f = x$, $L = a$ satisface la definición de límite en $x = a$. En $x \in E'(a, \delta)$, $|f - L| = |x - a| < \varepsilon$, basta elegir δ de modo que $|x - a| = \delta < \varepsilon$ para exhibir un δ que, para el ε elegido, verifica la definición de límite. Es decir: $\forall \varepsilon (el\ que\ elegimos) > 0, \exists \delta > 0$ tal que $\forall x$ ....

Advertencia: Hemos *verificado* los límites propuestos. No los hemos

calculado, los *propusimos* como k o a, según el caso.

Ejercicios 3.2

Trazar un gráfico aproximativo de $f(x)$ y determinar si existe $\lim_a f(x)$ en los puntos a indicados.

1. $f(x) = \begin{cases} -x, & si\ x \leq 0 \\ 1, & si\ 0 < x < 4 \\ \sqrt{x}, & si\ x \geq 4 \end{cases}$ $a = 0,\ a = 2,\ a = 4.$ **2.** $f(x) = \begin{cases} \sqrt{x}, & si\ 0 \leq x < 1 \\ \frac{1}{x}, & si\ x > 1 \end{cases}$ $a = 0$

3. $f(x) = \begin{cases} x^2 + 1, & si\ x < 1 \\ x + 1, & si\ x \geq 1 \end{cases}$ $a = 1.$ **4.** $f(x) = \begin{cases} -3x - 2, & si\ x < 0 \\ x + 1, & si\ x > 0 \end{cases}$ $a = 0$

5. $f(x) = |x|$ $a = 0.$ **6.** $f: \mathbb{N} \to \mathbb{R}, f(x) = \frac{1}{2x}$ $a = 1,\ a = 2.$

Respuestas:

1. $R: \nexists \lim_0 f,\ \lim_2 f = 1,\ \nexists \lim_4 f$, figura e.3.2.1. **2.** $R: \nexists \lim_0 f, \lim_1 f = 1$, figura e.3.2.2. **3.** $R: \lim_1 f = 2$, figura e.3.2.3. **4.** $R: \nexists \lim_0 f$, figura e.3.2.4. **5.** $R: \lim_0 f = 0$, figura e.3.2.5. **6.** $R: \nexists \lim_1 f,\ \nexists \lim_2 f$, figura e.3.2.6.

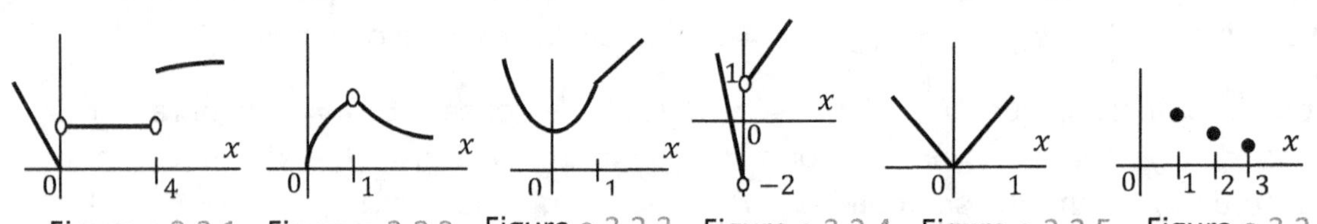

Figura e.3.2.1　Figura e.3.2.2　Figura e.3.2.3　Figura e.3.2.4　Figura e.3.2.5　Figura e.3.2.6

3.3 Teoremas sobre límites

3.3.1. *Teorema. Unicidad del límite.* Si existe en a, punto de acumulación del dominio de f, el $\lim_a f = L$, L es *único*.

Demostración: Supongamos que existen dos valores L_1 y L_2, que verifican en a la definición de límite para la función f en $x = a$. Se cumplirá entonces para L_1 y L_2 por la definición de límite:

$$|f - L_1| < \frac{\varepsilon}{2} \quad \text{y} \quad |f - L_2| < \frac{\varepsilon}{2} \quad \text{tal que } 0 < |x - a| < \delta \text{ o bien, } x \in E'(a,\ \delta)$$

donde por simplicidad de cálculos hemos elegido $\frac{\varepsilon}{2}$ en lugar de ε. Sumando estas expresiones que surgen de la definición de límite

$$|(f - L_1)| + |(f - L_2)| < \frac{\varepsilon}{2} + \frac{\varepsilon}{2} = \varepsilon \qquad \text{tal que } x \in E'(a,\ \delta)$$

o bien $\qquad |(f - L_1)| + |(L_2 - f)| < \varepsilon \qquad \text{tal que } x \in E'(a,\ \delta)$

y aplicando la propiedad 7 de módulo (desigualdad del triángulo) dada en 1.5.2.

$$|(f - L_1) + (L_2 - f)| < \varepsilon \qquad \text{tal que } x \in E'(a,\ \delta)$$

de donde

$$|(L_2 - L_1)| < \varepsilon \qquad \text{tal que } x \in E'(a,\ \delta)$$

y esta última expresión, muestra que si L_1 y L_2 satisfacen la definición de límite para f en $x = a$, L_1 está tan próximo a L_2 como se quiera o bien que $L_1 = L_2$ ♦

Observación: Siempre en las demostraciones, mantendremos la condición $0 < |x - a| < \delta$ que es la condición de proximidad de x a a o bien $x \in E'(a,\ \delta)$ donde se debe verificar $|f - L| < \varepsilon$, para el ε elegido.

3.3.2. *Definición.* Una función f, definida en un dominio D, es acotada en ese dominio si, para toda x en D, existe un número real $M > 0$ tal que $|f| \leq M$.

3.3.3. *Ejemplo.* **a.** $f = x^2 - 1$ no es acotada en los su dominio, R. Si es acotada en $(-1, 1)$ donde $|f| \leq 1$. **b.** $g = \frac{1}{x}$, no es acotada en R^- ni en R^+. Tampoco es acotada en $(0, 1]$ y si es acotada en $(1, 2]$ donde $|g| \leq 1$. **c.** $h = e^{-x^2}$, es acotada en todo su dominio. **d.** $w = e^{-\frac{1}{x}}$, es acotada en R^+ y no acotada en R^-. Es acotada en $(1, \infty)$.

3.3.4. *Teorema. Acotación.* Si existe en a, punto de acumulación del dominio de f, $\lim_a f = L$, f se mantiene acotada en un entorno de a, $E'(a)$.

Demostración: Si existe en a, punto de acumulación del dominio de f, $\lim_a f = L$, la definición de límite establece que:

$$|f - L| < \varepsilon \qquad\qquad \text{tal que} \quad x \in E'(a, \delta)$$

como la definición exige esto último $\forall \varepsilon > 0$, podemos elegir $\varepsilon = 1 > 0$ sin agregar ninguna restricción, esto es:

$$|f - L| < 1 \qquad\qquad \text{tal que} \quad x \in E'(a, \delta)$$

y usando la propiedad 8 de módulo dada en 1.5.2.

$$|f| - |L| < 1 \qquad\qquad \text{tal que} \quad x \in E'(a, \delta)$$

$$|f| < |L| + 1 \qquad\qquad \text{tal que} \quad x \in E'(a, \delta)$$

O bien, haciendo $M = |L| + 1$

se tiene la tesis: $\qquad\qquad |f| < M \qquad\qquad \text{tal que} \quad x \in E'(a, \delta)$

esto es: f se mantiene acotada si x está a una distancia de a menor que δ o bien, si $x \in E'(a, \delta)$ ♦

Observación: La función se mantiene acotada en un entorno reducido de a $E'(a)$, donde se verifican las propiedades y consecuencias de límite y su definición cuando este existe. Nada dice $\lim_a f = L$ de la función en a donde puede estar definida o no.

3.3.5. *Teorema. Conservación del signo.* Si existe en a, punto de acumulación del dominio de f, $\lim_a f = L$ y $L > 0$, entonces se conserva $f > 0$ en un entorno de a, $E'(a)$.

Demostración: Si existe en a, punto de acumulación del dominio de f, $\lim_a f = L$, la definición de límite establece que:

$$|f - L| < \varepsilon \qquad\qquad \text{tal que} \quad x \in E'(a, \delta)$$

como la definición exige esto último $\forall\, \varepsilon > 0$, podemos elegir $\varepsilon = L > 0$ sin agregar sin agregar ninguna restricción, así como en el anterior teorema elegimos $\varepsilon = 1$, entonces

$$|f - L| < L \qquad \text{tal que}, \ x \in E'(a, \ \delta)$$

y aplicando la propiedad 5 de módulo dada en 1.5.2.

$$-L < f - L < L \qquad \text{tal que}, \ x \in E'(a, \ \delta)$$

sumando L a los tres miembros; $0 < f < 2\,L$, tal que $0 < |x - a| < \delta \, \blacklozenge$

3.3.6. *Teorema. Reciproco del anterior.* Si existe en a, punto de acumulación del dominio de f, $\lim_a f = L$ y $L < 0$, entonces se conserva $f < 0$ en un entorno de a, $E'(a)$. La prueba es igual a la anterior, $L < 0$, entonces elegimos $\varepsilon = -L > 0$.

Nota: El caso $\lim_a f = 0$, no permite decidir sobre el signo de f en $E'(a)$. En ese caso la función puede ser positiva, negativa o nula en $E'(a)$. Véase la ambigüedad del caso $f = x$, $\lim_0 f = 0$ y en $E'(0)$, f toma valores positivos y negativos. Si $h = x \, sen\frac{1}{x}$, $\lim_0 h = 0$ y h toma valores positivos y negativos en cualquiera los dos semientornos $E'(0^-)$ y $E'(0^+)$.

3.3.7. *Teorema. Compresión o intercalación.* Sean f, g, h, tres funciones definidas en un dominio D, tales que para todo x en D se cumple: $f \leq g \leq h$ y además en un punto a de D se verifica $\lim_a f = \lim_a h = L$ entonces; $\lim_a g = L$.

Demostración: La definición de límite establece que para f se cumple:

$$|f - L| < \varepsilon \quad \text{tal que} \ 0 < |x - a| < \delta_1 \text{ o bien que } \ x \in E'(a, \ \delta_1)$$

y aplicando la propiedad 5 de módulo

(*) $\qquad -\varepsilon < f - L < \varepsilon \ \text{ o } \ L - \varepsilon < f < L + \varepsilon \qquad \text{tal que } x \in E'(a, \ \delta_1)$

de la misma forma se cumple para h

$$|h - L| < \varepsilon \qquad \text{tal que } x \in E'(a, \ \delta_2)$$

y aplicando la propiedad 5 de módulo dada en 1.5.2.

(**) $\qquad -\varepsilon < h - L < \varepsilon \ \text{ o } \ L - \varepsilon < h < L + \varepsilon \qquad \text{tal que } x \in E'(a, \ \delta_2)$

combinando (*) y (**) con la condición $f \leq g \leq h$ para todo x de D tenemos

$$L - \varepsilon < f \leq g \leq h < L + \varepsilon \qquad \text{tal que } x \in E'(a, \ \delta)$$

donde usamos δ que es el menor del par $\{\delta_1, \delta_2\}$. Reordenando nuevamente con la misma propiedad 5 de módulo

$$|g - L| < \varepsilon \qquad \text{tal que } x \in E'(a, \ \delta)$$

que es la condición que debe cumplir L para ser $\lim_a g = L \blacklozenge$

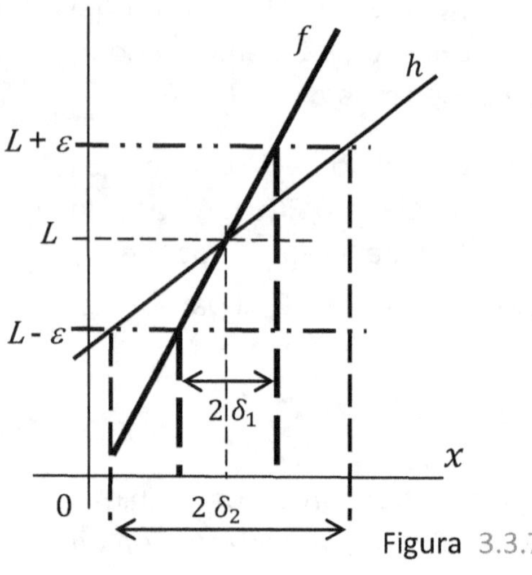

Figura 3.3.7

Al establecer la condición de límite para dos funciones diferentes tales como f y h, debemos usar dos valores de δ debido a que un mismo ε fijado como condición de proximidad al límite L para ambas funciones, supondrá dos aproximaciones o entornos de a, $E'(a, \delta_1)$ y $E'(a, \delta_2)$. Si en ambos entornos se verifican *alternativamente* las condiciones de límite para f y h, en $E'(a, \delta)$, siendo δ el menor de $\{\delta_1, \delta_2\}$, se verifican *simultáneamente*. En la figura 3.3.7 se puede apreciar que a un mismo ε, corresponden dos valores de δ, δ_1 para f y δ_2 para h.

3.3.8. *Ejemplo.* Calcular: **a.** $\lim_0 x \, sen \, \frac{1}{x}$, **b.** $\lim_0 \frac{sen \, x}{x}$.

a. Sabemos que $\left| sen \, \frac{1}{x} \right| \leq 1$ por lo que $|x| \left| sen \, \frac{1}{x} \right| \leq |x|$ de modo que podemos aplicar la propiedad 5 de módulo para obtener $-|x| \leq x \, sen \, \frac{1}{x} \leq |x|$ o bien $-x \leq x \, sen \, \frac{1}{x} \leq x$. Por el ejemplo 3.2.6.b, sabemos que $\lim_0 x = 0$ y $\lim_0 - x = 0$ de modo que $sen \, \frac{1}{x}$ está intercalada entre dos funciones cuyo límite en $x = 0$ es 0. Concluimos que $\lim_0 x \, sen \, \frac{1}{x} = 0$. De la misma forma: $\lim_0 x \, cos \, \frac{1}{x} = 0$.

b.

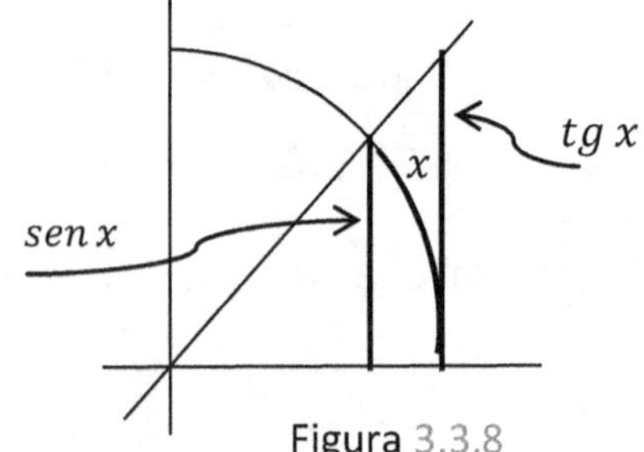

Figura 3.3.8

Identificamos el ángulo con el arco x y observamos que en $0 \leq x \leq \frac{\pi}{2}$, se verifica que $sen \, x \leq x \leq tg \, x$

En la desigualdad $sen\,x \leq x \leq tg\,x$ podemos tomar las inversas $\frac{1}{sen\,x} \geq \frac{1}{x} \geq \frac{cos\,x}{sen\,x}$. A continuación multiplicamos los tres términos por $sen\,x$ y obtenemos

$$1 \geq \frac{sen\,x}{x} \geq cos\,x$$

Tenemos entonces la función $sen\,x$ intercalada entre dos funciones cuyos límites en cero $\lim_0 cos\,x = 1$ y $\lim_0 1 = 1$, son coincidentes. Concluimos que $\lim_0 \frac{sen\,x}{x} = 1$

Nota: La función $\frac{sen\,x}{x}$ no está definida en cero. Sí está definido su límite que acabamos de determinar.

3.3.9. *Teorema. Suma de límites.* Si $\lim_a f = L_1$ y $\lim_a g = L_2$: $\lim_a(f \pm g) = L_1 \pm L_2$

Demostración: Si $\lim_a f = L_1$ y $\lim_a g = L_2$, por la definición de límite, para f y h, se cumple:

$$|f - L_1| < {}^{\varepsilon}\!/_2 \qquad\qquad \text{tal que } 0 < |x - a| < \delta_1$$

$$|g - L_2| < {}^{\varepsilon}\!/_2 \qquad\qquad \text{tal que } 0 < |x - a| < \delta_2$$

donde usamos ${}^{\varepsilon}\!/_2 > 0$ en lugar de $\varepsilon > 0$. A continuación, sumamos miembro a miembro las dos condiciones

$$|f - L_1| + |g - L_2| < {}^{\varepsilon}\!/_2 + {}^{\varepsilon}\!/_2 = \varepsilon \qquad \text{tal que } 0 < |x - a| < \delta$$

siendo δ el menor de $\{\delta_1, \delta_2\}$, y aplicando la propiedad 7 de módulo dada en 1.5.2

$$|(f - L_1) + (g - L_2)| < \varepsilon \qquad \text{tal que } 0 < |x - a| < \delta$$

reagrupando dentro del módulo

$$|(f + g) - (L_1 + L_2)| < \varepsilon \qquad \text{tal que } 0 < |x - a| < \delta$$

que es la condición para que $(L_1 + L_2)$ sea el límite de $(f + h)$ en $x = a\,\blacklozenge$

Observación: hemos probado que $\lim_a(f + g) = L_1 + L_2$. Para probar que $\lim_a(f - g) = L_1 - L_2$, cambiamos $\lim_a g = L_2$ por $\lim_a(-g) = -L_2$. El teorema puede extenderse por inducción a la suma de un número cualquiera *finito* de funciones. No es válida la extensión a un número infinito de funciones.

3.3.10. *Ejemplo.* Calcular: **a.** $\lim_0 (x - 3)$, **b.** $\lim_0 \left(x + x\,sen\,\frac{1}{x} + \frac{sen\,x}{x}\right)$.

a. $\lim_0 (x - 3) = \lim_0 x - \lim_0 3 = 0 - 3 = -3$

b. $\lim_0 \left(x + x\,sen\,\frac{1}{x} + \frac{sen\,x}{x}\right) = \lim_0 x + \lim_0 \left(x\,sen\,\frac{1}{x}\right) + \lim_0 \frac{sen\,x}{x} = 0 + 0 + 1 = 1.$

3.3.11. *Teorema. Producto de límites.* Si $\lim_a f = L_1$ y $\lim_a g = L_2$: $\lim_a (f \cdot g) = L_1 . L_2$.

 Demostración: Debemos probar que en las proximidades de a, el producto fg de las funciones menos el producto $L_1 L_2$ de los límites, se mantiene menor que todo número real $\varepsilon > 0$. Esto es:

$$|fg - L_1 L_2| < \varepsilon, \text{ tal que } 0 < |x - a| < \delta \text{ o bien, } x \in E'(a,\ \delta)$$

donde elegimos δ, como el menor de los dos $\{\delta_1, \delta_2\}$ para asegurar que se satisfacen simultáneamente para f y g las condiciones de límite. Observemos que:

$$fg - L_1 L_2 = fg - L_1 L_2 + fL_2 - fL_2$$

reagrupando en el segundo miembro

$$fg - L_1 L_2 = f(g - L_2) + L_2(f - L_1)$$

tomando módulo a ambos miembros

$$|fg - L_1 L_2| = |f(g - L_2) + L_2(f - L_1)|$$

y por la propiedad 7 de módulo dada en 1.5.2

$$|fg - L_1 L_2| \le |f(g - L_2)| + |L_2(f - L_1)|$$

con la propiedad 4 de módulo

$$|fg - L_1 L_2| \le |f||g - L_2| + |L_2||f - L_1|$$

observamos ahora que $|g - L_2| < \varepsilon$ y $|f - L_1| < \varepsilon$ si $x \in E'(a, \delta)$ por lo que podemos escribir

$$|fg - L_1 L_2| \le |f|\varepsilon + |L_2|\varepsilon = \varepsilon(|f| + |L_2|) \qquad \text{si } x \in E'(a,\ \delta)$$

siendo $|f| < M$ por el teorema 3.3.4 (*acotación*) y $|L_2|$ un valor finito, $|f| + |L_2| \le K$, un valor finito. Podemos entonces poner:

$$|fg - L_1 L_2| < \varepsilon K \qquad\qquad \text{tal que } x \in E'(a, \delta)$$

Siendo K un valor finito y $\varepsilon > 0$ un número arbitrariamente pequeño, εK sigue cumpliendo la condición de ser arbitrariamente pequeño. Hemos probado entonces que $L_1 L_2$ es el límite del producto fg ♦

3.3.12. *Ejemplo.* Calcular: **a.** $\lim_3 x^2$, **b.** $\lim_0 (x^2 - 1)$, **c.** $\lim_0 x \, sen \, \frac{1}{x}$, **d.** $\lim_0 \frac{sen \, x}{x}$.

a. $\lim_3 x^2 = \lim_3 x \cdot \lim_3 x = 3 \cdot 3 = 9.$

b. $\lim_0 (x^2 - 1) = \lim_0 [(x + 1)(x - 1)] = \lim_0 (x + 1) \lim_0 (x - 1) = (1)(-1) = -1.$
c. Este límite no es calculable aplicando el teorema del producto a $\lim_0 \left(x \, sen \, \frac{1}{x} \right) = \lim_0 x \, \lim_0 \, sen \, \frac{1}{x}$ porque no existe $\lim_0 \, sen \, \frac{1}{x}$. Ver ejemplo 3.3.8. a.

d. $\lim_0 \frac{sen \, x}{x}$. No es aplicable el teorema al producto $\frac{1}{x} sen \, x$. Ver ejemplo 3.3.8. b.

3.3.13. *Teorema. Cociente de límites.* Si $\lim_a f = L_1$ y $\lim_a g = L_2$: $\lim_a \left(\frac{f}{g} \right) = \frac{L_1}{L_2} \, / \, L_2 \neq 0$ y $g \neq 0$.

Demostración: Probamos este teorema, aplicando el teorema 3.3.11 (*producto de límites*) a $\lim_a \left(\frac{f}{g} \right) = \lim_a f \, \lim_a \frac{1}{g} = L_1 \frac{1}{L_2} = \frac{L_1}{L_2}$. Para ello debemos probar que si $\lim_a g = L_2$, entonces se cumple $\lim_a \left(\frac{1}{g} \right) = \frac{1}{L_2} \, / \, L_2 \neq 0$ y para probarlo, mostraremos que, $\left| \frac{1}{g} - \frac{1}{L_2} \right| < \varepsilon$ si $x \in E'(a, \delta)$ o bien $0 < |x - a| < \delta$. En efecto:

$$\left| \frac{1}{g} - \frac{1}{L_2} \right| = \left| \frac{L_2 - g}{g \, L_2} \right| = \frac{|\, L_2 - g\,|}{|\, g \, L_2\,|} = \frac{|\, L_2 - g\,|}{|g||\, L_2\,|}$$

y como $|\, L_2 - g\,| < \varepsilon$ siempre que $x \in E'(a, \delta)$, por ser $\lim_a g = L_2$, tenemos:

$$\left| \frac{1}{g} - \frac{1}{L_2} \right| < \frac{\varepsilon}{|g||\, L_2\,|} = \varepsilon K$$

donde εK sigue siendo un numero positivo arbitrariamente pequeño porque $|g|$ es una cantidad acotada cuando g esté próxima a su límite (teorema 3.3.4, *acotación*), y además $g \neq 0$ y $L_2 \neq 0$ por hipótesis. Hemos probado entonces que $\left| \frac{1}{g} - \frac{1}{L_2} \right|$ es menor que cualquier número positivo, esto es: $\lim_a \left(\frac{1}{g} \right) = \frac{1}{L_2} \, / \, L_2 \neq 0$ ♦

3.3.14. *Ejemplo.* **a.** $\lim_3 \frac{x^2-1}{x+3}$, **b.** $\lim_0 \frac{sen\,x}{x}$, **c.** $\lim_0 \frac{x^2}{x}$, **d.** $\lim_2 \frac{x^2-2x}{x-2}$, **e.** $\lim_1 \frac{x-1}{\sqrt{x}-1}$, **f.** $\lim_2 \frac{x-2}{x^2-4}$, **g.** $\lim_3 \frac{(x-3)(\sqrt{x}+\sqrt{3})}{\sqrt{x}-\sqrt{3}}$.

a. $\lim_3 \frac{x^2-1}{x+3} = \frac{\lim_3 (x^2-1)}{\lim_3 (x+3)} = \frac{8}{6} = \frac{4}{3}$. **b.** $\lim_0 \frac{sen\,x}{x}$. No se puede calcular como $\frac{\lim_0 sen\,x}{\lim_0 x}$ porque se anula el límite del denominador. Ver ejemplo 3.3.8.b.

c. $\lim_0 \frac{x^2}{x}$, es un caso trivial pero ilustrativo de *indeterminación del límite* (ver sección 3.9). No se puede resolver como cociente de límites porque se anula el límite del denominador pero, simultáneamente, se anula el límite del numerador. Si eliminamos los ceros comunes por simplificación, podemos en este caso aplicar el teorema del cociente y $\lim_0 \frac{x^2}{x} = \lim_0 x = 0$. Si con las simplificaciones pertinentes sigue siendo nulo el límite del denominador, no se aplica el teorema.

d. $\lim_2 \frac{x^2-2x}{x-2} = \lim_2 \frac{x(x-2)}{x-2} = \lim_2 x = 2$

e. $\lim_1 \frac{x-1}{\sqrt{x}-1} = \lim_1 \frac{(x-1)(\sqrt{x}+1)}{(\sqrt{x}-1)(\sqrt{x}+1)} = \lim_1 \frac{x-1}{x-1}\left(\sqrt{x}+1\right) = 2$

f. $\lim_2 \frac{x-2}{x^2-4} = \lim_2 \frac{x-2}{(x+2)(x-2)} = \lim_2 \frac{1}{x+2} = \frac{1}{4}$

g. $\lim_3 \frac{(x-3)(\sqrt{x}+\sqrt{3})}{\sqrt{x}-\sqrt{3}} = \lim_3 \frac{(x-3)(\sqrt{x}+3)^2}{x-3} = \lim_3 (\sqrt{x}+\sqrt{3})^2 = (2\sqrt{3})^2 = 12$

3.3.15. *Teorema. Potencia entera.* Si $\lim_a f = L$ entonces $\lim_a f^n = L^n$. Si se aplica el teorema 3.3.11 del producto de límites a ff se tiene $\lim_a f^2 = L^2$ y se generaliza por inducción para f^n.

3.3.16. *Ejemplo.* Calcular: **a.** $\lim_2 x^3$ **b.** $\lim_1 (x+1)^3$ **c.** $\lim_1 [ax^3 + bx^2 + c]^4$

a. $\lim_2 x^3 = (\lim_2 x)^3 = 8$. **b.** $\lim_1 (x+1)^3 = [\lim_1 (x+1)]^3 = 2^3 = 8$

c. $\lim_2 [ax^3 + bx^2 + c]^4 = [\lim_2 ax^3 + \lim_2 bx^2 + \lim_2 c]^4 = [8a + 4b + c]^4$

3.3.17. *Teorema. Logaritmo natural.* Si $\lim_a f = L$ entonces $\lim_a \ln f = \ln \lim_a f$.

Demostración: Debemos probar que si $\lim_a f = L$, esto es: $|f - L| < \varepsilon$ tal que $x \in E'(a,\ \delta)$, se cumple también $|\ln f - \ln L| < \varepsilon$, si $x \in E'(a,\ \delta)$. Siendo $\varepsilon > 0$, $e^\varepsilon > 1$ y $e^{-\varepsilon} < 1$ y, si $x \in E'(a,\ \delta)$, entonces $\left|\frac{f}{L}\right| = 1$ y podemos escribir:

$$e^{-\varepsilon} < \left|\frac{f}{L}\right| < e^{\varepsilon} \quad \text{tal que } x \in E'(a, \delta)$$

Tomamos logaritmo natural a los tres miembros, recordando que $ln\,e = 1$

$$-\varepsilon < ln\left|\frac{f}{L}\right| < \varepsilon \qquad \text{tal que } x \in E'(a, \delta)$$

o bien
$$-\varepsilon < ln|f| - ln|L| < \varepsilon \qquad \text{tal que } x \in E'(a, \delta)$$

y por la propiedad 5 de módulo dada en 1.5.2

$$|ln\,f - ln\,L| < \varepsilon \qquad \text{tal que } x \in E'(a, \delta)$$

que es lo que tratábamos de demostrar ♦

3.3.18. *Ejemplo.* **a.** $\lim_1 [ln\,x] = ln[\lim_1 x] = ln[1] = 0$. **b.** $\lim_0 \left[ln\,(x+1)\,4\frac{sen\,x}{x}\right] = \lim_0 [ln(x+1)]\,\lim_0 \left(4\,\frac{sen\,x}{x}\right) = ln[\lim_0 (x+1)]\,4\lim_0 \frac{sen\,x}{x} = (ln\,1).4 = 0$.

c. $\lim_{\pi/4}[(sen\,x)^{ln\,(x+2)}] = \left[\frac{\sqrt{2}}{2}\right]^{\lim_{\pi/4} ln\,[(x+2)]} = \left[\frac{\sqrt{2}}{2}\right]^{ln\left(\frac{\pi}{4}+2\right)}.$

3.3.19. *Teorema. Función potencial-exponencial.* Sea $F = f^g$, $\lim_a f = L_1$ y $\lim_a g = L_2$, entonces: $\lim_a F = (L_1)^{L_2}$.

Demostración: Hemos probado que: Si $\lim_a f = L$ entonces $\lim_a ln\,f = ln\,\lim_a f$. Entonces:

$$\lim_a F = e^{ln\,(\lim_a F)} = e^{\lim_a(ln\,F)} =$$

$$e^{\lim_a(ln\,f^g)} = e^{\lim_a[g(ln\,f)]} =$$

$$e^{\lim_a[g]\,\lim_a[ln\,f]} = e^{L_2\,ln\,L_1} =$$

$$e^{ln\,L_1^{L_2}} = L_1^{L_2} = \lim_a F \; ♦$$

3.3.20. *Ejemplo.* **a.** $\lim_1 (1+x)^{(1+x)} = \lim_1 (1+x)^{\lim_1(1+x)} = 2^2 = 4$

b. $\lim_{\pi/4} (sen\,x - 1)^{sen\,x} = \lim_{\pi/4} (sen\,x - 1)^{\lim_{\pi/4} sen\,x} = \left(\frac{\sqrt{2}}{2} - 1\right)^{\frac{\sqrt{2}}{2}}$

c. $\lim_0 \left[\frac{x+1}{cos\,(x+1)}\right]^{ln(x+1)} = \lim_0 \left[\frac{x+1}{cos\,(x+1)}\right]^{\lim_0\,[ln(x+1)]} = \left(\frac{x+1}{cos\,1}\right)^0 = 1$

d. $\lim_0 (x^2 + e^2)^{\frac{sen\,x}{x}} = [\lim_0 (x^2 + e^2)]^{\lim_0 \frac{sen\,x}{x}} = \ln(e^2)^1 = 2$

Ejercicios 3.3

Calcular los siguientes límites.

1. $\lim_a(-2)$. **2.** $\lim_1(2x^2 - x - 1)$. **3.** $\lim_{-1}(-3x^4 + 2)$. **4.** $\lim_{h\to 0}[sen\,(a+h) -$ $sen\,a]$. **5.** $\lim_{t\to 0}(3x - 2t)$. **6.** $\lim_{-2}(x+3)\ln(x+3)$. **7.** $\lim_{-3}(x+2)\ln(x+1)$. **8.** $\lim_1 e^{x-1}\sqrt{x-1}$. **9.** $\lim_e(3x - e)\ln x$. **10.** $\lim_2 \frac{x-2}{x+3}$.

Respuestas:

1. $R: -2$. **2.** $R: 0$. **3.** $R: -1$. **4.** $R: 0$. **5.** $R: 3x$. **6.** $R: 0$. **7.** $R: \nexists \lim_0 f$. **8.** $R: 0$. **9.** $R: 2e$. **10.** $R: 0$.

3.4 Límites laterales

Consideremos ahora la función signo de x; $sgn(x) := \frac{x}{|x|} = \begin{cases} 1 \; si \; x > 0 \\ -1 \; si \; x < 0 \end{cases}$, esta función, no está definida en cero donde presenta un salto de -1 a 1 de forma que, cuando estamos arbitrariamente cerca de cero, la función toma los valores constantes -1 o 1 según que estemos en 0^- o en 0^+, esto es; $sgn\,(0^-) = -1$ y $sgn\,(0^+) = 1$. Queda claro entonces que $sgn(x)$ *no se aproxima a ningún valor definido* al que pudiéramos designar como el límite L cuando nos acercamos a cero como se aprecia en la figura 3.4.1. Decimos en este caso, que *no existe* el límite en $x = 0$ de la función $sgn(x)$.

No obstante lo antedicho observamos que, si nos aproximamos desde la izquierda a $x = 0$, sin considerar lo que sucede cuando hacemos lo mismo desde la derecha, *se cumple* la definición de límite con la sola restricción de acercamos al punto $x = 0$ en una sola dirección esto es: *si nos acercamos a $x = 0$ por valores negativos, $sgn(x)$ se aproxima a -1*. Lo mismo sucede si nos acercamos por la derecha, en efecto en 0^+, $sgn(x)$ es constante igual a 1 y si elegimos $L = 1$, se cumple $|sgn\,(x) - 1| = 0 < \varepsilon$ tal que $0 < |x - 0| < \delta$. De hecho al ser en la semirrecta real derecha $sgn(x) = 1$, se cumplirá siempre que $|sgn\,(x) - 1| = 0 < \varepsilon$ independientemente de la distancia a cero δ. Podemos en consecuencia elegir alternativamente los límites 1 y -1 según que estemos a la derecha o a la izquierda de cero.

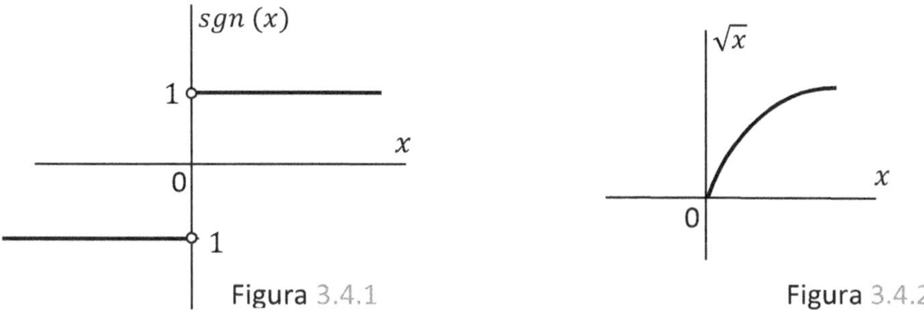

Figura 3.4.1   Figura 3.4.2

En la figura 3.4.2 en cambio vemos el comportamiento de la función $\sqrt{x}$ que en $x = 0$, tiende a cero por la derecha mientras que a la izquierda de cero, la función ni siquiera está definida puesto que no podemos incluir valores negativos en el dominio de $\sqrt{x}$. Definimos entonces los *límites laterales*.

Límite izquierdo

En base a las consideraciones que acabamos de hacer, formalmente definimos *límite lateral* izquierdo de $f(x)$ en a o bien límite en a^-, punto de acumulación del dominio de $f(x)$ como:

3.4.1. *Definición. $f(x)$ tiene límite L en a^-, punto de acumulación de su dominio si:*

$$\forall\, \varepsilon > 0, \exists\, \delta > 0 \,/\, \forall\, x : \left(x \in D_f \wedge a - \delta < x < a \Rightarrow |f(x) - L| < \varepsilon \right)$$

Para la función signo entonces expresamos: $\lim_{x \to 0^-} sgn(x) = -1$ o $\lim_{0^-} sgn(x) = -1$. Expresiones que leemos como: *límite para x que tiende a cero menos (o cero por la izquierda) de $sgn(x)$ es igual a -1 y límite en cero menos (o a la izquierda de cero) de $sgn(x)$ es igual a -1* respectivamente. Para la función $\sqrt{x}$ en cambio no podemos asignar ningún valor para límite izquierdo en $x = 0$ en tanto la función no esta definida en 0^- donde los valores de x no pertenecen al dominio de la función $\sqrt{x}$ y por lo tanto no se cumple la primera condición de límite en la definición, esto es: $x \in D_f$. Con el mismo criterio, definimos *límite lateral derecho*.

Límite derecho

Definimos límite lateral derecho de $f(x)$ en a o bien límite en a^+, punto de acumulación del dominio de $f(x)$ como:

> **3.4.2.** *Definición.* $f(x)$ *tiene límite L en* a^+, *punto de acumulación de su dominio si:*
> $$\forall\, \varepsilon > 0, \exists\, \delta > 0/ \;\forall\, x : (x \in D_f \wedge a < x < a + \delta \Rightarrow |f(x) - L| < \varepsilon)$$

En este caso, decimos que para la función signo: $\lim_{x \to 0^+} sgn(x) = 1$ o $\lim_{0^+} sgn(x) = 1$ y para la función raíz decimos $\lim_{x \to 0^+} \sqrt{x} = 0$.

Ejercicios 3.4

Graficar $f(x)$ y determinar los límites laterales en los puntos a indicados.

1. $f(x) = sgn\, x = \dfrac{x}{|x|}$, $a = 0$.
2. $f(x) = \begin{cases} -\sqrt{x}, & si\ 0 \le x < 1 \\ \ln x, & si\ x \ge 1 \end{cases}$, $a = 0,\ a = 1$.

3. $f(x) = \begin{cases} -x, & si\ x \le 0 \\ 1, & si\ 0 < x < 4 \\ \sqrt{x}, & si\ x \ge 4 \end{cases}$ $a = 0,\ a = 2,\ a = 4$

4. $f(x) = \begin{cases} \sqrt{x}, & si\ 0 \le x < 1 \\ \dfrac{1}{x}, & si\ x > 1 \end{cases}$ $a = 0,\ a = 1$.
5. $f(x) = \begin{cases} -3x - 2, & si\ x < 0 \\ x + 1, & si\ x > 0 \end{cases}$ $a = 0$

6. $f(x) = \begin{cases} x^2 + 1, & si\ x < 1 \\ x + 1, & si\ x \ge 1 \end{cases}$ $a = 1$.
7. $f(x) = |x|$, $a = 0$

Respuestas:

1. $R: \lim_{0^-} \dfrac{x}{|x|} = -1,\ \lim_{0^+} \dfrac{x}{|x|} = 1$. **2.** $R: \nexists \lim_{0^-} f,\ \lim_{0^+} f = 0,\ \lim_{1^-} f = -1,\ \lim_{1^+} f = 0$.
3. $R: \lim_{0^-} f = 0,\ \lim_{0^+} f = 1,\ \lim_{2^-} f = \lim_{2^+} f = 1,\ \lim_{4^-} f = 1,\ \lim_{4^+} f = 2$. **4.** $R: \nexists \lim_{0^-} f,\ \lim_{0^+} f = 0,\ \lim_{1^-} f = \lim_{1^+} f = 1$. **5.** $R: \lim_{0^-} f = -2,\ \lim_{0^+} f = 1$. **6.** $R: \lim_{1^-} f = \lim_{1^+} f = 2$. **7.** $R: \lim_{0^-} |x| = \lim_{0^+} |x| = 0$.

3.5 Inexistencia del límite

Hemos visto hasta ahora, funciones que tienden a *un* valor bien definido en las proximidades de un punto a de su dominio, en cuyo caso decimos que *existe el límite en a* de la función. Vimos también funciones que en las proximidades de un punto a de su dominio, tienden a *dos* valores distintos, uno por la izquierda de a y otro por derecha de a en cuyo caso, hemos dicho que *no existe el límite* en a de la función y a continuación, ampliamos la definición de límite para los casos en que no existe un valor único del límite pero, aun podemos asegurar que existen dos límites, uno izquierdo y otro derecho o bien uno solo de ellos. Es el caso de la función $\sqrt{x}$ que verifica la existencia de límite en $x = 0$ solo por la derecha.

Consideramos ahora funciones que *no tienen definido* límite alguno en un punto, como es el caso de la función $sen\ \dfrac{1}{x}$, cuyo comportamiento en las proximidades de cero, pasamos a describir.

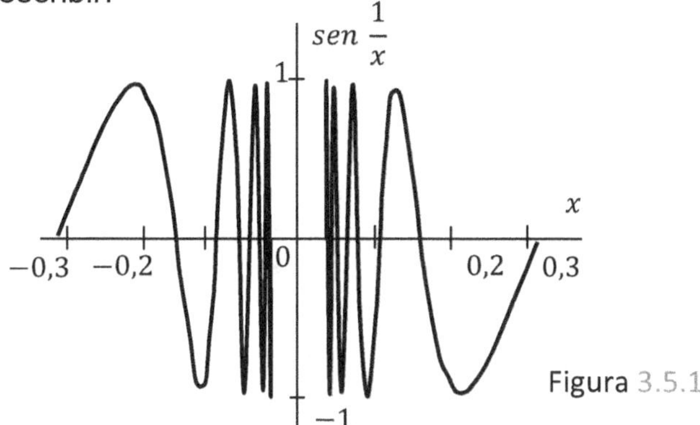

Figura 3.5.1

A medida que nos aproximamos a cero, el argumento de $sen\ \dfrac{1}{x}$ crece indefinidamente y en consecuencia, $sen\dfrac{1}{x}$ toma todos los valores posibles entre -1 y 1 infinitas veces, sin que podamos asignarle un límite L determinado. En 0^+, cada vez que $\dfrac{1}{x}$ tome el valor $\dfrac{1}{x} = 2n\pi$ con $n = 1, 2, 3, \ldots$ la función $sen\ \dfrac{1}{x}$ tomará el valor cero, solamente para crecer hacia 1 un poco más a la izquierda para luego volver a pasar por cero cuando $\dfrac{1}{x}$ tome el valor $\dfrac{1}{x} = (2n + 1)\pi$, desde donde inmediatamente disminuirá a -1 un poco mas a la izquierda. Lo mismo sucederá en los puntos $\dfrac{1}{x} = (n + \dfrac{1}{2})\pi$ desde los que la función pasará de 1 a 0 o de -1 a 0 al desplazarnos hacia la izquierda según que n sea par o impar. Una situación simétrica se presenta en 0^-. Concluimos entonces que *no existe* $\lim_0 sen\dfrac{1}{x}$. Este comportamiento de la función, no se verifica en ningún otro punto de la recta real, distinto de cero, donde la función siempre está bien definida. Su gráfico a medida que nos acercamos a cero, es una aglomeración de segmentos casi rectos que van de -1 a 1, en una sucesión cada vez más densa que no permite seguir con el trazado. La figura 3.5.1, muestra el gráfico de la función. Decimos entonces: $\nexists \lim_0 sen\frac{1}{x}$.

Más desconcertante aun es el comportamiento de la función de DIRICHLET que no tiene un límite definido en ninguna parte de los reales. Recordamos que esa función se define como:

$$f(x) := \begin{cases} 0: x \in \mathbb{Q} \\ 1: x \notin \mathbb{Q} \end{cases}$$

o sea $f = 0$ si x es racional y $f = 1$ si x es irracional. Una aproximación a la representación de esta función, son dos rectas paralelas, una que pasa por cero coincidiendo con el eje x y la otra por uno como en la figura 3.5.2 El teorema de densidad 1.8.3 (*entre dos reales hay siempre un racional y un irracional*) nos dice que es imposible representar racionales e irracionales separados con una distancia finita.

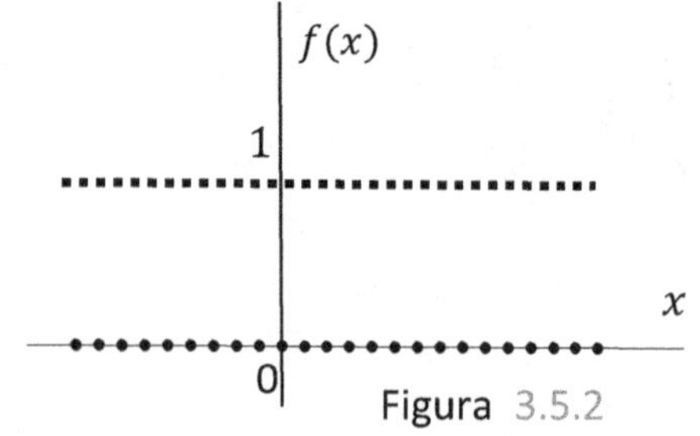

Figura 3.5.2

Esta función, *no tiende a límite alguno en ninguna parte de la recta real*. En efecto cualquiera sea el punto a de su dominio en el que nos situemos, habrá siempre en el intervalo $(a - \delta, a + \delta)$ infinitos puntos donde la función toma el valor 0 e infinitos puntos donde la función toma el valor 1 según se trate de un numero racional o irracional.

Consideremos ahora una ligera modificación de la misma función; $h := \begin{cases} x/\ x \in \mathbb{Q} \\ 0/\ x \notin \mathbb{Q} \end{cases}$ de modo que cuando x es racional, h toma valores sobre la recta $y = x$ y cuando x no es racional, toma valores sobre el eje de las x. Una aproximación a su grafica se muestra en la figura 3.5.3. Esta función, solo tiene límite en $x = 0$ y es $\lim_0 h = 0$.

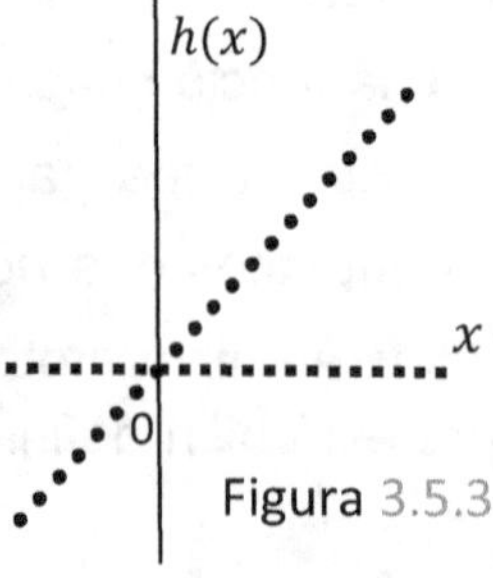

Figura 3.5.3

Hemos representado el eje x como una línea de puntos "*mas densa*" que la de la recta $y = x$ donde se ubican las imágenes de los puntos racionales, conjunto que, según hemos visto, es menos "numeroso" que el de los irracionales. Esta función solo tiene un límite definido en $x = 0$ y es $\lim_0 h = 0$. En $x = 0$ se verifica $|h(x) - 0| < \varepsilon$ si $0 < |x - 0| < \delta$, cosa que no sucede en ningún otro punto. En efecto, cualquier punto no racional "muy" cerca de cero da un valor de $h = 0$ para la función y para todo punto racional "muy" cerca de cero, esto es; $|x - 0| < \delta$, h se acerca a 0 según la recta $h = x$, de forma que se verifica $|h - 0| = |x - 0| < \varepsilon$ en las proximidades de $x = 0$, por lo que podemos fijar un $\delta = \varepsilon$ que verificará la definición de límite. En otro punto $x = a \neq 0$, h tomará valores que se tienden a a sobre la recta $h = x$ o bien $h = 0$ alternativamente, según se considere un punto racional o un punto no racional próximo a a.

3.6 El límite infinito

Retomemos ahora el tratamiento de funciones más familiares, con un comportamiento más previsible, y veamos como se comporta la función $f(x) = \frac{1}{x^2}$ en las proximidades de cero y cuyo gráfico se muestra en la figura 3.6.1.

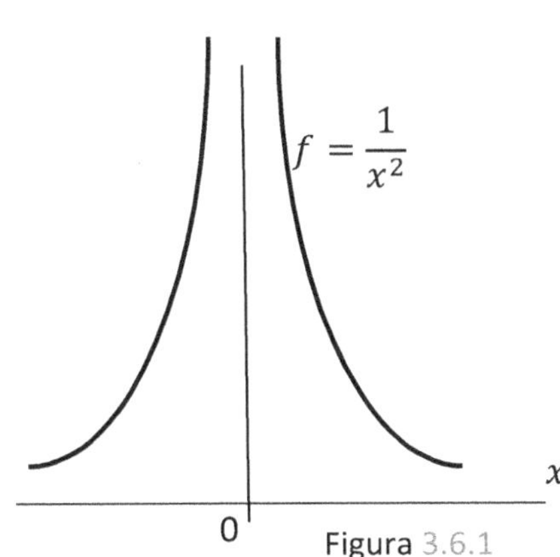

Figura 3.6.1

La función $f = \frac{1}{x^2}$, toma siempre valores positivos ya que sus valores provienen del cociente de dos cantidades positivas. A medida que nos aproximamos a cero, f crece por sobre todo valor real ε. Cualquier valor real ε con el que se quiera acotar f, será rebasado por un valor de f en x tal que $x^2 < \frac{1}{\varepsilon}$ o $x < \frac{1}{\sqrt{\varepsilon}}$. Podemos decir entonces que si x tiende a cero, f tiende a infinito y consecuentemente escribir $\lim_0 f = \infty$, recordando siempre que ∞ no es un número real.

Decimos que $f(x)$ tiende a infinito o que tiene límite infinito, en un punto a de acumulación de su dominio, cuando:

3.6.1. *Definición. $f(x)$ tiene límite ∞ en a, punto de acumulación de su dominio si:*

$$\forall\, \varepsilon \in \mathbb{R},\ \exists\, \delta > 0 /\ \forall\, x :\ (x \in D_f \ \wedge\ 0 < |x - a| < \delta \ \Rightarrow f(x) > \varepsilon)$$

Notemos que ahora, consideramos en particular los valores grandes de ε y no los pequeños, como en el caso de límite finito donde se quiere $|f - L| < \varepsilon$.

Si en lugar de considerar la funcion $f = \frac{1}{x^2}$ consideramos $h = -\frac{1}{x^2}$ tendremos el caso de limite $-\infty$ y será $\lim_0 h = -\infty$. Que definimos como:

3.6.2. *Definición. $f(x)$ tiene límite $-\infty$ en a, punto de acumulación de su dominio si:*

$$\forall\, \varepsilon \in \mathbb{R},\ \exists\, \delta > 0 /\ \forall\, x :\ (x \in D_f \ \wedge\ 0 < |x - a| < \delta \ \Rightarrow f(x) < \varepsilon)$$

El límite lateral infinito

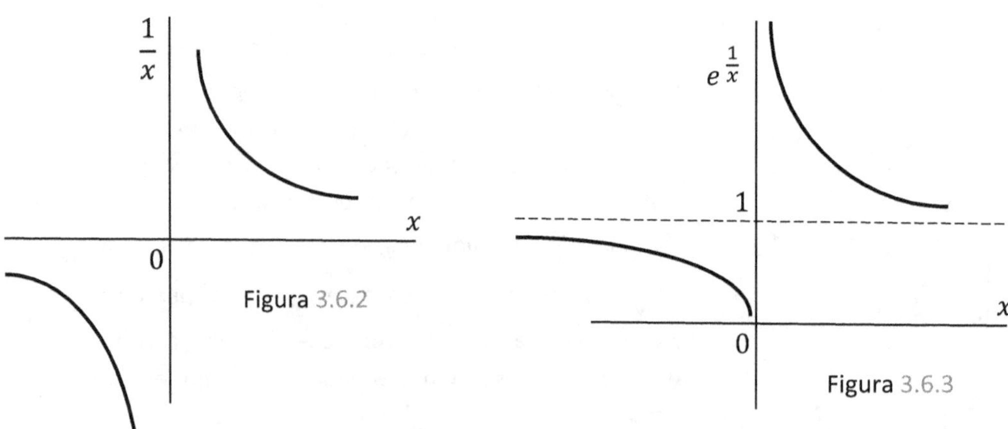

Figura 3.6.2

Figura 3.6.3

La figura 3.6.2 muestra el comportamiento de la función $f = \frac{1}{x}$ en las proximidades de cero dónde ambos límites son infinitos pero $\lim_{0^-} f = -\infty$ y $\lim_{0^+} f = \infty$. La figura 3.6.3 muestra la función $h = e^{\frac{1}{x}}$ que en cero posee límite izquierdo finito y límite derecho infinito: $\lim_{0^-} h = 0$ y $\lim_{0^+} h = \infty$.

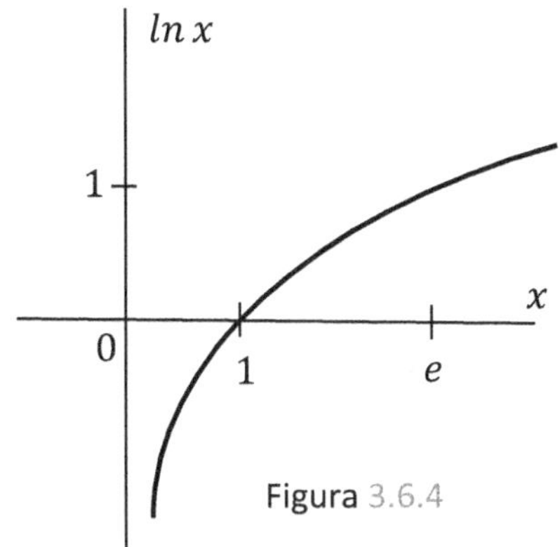

Figura 3.6.4

En la figura 3.6.4 se observa el comportamiento de la función $\ln x$. Esta función, definida en la semirrecta real positiva, no tiene obviamente limite en 0^-, en tanto no está definida para valores de $x < 0$. En cambio, su límite lateral derecho en cero, esta bien definido como límite infinito y es: $\lim_{0^+} \ln x = -\infty$.

Ejercicios 3.6

Calcular los límites laterales.

1. $\lim_{2^{\mp}} \frac{-2}{x-2}$. **2.** $\lim_{-1^{\mp}} \frac{2x}{(x+1)^2}$. **3.** $\lim_{-1^{\mp}} \ln(x+1)$. **4.** $\lim_{1^{\mp}} \frac{x^2}{x-1}$. **5.** $\lim_{1^{\mp}} \frac{sen\, x}{\ln x}$.

Respuestas:

1. $R: \pm\infty$. **2.** $R: -\infty$. **3.** $R: \nexists \lim_{-1^-} \ln(x+1)$, $\lim_{-1^+} \ln(x+1) = -\infty$. **4.** $R: \mp\infty$. **5.** $R: \mp\infty$.

3.7 Límites en el infinito

Ampliamos ahora una vez mas el concepto de límite para considerar el comportamiento de las funciones en un conjunto no acotado. Hasta aquí, restringimos nuestra atención al comportamiento de las funciones en el entorno de un punto a de su dominio y extendimos la definición original de límite, para incluir limites laterales, finitos e infinitos.

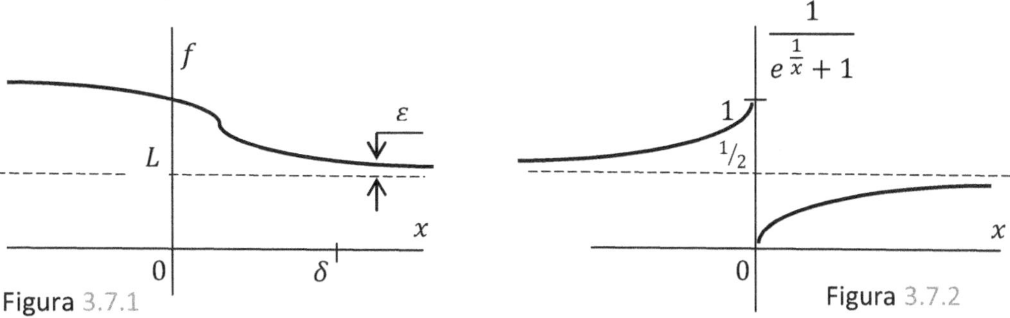

Figura 3.7.1

Figura 3.7.2

En la figura 3.7.1 observamos el comportamiento de la función f que tiende a un valor L cuando x toma valores a la derecha de un valor arbitrario δ o, lo que es lo mismo, x crece indefinidamente, cosa que expresamos como $x > \delta$, mientras que la función f toma valores cada vez mas próximos a un valor bien definido $L \in R$, cosa que expresamos como $|f - L| < \varepsilon$.

Definimos entonces límite L en ∞ para $f : (a, \infty) \to R$ como:

3.7.1. *Definición.* $f : (a, \infty) \to R$ *tiene límite* $L \in R$ *cuando* x *tiende a* ∞ *si:*

$$\forall\, \varepsilon > 0,\ \exists\, \delta > a\, /\, \forall\, x :\ (x \in D_f \wedge x > \delta \Rightarrow |f(x) - L| < \varepsilon)$$

Podemos de igual forma definir el límite L en $-\infty$ para $f : (-\infty,\ b) \to R$ como:

3.7.2. *Definición.* $f : (-\infty,\ b) \to R$ *tiene límite* $L \in R$ *cuando* x *tiende a* $-\infty$ *si:*

$$\forall\, \varepsilon > 0,\ \exists\, \delta < b\, /\, \forall\, x :\ (x \in D_f \wedge x < \delta \Rightarrow |f(x) - L| < \varepsilon)$$

En ambos casos, interesa considerar valores de ε pequeños y de $|\delta|$ grandes. En los casos de límites finitos en cambio, consideramos ε y δ positivos y pequeños.

3.7.3. *Ejemplo.* **a.** La función $h = \dfrac{1}{|x| + 1}$ de la figura 3.1.2, tiene $\lim_{-\infty} h = 0$ y $\lim_{+\infty} h = 0$.

b. La función $f = \dfrac{1}{x}$ de la figura 3.6.2 tiene $lim_{\pm\infty} f = 0$ y podemos especificar: $\lim_{-\infty} f = 0^-$ ya que tiende a cero por valores negativos y $\lim_{+\infty} f = 0^+$ debido a que la función se aproxima a cero por valores positivos.

c. La función $h = e^{\frac{1}{x}}$ de la figura 3.6.3 tiene $\lim_{\pm\infty} h = 1$ y, con mas precisión, $\lim_{-\infty} h = 1^-$ en tanto la función tiende a 1 por valores menores que 1 y $\lim_{+\infty} h = 1^+$ ya que en infinito, h tiende a 1 por valores mayores que 1.

d. La función $sen\, x$ *no tiene* límite alguno cuando $x \to \pm\infty$, ya que al aumentar o disminuir constantemente su argumento, se comporta en las proximidades de ∞ como la función $sen\, \dfrac{1}{x}$ en 0^+ tomando alternativamente valores de que oscilan entre 1 y -1. Simétricamente, $sen\, x$ se comporta en *las proximidades de* $-\infty$, como $sen \frac{1}{x}$ en las proximidades de 0^-. Decimos entonces que la función $sen\ x$, *no tiene límites* en $\pm\infty$.

e. La función $\frac{sen\ x}{x}$ tiene límite cero en $\pm\infty$; $\lim_{-\infty} \frac{sen\ x}{x} = 0$ y $\lim_{\infty} \frac{sen\ x}{x} = 0$.

f. La función $w = \frac{1}{e^{\frac{1}{x}} + 1}$ tiene; $\lim_{-\infty} w = \left(\frac{1}{2}\right)^+$ y $\lim_{+\infty} w = \left(\frac{1}{2}\right)^-$, figura 3.7.2.

3.7.4. *Un límite importante: e.*

$$\lim_{n\to\infty} \left(1 + \frac{1}{n}\right)^n = e \quad \text{o su equivalente} \quad \lim_{n\to 0}(1 + n)^{\frac{1}{n}} = e$$

Probaremos que $2 < \left(1 + \frac{1}{n}\right)^n < 3$; desarrollando el binomio:

$$\left(1 + \frac{1}{n}\right)^n = 1 + n\frac{1}{n} + \frac{n(n-1)}{2!}\frac{1}{n^2} + \frac{n(n-1)(n-2)}{3!}\frac{1}{n^3} + \cdots + \frac{1}{n^n}$$

$$\left(1 + \frac{1}{n}\right)^n = 1 + 1 + \frac{1}{2!}\frac{n(n-1)}{n^2} + \frac{1}{3!}\frac{n(n-1)(n-2)}{n^3} + \cdots + \frac{1}{n^n}$$

$$\left(1 + \frac{1}{n}\right)^n = 1 + 1 + \frac{1}{2!}\frac{(n-1)}{n} + \frac{1}{3!}\frac{(n-1)(n-2)}{n^2} + \cdots + \frac{1}{n^n}$$

$$\left(1 + \frac{1}{n}\right)^n = 1 + 1 + \frac{1}{2!}\left(1 - \frac{1}{n}\right) + \frac{1}{3!}\left(1 - \frac{1}{n}\right)\left(1 - \frac{2}{n}\right) + \cdots + \frac{1}{n^n}$$

en el segundo miembro, cada término de la forma $\left(1 - \frac{p}{n}\right)$ es positivo y menor que uno porque $p < n$ por lo que podemos escribir

$$\left(1 + \frac{1}{n}\right)^n < 1 + 1 + \frac{1}{2!} + \frac{1}{3!} + \cdots + \frac{1}{n!}$$

y además, ya que $\left(1 + \frac{1}{n}\right)^n \geq 2$, $\forall\ n \in \mathbb{N}$:

$$2 < \left(1 + \frac{1}{n}\right)^n < 1 + 1 + \frac{1}{2!} + \frac{1}{3!} + \cdots + \frac{1}{n!}$$

Probaremos ahora que $2 < \left(1 + \frac{1}{n}\right)^n < 3$.

La suma $\frac{1}{2!} + \frac{1}{3!} + \cdots + \frac{1}{n!}$ es menor que la suma $\frac{1}{2} + \frac{1}{2^2} + \frac{1}{2^3} + \cdots + \frac{1}{2^n}$, cuyos términos son mayores, porque $2^n < n!$, entonces

$$2 < \left(1 + \tfrac{1}{n}\right)^{n} < 2 + \tfrac{1}{2} + \tfrac{1}{4} + \cdots + \tfrac{1}{2^n}$$

y recurriendo a la suma de una progresión geométrica 8.5.11, $2 + \tfrac{1}{2} + \tfrac{1}{4} + \cdots + \tfrac{1}{2^n} = 3$. Aun intuitivamente, podemos ver que $1 = \tfrac{1}{2} + \tfrac{1}{4} + \cdots + \tfrac{1}{2^n}$ representa las sucesivas particiones del segmento unidad. Si al intervalo $[0,1]$ lo dividimos justo en su parte media, luego hacemos lo mismo con la mitad derecha y continuamos el proceso de dividir el segmento adyacente a la derecha de la última partición, tendremos una sucesión de segmentos yuxtapuestos que componen el $[0,1]$. Concluimos que:

$$2 < \left(1 + \tfrac{1}{n}\right)^{n} < 3 \quad \blacklozenge$$

Hemos probado que $2 < (1 + \tfrac{1}{n})^{n} < 3 \quad \forall\, n \in \mathbb{N}$. en capítulos posteriores desarrollaremos una expresión para calcular el número e a partir de la expansión de e^{x} en serie de potencias y será $e = 1 + 1 + \tfrac{1}{2!} + \cdots + \tfrac{1}{n!} + \cdots$. Aceptamos por ahora:

$$e = 1 + 1 + \tfrac{1}{2!} + \tfrac{1}{3!} + \cdots = 2.71\ldots$$

Nota: El número e es irracional, o sea que no hay para e una expresión de la forma $e = p/q$ con p y q enteros. La primera prueba de la irracionalidad de e se debe a EULER (1737), el número e como el número π, es *trascendente* y la primera demostración de la trascendencia de e se debe a HERMITE (1873). De un número, se dice que es trascendente, cuando no puede ser obtenido como solución de una ecuación algebraica, esto es: trasciende las reglas del álgebra. El número $\sqrt{2}$, es irracional pero es la solución de la ecuación algebraica $x^2 - 2 = 0$, o sea; es un número algebraico.

Ejercicios 3.7

Calcular los límites.

1. $\lim_{\infty} \dfrac{6x^3 + x}{5x^3 + 2x^2}$. **2.** $\lim_{\infty} \dfrac{x^4 + 2x^3 - 4x^2 + 2}{3x^4 - 1}$. **3.** $\lim_{\pm\infty} \dfrac{x}{(x+1)^2}$. **4.** $\lim_{\pm\infty} \dfrac{sen\, x}{x}$. **5.** $\lim_{\infty} \dfrac{cos\, x}{\ln x}$.

Respuestas:

1. $R: \tfrac{6}{5}$. **2.** $R: \tfrac{1}{3}$. **3.** $R: 0$. **4.** $R: 0$. **5.** $R: 0$.

3.8 El límite infinito en el infinito

Concluimos ahora el tratamiento del límite infinito, considerando los casos en que la función *no tiende a un límite finito L* que acote sus valores al tender x a $+\infty$ o a $-\infty$, definiendo *el límite infinito en infinito* como sigue.

Definimos límite infinito en infinito para $f:(a,\infty)\to R$ como:

> **3.8.1.** *Definición. $f:(a,\infty)\to R$ tiende a ∞ cuando x tiende a ∞ si:*
>
> $$\forall\,\varepsilon\in R,\ \exists\ \delta>a/\ \forall\,x:\ (x\in D_f\wedge x>\delta\Rightarrow f(x)>\varepsilon)$$

Podemos de igual forma definir límite $-\infty$ en ∞ para $f:(a,\infty)\to R$ como:

> **3.8.2.** *Definición. $f:(a,\infty)\to R$ tiende a $-\infty$ cuando x tiende a ∞ si:*
>
> $$\forall\,\varepsilon\in R,\ \exists\ \delta>a/\ \forall\,x:\ (x\in D_f\wedge x>\delta\Rightarrow f(x)<\varepsilon)$$

En ambos casos interesa considerar δ grande y $|\varepsilon|$ grande. Con ligeras modificaciones podemos definir los límites infinitos positivo y negativo cuando x tiende a infinito por valores negativos para $f:(-\infty,b)\to R$ y $x<\delta<b$.

3.8.3. *Ejemplo.* **a.** La función identidad $f=x$, tiende a $+\infty$ cuando x tiende a $+\infty$ y tiende a $-\infty$ cuando x tiende a $-\infty$. Lo indicamos como: $\lim_{-\infty}f=-\infty$ y $\lim_{\infty}f=\infty$, figura 3.8.1.

b. $g(x)=x^2-1$, tiene los límites: $\lim_{-\infty}x^2-1=\infty$ y $\lim_{\infty}x^2-1=\infty$, fig. 3.8.2.

c. $h(x)=(x-1)^3$, tiene los límites: $\lim_{-\infty}(x-1)^3=-\infty$ y $\lim_{\infty}(x-1)^3=\infty$, figura 3.8.3.

d. $w(x)=e^x$, tiene los límites $\lim_{\infty}e^x=\infty$ y $\lim_{-\infty}e^x=0$, figura 3.8.4.

e. $\ln x$ tiende a infinito en infinito: $\lim_{\infty}\ln x=\infty$, figura 3.6.4.

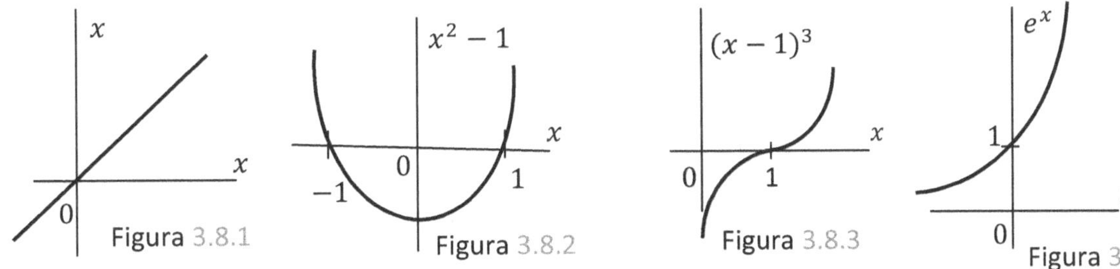

Figura 3.8.1   Figura 3.8.2   Figura 3.8.3   Figura 3.8.4

Ejercicios 3.8

Calcular los límites en infinito.

1. $\lim_{\pm\infty}(-8x^3 + 2x - 1)$. **2.** $\lim_{\pm\infty}(x^5 - 4x^3 + 2)$. **3.** $\lim_{\pm\infty}(2x^4 - 2)$. **4.** $\lim_{\pm\infty}(-3x^6 + 2x^3)$. **5.** $\lim_{\pm\infty} x \ln x$.

Respuestas:

1. R: $\mp\infty$. **2.** R: $\pm\infty$. **3.** ∞. **4.** R: $-\infty$. **5.** R: $\nexists \lim_{\infty} x \ln x$, $\lim_{\infty} x \ln x = \infty$.

3.9 Límites indeterminados

Como límites indeterminados, se designan las formas

$$\frac{0}{0};\ \frac{\infty}{\infty};\ 0.\infty;\ 0^0;\ \infty^0;\ 1^\infty;\ \infty - \infty$$

ninguna de las siete "operaciones" indicadas, tiene sentido en R, vale decir, no se justifican por los axiomas que sustentan el sistema de los números reales. Con estas expresiones, solo abreviamos la notación para indicar que las variables tienden a un cierto valor. Así, si $\lim_a f = \lim_a g = 0$ y $\lim_a h = \infty$, nos referimos al $\lim_a \frac{f}{g}$ como a la forma $\frac{0}{0}$, es el caso de $\lim_0 \frac{sen\,x}{x}$ que ya tratamos en 3.3.8, y a una expresión como $\lim_a h^f$ la designamos como forma ∞^0. El caso 0^∞, no entra dentro de las formas indeterminadas porque está claro que $\lim_a f^h = 0$. En capítulos posteriores se verá una regla práctica para tratar estos casos.

3.9.1. *Ejemplo.* Forma $\frac{0}{0}$. **a.** $\lim_0 \frac{x^2}{x} = \lim_0 x = 0$, **b.** $\lim_0 \frac{x}{x^2} = \lim_0 \frac{1}{x} = \infty$,

c. $\lim_0 \frac{5x^3 + 3x^2}{7x^2 + 2x} = \lim_0 \frac{x^2(5x+3)}{x^2(7 + 2/x)} = \frac{\lim_0 (5x+3)}{\lim_0 (7 + 2/x)} = \frac{3}{7 + \infty} = 0$

d. $\lim_0 \frac{\sqrt{1+x} - 1}{x} = \lim_0 \frac{(1+x) - 1}{x[\sqrt{1+x} + 1)]} = \lim_0 \frac{1}{\sqrt{1+x} + 1} = \frac{1}{2}$

e. $\lim_0 \frac{sen\,\pi x}{x} = \pi \lim_0 \frac{sen\,\pi x}{\pi x} = \pi$

3.9.2. *Ejemplo.* Forma $\frac{\infty}{\infty}$. **a.** $\lim_\infty \frac{x^2}{x} = \lim_\infty x = \infty$, **b.** $\lim_\infty \frac{x}{x^2} = \lim_\infty \frac{1}{x} = 0$. Esta forma es equivalente a la anterior. Para los cocientes de polinomios tomamos como factor en el numerador y en el denominador, x con su mayor exponente.

c. $\lim_\infty \dfrac{5\,x^3+3\,x^2+6}{7\,x^2+2\,x+4} = \dfrac{\lim_\infty x^3\,(5+3/x+6/x^3)}{\lim_\infty x^2\,(7+2/x+4/x^2)} = \dfrac{\lim_\infty x\,(5+3/x+6/x^3)}{\lim_\infty\,(7+2/x+4/x^2)} = \dfrac{\infty(5+0+0)}{7+0+0} = \infty$

d. $\lim_\infty \dfrac{6\,x-4}{5\,x^2+2} = \dfrac{\lim_\infty x\,(6-4/x)}{\lim_\infty x^2\,(5+2/x^2)} = \dfrac{\lim_\infty(6-4/x)}{\lim_\infty x\,(5+2/x^2)} = \dfrac{6-0}{\infty\,(5+0)} = 0.$

e. $\lim_\infty \dfrac{3\,x^3-5\,x}{8\,x^3+6} = \lim_\infty \dfrac{x^3\,(3-5/x^2)}{x^3(8+6/x^3)} = \dfrac{\lim_\infty(3-5/x^2)}{\lim_\infty\,(8+6/x^3)} = \dfrac{3}{8}.$

El límite en infinito del cociente de polinomios es infinito si el numerador es de mayor grado que el denominador y cero si el denominador es de mayor grado que el numerador. Si son de igual grado, el límite es el cociente de los coeficientes de los términos de mayor grado.

3.9.3. *Ejemplo.* Forma $\infty - \infty$. **a.** $\lim_1\left[\dfrac{2}{x^2-1} - \dfrac{1}{x-1}\right] = \lim_1 \dfrac{2-(x+1)}{x^2-1} = \lim_1 \dfrac{1-x}{x^2-1} = -\dfrac{1}{2}$

b. $\lim_\infty \sqrt{x^2+1} - x = \lim_\infty \dfrac{1}{\sqrt{x^2+1}+x} = 0.$ Las formas $0.\infty$, 0^0, ∞^0 y 1^∞ se resolverán oportunamente, al tratar específicamente el tema en 6.3.

Ejercicios 3.9

Límites indeterminados.

1. $\lim_\infty \dfrac{x}{x-4}$. **2.** $\lim_\infty \dfrac{6x^3+x}{5x^3+2x^2}$. **3.** $\lim_\infty \dfrac{x^4+2x^3-4x^2+2}{3x^4-1}$. **4.** $\lim_\infty\left(\sqrt{x^2-4}-x\right)$. **5.** $\lim_\infty\left(x-\sqrt{x^2+2}\right)$.

Respuestas:

1. $R: 1.$ **2.** $R: \dfrac{6}{5}.$ **3.** $R: \dfrac{1}{3}.$ **4.** $R: 0$. **5.** $R: 0.$

3.10 Asíntotas horizontal y vertical

Cuando parte de una curva se aleja indefinidamente del origen de coordenadas, puede darse el caso que se aproxime a una recta manteniéndose próxima a la recta por un lado figura 3.10.a o cortándola infinitas veces, figura 3.10.b. Si existe una recta, a la que la curva $y = f(x)$ se mantenga siempre próxima cuando se aleja del origen, a esa recta la llamamos *asíntota*, figuras 3.10. Con más precisión, diremos que un punto de coordenadas x e y, $P(x,y)$ sobre una curva $y = f(x)$, tiende a infinito o se aleja hacia el infinito si la distancia al origen de las coordenadas aumenta indefinidamente, figura 3.10.a. Las asíntotas, según su pendiente, son oblicuas, horizontales o verticales. De las asíntotas oblicuas, nos ocuparemos en 6.4.8.

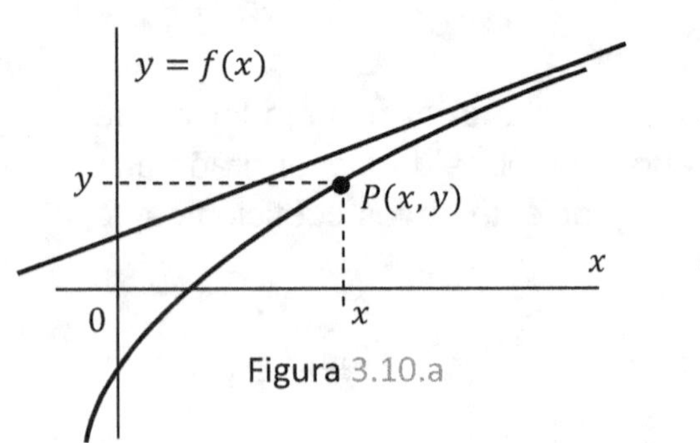

Figura 3.10.a

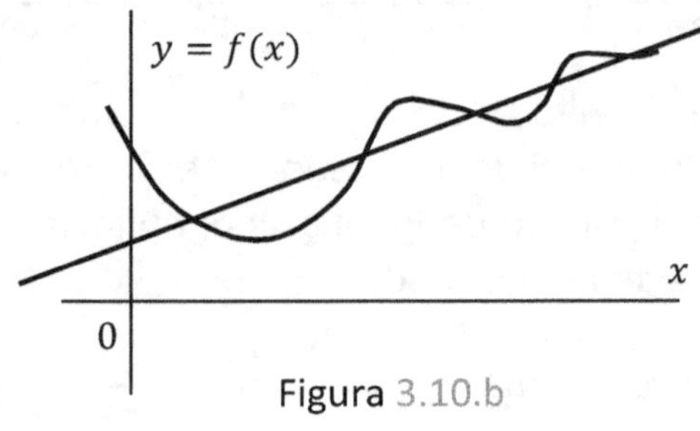

Figura 3.10.b

3.10.1. *Asíntota horizontal.* Cuando un punto $P(x, y)$ sobre la curva $y = f(x)$ se aleja del origen manteniendo fijo el valor de la coordenada y, la curva tiene una asíntota horizontal. Es el caso $\lim_\infty f = k$.

3.10.2. *Ejemplo.* **a.** $y = \frac{1}{x}$ tiene por asíntota horizontal al eje x, $\lim_{\pm\infty} \frac{1}{x} = 0$. **b.** $y = \frac{sen\,x}{x}$ tiene como asíntota horizontal el eje x al que corta infinitas veces, $\lim_{\pm\infty} \frac{sen\,x}{x} = 0$. **c.** $y = e^{\frac{1}{x}}$ tiene como asíntota horizontal la recta $y = 1$, $\lim_\infty e^{\frac{1}{x}} = 1$. **d.** $y = \frac{1}{e^{\frac{1}{x}} + 1}$ tiene como asíntota horizontal la recta $y = \frac{1}{2}$, $\lim_\infty \frac{1}{e^{\frac{1}{x}} + 1} = \frac{1}{2}$.

3.10.3. *Asíntota vertical.* Cuando un punto $P(x, y)$ sobre la curva $y = f(x)$ se aleja del origen manteniendo fijo el valor de la coordenada x, la curva tiene una asíntota vertical. Es el caso $\lim_a f = \infty$.

3.10.4. *Ejemplo.* **a.** $y = \frac{1}{x}$ tiene por asíntota vertical al eje y, $\lim_{0\pm} \frac{1}{x} = \pm\infty$, y puede considerarse como dos asíntotas superpuestas con sentidos opuestos. **b.** $y = \ln x$ tiene como asíntota vertical el eje y al que se aproxima por la derecha en $x = 0$, $\lim_{0+} \ln x = -\infty$. **c.** $y = e^{\frac{1}{x}}$ tiene como asíntota vertical al eje y, $\lim_{0+} e^{\frac{1}{x}} = \infty$. **d.** $y = tan\,x$ tiene como asíntotas verticales, las rectas $x = \frac{\pi}{2} + k\pi$ con k entero.

Ejercicios 3.10

Localizar las asíntotas verticales y horizontales de las siguientes funciones.

1. $f(x) = \dfrac{1}{\sqrt{1-x^2}}$. **2.** $f(x) = \dfrac{2x}{(x-1)^2}$. **3.** $f(x) = \dfrac{sen\,x}{x}$. **4.** $f(x) = \dfrac{sen\,x}{\ln x}$. **5.** $f(x) = \dfrac{cos\,x}{\sqrt{x}}$.

Respuestas:

1. $R: as.V.x = \pm 1$. **2.** $R: as.V.x = 1, as.H.y = 0$. **3.** $R: as.H.y = 0$. **4.** $R: as.V.x = 1, as.H.y = 0$. **5.** $R: as.V.x = 0, as.H.y = 0$.

4 FUNCIONES CONTINUAS

Estudiaremos ahora las funciones continuas, cuya propiedad fundamental es la de experimentar pequeños cambios cuando x tiene un pequeño cambio. Esta propiedad hace que estén fuertemente relacionadas con la estabilidad de los sistemas físicos. Digamos que cuando un sistema físico está descripto por una función continua $f(x)$, ante una pequeña perturbación o cambio en x, reacciona con una pequeña respuesta o cambio en $f(x)$. Los cambios se producen con cierta suavidad, no hay cambios abruptos.

4.1 Continuidad

Partiremos de la idea intuitiva de *línea continua* para ir luego precisando el concepto. Entendemos por línea continua a aquella que podemos dibujar sin alzar el lápiz del papel.

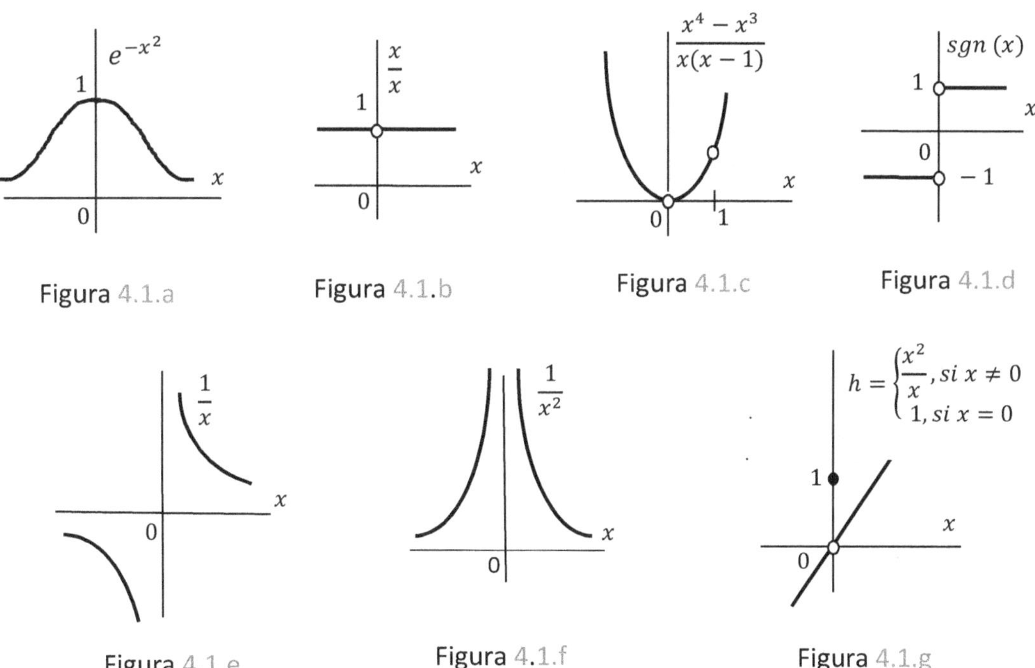

Figura 4.1.a   Figura 4.1.b   Figura 4.1.c   Figura 4.1.d

Figura 4.1.e   Figura 4.1.f   Figura 4.1.g

En los ejemplos que ilustramos, solo e^{-x^2} de la figura 4.1.a puede trazarse sin alzar el lápiz del papel. En cambio $\frac{x}{x}$ de la figura 4.1.b, tiene una *discontinuidad* en $x = 0$ que no permite continuar el trazado, otro tanto sucede con $\frac{x^4 - x^3}{x(x-1)}$ de la figura

4.1.c, que se comporta como x^2 excepto en $x = 0$ y $x = 1$ donde presenta discontinuidades. El caso de la función $sgn\, x$ de la figura 4.1.d, es más notorio ya que pasa de -1 a 1, dando un *salto finito* cuando nos desplazamos desde $x = 0^-$ a $x = 0^+$ en el dominio de la función. En la función $\frac{1}{x}$ de la figura 4.1.e, hay un *salto infinito*, que impide realizar su trazado al pasar de $x = 0^-$ a $x = 0^+$. Por último la función $\frac{1}{x^2}$ de la figura 4.1.f, que en $x = 0$ no está definida y tiene límite infinito, hechos estos que impiden realizar su trazado y pasar de $x = 0^-$ a $x = 0^+$.

Para precisar entonces el concepto de continuidad, comenzaremos por definir *función continua en un punto*.

4.1.1. *Definición.* $f(x)$ *es continua en a, punto de acumulación de su dominio si:*

1. $\exists\, f(a)$

2. $\exists\, \lim_a f(x)$ y es finito.

3. $\lim_a f(x) = f(a)$

Debemos advertir que el tercer punto de la definición, **3.** $\lim_a f(x) = f(a)$, puede tomarse como la definición misma de continuidad ya que esta condición implica que se han de verificar los dos condiciones anteriores a saber: **1.** $\exists\, f(a)$ y **2.** $\exists\, \lim_a f(x)$ en tanto la igualdad del tercer punto, no podría ser establecida de no existir $f(a)$ y no ser $\lim_a f(x)$ finito. Nótese que $\lim_a f(x) = f(a)$ también nos dice que $\lim_a f(x) = f(\lim_a x)$.

La definición 4.1.1 desglosada en sus tres puntos, nos permite verificar paso a paso si una función es continua en un punto a.

4.1.2. *Ejemplo.* **a.** No existe $f(0)$ en la función $\frac{x}{x}$ de la figura 4.1.b por lo que no se cumple la primera condición de continuidad en $x = 0$, lo mismo sucede con los puntos $x = 0$ y $x = 1$ de la función de la figura 4.1.c. **b.** La función h de la figura 4.1.g cumple en $x = 0$ la primera condición pues está definida $h(0) = 1$, cumple también la segunda condición porque tiene $\lim_0 h(x) = 0$, pero no verifica la tercera condición, $\lim_0 h(x) = h(0)$. **c.** La función $\frac{1}{x^2}$ de la figura 4.1.f no está definida en $x = 0$ y, aunque le agináramos ahí un valor cualquiera, en tanto su ley de asignación no comprende $x = 0$, no puede cumplir la condición de límite finito en $x = 0$.

Nota: Si el punto a es un punto aislado del dominio de f, basta que esté definida $f(a)$ para que f sea continua en a.

Definimos ahora el mismo concepto de continuidad en términos $\varepsilon - \delta$ como lo hicimos al definir el límite de una función.

4.1.3. *Definición. $f(x)$ es continua en a, punto de acumulación de su dominio si:*

$$\forall\, \varepsilon > 0, \exists\, \delta > 0 / \,\forall\, x : (x \in D_f \,\wedge\, |x - a| < \delta \Rightarrow |f(x) - f(a)| < \varepsilon)$$

En esta definición, que nos recuerda la 3.2.1 que dimos para el límite de una función, hemos puesto $|x - a| < \delta$ en el lugar de $0 < |x - a| < \delta$ como en 3.2.1 porque ahora necesitamos que x alcance el valor $x = a$ y, en el lugar de $|f(x) - L| < \varepsilon$ como en 3.2.1, hemos escrito $|f(x) - f(a)| < \varepsilon$ porque justamente se requiere que $L = f(a)$. Cuando una función no cumple las condiciones de continuidad en un punto a, decimos que es *discontinua* en a.

4.1.4. *Tipos de discontinuidad.* Si confrontamos las funciones $\frac{x}{x}$ de la figura 4.1.b y $\frac{x^4 - x^3}{x(x-1)}$ de la figura 4.1.c con las funciones $\frac{1}{x}$ de la figura 4.1.e y $\frac{1}{x^2}$ de la figura 4.1.f, vemos una diferencia significativa en la forma de ser discontinuas, en tanto la situación es subsanable en los dos primeros casos, en los otros dos casos el panorama es más complicado.

En los dos primeros casos, podríamos unir el trazado de las funciones *completándolo* con solo agregar un punto allí donde se interrumpe, mientras que en los otros dos casos, la reunión de los diferentes tramos no es posible, bien porque la función escapa al infinito, bien porque los límites laterales son distintos en el punto de discontinuidad y no pueden aproximarse. Distinguimos así dos tipos de discontinuidad.

4.1.5. *Definición.* Decimos que $f(x)$ tiene una *discontinuidad evitable* en a, cuando es discontinua en a pero existe el límite en a de $f(x)$.

4.1.6. *Ejemplo.* **a.** La función $f = \frac{x}{x}$ de la figura 4.1.b, puede ser completada por continuidad haciendo $f(0) = \lim_a f(x) = 1$, tenemos así una extensión $\hat{f}$ de f

definida como: $\hat{f} = f$ si $x \neq 0$ y $\hat{f} = 1$ si $x = 0$. La nueva función $\hat{f}$ es continua en $x = 0$. **b.** La función $h = \dfrac{x^2}{x}$ si $x \neq 0$, $h = 1$ si $x = 0$, de la figura 4.1.g puede modificarse para obtener una función $\hat{h}$, *reasignando* h en $x = 0$ donde le daremos el valor de $\lim_a h = 0$. Queda definida así $\hat{h} = h$ si $x \neq 0$ y $\hat{h} = 0$ si $x = 0$, que es continua en $x = 0$. **c.** La función $w = x\,sen\,\dfrac{1}{x}$ no está definida en $x = 0$, pero $\lim_0 x\,sen\,\dfrac{1}{x} = 0$ como se calculó en 3.3.8.a. Podemos definir entonces $\hat{w} = w$ si $x \neq 0$ y $\hat{w}(0) = \lim_0 w = 0$ que es continua en $x = 0$.

4.1.7. *Definición.* Decimos que $f(x)$ tiene una *discontinuidad esencial* o *no evitable* en a, cuando es discontinua en a y no existe el límite finito en a de $f(x)$.

4.1.8. *Ejemplo.* **a.** La función $sgn\,x$ de la figura 4.1.d no puede completarse por continuidad agregando un punto porque sus límites laterales son distintos y sus partes positiva y negativa siempre permanecerán *disconexas*. **b.** La función $\dfrac{1}{x^2}$ de la figura 4.1.f, tiene una discontinuidad esencial en $x = 0$ porque ahí no tiene límite finito. **c.** La función $sen\,\dfrac{1}{x}$ tiene una discontinuidad esencial en $x = 0$, que no es removible por agregado de un punto en $x = 0$, sus trazados en $x = 0^-$ y $x = 0^+$ permanecerán siempre disconexos.

4.1.9. *Función semicontinua.* Cuando una función cumple las condiciones de continuidad, solo a la izquierda o a la derecha de un punto a, decimos que es semicontinua en a o que es *continua por un lado* en a.

4.1.10. *Ejemplo.* La función $\sqrt{x}$ es semicontinua en $x = 0$, o bien continua en $x = 0^+$. Por la izquierda de cero no existe, pero a la derecha de cero se comporta perfectamente como función continua, a saber: **1.** $\exists\,f(0)$, **2.** $\exists\,\lim_{0^+} f(x)$ y es finito. **3.** $\lim_{0^+} f(x) = f(0)$.

Ejercicios 4.1

Observando los gráficos de las siguientes funciones, ya estudiadas en los ejercicios de la sección 3.2, determinar cuales de ellas son continuas en los puntos a indicados. Cuando no fueran continuas, identificar cuales de las tres condiciones de la definición 4.1.1 se cumplen y cuales no se cumplen.

1. $f(x) = \begin{cases} -x, & si\ x \le 0 \\ 1, & si\ 0 < x < 4 \\ \sqrt{x}, & si\ x \ge 4 \end{cases}$ $a = 0;\ 2;\ 4.$ **2.** $f(x) = \begin{cases} \sqrt{x}, & si\ 0 \le x < 1 \\ \frac{1}{x}, & si\ x > 1 \end{cases}$ $a = 0;\ 1$

3. $f(x) = \begin{cases} x^2 + 1, & si\ x < 1 \\ x + 1, & si\ x \ge 1 \end{cases}$ $a = 1.$ **4.** $f(x) = \begin{cases} -3x - 2, & si\ x < 0 \\ x + 1, & si\ x > 0 \end{cases}$ $a = 0$

5. $f(x) = |x|$ $a = 0.$ **6.** $f: N \to R,\ f(x) = \dfrac{1}{2x}$ $a = 1,\ a = 2.$

Respuestas:

1. $R: en\ a = 0,$ f no es continua, se cumple que; $\exists f(0)$, no se cumple que; $\exists \lim_0 f(x) \Rightarrow$ no se cumple $\lim_0 f(x) = f(0)$, en $a = 2$, f es continua, se cumple que; $\exists f(2) = 1$, $\exists \lim_2 f(x) = 1$ y $\lim_2 f(x) = f(2) = 1$, en $a = 4$ f no es continua, se cumple que; $\exists f(4) = 2$, no se cumple $\exists \lim_4 f(x) \Rightarrow$ no se cumple $\lim_4 f(x) = f(4)$, figura e.3.2.1. **2.** $R: en\ a = 0,$ f es semicontinua, se cumple que; $\exists f(0) = 0$, $\exists \lim_{0^+} f(x) = 0$ y $\lim_{0^+} f(x) = f(\lim_{0^+} x) = 0$, en $a = 1$ f no es continua, no se cumple $\exists f(1)$, se cumple que $\exists \lim_1 f(x), \Rightarrow$ no se cumple $\lim_1 f(x) = f(1)$, figura e.3.2.2. **3.** $R: en\ a = 1,$ f es continua, se cumple que; $\exists f(1) = 2$, se cumple $\exists \lim_1 f(x) = 2$ y se cumple $\lim_1 f(x) = f(1) = 2$, figura e.3.2.3. **4.** $R: en\ a = 0,$ f no es continua, no se cumple que; $\exists f(0)$, $\exists \lim_0 f(x)$ y tampoco se cumple que $\lim_0 f(x) = f(0)$, figura e.3.2.4. **5.** $R: en\ a = 0,$ f es continua, se cumple que; $\exists f(0) = 0$, $\exists \lim_0 f(x) = 0$ y $\lim_0 f(x) = f(0) = 0$, figura e.3.2.5. **6.** Los puntos de f, son todos puntos aislados y por lo tanto, f no puede ser continua en el sentido de la definición 4.1.1, figura e.3.2.6.

En las funciones de los ejercicios 1 a 6, distinguir los tipos de discontinuidad y cuando fuera posible, hacer las restricciones o extensiones necesarias para que la función sea continua.

Respuestas:

1. $f(x) = \begin{cases} -x, & si\ x \le 0 \\ 1, & si\ 0 < x < 4 \\ \sqrt{x}, & si\ x \ge 4 \end{cases}$, tiene discontinuidades esenciales, es semicontinua en 0^- y semicontinua en 4^+. **2.** $f(x) = \begin{cases} \sqrt{x}, & si\ 0 \le x < 1 \\ \frac{1}{x}, & si\ x > 1 \end{cases}$ es continua en $x = 0^+$ y en

$x = 1$ tiene una discontinuidad evitable ya que $\nexists f(1)$ pero $\exists \lim_{1^-} f(x) = \lim_{1^+} f(x) = 1$, por lo que se puede evitar la discontinuidad haciendo $\hat{f}(x) = \begin{cases} f(x), \ si \ x \neq 1 \\ 1, \ si \ x = 1 \end{cases}$, que es continua en $x = 1$. **3.** $f(x) = \begin{cases} x^2 + 1, \ si \ x < 1 \\ x + 1, \ si \ \ x \geq 1 \end{cases}$ es continua en todo su dominio. **4.** $f(x) = \begin{cases} -3x - 2, \ si \ x < 0 \\ x + 1, \ si \ x > 0 \end{cases}$ tiene una discontinuidad esencial o no evitable en $x = 0$ donde $\lim_{0^-} f = -2 \neq \lim_{0^+} f = 1$. Puede definirse $\hat{f}(x) = \begin{cases} f, \ si \ x < 0 \\ -2, \ si \ \ x = 0 \end{cases}$ continua en 0^- o bien $\tilde{f}(x) = \begin{cases} f, \ si \ x > 0 \\ 1, \ si \ \ x = 0 \end{cases}$ continua en 0^+. **5.** $f(x) = |x|$ es continua en todo su dominio. **6.** $f : \mathrm{N} \to \mathrm{R}, f(x) = \frac{1}{2x}$ es discontinua en todo su domino en el sentido de la definición 4.1.1 y no puede hacerse ninguna extensión o restricción que la hagan continua o semicontinua.

4.2 Propiedades de las funciones continuas

Comprobaremos en esta sección, que las operaciones algebraicas entre funciones continuas y la composición de funciones continuas, generan funciones continuas, y en consecuencia tendremos una forma sencilla de construir funciones continuas, y averiguar si una función dada es continua.

4.2.1. *Acotación y conservación del signo.* Si una función es continua en a, tiene límite en a entonces: por el teorema 3.3.4, se mantiene acotada en un entorno de a. De la misma forma, por el teorema 3.3.5 conserva el signo en un entorno de a.

4.2.2. *Teorema. Suma de funciones continuas.* Si f es continua en a y g es continua en a: $h = f + g$ es continua en a.

Demostración: Debemos probar que $h = f + g$ es continua en a o bien que $\lim_a h = h(a)$.

Por 3.3.9 (*Suma de límites*) sabemos que si $h = f + g$, $\lim_a h = \lim_a f + \lim_a g$ y como f y g son continuas, se cumple que $\lim_a f = f(a)$ y $\lim_a g = g(a)$ entonces:

$$\lim_a h = \lim_a f + \lim_a g = f(a) + g(a)$$

$$\lim_a h = h(a) \ \blacklozenge$$

4.2.3. *Teorema. Producto de funciones continuas.* Si f es continua en a y g es continua en a: $h = f.g$ es continua en a.

4.2.4. *Teorema. Cociente de funciones continuas.* Si f es continua en a y g es continua en a: $h = \dfrac{f}{g}$ es continua en a si $g(a) \neq 0$.

4.2.5. *Teorema. Composición de funciones continuas.* Si $g{\circ}f$ es una composición de funciones como se vio en 2.5.8, $f(x)$ es continua en a y $g(y)$ es continua en $b = f(a)$, puntos de acumulación de sus respectivos dominios; $g{\circ}f$ es continua en a.

Demostración: Si g es continua en b

$$|y - b| < \delta_1 \implies |g(y) - g(b)| < \varepsilon$$

pero $y = f(x)$ y $b = f(a)$ entonces

$$(*) \qquad |f(x) - f(a)| < \delta_1 \implies |g[f(x)] - g[f(a)]| < \varepsilon$$

y como f es continua en a

$$(**) \qquad |x - a| < \delta \implies |f(x) - f(a)| < \delta_1$$

de (*) y (**) obtenemos $|y - b| < \delta_1 \implies |g[f(x)] - g[f(a)]| < \varepsilon$

que es la condición para que $(g{\circ}f)(x) = g[f(x)]$ sea continua en a ♦

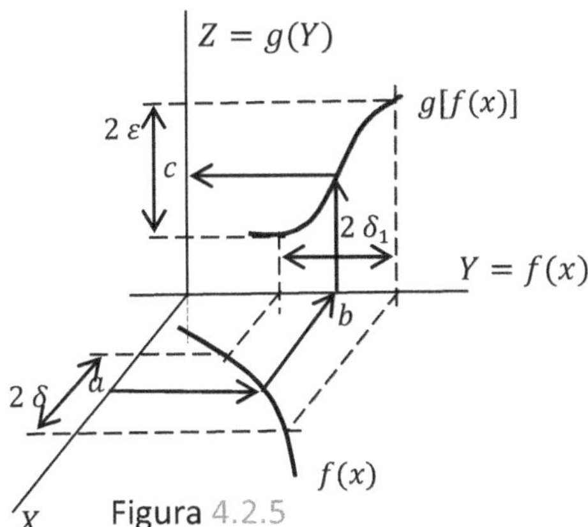

Figura 4.2.5

En la figura 4.2.5, se puede observar que el punto a es transformado en el punto b por la función f y a su vez el punto b es transformado por la función g en el punto

c. El entorno $E(a,\ \delta)$ en el conjunto X de las x, es transformado en el entorno $E(b, \delta_1)$ por la función f y este entorno es transformado por la función g en el entorno $E(c, \varepsilon)$.

4.2.6. *Consecuencia*. Aplicando los teoremas anteriores, es inmediato ver que ciertas funciones son continuas o bien identificar sus discontinuidades como así también construir funciones continuas. Los polinomios $f = a_n x^n + \cdots + a_1 x + a_0$, provienen de operaciones algebraicas entre constantes y la función identidad x que son continuas, en consecuencia; los polinomios son funciones continuas. Surge inmediatamente que las funciones racionales son continuas por ser cociente de polinomios que son funciones continuas y presentan discontinuidades en los ceros del denominador. La función exponencial e^x es continua y de ello deriva que las trigonométricas son continuas donde estuvieran definidas.

Ejercicios 4.2

Localizar y clasificar las discontinuidades de las siguientes funciones.

1. $f(x) = \dfrac{x^4 - 3x^2 + 1}{x^2 - 1}$. **2.** $\dfrac{sen\,x}{x}$. **3.** $\dfrac{x}{sen\,x}$. **4.** $\sqrt[3]{\dfrac{1}{x^2}}$. **5.** $\ln\left(\dfrac{x^2}{1 - x^2}\right)$.

Respuestas:

1. R: en $x = \pm 1$, hay discontinuidades esenciales. **2.** R: en $x = 0$, hay una discontinuidad evitable. **3.** R: en $x = 0$, hay una discontinuidad evitable, en $x = \pm n\,\pi$, $n = 1,2,3,\ldots$ tiene discontinuidades no evitables. **4.** R: en $x = 0$, hay una discontinuidad esencial. **5.** R: en $x = 0$ y en $x = \pm 1$, hay discontinuidades esenciales.

4.3 Continuidad en un conjunto

La continuidad en un punto a es una *propiedad local,* pues se refiere al comportamiento de la función en un entorno de a.

Una *propiedad global* en cambio, se verifica en la totalidad de un dominio o conjunto. Trataremos ahora una propiedad global de las funciones, la continuidad en un conjunto.

4.3.1. *Definición. Continuidad en un conjunto.* Una función f es continua en un conjunto, si es continua en cada punto de ese conjunto.

Si el conjunto considerado es un intervalo $[a, b]$, en el punto a solo exigiremos que f sea continua en a^+, y para el punto b solo exigiremos que f sea continua en b^-. Si f es continua en un intervalo $[a, b]$, escribimos $f \in C^0[a, b]$ y leemos: *f es de clase c-cero en* $[a, b]$. En general cuando f fuera continua en un conjunto I, $f \in C^0(I)$.

4.3.2. *Ejemplo.* **a.** La función e^x es continua en todo su dominio R, por lo que decimos que es continua, sin especificar el dominio de continuidad. **b.** $sgn\, x$ es continua en $(-\infty, 0)$ y en $(0, \infty)$, pero no es continua en ningún intervalo que contenga al 0, de modo que $sgn\, x$ es continua en $(0, 1]$ pero no en $[0, 1]$. **c.** $ln\, x$ es continua en R^+ pero no es continua en R y tampoco es continua en $[0, \infty)$. **d.** $\frac{1}{x}$ es continua en todo su dominio en tanto su dominio es $R\backslash\{0\}$, no es continua en ningún intervalo que contenga al 0.

4.3.3. *Definición. Extremos de una función.* Sea un conjunto $I \subset R$ y $f : I \to R$. Se dice que f tiene un *máximo absoluto* en I, si existe un valor $x = c \in I$ tal que $f(c) \geq f(x)$ para toda $x \in I$. Se dice que f tiene un *mínimo absoluto* en I, si existe un valor $x = c \in I$ tal que $f(c) \leq f(x)$ para toda $x \in I$.

El máximo y el mínimo de una función, no están necesariamente determinados de manera única, como es el caso de $f = k$, donde $m = M$ y la función lo alcanza infinitas veces en cualquier intervalo en que esté definida. Ver ejemplo 4.3.6.

4.3.4. *Primer teorema de Weierstrass.* Si f es continua en un intervalo cerrado $[a, b]$, f se mantiene acotada en $[a, b]$. Ver 3.3.2.

Demostración: Probaremos este teorema por el absurdo, recurriendo a la propiedad 4.2.1 de acotación de las funciones continuas en un punto de acumulación de su dominio, y a la bisección reiterada del intervalo $[a, b]$.

Para ello dividimos el intervalo $[a, b]$ por su punto medio, y si la función f no está acotada en $[a, b]$, entonces no estará acotada en por lo menos uno de los semiintervalos, que identificamos como $I_1 = [a_1, b_1]$.

Aplicando el mismo procedimiento a $I_1 = [a_1, b_1]$, cuya longitud es $\frac{b-a}{2}$, se lo divide por la mitad en dos nuevos semiintervalos, en uno de los cuales o en ambos, f no es acotada. Como en el primer paso, elegimos aquel en que la función f no está acotada y lo denominamos $I_2 = [a_2, b_2]$, cuya longitud es la mitad de la de I_1 o sea; $\frac{b-a}{2^2}$. Continuando con el proceso de partición simétrica de los intervalos que vamos obteniendo, determinamos $I_3 = [a_3, b_3]$ de longitud $\frac{b-a}{2^3}$ y avanzando con el mismo procedimiento, obtendremos $I_n = [a_n, b_n]$ de longitud $\frac{b-a}{2^n}$, figura 4.3.4.a Cuando al dividir un intervalo, se encuentre que f es no acotada a derecha e izquierda de la división, elegimos uno cualquiera de los dos semiintervalos para continuar con el procedimiento de bisección. Por caso, tomemos siempre el de la izquierda.

Ahora bien, hemos construido un $[a_n, b_n]$ donde supuestamente f es no acotada y la longitud de $[a_n, b_n]$, puede hacerse tan pequeña como se desee, o bien $\frac{b-a}{2^n} < \delta$ pero, todos los puntos dentro de I_n son puntos de continuidad porque f es continua en todo $[a, b]$ y I_n está dentro de $[a, b]$. Se ve entonces que es absurdo suponer que f no es continua en $I_n = [a_n, b_n]$ porque; si la longitud de I_n es menor que δ, cualquier punto p elegido dentro de I_n, por ser un punto de continuidad, posee por la propiedad 4.2.1 un entorno de radio $E(p, \delta)$, donde la función es continua y donde queda incluido I_n, figura 4.3.4.b. En consecuencia: f no es discontinua en ningún subintervalo de $[a, b]$ ♦

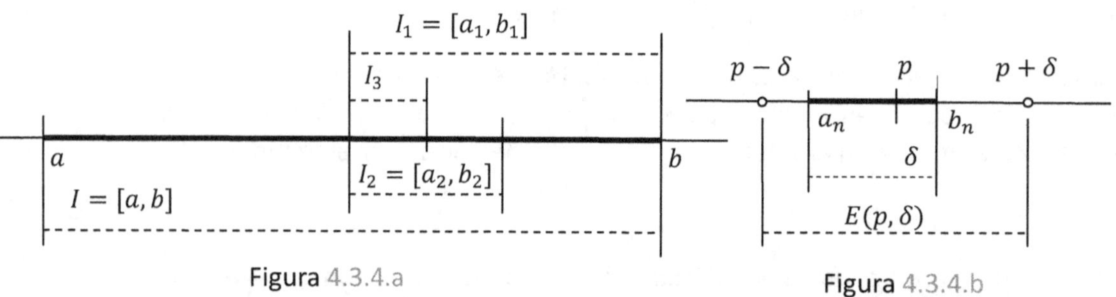

Figura 4.3.4.a   Figura 4.3.4.b

4.3.5. *Segundo teorema de Weierstrass.* Si f es continua en un intervalo cerrado $[a, b]$, f alcanza su máximo absoluto en $[a, b]$.

Demostración: Si f es acotada en $[a, b]$, hay un supremo s de modo que $f(x) < s \, \forall \, x \in [a, b]$. Probaremos que s pertenece al conjunto de los valores que toma $f(x)$ en $[a, b]$, y es entonces el *máximo absoluto* de f en $[a, b]$. Supongamos que $s > f$ para todo x en $[a, b]$, esto significa que podemos definir una función $g = s - f > 0$, que es continua en todo $[a, b]$ por ser diferencia de funciones continuas, y como $g > 0$ en todo $[a, b]$, $\frac{1}{g} > 0$ en $[a, b]$. Como $\frac{1}{g} = \frac{1}{s - f}$ es continua en el cerrado $[a, b]$, tiene a su vez un supremo $s' > 0$ entonces:

$$\frac{1}{s - f} < s' \quad \text{o} \quad s - f > \frac{1}{s'}$$

de donde
$$f < s - \frac{1}{s'}$$

Siendo $s' > 0$, tenemos un nuevo supremo para f en $[a, b]$, y es $s - \frac{1}{s'}$, lo que niega que s sea el supremo de f en $[a, b]$. El absurdo proviene de suponer entonces que $f < s$ en todo $[a, b]$, debe haber un punto al menos en que $f = s$. Concluimos entonces que s es el máximo de f en $[a, b]$ ♦

El teorema garantiza también que si f es acotada en $[a, b]$, f alcanza su mínimo absoluto en $[a, b]$, porque el mínimo absoluto m de f, es el máximo absoluto M de $-f$.

4.3.6. *Ejemplo.* **a.** $x^2 \in C^0(0, 2)$, no alcanza ni m ni M en el abierto $(0, 2)$. Si tiene $m = 0$ y $M = 4$ en $[0, 2]$. **b.** $e^x \in C^0(R)$ y en $(0, 1)$ no tiene m ni M. En $(0, 1]$ tiene $M = e$ y no tiene m. **c.** El teorema *no dice* que una f discontinua, no pueda alcanzar su mínimo absoluto m ni su máximo absoluto M en algún intervalo, $sgn\, x$ es discontinua en R, sin embargo tiene $m = -1$ y $M = 1$ en R. En $R^-\ sgn\, x$ tiene $m = M = -1$ y en R^+ tiene $m = M = 1$. **d.** $x^3 - x \in C^0(R)$, y en el abierto $(-1, 1)$ alcanza M y m, no obstante que $(-1, 1)$ es abierto y en $(0, 3)$, tiene m y no tiene M, en R no tiene m ni M.

El teorema solo asegura que si f es continua en un intervalo cerrado, ahí f alcanza m y M, su mínimo y máximo absolutos.

4.3.7. *Teorema de Bolzano.* Si f es continua en $[a, b]$, y $f(a)$ tiene distinto signo de $f(b)$, existe un $c \in (a, b)$ tal que $f(c) = 0$.

Demostración: Suponiendo que $f(a) < 0 < f(b)$, debemos encontrar algún valor de x entre a y b de modo que $f(x) = 0$, a ese x lo llamamos c, figura 4.3.7.a.

Probaremos que efectivamente hay un valor $c \in (a, b)$ tal que $f(c) = 0$. Formemos para ello un conjunto M que incluya todos los valores para los que $f(x) \leq 0$, $M = \{x \in [a, b] \, / \, f(x) \leq 0\}$. M no es vacío ya que a está en M porque $f(a) < 0$ y es acotado porque todos sus puntos están en $[a, b]$ y b es una cota superior. Por el axioma del supremo, este conjunto no vacio y acotado tiene un supremo en los reales que llamamos c. Si probamos que $f(c) = 0$, habremos probado el teorema.

Probaremos entonces que $f(c) = 0$: para $f(c)$, por el axioma de tricotomía 1.1.7, solo hay tres posibilidades; $f(c) < 0$, $f(c) = 0$ o $f(c) > 0$.

Ensayamos la primera posibilidad; si $f(c) < 0$, entonces por la propiedad 4.2.1, en c^+ hay valores de x para los que $f(x) < 0$, lo que significa que $c \neq sup(M)$ ya que hay puntos a su derecha que están en M.

Si probamos con la tercera posibilidad; si $f(c) > 0$, entonces por la propiedad 4.2.1, en c^- hay valores de x para los que $f(x) > 0$ y no pueden estar en M, eso significa que $c \neq sup(M)$ ya que hay puntos a su izquierda que no están en M.

La única posibilidad entonces es $f(c) = 0$, y hemos probado el teorema ♦

Nota: podría haber más de un punto $x \in (a, b)$ tal que $f(x) = 0$, el teorema no dice que haya uno solo. Si ese es el caso, la elección de M nos asegura que hemos incluido el mas próximo a b.

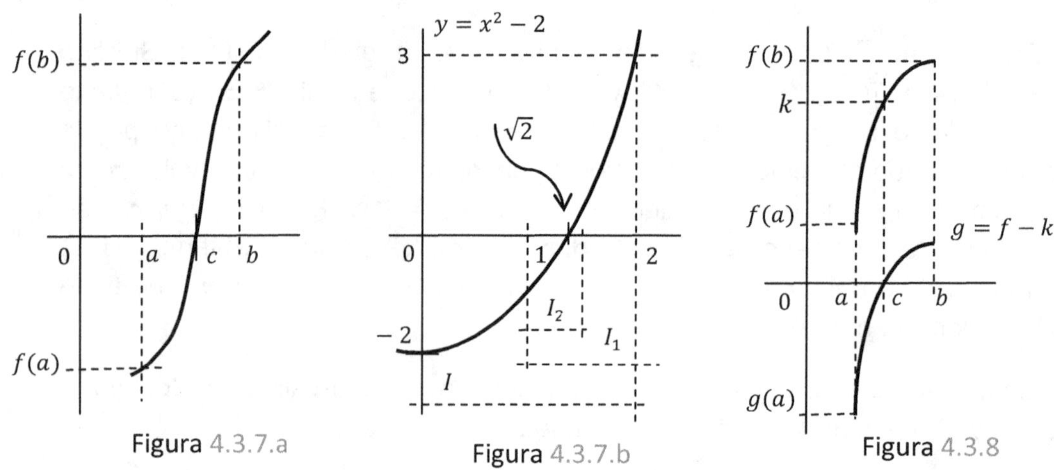

Figura 4.3.7.a

Figura 4.3.7.b

Figura 4.3.8

El teorema se puede demostrar también por *bisección reiterada* de $I = [a, b]$, lo que provee un método para *localizar las raíces* de f. Si $f(a) < 0 < f(b)$, determinamos $c = \dfrac{b+a}{2}$ y si $f(c) = 0$, hemos encontrado la raíz de f. Si $f(c) > 0$, la raíz esta en el semiintervalo de la izquierda $[a, c]$, si $f(c) < 0$ la raíz se encuentra en el semiintervalo $[c, b]$ de la derecha. Denominamos $I_2 = [a_1, b_1]$ al semiintervalo que contiene la raíz y cuya longitud es $\dfrac{b-a}{2}$. A continuación determinamos en I_2, $c_1 = \dfrac{a_1 + b_1}{2}$ y si $f(c_1) = 0$, hemos hallado la raíz. Si $f(c_1) \neq 0$, continuamos el proceso hasta obtener un $I_n = [a_n, b_n]$ de longitud $\dfrac{b-a}{2^n}$ donde está localizada la raíz, y para un n apropiado, $|b_n - a_n| < \varepsilon$. En la figura 4.3.7.b se muestran dos pasos del procedimiento, aplicado a la acotación de la raíz de $y = x^2 - 2$, cuyo valor es $\sqrt{2}$. En I_2, la raíz está acotada como $1 < x < 1{,}5$.

Se generaliza fácilmente este teorema de Bolzano, como *teorema del valor intermedio*.

4.3.8. *Teorema del valor intermedio.* Sea $f: [a,b] \to R$, continua y $f(a) < k < f(b)$, entonces $\exists\, c \in (a,b)$ tal que $f(c) = k$.

Demostración: Si $f(a) < k < f(b)$, entonces $f(a) - k < 0 < f(b) - k$ y si definimos $g = f - k$ tenemos $g(a) < 0 < g(b)$. Basta aplicar el teorema de Bolzano a $g(x)$ y se prueba el teorema, figura 4.3.8.

4.3.9. *Ejemplo.* **a.** Si $f = \frac{1}{x}$ se tiene: $f(-1) = -1$ y $f(1) = 1$ pero la función no pasa por 0 porque no es continua en $[-1, 1]$. **b.** El teorema del valor intermedio asegura que si la función es continua, pasa de un valor a otro tomando todos los valores intermedios al menos una vez, sin embargo, esto puede suceder también con una función discontinua como es el caso de $sen\ \frac{1}{x}$ que alrededor de cero toma infinitas veces todos los valores en $[-1, 1]$ sin ser continua. **c.**

$$w := \begin{cases} 1, & si\ x = 0 \\ x - 1, & si\ 0 < x < 2 \\ -1, & si\ x = 2 \end{cases}$$ toma todos los valores intermedios de -1 a 1 en $[0, 2]$ sin

ser continua. Este ejemplo, muestra que la propiedad de tomar los valores intermedios, *no caracteriza* a las funciones continuas porque según vemos, esta propiedad puede tenerla también una función no continua. **d.** La función de DIRICHLET que examinamos en la sección 3.5, figura 3.5.2, está definida en la reunión de dos subconjuntos que componen los R pero ninguno de estos subconjuntos es un intervalo y no es continua en punto alguno de su dominio porque no existe su límite para ningún punto de su dominio, racional o irracional.

e. La función de Dirichlet modificada de la figura 3.5.3 que vimos en la sección 3.5, solo tiene $\lim_0 h = 0$ que es el valor de $h(0) = 0$ por lo que es continua solo en $x = 0$. **f.** La función de THOMAE (1875), presenta un comportamiento aún más curioso, *es continua en el conjunto de los irracionales* y *discontinua en el conjunto de los racionales*. La función de THOMAE se define como:

$$h: (0, 1) \to R$$

$$h(x) := \begin{cases} \frac{1}{n} \ / \ x = \frac{m}{n}, & fraccion\ irreducible \\ 0 \ / \ x \notin Q \end{cases}$$

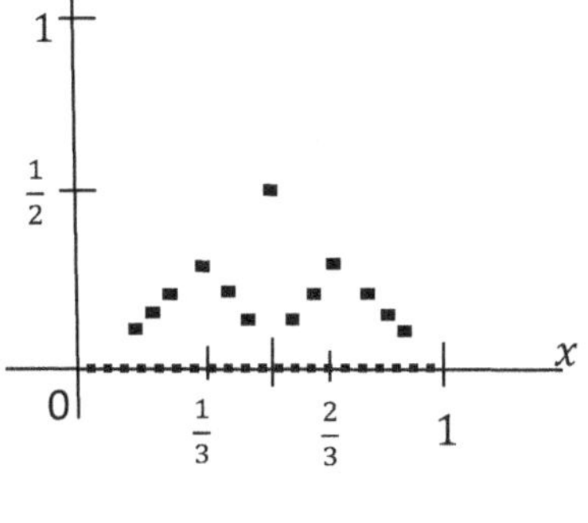

Figura 4.3.9

En la figura 4.3.9 esbozamos algunos puntos de la función de THOMAE en $(0,1)$, que así definida puede extenderse fácilmente a R haciendo $h(0) = 0$. Esta función tiene $\lim_a h = 0$ para todo a de su dominio, racional o irracional. En efecto, si nos aproximamos a a por irracionales, $h = 0$. Si nos aproximamos a a por racionales, podemos elegir un entorno de a, y por simplicidad de a^+, de radio $\delta = \frac{1}{k}$, con $k \in$ N y suficientemente grande, entonces; entre a y $a + \delta$ solo hay un número finito de racionales con denominador menor que k y ellos son:

$$\frac{1}{2}, \frac{1}{3}, \frac{2}{3}, \frac{1}{4}, \frac{3}{4}, \frac{1}{5}, \frac{2}{5}, \frac{3}{5}, \frac{4}{5}, \dots, \frac{1}{k}, \dots, \frac{k}{k-1}$$

En el entorno de a entonces, hay infinitos números no racionales donde $h = 0$, e infinitos números racionales donde $h = \frac{1}{n} \neq 0$, pero los racionales con denominador n menor que k, son un número finito, por lo tanto los podemos excluir con algún δ apropiado, y $h = \frac{1}{n}$ se aproxima a cero. Siendo siempre $\lim_a h = 0$, pero $h = 0$ solo en los irracionales, h es discontinua en los racionales y continua en los irracionales. Por supuesto h es dicontinua en R.

4.3.10. *Continuidad uniforme.* La definición que dimos en 4.1.3 para una función continua establece una propiedad local para la que, fijado arbitrariamente un $\varepsilon > 0$ queda determinado un $\delta(\varepsilon)$ que, en realidad, es un $\delta(\varepsilon, a)$ porque la posición $x = a$ en la que se cumplan las condiciones de la definición 4.1.3, $|x - a| < \delta \Rightarrow |f(x) - f(a)| < \varepsilon$, condicionarán el valor que deba tomar δ para que se verifique la definición. Sea por ejemplo $f: (0,1] \to$ R y $f(x) = \frac{1}{x}$, es inmediato comprobar que f crece muy rápidamente cuando $x \to 0$ y, un mismo ε, requerirá un menor δ a medida que $x \to 0$ como podemos ver en la figura 4.3.10.a.

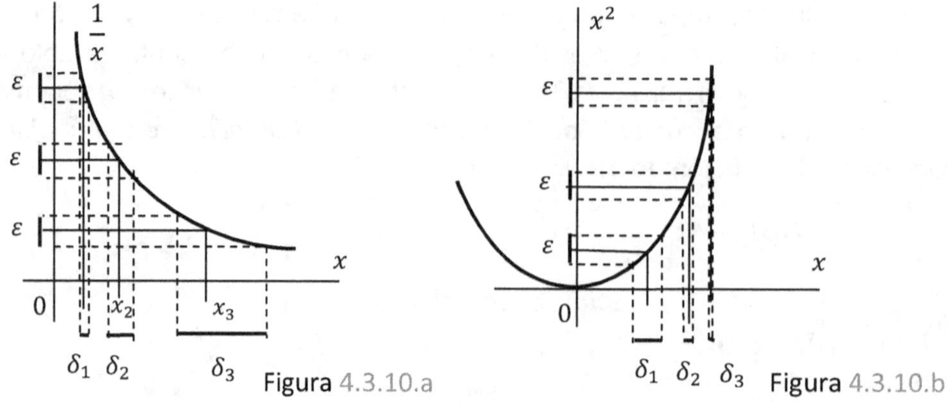

Figura 4.3.10.a   Figura 4.3.10.b

Cuando se haya establecido un $\varepsilon > 0$, y se encuentre un $\delta(\varepsilon)$ para el que se verifica la definición de continuidad, y sea aplicable a cualquier punto de un intervalo I donde f esté definida, diremos que la función es uniformemente continua en I. Esto lo podemos expresar formalmente como

$$\forall\, \varepsilon > 0, \exists\, \delta > 0 / \, \forall\, x_1, x_2 : (x_1, x_2 \in D_f \,\wedge\, |x_1 - x_2| < \delta \Rightarrow |f(x_1) - f(x_2)| < \varepsilon)$$

donde hemos sustituido $|x - a| < \delta$ de la definición 4.1.3, por $|x_1 - x_2| < \delta$ y $|f(x) - f(a)| < \varepsilon$ por $|f(x_1) - f(x_2)| < \varepsilon$ respectivamente, para que la condición de continuidad se cumpla en términos de ε y δ, para todo par x_1, x_2, en el intervalo I sin emplear más que un solo δ, independientemente de la parte de I que consideremos.

Podemos también observar en la figura 4.3.10.a, que si desde un punto cualquiera de las x nos desplazamos hacia la derecha, hacia aquella parte del dominio donde f no cambia en sus valores de manera tan brusca como lo hace en las proximidades de $x = 0$, δ_1 puede sustituir a δ_2 y δ_2 puede sustituir a δ_3. Lo opuesto sucede con $y = x^2$ figura 4.3.10.b, donde los δ pueden sustituirse hacia la izquierda pero no hacia la derecha.

4.3.11. *Ejemplo.* **a.** $f: (0,1] \to \mathrm{R}$ y $f(x) = \frac{1}{x}$. Si fijamos un $\varepsilon > 0$, para que se verifique la continuidad de f, que de hecho es continua en $(0,1]$, debe existir un $\delta(\varepsilon)$ tal que si $|x - a| < \delta$, entonces $|f(x) - f(a)| < \varepsilon$, y como $f(x) = \frac{1}{x}$, tenemos

$$|x - a| < \delta, \Rightarrow \left|\frac{1}{x} - \frac{1}{a}\right| < \varepsilon \text{ o bien } \left|\frac{a-x}{x.a}\right| < \varepsilon$$

y con la condición $|x - a| < \delta$ tenemos

$$\left|\frac{\delta}{x.a}\right| < \varepsilon \Rightarrow \delta < \varepsilon|x.a|$$

por lo tanto, δ depende de x y no es independiente de la posición, toma valores decrecientes cuando $x \to 0$ sin que haya un valor mínimo de δ que sea válido en todo $(0,1]$, por lo que f no es uniformemente continua en $(0,1]$, aun cuando es continua en todo $(0,1]$.

Si en cambio $f: [1, \infty) \to \mathrm{R}$ y $f(x) = \frac{1}{x}$, desplazándonos en $[1, \infty)$ desde 1 a la derecha, vamos hacia donde la función cambia más suavemente y $\delta < \varepsilon|x.a|$ pero, el producto $|x.a|$ tiene un ínfimo, porque necesariamente $x > 1$ y $a > 1$ ya que $f: [1, \infty) \to \mathrm{R}$, y todos los valores que transforma f son mayores o iguales que uno, y entonces el ínfimo de todos los $|x.a|$ posibles es uno, por lo que $\delta < \varepsilon$ es un ínfimo de todos sus valores posibles, y este δ vale para todo $x > 1$ y por eso, f es uniformemente continua en $[1, \infty)$.

b. Una recta $y = mx + b$, es uniformemente continua en R y se prueba que, para cualquier ε es; $\delta = \frac{\varepsilon}{m}$. Si $y = 3x + 1$, la condición de continuidad es

$$|x - a| < \delta \Rightarrow |y(x) - y(a)| = |(3x + 1) - (3a + 1)| < \varepsilon$$

o bien $$|x - a| < \delta \Rightarrow |3(x - a)| = 3|x - a| < \varepsilon$$

Entonces: para que se verifique $3|x - a| < \varepsilon$, basta elegir con $|x - a| < \delta$, $\delta = \frac{\varepsilon}{3}$ y esto se cumple para todo x porque $\delta = \delta(\varepsilon)$, por lo que concluimos que $y = 3x + 1$ es uniformemente continua en R.

Ejercicios 4.3

Verificar si las siguientes funciones, cumplen con las hipótesis de continuidad del *primer teorema de Weierstrass* 4.3.4 y del *teorema del valor intermedio* 4.3.8, en los intervalos indicados.

1. $f(x) = x^2 - x + 1$, en $[-2,0], [1,4]$. **2.** $f(x) = \frac{2}{x-2}$, en $[-1,1], [1,3]$.

3. $f(x) = \frac{x}{(x+1)^2}$, en $[-2, -1], [-0.7,1]$. **4.** $f(x) = \frac{\sqrt{x}}{\cos x}$, en $\left[-\frac{\pi}{4}, \frac{\pi}{4}\right], \left[\frac{\pi}{4}, \frac{\pi}{2}\right]$.

Respuestas:

1. $R: si$, las funciones polinómicas son continuas en R. **2.** $R: si$, en $[-1,1]$, no en $[1,3]$ que contiene al 2. **3.** $R: no$, en $[-2, -1]$ que contiene al -1, si en $[0.7,1]$ que no contiene al -1. **4.** $R: si$, en $\left[-\frac{\pi}{4}, \frac{\pi}{4}\right]$, no en $\left[\frac{\pi}{4}, \frac{\pi}{2}\right]$.

4.4 Funciones crecientes y monótonas

Llamamos *funciones crecientes,* a aquellas que aumentan su valor cuando aumenta el valor de la variable x. Si en cambio, los valores de la función disminuyen cuando aumenta x, llamamos a la función decreciente y a las funciones que mantienen su carácter creciente o decreciente las llamamos *monótonas.*

4.4.1. *Definición. Función creciente.* Sea f definida en un dominio D, decimos que f es creciente en D, si para todo par x_1 y x_2 que esté en D se verifica:

$$x_1 < x_2 \Rightarrow f(x_1) \leq f(x_2)$$

Si además $x_1 < x_2 \Rightarrow f(x_1) < f(x_2)$, entonces f es *estrictamente creciente.*

4.4.2. *Definición. Función decreciente.* Decimos f es decreciente en un dominio D, si $-f$ es creciente en D.

4.4.3. *Definición. Función monótona e intervalos de monotonía.* Cuando f preserva su carácter creciente o decreciente en un dominio D se dice monótona en D. Si f es monótona en un intervalo, se dice que tiene un *intervalo de monotonía.*

4.4.4. *Ejemplo.* **a.** $f = constante$ es una función creciente en todo su dominio, pero no estrictamente creciente o estrictamente decreciente, porque no se verifica la relación de orden estricto. **b.** $h\colon (-1,1) \to R$ y $h(x) = x^2$ no tiene un carácter definido en $(-1,1)$ porque es decreciente en sentido estricto en $(-1, 0]$ y es creciente en sentido estricto en $[0, 1)$. **c.** e^x es estrictamente creciente en todo su dominio y por lo tanto es *monótona creciente* en todo su dominio. **d.** $cos\, x$ oscila entre los dos comportamientos en todo su dominio y no tiene un carácter definido. En $[0, \pi]$, $cos\, x$ es estrictamente decreciente y decimos entonces que $cos\, x$ tiene un intervalo de monotonía en $[0, \pi]$.

4.4.5. *Teorema. Si f es estrictamente creciente en un conjunto $I \subset R$, entonces f^{-1} existe y es estrictamente creciente.*

 Demostración: La condición de ser estrictamente creciente, hace que f sea uno a uno, y si es uno a uno f^{-1} existe, con lo que probamos el primer aserto. Para probar que f^{-1} es creciente consideremos dos valores $y_1 < y_2$ del recorrido de f, entonces $x_1 = f^{-1}(y_1)$ y $x_2 = f^{-1}(y_2)$, al ser f creciente, debe ser $x_1 < x_2$ lo que significa que f^{-1} es creciente. En caso contrario, si fuera $x_1 > x_2$ debería ser $y_1 > y_2$ ◆

5 La función derivada

El trazado de la tangente a una curva, está íntimamente relacionado con el problema de la rectificación del arco, la cuadratura del área limitada y los extremos de la curva. Es por esto que el problema de la tangente ocupó significativamente la atención de los matemáticos contemporáneos e inmediatamente anteriores a I. Newton (1642-1727) y G. Leibniz (1646-1716) quienes dieron hace más de tres siglos en forma independiente, la solución del problema. A la solución llegó Newton (1666) tratando de calcular la velocidad de un cuerpo celeste como *fluxión* de una *cantidad fluyente* y Leibniz (1676) determinando la tangente de la curva apoyándose en la noción de *infinitesimales*. Anteriormente P. de Fermat (1601-1665) había calculado la tangente en un extremo (1629), también estudiaron problemas relacionados y que ocupaban a los matemáticos desde los tiempos de Eudoxo (408 - 355) y Arquímedes (287? - 212); N. de Cusa (1401-1464), B. Cavalieri (1598-1647), G. P. de Roberval (1602-1675), J. Wallis (1616-1703), y I. Barrow (1630-1677), maestro de Newton. A partir de Newton y Leibniz, no solo cambió profundamente la historia de la matemática, cambió también el *relato del mundo*.

5.1 El problema de la tangente

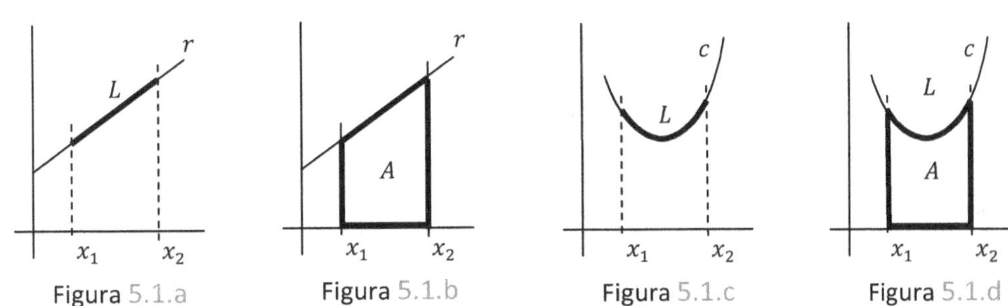

Las figuras 5.1 plantean los mismos problemas es situaciones bien diversas, se trata de calcular la longitud L de un arco o el área A de una figura. En los casos de las figuras 5.1.a y 5.1.b el arco L está sobre la recta r, mientras que en las figuras 5.1.c y 5.1.d el arco esta sobre la curva c, lo que agrega una seria dificultad para los métodos de la antigüedad clásica, que para los dos primeros casos poseía los recursos necesarios. La solución, aceptable en los términos actuales, demoró dos milenios en llegar de Eudoxo a Newton.

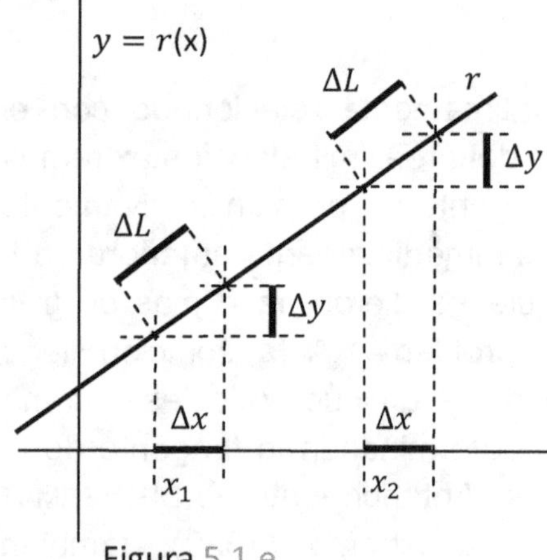

Figura 5.1.e

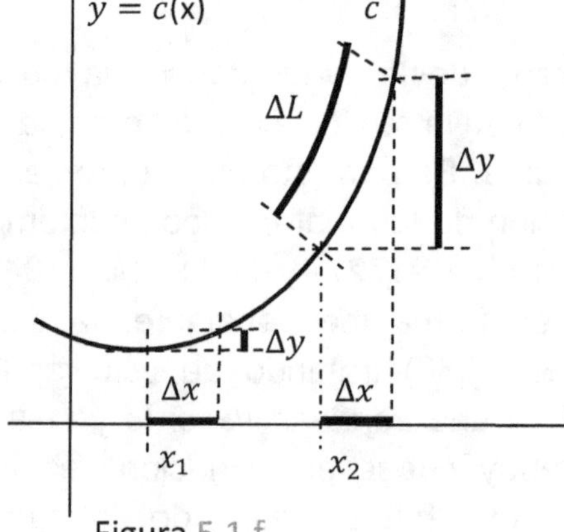

Figura 5.1.f

Observando las figuras 5.1.e y 5.1.f, se ve que la relación de los incrementos de las variables $\frac{\Delta y}{\Delta x}$ en el caso de la recta r, se mantiene constante independiente mente de la posición x y, a un mismo Δx corresponderá siempre el mismo Δy sin importar el punto x donde establezcamos la relación, esta relación es constante y es la pendiente m de la recta r cuya ecuación es $y = m\,x + b$. El hecho de que m sea constante implica que una vez fijado el Δx podremos conocer el Δy, cualquiera sea la posición x.

En la figura 5.1.f, la relación $\frac{\Delta y}{\Delta x}$ varía con la posición x de modo que, conocido su valor en una posición x_1, no lo podremos emplear para nuestros cálculos en otra posición, en otras palabras, debemos calcularlo punto por punto. Es eso justamente lo que haremos al calcular la *derivada de la función en un punto a*.

Una vez obtenida la derivada de la función, podremos retornar al cálculo del arco recto, *linealizando* punto por punto la curva como aproximadamente esquematizamos en la figura 5.1.g.

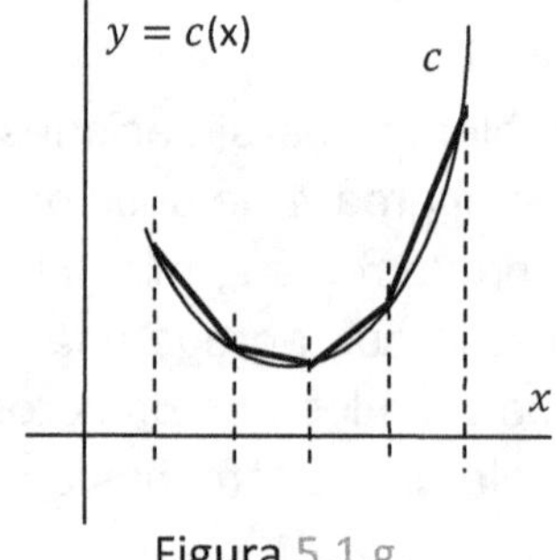

Figura 5.1.g

5.2 La función derivada

Consecuentemente con lo dicho en 5.1, haremos girar una recta $s(x)$ secante a la curva $f(x)$, para transformarla en la tangente $t(x)$ cuando coincidan en *uno solo los dos puntos* en los que la secante s corta a la curva f.

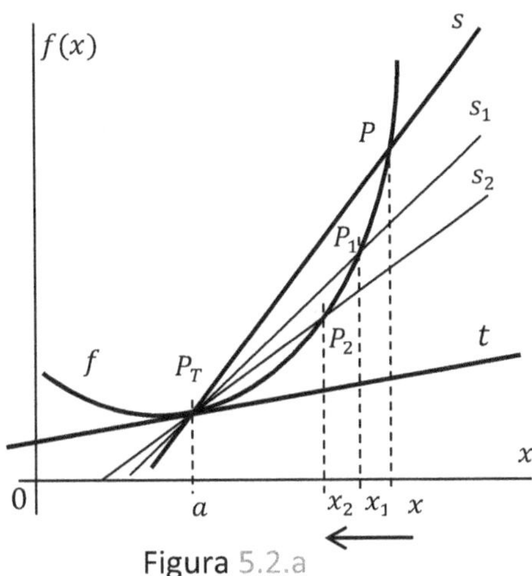

Figura 5.2.a

Para transformar la secante s en la tangente t, iremos desplazando el punto P donde se cortan s y f, hasta tocar el punto P_T donde t es tangente a f. Cuando P se desplace hacia P_T de abscisa $x = a$, irá sucesivamente ocupando las posiciones P_1, P_2, de abscisas x_1, x_2, sobre la curva c por donde pasarán sucesivamente las secantes s_1 y s_2, que son las posiciones que asume la secante s al girar sobre el punto P_T. Al desplazarse s hacia la posición de la tangente t, $x \rightarrow a$ o mejor dicho; cuando $x \rightarrow a$, $s \rightarrow t$. Esta es la *interpretación geométrica de la derivada*, veamos como se construye

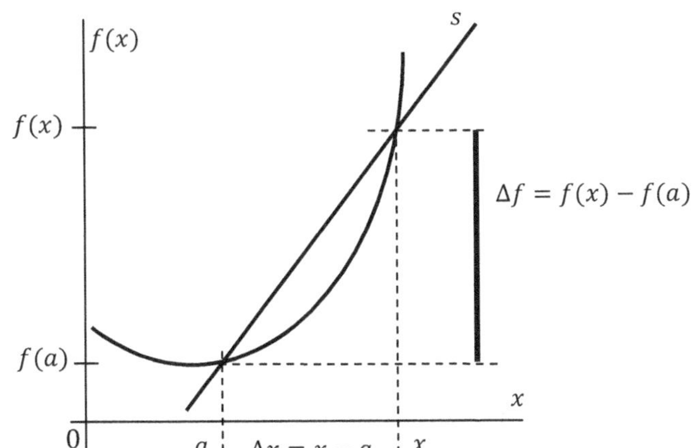

La pendiente de la recta secante s es $\frac{\Delta f}{\Delta x} = \frac{f(x)-f(a)}{x-a}$; esta cantidad se llama *cociente incremental* o *cociente de diferencias*, designación obvia por ser $f(x) - f(a)$ el incremento o diferencia de la función o variable dependiente, cuando la variable independiente pasa de a a x y $x - a$, es el incremento o diferencia de la variable independiente cuando se desplaza desde a a x y así, $\Delta x = x - a$.

Figura 5.2.b   Universitas - 109

En la figura 5.2.b, sobre el eje de las x tenemos un punto fijo a en el cual determinaremos la derivada de la curva f, y el punto x a la derecha de a que se desplaza libremente acercándose o alejándose de a. Al no ser x fijo, $\frac{f(x)-f(a)}{x-a}$ tampoco es un valor fijo sino que cambia con la posición de x. La cantidad $\frac{f(x)-f(a)}{x-a}$, que es la pendiente de la secante s, se aproximará la pendiente de la tangente t cuando $x \to a$ pero, si la función es continua, $x \to a$ hace que $f(x) \to f(a)$. El límite cuando $x \to a$ del cociente de incrementos $\frac{f(x)-f(a)}{x-a}$ es entonces, la pendiente de la tangente a la curva f en $x = a$. A ese límite lo llamamos derivada de f en a y será en general una indeterminación del tipo $\frac{0}{0}$.

<hr>

5.2.1. *Definición. Función derivada en un punto.* Definimos la derivada de $f(x)$ en un punto a interior de su dominio como

$$\lim_{x \to a} \frac{f(x) - f(a)}{x - a}$$

Si este límite existe decimos que es la derivada de f en a, lo notamos como $f'(a)$ y decimos que f es derivable o diferenciable en a.

<hr>

5.2.2. *Ejemplo.* **a.** $f = k, constante.$ $f'(a) = \lim_{x \to a} \frac{f(x)-f(a)}{x-a} = \lim_{x \to a} \frac{k-k}{x-a} = \lim_{x \to a} \frac{0}{x-a} = 0$, ver figura 5.2.2.a. *La derivada de una constante siempre es cero.*

b. $f = x.$ $f'(a) = \lim_{x \to a} \frac{f(x)-f(a)}{x-a} = \lim_{x \to a} \frac{x-a}{x-a} = \lim_{x \to a} \frac{x-a}{x-a} = \lim_{x \to a} 1 = 1$, ver figura 5.2.2.b. *La derivada de cualquier variable con respecto a si misma es uno.*

c. $f = x^2.$ $f'(a) = \lim_{x \to a} \frac{f(x)-f(a)}{x-a} = \lim_{x \to a} \frac{x^2-a^2}{x-a} = \lim_{x \to a} \frac{(x+a)(x-a)}{x-a} = \lim_{x \to a}(x+a) = 2\,a$, ver figura 5.2.2.c.

d. $g = cf,\ c = constante.$

$$g'(a) = \lim_{x \to a} \frac{g(x) - g(a)}{x - a} = \lim_{x \to a} \frac{cf(x) - cf(a)}{x - a}$$
$$= \lim_{x \to a} c\,\frac{f(x)-f(a)}{x - a} = c \lim_{x \to a} \frac{f(x) - f(a)}{x - a} = c\,f'(a)$$

La derivada de una constante por una función es igual a la constante por la derivada de la función.

e. $h = f \pm g$. $h'(a) = \lim_{x \to a} \dfrac{h(x) - h(a)}{x - a} = \lim_{x \to a} \dfrac{(f \pm g)(x) - (f \pm g)(a)}{x - a} =$

$\lim_{x \to a} \dfrac{f(x) \pm g(x) - [f(a) \pm g(a)]}{x - a} = \lim_{x \to a} \dfrac{f(x) - f(a) \pm [g(x) - g(a)]}{x - a} = \lim_{x \to a} \dfrac{f(x) - f(a)}{x - a} \pm$

$\lim_{x \to a} \dfrac{g(x) - g(a)}{x - a} = f'(a) \pm g'(a)$. La derivada de la suma o diferencia de funciones

es la suma o diferencia de las derivadas de las funciones.

Podemos generalizar el resultado a la suma de un número finito de funciones:

$$(f + g + \cdots + h)' = f' + g' + \cdots + h'$$

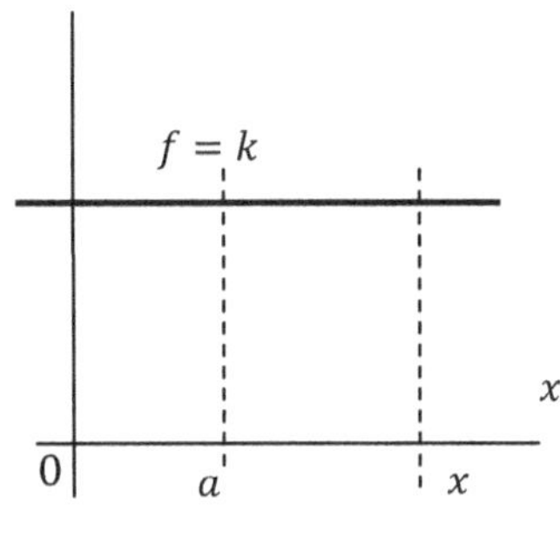

Figura 5.2.2.a

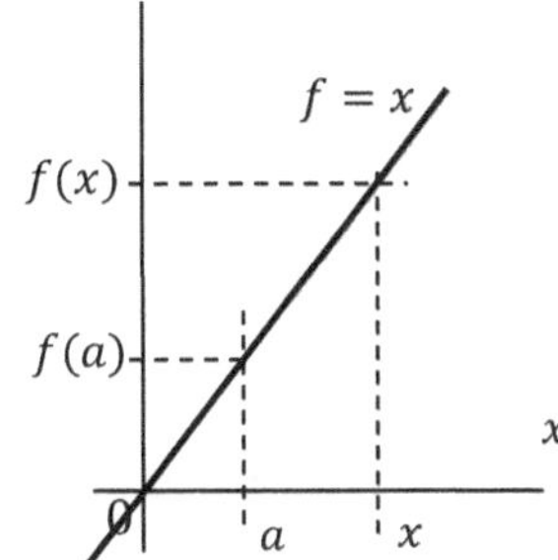

Figura 5.2.2.b

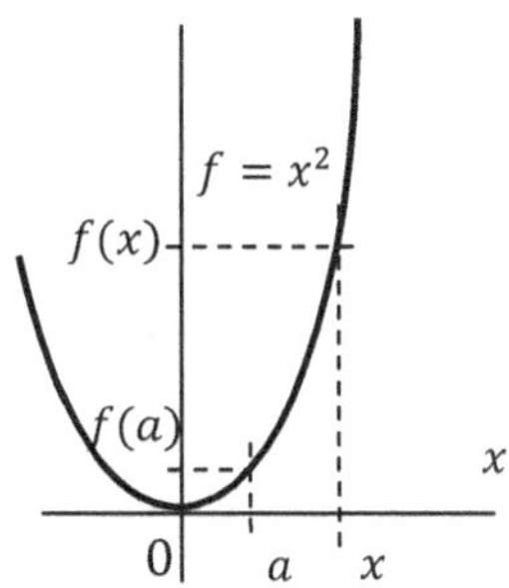

Figura 5.2.2.c

5.2.3. *Otras notaciones.*

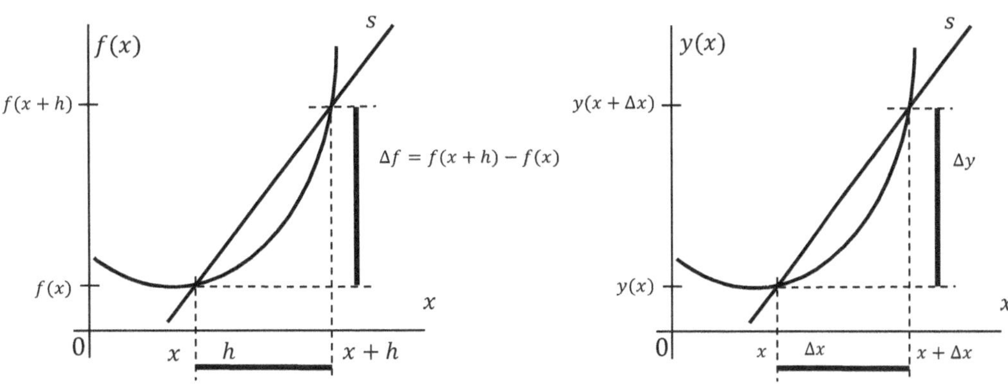

Figura 5.2.3.a

Figura 5.2.3.b

El incremento de la variable x que expresamos como $(x - a)$, también se expresa como h y el correspondiente incremento de f como $\Delta f = f(x + h) - f(h)$ entonces; $f'(x) = \lim_{h \to 0} \frac{f(x + h) - f(x)}{h}$, figura 5.2.3.a.

Otra notación, frecuente en las aplicaciones, es; $y'(x) = \lim_{\Delta x \to 0} \frac{\Delta y}{\Delta x} = \frac{y(x + \Delta x) - y(x)}{\Delta x}$, figura 5.2.3.b.

5.2.4. *Ejemplo.* Reproducimos los ejemplos de 5.2.2 con estas notaciones:

a. $f = k, constante.$ $f'(x) = \lim_{h \to 0} \frac{f(x + h) - f(x)}{h} = \lim_{h \to 0} \frac{k - k}{h} = \lim_{h \to 0} \frac{0}{h} = 0.$

b. $f = x.$ $f'(x) = \lim_{h \to 0} \frac{f(x + h) - f(x)}{h} = \lim_{h \to 0} \frac{x + h - x}{h} = \lim_{h \to 0} \frac{h}{h} = \lim_{h \to 0} 1 = 1.$

c. $f = x^2.$ $f'(x) = \lim_{h \to 0} \frac{f(x + h) - f(x)}{h} = \lim_{h \to 0} \frac{(x+h)^2 - x^2}{h} = \lim_{h \to 0} \frac{x^2 + 2xh + h^2 - x^2}{h} =$

$\lim_{h \to 0} \frac{2xh + h^2}{h} = \lim_{h \to 0}(2x + h) = 2x.$

d. $g = cf, \; c = constante.$

$$g'(x) = \lim_{h \to 0} \frac{g(x + h) - g(x)}{h} = \lim_{h \to 0} \frac{cf(x + h) - cf(x)}{h}$$
$$= \lim_{h \to 0} c \frac{f(x + h) - f(x)}{h} = c \lim_{h \to 0} \frac{f(x + h) - f(x)}{h} = c f'(x)$$

a'. $y = k, constante.$ $y'(x) = \lim_{\Delta x \to 0} \frac{\Delta y}{\Delta x} = \lim_{\Delta x \to 0} \frac{k - k}{\Delta x} = \lim_{\Delta x \to 0} \frac{0}{\Delta x} = 0.$

b'. $y = x.$ $y'(x) = \lim_{\Delta x \to 0} \frac{\Delta y}{\Delta x} = \lim_{\Delta x \to 0} \frac{x + \Delta x - x}{\Delta x} = \lim_{\Delta x \to 0} \frac{\Delta x}{\Delta x} = \lim_{\Delta x \to 0} 1 = 1.$

c'. $y = x^2.$ $y'(x) = \lim_{\Delta x \to 0} \frac{\Delta y}{\Delta x} = \lim_{\Delta x \to 0} \frac{(x + \Delta x)^2 - x^2}{\Delta x} = \lim_{\Delta x \to 0} \frac{x^2 + 2x\,\Delta x + \Delta x^2 - x^2}{\Delta x} =$

$\lim_{\Delta x \to 0} \frac{2x\,\Delta x + \Delta x^2}{\Delta x} = \lim_{\Delta x \to 0}(2x + \Delta x) = 2x.$

d'. $g = cy, c = constante.$

$$g'(x) = \lim_{\Delta x \to 0} \frac{g(x + \Delta x) - g(x)}{\Delta x} = \lim_{\Delta x \to 0} \frac{cy(x + \Delta x) - cy(x)}{\Delta x}$$
$$= \lim_{\Delta x \to 0} c \frac{y(x + \Delta x) - y(x)}{\Delta x} = c \lim_{\Delta x \to 0} \frac{y(x + \Delta x) - y(x)}{\Delta x} = c y'(x)$$

5.2.5. *Derivadas de orden superior.* Si a la función derivada le aplicamos a su vez la derivación, obtenemos la *derivada segunda de la función, $f''(a)$.*

$$f''(a) = \lim_{x \to a} \frac{f'(x) - f'(a)}{x - a}$$

La condición de existencia de la derivada segunda, es la existencia del límite que la define, tal como para la derivada anterior o primera. En tanto la operación sea posible, se puede reiterar el procedimiento para obtener las siguientes derivadas hasta obtener la n-ésima derivada como:

$$f^N(a) = \lim_{x \to a} \frac{f^{N-1}(x) - f^{N-1}(a)}{x - a}$$

5.2.6. *Uso de la notación.* Hemos ya introducido $y'(x)$ y $f'(a)$ para notar la funcion derivada, también usaremos: y' y f' o bien $\frac{dy}{dx}$ y $\frac{df}{dx}$ siendo esta última, la notación diferencial que fue introducida en su origen por LEIBNIZ. Con $\dot{y}$ es menos común expresar la derivada pero es muy usual en las aplicaciones, donde el punto indica que la variable independiente es el tiempo, y es frecuente la notación $\dot{x}$ para indicar la velocidad como derivada de la coordenada espacial con respecto al tiempo, esta es la notación original de NEWTON. Se usa también Dy o Df donde D tiene el valor de *operador diferencial*, indica realizar la operación de derivación y su empleo se revelará muy útil en 9.8. Para las derivadas de orden superior usaremos y'', y''' y f'', f''' para los primeros ordenes, que también se expresan con numerales romanos como y^{III}, y^{IV} y f^{III}, f^{IV} o bien con la notación diferencial $\frac{d^2y}{dx^2}$ y $\frac{d^3f}{dx^3}$, los operadores se indican como D^2f, D^3f etc. La forma f^N ya la usamos en 5.2.5 para indicar el orden n-ésimo de derivación. Cuando se usa la numeración corriente, se distingue de la potencia con el uso de paréntesis poniendo $f^{(2)}$, $f^{(3)}$ y es frecuente en las aplicaciones la notación $\ddot{x}$ de NEWTON para la aceleración como $\dot{x}$ para la velocidad. Huelga decir que no usaremos toda esta notación, solo anticipamos lo que aparecerá en la bibliografía.

En general no usaremos mas que f', f'', f''' y f^N o bien con las y en lugar de las f. También usaremos cuando sea conveniente, $\frac{dy}{dx}$. Cuando no sea obvio con respecto a que variable se realiza la derivación, lo indicaremos con un subíndice f'_x si estamos derivando con respecto a x o, f'_z si la variable es z.

La derivada y la continuidad.

Siendo que la derivada está íntimamente relacionada a la recta tangente, es natural conjeturar que si existe la derivada, la función es continua y el *sentido común*, nos dice que si f es continua, también se ha de poder trazar su tangente, *al menos en alguna parte*. Veremos que esto último, no es así.

5.2.7. *Teorema.* Si $f: I \to \mathbb{R}$ tiene una derivada en $a \in I$, entonces f es continua en a.

Demostración: Debemos probar que si existe $f'(a)$, entonces $\lim_a f(x) = f(a)$ o bien $\lim_a [f(x) - f(a)] = 0$, que es la definición de continuidad en un punto. Para ello observamos que

$$f(x) - f(a) = \frac{f(x) - f(a)}{(x - a)}(x - a)$$

Tomando límite a ambos miembros

$$\lim_a [f(x) - f(a)] = \lim_a \left[\frac{f(x) - f(a)}{(x - a)}\right] \lim_a [(x - a)]$$

$$\lim_a [f(x) - f(a)] = f'(a).0 = 0 \blacklozenge$$

La operación de tomar límite al producto es lícita en tanto se cumplen las condiciones del teorema 3.3.11 del *producto de límites*. Una función derivable es continua, pero una función continua no es necesariamente derivable. Una curva cuya derivada es continua, sin puntos *angulosos* o *cuspidales*, tal como el que presenta la función módulo en $x = 0$, se denomina *curva suave*.

5.2.8. *Ejemplo.* **a.** $f = |x|$ es continua en $x = 0$ pero no es derivable en $x = 0$. En efecto, recordando la definición de módulo, $|x| := \begin{cases} x, si\ x \geq 0 \\ -x, si\ x \leq 0 \end{cases}$, entonces el límite del cociente de diferencias $\frac{|x| - |0|}{x - 0}$ en torno a cero es

$$\lim_0 \frac{|x| - |0|}{x - 0} = \lim_0 \frac{|x|}{x} = \begin{cases} \lim_{x \to 0^+} \frac{x}{x} = 1\ si\ x > 0 \\ \lim_{x \to 0^-} \frac{-x}{x} = -1\ si\ x < 0 \end{cases}$$ y no se puede definir $|x|'$ en

$x = 0$, $|x|'$ es la función $sgn(x) = \begin{cases} 1, si\ x > 0 \\ -1, si\ x < 0 \end{cases}$.

Este ejemplo es frecuentemente empleado para ilustrar la relación entre derivabilidad y continuidad, $|x|$ es continua en $[-1, 1]$ pero su derivada no es continua en $[-1, 1]$.

b. Consideremos ahora una modificación de la función de DIRICHLET del ejemplo 2.3.2.c $f(x) := \begin{cases} x^2 \;/\; x \in Q \\ 0 \;/\; x \notin Q \end{cases}$. Esta función, tiene derivada en un solo punto de su dominio, $x = 0$. Lo podemos comprobar tomando límite al cociente de diferencias en torno a cero

$$f'(0) = \lim_{x \to 0} \frac{f(x) - f(0)}{x - 0} = \begin{cases} \lim\limits_{x \to 0} \dfrac{x^2 - 0}{x - 0} = \lim\limits_{x \to 0} x = 0, \; si \; x \in Q \\ \lim\limits_{x \to 0} \dfrac{0 - 0}{x - 0} = \lim\limits_{x \to 0} \dfrac{0}{x} = 0, si \; x \notin Q \end{cases}$$

Comprobamos entonces que $f'(0) = 0$, en todo otro punto la función es discontinua y ni siquiera tiene límite.

c. Si bien se contradice el sentido común, existen funciones continuas en todo punto de su dominio y cuya derivada no existe en ninguno de esos puntos. Sin mayores detalles, mencionamos la función de K. WEIERSTRASS (1815-1897) cuya publicación en 1872, no pudo menos que causar gran perplejidad en el mundo de las matemáticas; $f(x) = \sum_{n=0}^{\infty} \frac{1}{2^n} \cos(3^n x)$. En 1930 B. L. VAN DER WAERDEN (1903-1996) mostró una función de la forma $f(x) = \sum_{n=1}^{\infty} f_n$, en donde cada f_n definida en $[0, 1]$, duplica sus picos y disminuye sus máximos, con un factor de contracción $\frac{1}{2}$ respecto de la anterior, como se muestra en la figura 5.2.8. Aparentemente, B. BOLZANO habría descripto ya hacia 1800 una función de tan extraño comportamiento.

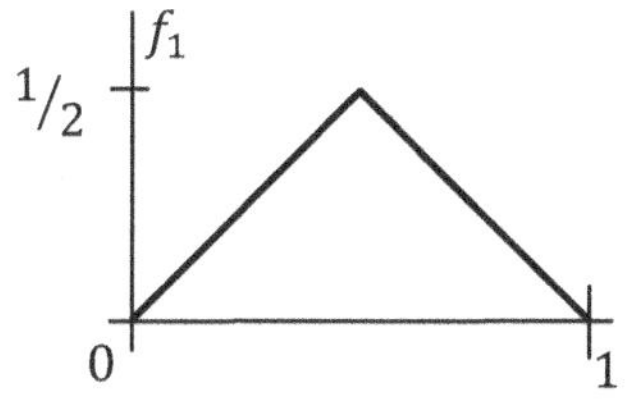

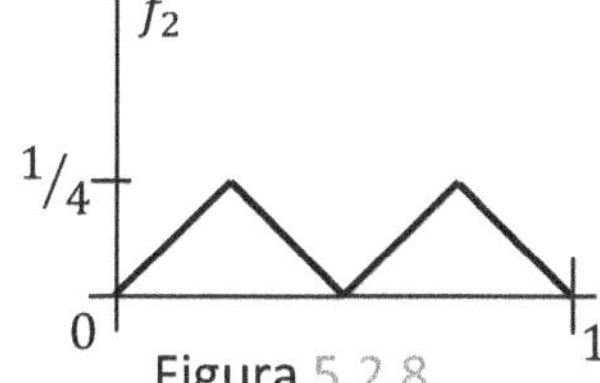

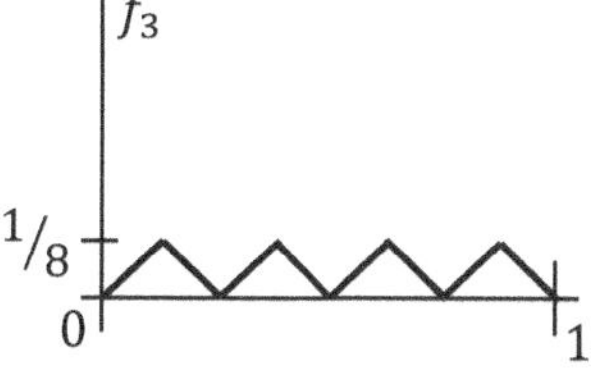

Figura 5.2.8.

5.2.9. *La clase C^N.* En 4.3.1 designamos a las funciones continuas en un intervalo I como funciones de la clase $C^0(I)$. Si en un intervalo I f es continua y también lo es su derivada en I decimos que $f \in C^1(I)$ y cuando la condición de continuidad se cumpla hasta el n-ésimo orden inclusive, se dice que $f \in C^N(I)$. Por el teorema 5.2.7, si $f \in C^N(I)$, entonces $f \in C^{N-1}(I)$. Si f es indefinidamente derivable, $f \in C^\infty(I)$.

5.2.10. *Ejemplo.* **a.** $f = x^2 \in C^\infty(R)$. $f' = 2x, f'' = 2, f''' = 0, ..., f^N = 0, ...$

b. $h = x^{\frac{8}{3}} \in C^2[-1,2]$, $h' = \frac{8}{3}x^{5/3}$, $h'' = \frac{40}{9}x^{2/3}$, $h''' = \frac{80}{27}x^{-1/3}$, no definida en $x = 0$.

Ejercicios 5.2

Para las siguientes funciones, dar el cociente de diferencias.

1. $f(x) = 2x^2 - 1$. **2.** $f(x) = \sqrt{x}$. **3.** $f(x) = sen\, x$.

Con la definición de función derivada, $f'(a) = \lim_a \frac{f(x)-f(a)}{x-a}$, calcular $f'(a)$.

4. $f(x) = \sqrt[3]{x}$, en $a = 0$. **5.** $f(x) = \frac{1}{x^2+1}$, en $a = 0$. **6.** $f(x) = \frac{2x}{x-1}$, en $a = -1$.

7. $f(x) = |x|$, en $a = 0$. **8.** $f(x) = \begin{cases} \sqrt{x}, & si\ 0 \le x \le 1 \\ \frac{1}{x}, & si\ x \ge 1 \end{cases}$, en $a = 1$.

Respuestas:

1. $\quad R: \frac{f(x+h)-f(x)}{h} = \frac{2(x+h)^2-1-(2x^2-1)}{h} = \frac{4xh+2h^2}{h}$. **2.** $\quad R: \frac{f(x+h)-f(x)}{h} = \frac{\sqrt{x+h}-\sqrt{x}}{h} =$

$\frac{x+h-x}{h(\sqrt{x+h}+\sqrt{x})} = \frac{1}{\sqrt{x+h}+\sqrt{x}}$. **3.** $R: \frac{f(x+h)-f(x)}{h} = \frac{sen\,(x+h)-sen\,x}{h}$. **4.** $R: f'(0) = \lim_0 \frac{f(x)-f(0)}{x-0} =$

$\lim_0 \frac{\sqrt[3]{x}-\sqrt[3]{0}}{x-0} = \lim_0 \frac{\sqrt[3]{x}}{x} \implies \not\exists f'(0)$. **5.** $\quad R: f'(0) = \lim_0 \frac{\frac{1}{x^2+1}-\frac{1}{1}}{x-0} = \lim_0 \frac{-x}{x^2+1} = 0$. **6.**

$R: f'(-1) = \lim_{-1} \frac{\frac{2x}{x-1}-\frac{-2}{-2}}{x-0} = -\frac{1}{2}$. **7.** $\quad R: f'(0) = \lim_0 \frac{|x|-|0|}{x-0} \implies f'(0^-) = -1$, $f'(0^+) =$

1 . **8.** $R: f'(1^-) = \lim_{1^-} \frac{\sqrt{x}-\sqrt{1}}{x-1} = \lim_{1^-} \frac{\sqrt{x}-1}{x-1} = \lim_{1^-} \frac{x-1}{(x-1)(\sqrt{x}+1)} = \frac{1}{2}$;

$f'(1^+) = \lim_{1^+} \frac{\sqrt{x}-\sqrt{1}}{x-1} = \lim_{1^+} \frac{\frac{1}{x}-\frac{1}{1}}{x-1} = \lim_{1^+} \frac{\frac{1-x}{x}}{x-1} = -1$.

5.3 Fórmulas de derivación

Hemos establecido en la sección 5.2 algunas derivadas. Completaremos ahora una lista de fórmulas necesarias para el trabajo posterior.

5.3.1. *Derivada de la función logarítmica.* Obtendremos ahora la derivada de la función $f = \log_a u$, donde a es una base arbitraria y el argumento del logaritmo es una función de x, $u = u(x)$ *derivable*. Para derivar $f = \log_a u$, procederemos como siempre, a formar el cociente de diferencias para luego tomar límite.

$$f' = \lim_{\Delta x \to 0} \frac{\log_a(u + \Delta u) - \log_a u}{\Delta x}$$

Trabajaremos por ahora con el cociente de diferencias

$$\frac{\Delta f}{\Delta x} = \frac{\log_a(u + \Delta u) - \log_a u}{\Delta x} = \frac{1}{\Delta x} \log_a \frac{u + \Delta u}{u} \qquad \text{por propiedades del}$$

logaritmo, entonces

$$\frac{\Delta f}{\Delta x} = \frac{1}{\Delta x} \log_a[1 + \frac{\Delta u}{u}]$$

Como debemos tomar límite para $\Delta x \to 0$, y siendo u función derivable, u es continua y $\Delta x \to 0 \Rightarrow \Delta u \to 0$ y además, recordando de 3.7.4 que $\lim_{v \to 0}(1 + v)^{\frac{1}{v}} = e$, multiplicamos y dividimos el cociente de diferencias por $u \, \Delta u$, y se simplificará el cálculo del límite

$$\frac{\Delta f}{\Delta x} = \frac{1}{u} \frac{\Delta u}{\Delta x} \frac{u}{\Delta u} \log_a \left[1 + \frac{\Delta u}{u}\right]$$

$$\frac{\Delta f}{\Delta x} = \frac{1}{u} \frac{\Delta u}{\Delta x} \log_a \left[1 + \frac{\Delta u}{u}\right]^{\frac{u}{\Delta u}}$$

donde usando propiedades del logaritmo hemos puesto el factor $\frac{u}{\Delta u}$ como exponente. Ahora tomamos límite a $\frac{\Delta f}{\Delta x}$ teniendo en cuenta que por ser u función derivable de x: $\lim_{\Delta x \to 0} \frac{\Delta u}{\Delta x} = u'$ y obtenemos

$$f' = \lim_{\Delta x \to 0} \frac{\Delta f}{\Delta x} = \lim_{\Delta x \to 0} \frac{1}{u} \lim_{\Delta x \to 0} \frac{\Delta u}{\Delta x} \lim_{\Delta x \to 0} \log_a \left[1 + \frac{\Delta u}{u}\right]^{\frac{u}{\Delta u}}$$

$$f' = \lim_{\Delta x \to 0} \frac{\Delta f}{\Delta x} = \frac{1}{u} u' \lim_{\Delta x \to 0} \log_a \left[1 + \frac{\Delta u}{u}\right]^{\frac{u}{\Delta u}} = \frac{1}{u} u' \log_a e$$

Entonces, si $f = \log_a u$

$$f' = \frac{u'}{u} \log_a e \; \blacklozenge$$

Si en particular $a = e$; $f' = \frac{u'}{u}$ y si $u = x$, $f' = \frac{1}{x}$.

5.3.2. *Ejemplo.* **a.** $y = \ln(x^2)$, con $y' = \frac{u'}{u}$ y $u = x^2$, $y' = \frac{2x}{x^2} = \frac{2}{x}$.

A continuación usaremos estos resultados para obtener otras fórmulas de derivación usando el método de *derivación logarítmica* que explicaremos por su misma aplicación.

5.3.3. *Derivada de* $y = x^n$, $n \in \mathbb{R} \wedge x > 0$

1. Tomamos logaritmo natural a ambos miembros

$$\ln y = \ln x^n = n \, \ln x$$

2. Derivamos ambos miembros

$$\frac{y'}{y} = n.(\ln x)' = \frac{n}{x}$$

3. Despejamos y'

$$y' = y \, \frac{n}{x}$$

4. Reemplazamos $y = x^n$ y tenemos finalmente

$$y' = n \, x^{n-1} \blacklozenge$$

5.3.4. *Ejemplo.* **a.** $y = x^7$, aplicando $y' = n \, x^{n-1}$ obtenemos: $y' = 7x^6$. **b.** $y = \sqrt{x} = x^{1/2} \Rightarrow y' = \frac{1}{2} x^{-1/2}$. **c.** $y = x^{7/4} \Rightarrow y' = \frac{7}{4} x^{3/4}$.

5.3.5. *Derivada de un producto de funciones.* $y = u.v$ con u y v funciones derivables.

Aplicamos derivación logarítmica

$$\ln y = \ln(u.v) = \ln u + \ln v$$

$$\frac{y'}{y} = \frac{u'}{u} + \frac{v'}{v} \Rightarrow y' = y \left(\frac{u'}{u} + \frac{v'}{v} \right), \text{ con } y = u.v$$

$$y' = u'.v + v'.u \blacklozenge$$

Podríamos también haber tomado $\lim_{\Delta x \to 0} \frac{\Delta y}{\Delta x} = \lim_{\Delta x \to 0} \frac{(u+\Delta u)(v+\Delta v) - u.v}{\Delta x} = u'.v + v'.u$

5.3.6. *Ejemplo.* $y = x^4.\ln x \Rightarrow \quad y' = (x^4)'.\ln x + (\ln x)'(x^4) = 4x^3 \ln x + \left(\frac{1}{x} \right)(x^4) = 4x^3 \ln x + x^3 = x^3(4 \ln x + 1)$.

5.3.7. *Derivada de un cociente de funciones.* $y = \frac{u}{v}$ con u y v funciones derivables.

Aplicamos derivación logarítmica

$$\ln y = \ln \frac{u}{v} = \ln u - \ln v$$

$$\frac{y'}{y} = \frac{u'}{u} - \frac{v'}{v} \Rightarrow y' = y\left(\frac{u'}{u} - \frac{v'}{v}\right), \text{ con } y = \frac{u}{v}$$

$$y' = \frac{u'.v - v'.u}{v^2} \blacklozenge$$

Proponemos como ejercicio, tomar $\lim_{\Delta x \to 0} \frac{\Delta y}{\Delta x} = \frac{\frac{u+\Delta u}{v+\Delta v} - \frac{u}{v}}{\Delta x} = \frac{u'.v - v'.u}{v^2}$

5.3.8. *Ejemplo.* **a.** $y = \frac{1}{x} \Rightarrow y' = \frac{1'.\,x - x'.\,1}{x^2} = \frac{0.\,x - 1.1}{x^2} = \frac{-1}{x^2}$. **b.** $y = \frac{x}{\ln x} \Rightarrow y' =$ $\frac{x'.\ln x - (\ln x)'.\,x}{(\ln x)^2} = \frac{\ln x - 1}{(\ln x)^2}$

5.3.9. *Derivada de la función exponencial.* $y = u^v$ con u y v funciones derivables.

Aplicamos derivación logarítmica

$$\ln y = \ln u^v = v \ln u$$

$$\frac{y'}{y} = v'.\ln u + v.(\ln u)' = v'.\ln u + v.\frac{u'}{u}$$

$$y' = y\left[v'.\,\ln u + v\frac{u'}{u}\right], \text{ con } y = u^v$$

$$y' = v.u^{v-1}u' + u^v.v'.\ln u \blacklozenge$$

5.3.10. *Ejemplo.* **a.** $y = (x^3)^{\ln x} \Rightarrow y' = \ln x\, u^{\ln x - 1}u' + u^{\ln x}(\ln x)'\ln u$; $y' = \ln x\,(x^3)^{\ln x - 1}3x^2 + (x^3)^{\ln x}\frac{1}{x}\ln x^3$. **b.** $y = x^x$. En general, la aplicación directa de la formula que obtuvimos en 5.3.9 y que difícilmente recordaremos, no será el camino mas fácil. Lo mejor es recordar el procedimiento desde el principio; $\ln y = \ln x^x = x \ln x \Rightarrow \frac{y'}{y} = \ln x + 1$ y obtener $y' = x^x(\ln x + 1)$.

5.3.11. *Derivada de* $y = e^u$, con $u = u(x)$, derivable.

Aplicamos derivación logarítmica

$$\ln y = \ln e^u = u \ln e = u$$

$$\frac{y'}{y} = u' \;\Rightarrow\; y' = y\,u', \text{ con } y = e^u$$

$$y' = e^u u' \blacklozenge$$

Si $u = x$, $y = e^x \Rightarrow y' = e^x$ y asi; $y'' = e^x$, ..., $y^N = e^x$. La derivada de e^x se puede obtener como caso particular de $y = u^v$ pero, dada la importancia de esta función para las aplicaciones, la hemos tratado por separado.

5.3.12. *Ejemplo.* **a.** $y = e^{-x}$, con $y' = e^u u'$, $u' = (-x)' = -1$ se tiene $y' = -e^{-x}$.

b. $y = e^{x^2}$, $y' = e^{x^2}(x^2)' = 2x e^{x^2}$. **c.** $y = e^{e^{e^x}} \Rightarrow y' = e^{e^{e^x}}\left(e^{e^x}\right)' = e^{e^{e^x}} e^{e^x}(e^x)' = e^{e^{e^x}} e^{e^x} e^x$.

5.3.13. *Derivada de la función compuesta. Regla de la cadena.* En los casos anteriores, hemos derivado funciones compuestas como $y = \ln u(x)$ o $y = u(x)v(x)$ sin hacer referencia explícita a la función compuesta. A continuación, daremos una regla práctica para la derivación de funciones compuestas.

Si $y = y[u(x)]$

$$y' = \lim_{\Delta x \to 0} \frac{\Delta y}{\Delta x} = \lim_{\Delta x \to 0} \frac{\Delta y}{\Delta x} \cdot \frac{\Delta u}{\Delta u}$$

$$y' = \lim_{\Delta x \to 0} \frac{\Delta y}{\Delta u} \cdot \frac{\Delta u}{\Delta x} = y'_u . u'_x \blacklozenge$$

Con la notación diferencial: $\frac{dy}{dx} = \frac{dy}{du}\frac{du}{dx}$ y, si $y = y[u(v(w))]$ entonces

$$\frac{dy}{dx} = \frac{dy}{du}\frac{du}{dv}\frac{dv}{dw}\frac{dw}{dx}$$

la última expresión, se conoce como *regla de la cadena* y hemos tachado las diferenciales que aparecen en el numerador y el denominador, lo que es formalmente incorrecto, para destacar lo compacto de esta notación. Las cantidades diferenciales *no son números reales* y por lo tanto no se pueden operar de acuerdo con las reglas establecidas para R y por lo tanto, no cabe la simplificación. Cada término de la forma $\frac{dp}{dq}$, es un *coeficiente* cuyo valor es un número real, pero que en general, no será constante.

5.3.14. *Ejemplo.* **a.** $y = (x^3 + 1)^2 = x^6 + 2x^3 + 1 \Rightarrow y' = 6x^5 + 6x^2 = 6x^2(x^3 + 1)$ por derivación término a término. Como función compuesta; $y = u^2$, $u = x^3 + 1$, $u' = 3x^2 \Rightarrow y' = y'_u u'_x = 2u.u' = 2(x^3 + 1)3x^2 = 6x^2(x^3 + 1)$. **b.** $y = \sqrt{x^4 + x^2} = (x^4 + x^2)^{1/2}$. $y = u^{1/2}$, $u = (x^4 + x^2)$, $u' = 4x^3 + 2x \Rightarrow y' = y'_u u'_x = \frac{1}{2}u^{-1/2}.u' = \frac{1}{2}(x^4 + x^2)^{-1/2}(4x^3 + 2x) = \frac{2x^3 + x}{\sqrt{x^4 + x^2}}$. **c.** $y = (x^2 + 3)^{5/3}$. $y = u^{5/3}$, $u = (x^2 + 3)^{5/3}$, $u' = 2x \Rightarrow y' = \frac{5}{3}u^{2/3}u' = \frac{5}{3}(x^2 + 3)^{2/3}(2x) = \frac{10x}{3}(x^2 + 3)^{2/3}$. **d.** $y = sen^4 x$, con $y = u^4$, $u = sen\,x$, $u' = cos\,x \Rightarrow y' = 4u^3 u' = 4\,sen^3 x\,cos\,x$. **e.** $y = sen^2 \ln x$, con $y = u[v(w(x))], \Rightarrow y'_x = u'_v.v'_w.w'_x; u = v^2$, $v = sen\,w$, $w = \ln x$ $\Rightarrow u'_v = 2v = 2\,sen\,w = 2\,sen\,\ln x$, $v'_w = cos\,w = cos\,\ln x$, $w'_x = \frac{1}{x}, \Rightarrow y' = 2\,sen\,\ln x.cos\,\ln x.\frac{1}{x} = \frac{2}{x}\,sen\,\ln x.cos\,\ln x$.

Ejercicios 5.3

Emplear las reglas de derivación para encontrar f'.

1. $f = 4x^3 - 6x^{2/3} + 5x^{-1/3} + 3$. **2.** $f = \frac{6x^4 - 4x^3}{2}$. **3.** $f = \sqrt[4]{x^3}$. **4.** $f = 6e^x$. **5.** $f = xe^x$.

6. $f = \frac{x^3}{x^2 + 2}$. **7.** $f = (x^2 - 2x)^4$. **8.** $f = e^x \ln x$.

Emplear derivación logarítmica para derivar.

9. $f = x^x$. **10.** $f = \sqrt[x]{2x}$. **11.** $f = \left(\frac{x}{x+1}\right)^{\frac{1}{x}}$. **12.** $f = x^{x^x}$. **13.** $f = e^{e^{e^x}}$.

Respuestas:

1. $R: f' = 12x^2 - 4x^{-1/3} - 5x^{-4/3}$. **2.** $R: f' = 12x^3 - 6x^2$. **3.** $R: f' = \frac{3}{4\sqrt[4]{x}}$. **4.** $R: f' = 6e^x$. **5.** $R: f' = e^x(x + 1)$. **6.** $R: f' = \frac{x^4 - 6x^2}{(x^2 + 2)^2}$. **7.** $R: f' = 8(x^2 - 2x)^3(x - 1)$. **8.** $R: f' = e^x\left(\ln x + \frac{1}{x}\right)$. **9.** $R: f = x^x(1 + \ln x)$. **10.** $R: f' = \frac{\sqrt[x]{2x}}{x^2}(1 - \ln 2x)$. **11.** $R: f' = \left(\frac{x}{x+1}\right)^{\frac{1}{x} - 1}\left[\frac{1}{(x+1)^3} - 1\right]$. **12.** $R: f = x^{x^x}x^x\left[\frac{1}{x} + \ln x + (\ln x)^2\right]$. **13.** $f = e^{e^{e^x}}e^{e^x}e^x$.

5.4 Derivada de las funciones trigonométricas

En esta sección solo deduciremos la derivada de la función $sen\,x$, y las reglas para derivar las demás, las obtendremos por aplicación directa de las reglas de derivación que ya conocemos. Para las trigonométricas hiperbólicas, que están definidas en términos de exponenciales reales, sus derivadas se obtienen por derivación de las exponenciales que las definen. Lo mismo podría hacerse con las trigonométricas circulares, pero sus definiciones en términos exponenciales involucran exponentes complejos, y por lo tanto recurriremos al método del cociente de diferencias.

5.4.1. *Funciones trigonométricas hiperbólicas.* $senh\,x,\ cosh\,x,\ tanh\,x$.

$$Dsenh\,x = D\,\frac{e^x - e^{-x}}{2} = cosh\,x; \quad Dsenh\,u = cosh\,u\,.\,u'.$$

$$Dcosh\,x = D\,\frac{e^x + e^{-x}}{2} = senh\,x; \quad Dcosh\,u = senh\,u\,.\,u'.$$

$$Dtanh\,x = D\,\frac{senh\,x}{cosh\,x} = \frac{1}{cosh^2 x}; \quad Dtanh\,u = \frac{u'}{cosh^2 u}.$$

5.4.2. *Ejemplo.* **a.** $y = senh\,6x \Rightarrow y' = cosh\,6x\,(6x)' = 6\,cosh\,6x.$

b. $y = cosh\,(\ln x) \Rightarrow y' = \frac{1}{x}\,senh\,(\ln x).$

5.4.3. *Derivada de la función* $sen\,x$.

$$y' = \lim_{\Delta x \to 0} \frac{sen\,(x + \Delta x) - sen\,x}{\Delta x}$$

para eliminar la indeterminación usamos la transformación $sen(x + \Delta x) - sen\,x = 2\,sen\left(\frac{\Delta x}{2}\right) cos\left(\frac{2x + \Delta x}{2}\right)$

$$y' = \lim_{\Delta x \to 0} \frac{1}{\Delta x}\,2\,sen\left(\frac{\Delta x}{2}\right) cos\left(\frac{2x + \Delta x}{2}\right)$$

$$y' = \lim_{\Delta x \to 0} \frac{sen\left(\frac{\Delta x}{2}\right) cos\left(\frac{2x + \Delta x}{2}\right)}{\frac{\Delta x}{2}}$$

$$y' = \lim_{\Delta x \to 0} \frac{sen\left(\frac{\Delta x}{2}\right)}{\frac{\Delta x}{2}}\,cos\left(\frac{2x + \Delta x}{2}\right) = cos\,x \;\blacklozenge$$

Si $y = sen\ u$ con $u = u(x)$, aplicamos la regla de la cadena para obtener

$$y' = cos\ u\ .u'$$

El desarrollo se simplifica ligeramente en su notación si hacemos; $f' = \lim_{x\to a} \frac{sen\ x - sen\ a}{x - a}$, y aplicamos $sen\ x - sen\ a = 2\ sen\ \left(\frac{x-a}{2}\right) cos\ (\frac{x+a}{2})$.

5.4.4. *Ejemplo.* **a.** $y = sen\ 4x \Rightarrow y' = cos\ 4x\ (4x)' = 4\ cos\ 4x.$ **b.** $y = sen\ (x+1)^2 \Rightarrow y' = cos\ (x+1)^2[(x+1)^2]' = 2(x+1)\ cos\ (x+1)^2.$ **c.** $y = sen\ (\ln x) \Rightarrow y' = cos\ (\ln x)\ (\ln x)' = \frac{1}{x}\ cos\ (\ln x).$

5.4.5. *Derivada de la función* $cos\ x$.

Usaremos la propiedad $cos\ x = sen\ \left(\frac{\pi}{2} - x\right)$, y aplicaremos la regla de la cadena a $sen\ u$, con $u = \left(\frac{\pi}{2} - x\right)$ y $u' = \left(\frac{\pi}{2} - x\right)' = -1$, entonces

$$y' = Dsen\ \left(\frac{\pi}{2} - x\right) = cos\ \left(\frac{\pi}{2} - x\right)(-1) = -sen\ x \blacklozenge$$

Si $y = cos\ u$ con $u = u(x)$, aplicamos la regla de la cadena para obtener

$$y' = -sen\ u\ .u'$$

5.4.6. *Ejemplo.* **a.** $y = cos\ 7x \Rightarrow y' = -sen\ 7x\ (7x)' = -7\ sen\ 7x.$ **b.** $y = cos\ (2x+6)^2 \Rightarrow y' = -sen\ (2x+6)^2[(2x+6)^2]' = -2\ (2x+6)\ sen\ (2x+6)^2.$

5.4.7. *Derivada de la función* $tan\ x$.

Aplicamos la regla para derivar cocientes a $tan\ x = \frac{sen\ x}{cos\ x}$

$$D\frac{sen\ x}{cos\ x} = \frac{(sen\ x)'cos\ x - (cos\ x)'sen\ x}{cos^2 x}$$

$$D\frac{sen\ x}{cos\ x} = \frac{cos^2 x + sen^2 x}{cos^2 x} = \frac{1}{cos^2 x} \blacklozenge$$

Agrupando términos de otra forma, podríamos haber expresado también $(tan\ x)' = sec^2 x$ o $(tan\ x)' = 1 + tan^2 x$. Si $y = tan\ u$ con $u = u(x)$, aplicamos la regla de la cadena para obtener; $y' = \frac{u'}{cos^2 u}.$

5.4.8. *Ejemplo.* **a.** $y = \tan 7x$. $y = \tan u$, $u = 7x$, $u' = 7 \Rightarrow y' = \dfrac{7}{\cos^2 7x}$ o $y' = 7(1 + \tan^2 7x)$. **b.** $y = \tan \operatorname{sen} x$. $y = \tan u$, $u = \operatorname{sen} x$, $u' = \cos x \Rightarrow y' = \dfrac{\cos x}{\cos^2 \operatorname{sen} x}$ o $y' = (1 + \tan^2 \operatorname{sen} x) \cos x$

5.5 Derivada de la función inversa

Si $y = f(x)$ admite una inversa $x = g(y)$ como en 2.7 y $g(y) \neq 0$, entonces en el punto $x(y)$

$$f'_x = \frac{1}{g'_y}$$

para verificarlo, basta ver que $\dfrac{\Delta y}{\Delta x} = \left(1/\dfrac{\Delta x}{\Delta y}\right)$, y como $\Delta x \to 0 \Rightarrow \Delta y \to 0$, se verifica

$$\lim_{\Delta x \to 0} \frac{\Delta x}{\Delta y} = \lim_{\Delta x \to 0} = \left(1/\frac{\Delta x}{\Delta y}\right)$$

$$x'_y = (1/y'_x)$$

5.5.1. *Ejemplo.* **a.** $y(x) = \sqrt{x}$. $x(y) = y^2 \Rightarrow y'_x = (1/x'_y) = (1/2\,y) = (1/2\,\sqrt{x})$.

b. $y(x) = e^x$. $x(y) = \ln y \Rightarrow y'_x = (1/x'_y) = \left(1/\frac{1}{y}\right) = y = e^x$.

Nota: El mismo resultado se puede obtener recurriendo a la composición de funciones y la regla de la cadena, 5.3.13. Como $g = f^{-1}$, $(g \circ f)(x) = x$, derivando ambos miembros: $g'_f . f'_x = 1 \Rightarrow f'_x = \dfrac{1}{g'_f}$ o bien, $f'_x = \dfrac{1}{g'_y}$.

5.5.2. *Derivada de la función $\operatorname{sen}^{-1} x$.*

Si $y = \operatorname{sen}^{-1} x$, entonces $x = \operatorname{sen} y$

$$y'_x = (1/x'_y) = (1/\cos y) = \left(1/\sqrt{1 - \operatorname{sen}^2 y}\right) = \left(1/\sqrt{1 - x^2}\right)$$

5.5.3. *Ejemplo.* **a.** $y = \operatorname{sen}^{-1} x^6$. $y = \operatorname{sen}^{-1} u$, $u' = 6\,x^5 \Rightarrow y' = \left(u'/\sqrt{1 - u^2}\right)$, $y' = \left(6\,x^5/\sqrt{1 - x^{12}}\right)$. **b.** $y = \operatorname{sen}^{-1} \cos 3x$. $y' = \left(-3 \operatorname{sen} 3x/\sqrt{1 - \cos^2 3x}\right)$

5.5.4. *Derivada de la función* $\tan^{-1}x$.

Si $y = \tan^{-1}x$, entonces $x = \tan y$

$$y'_x = \left(1/x'_y\right) = \left(1/\tan' y\right) = \frac{1}{1+\tan^2 y} = \frac{1}{1+x^2}.$$

5.5.5. *Ejemplo.* **a.** $y = \tan^{-1}6x.$ $y = \tan^{-1}u,$ $u' = 6 \Rightarrow y' = \frac{u'}{1+u^2},$ $y' = \frac{6}{1+(6x)^2}.$ **b.** $y = \tan^{-1}\ln 3x.$ $y' = \frac{1}{1+(\ln 3x)^2}\frac{1}{x}.$

Ejercicios 5.5

Emplear las reglas de derivación para encontrar f'.

1. $f = \cos^{-1}x.\,\mathrm{sen}^{-1}x.$ **2.** $f = \tan^{-1}\frac{x^3}{3}.$ **3.** $f = \cos(\mathrm{sen}^{-1}x).$ **4.** $f = e^{\tan^{-1}3x^2}.$ **5.** $f = \left(\mathrm{sen}^{-1}\frac{x^3}{3}\right)^4.$

Respuestas:

1. $R{:}\,f' = \frac{1}{\sqrt{1-x^2}}\cos^{-1}x.\,\mathrm{sen}^{-1}x.$ **2.** $R{:}\,f' = \frac{3x^2}{2+\frac{x^6}{2}}.$ **3.** $R{:}\,f' = \frac{-x}{\sqrt{1-x^2}}.$ **4.** $R{:}\,f' = \frac{6x\,e^{\tan^{-1}3x^2}}{1+9x^4}.$ **5.** $R{:}\,f' = \frac{4x^2}{\sqrt{1-\frac{x^6}{9}}}\left(\mathrm{sen}^{-1}\frac{x^3}{3}\right).$

5.6 La recta tangente

Volvemos ahora a 5.2, donde para introducir la definición de función derivada, nos apoyamos en la intuición geométrica y definimos $f'(a)$ como el límite del cociente de diferencias $\frac{f(x)-f(a)}{x-a}$, a riesgo de ser recursivos encadenando los conceptos de *recta tangente* y *derivada* en una circularidad.

El concepto de derivada, si bien surgió de considerar el problema de la tangente, *no necesita* de la definición o concepto de tangente, en cambio *si es necesario* el concepto de derivada para definir la recta tangente a una curva.

Una definición de recta tangente, que no se funde en vaguedades como la *recta que toca a la curva en un punto* o *secante en dos puntos que se reúnen en uno solo*, no puede darse sin el concepto de *derivada de la curva en un punto*.

Veremos también que si f' está definida en a, entonces f puede ser *linealizada* en a, lo que significa que puede *aproximarse* con una recta que es justamente su recta tangente en a.

5.6.1. *Interpretación geométrica de la derivada.*

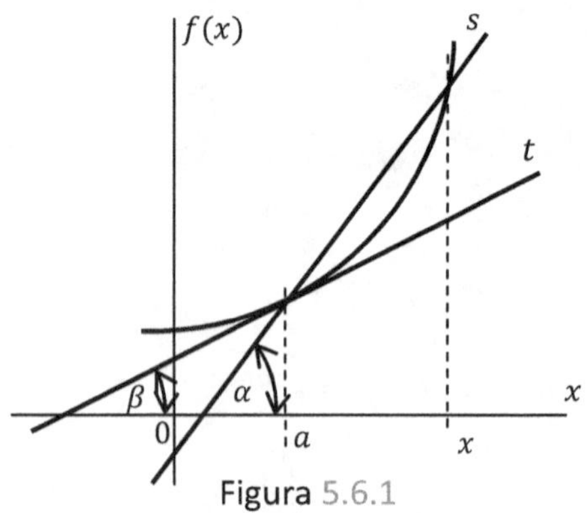

Figura 5.6.1

Según lo ya comentado en párrafos anteriores, la pendiente o $\tan \alpha$ de la secante s es $\frac{f(x)-f(a)}{x-a}$ y así lo hemos descripto en 5.2. En la figura 5.6.1 vemos que $x \to a, \Rightarrow \alpha \to \beta$ y entonces, $\tan \alpha \to \tan \beta$. La pendiente de la secante, tiende a $\tan \beta$ y $\tan \beta$ es la pendiente de la recta tangente. Esta es la interpretación geométrica de la derivada.

La derivada de f en un punto, es la tangente trigonométrica de la tangente geométrica a f en ese punto

5.6.2. *Ecuación de la recta tangente.*

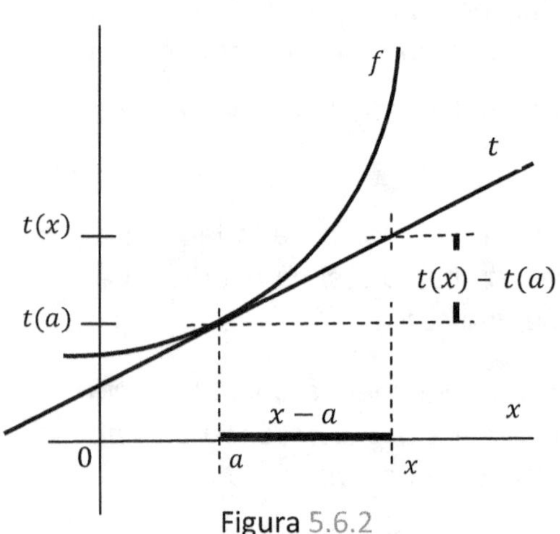

Figura 5.6.2

Según vimos en 5.6.1 al interpretar geométricamente la derivada, $f'(a)$ es la pendiente de la recta tangente en $x = a$ a la curva f, pero esa pendiente es según se ve en la figura 5.6.2 $\frac{t(x)-t(a)}{x-a}$, por lo que podemos poner;

$$f'(a) = \frac{t(x) - t(a)}{x - a}$$ de donde obtenemos la ecuación de $t(x)$

$$t(x) = f'(a)(x - a) + t(a)$$

Siendo $t(a) = f(a)$

$$t(x) = f'(a)(x - a) + f(a)$$

5.6.3. *Ejemplo.* **a.** $f = x^2$, $a = 1$. $f(a) = 1$, $f'(x) = 2x$, $f'(a) = 2$ $\Rightarrow$ $t = f'(a)(x - a) + f(a) = 2(x - 1) + 1 = 2x - 1$, figura 5.6.3.a. **b.** $f = e^x$, $a = 0$. $f(a) = 1$, $f'(x) = e^x$, $f'(a) = 1$ $\Rightarrow$ $t = 1(x - 0) + 1 = x + 1$, figura 5.6.3.b. **c.** $f = \ln x$, $a = 1$. $f(a) = 0$, $f'(x) = \frac{1}{x}$, $f'(1) = 1$ $\Rightarrow$ $t = 1(x - 1) + 0 = x - 1$, figura 5.6.3.c.

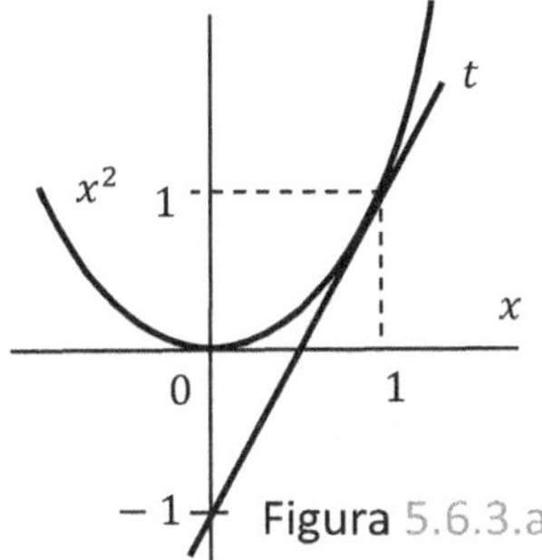

Figura 5.6.3.a

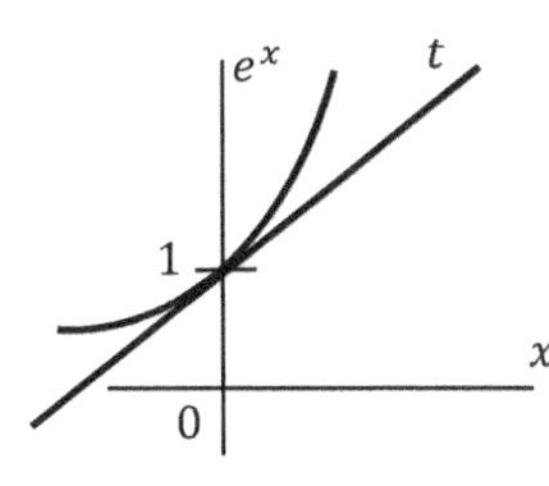

Figura 5.6.3.b

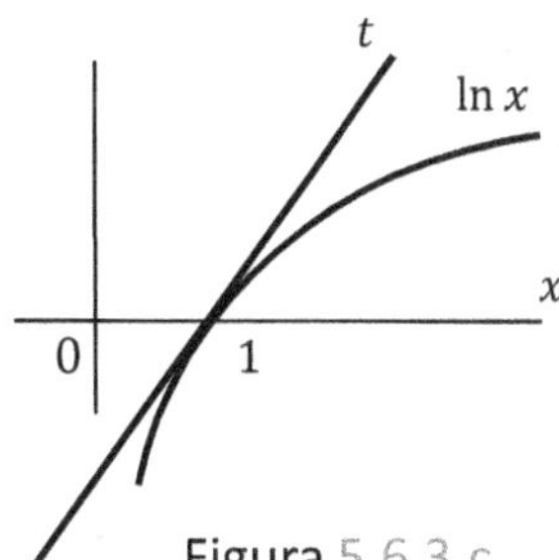

Figura 5.6.3.c

5.6.4. *Aproximación lineal.* Si f tiene la propiedad de ser derivable o diferenciable en a, entonces se puede aproximar linealmente en la vecindad de a. En otros términos, significa que los valores de f están cerca de una recta; su recta tangente en a. Para comprobarlo, consideremos la función $f^*(x) := \begin{cases} \frac{f(x) - f(a)}{x - a}, & si \ x \neq a \\ f'(a), & si \ x = a \end{cases}$

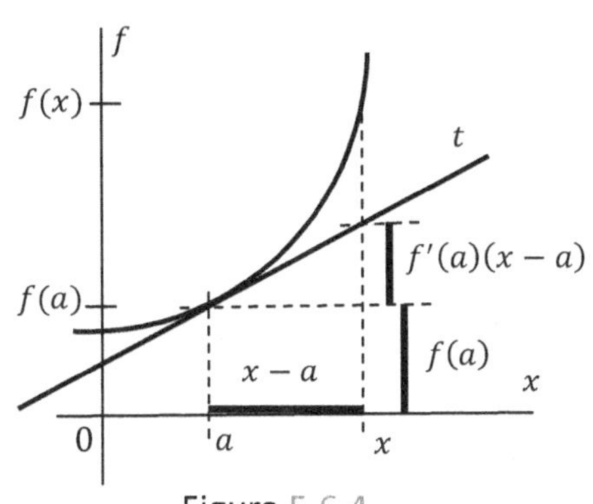

Figura 5.6.4

Si f es derivable en a, es continua en a por el teorema 5.2.7 y entonces $f^*(x)$ es continua por ser cociente de funciones continuas y $\lim_{x \to a} f^*(x) = f^*(a) = f'(a)$. Despejando $f(x)$ de la definición de $f^*(x)$

$$f(x) = f^*(a)(x - a) + f(a)$$

pero como $f^*(x)$ es continua; si $x \to a$ $\Rightarrow$ $f^*(x) \to f^*(a) = f'(a)$ entonces

$$f(x) = f'(a)(x - a) + f(a)$$

que es la ecuación de la recta tangente.

5.6.5. *Ecuación de la recta normal.* La recta normal a la tangente de f en $x = a$ es la *recta normal* a f en $x = a$, figura 5.6.5.

De la fórmula trigonométrica que da la tangente de la diferencia de dos ángulos, se deduce que la condición de ortogonalidad de dos rectas es que sus pendientes sean reciprocas y con signo opuesto, de modo que el factor $\tan \alpha . \tan \beta = -1$, anule el denominador de $\tan (\alpha - \beta) = \frac{\tan \alpha - \tan \beta}{1 + \tan \alpha . \tan \beta}$, y como la tangente o pendiente de la recta tangente $t(x)$ es $f'(a)$, la pendiente de la recta normal $n(x)$ debe ser $\frac{-1}{f'(a)}$.

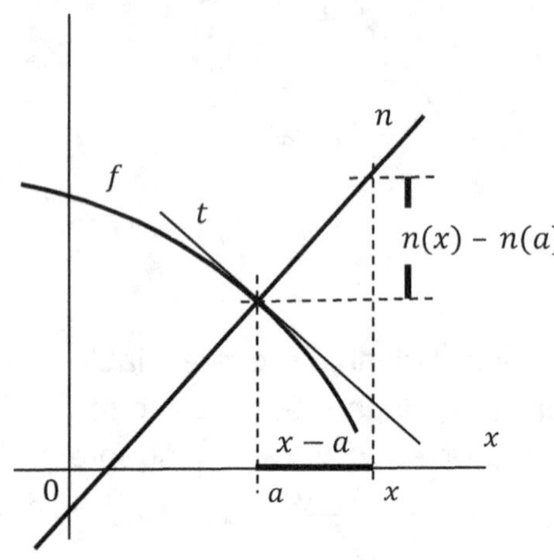

Figura 5.6.5

De la figura 5.6.5 se deduce que la pendiente de la recta normal $n(x)$ en $x = a$, es $\frac{n(x) - n(a)}{x - a}$ y como esta pendiente es $\frac{-1}{f'(a)}$, podemos poner

$$\frac{-1}{f'(a)} = \frac{n(x) - n(a)}{x - a}$$

de donde obtenemos la ecuación de $n(x)$

$$n(x) = \frac{-1}{f'(a)}(x - a) + n(a)$$

Siendo $n(x) = f(a)$

$$n(x) = \frac{-1}{f'(a)}(x - a) + f(a)$$

5.6.6. *Ejemplo.* **a.** $f = x^2$, $a = 1$. $f(a) = 1$, $f'(x) = 2x$, $f'(a) = 2$, $\frac{-1}{f'(a)} = \frac{-1}{2} \Rightarrow$ $n = \frac{-1}{f'(a)}(x - a) + f(a) = \frac{-1}{2}(x - 1) + 1 = \frac{-x}{2} + \frac{3}{2}$, figura 5.6.6.a. **b.** $f = e^x$, $a = 0$. $f(a) = 1$, $f'(x) = e^x$, $f'(a) = 1$, $\frac{-1}{f'(a)} = -1 \Rightarrow n = -1(x - 0) + 1 = -x + 1$, figura 5.6.6.b. **c.** $f = \ln x$, $a = 1$. $f(a) = 0$, $f'(x) = \frac{1}{x}$, $f'(1) = 1$, $\frac{-1}{f'(a)} = -1 \Rightarrow n = -1(x - 1) + 0 = -x + 1$, figura 5.6.6.c.

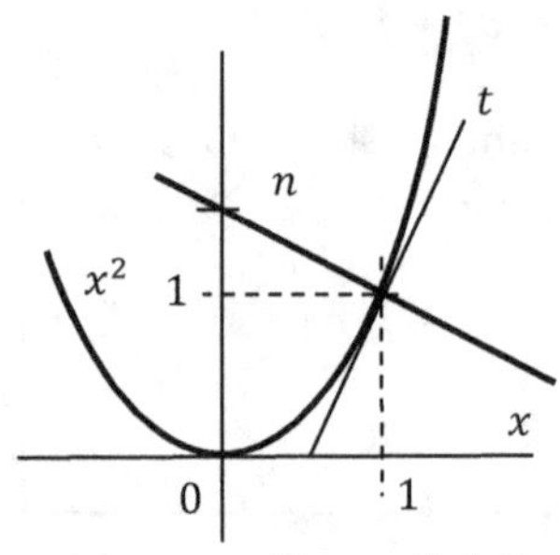

Figura 5.6.6.a

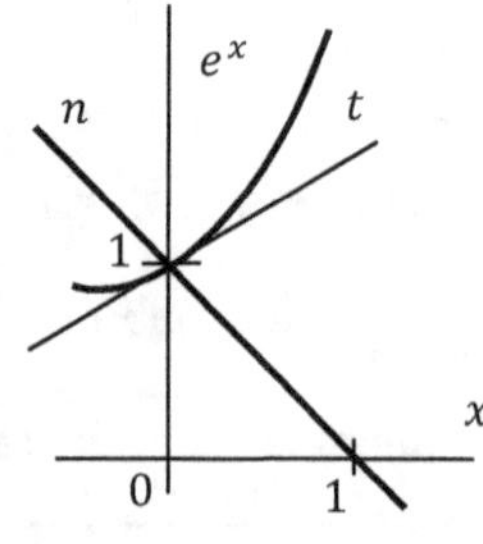

Figura 5.6.6.b

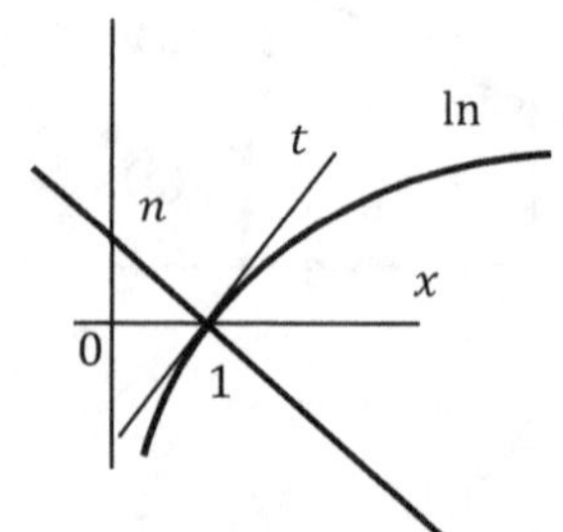

Figura 5.6.6.c

5.6.7. *Derivadas laterales.*

Hasta aquí nos hemos referido a la operación de derivar, siempre en un punto interior al dominio de f, y hemos ilustrado el proceso de incrementar y tomar diferencias a la derecha de a cuando en realidad, que exista el límite $\lim_{x \to a} \frac{f(x)-f(a)}{x-a}$, implica que el proceso se realice a ambos lados de a, y tal cosa es lo que entendemos cuando decimos que existe $f'(a)$. Hemos supuesto también que dicho límite, es decir $f'(a)$, es finito, sería oportuno ahora, considerar separadamente los límites laterales del cociente de diferencias $\frac{f(x)-f(a)}{x-a}$, para incluir los extremos de intervalos, y los casos en que el límite es infinito para poder describir la tangente vertical, figura 5.6.7.c.

Consideramos entonces en a, dos derivadas; una en a^- o a la izquierda de a y otra en a^+ o a la derecha de a, como se muestra en las figuras 5.6.7.a y 5.6.7.b, donde a es un extremo de intervalo. Se ha borrado el trazado de la curva a izquierda o derecha de a según el caso, puesto que no nos ocuparemos de la curva en a^- y a^+ simultáneamente, y podría incluso la curva no estar definida en uno de los semientornos de a.

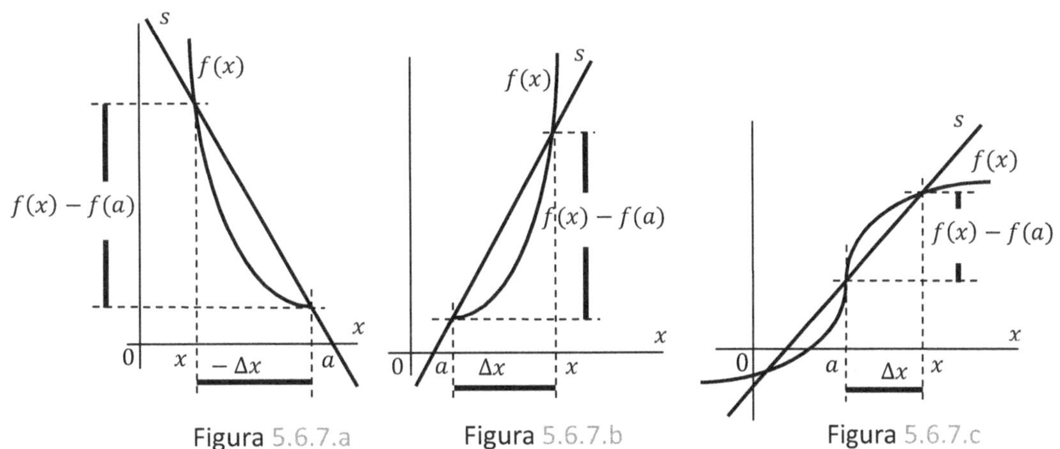

Figura 5.6.7.a	Figura 5.6.7.b	Figura 5.6.7.c

5.6.8. *Definición. Derivadas laterales.* Una función f admite derivada lateral por la izquierda $f'(a^-)$ en un punto a de su dominio, si existe con valor finito, $-\infty$ o $+\infty$, el límite

$$f'(a^-) = \lim_{x \to a^-} \frac{f(x)-f(a)}{x-a}$$

y recíprocamente se define $f'(a^+)$.

5.6.9. *Ejemplo.* **a.** $\sqrt{x}$. No existe $f(0^-)$, por lo que no se puede definir $f'(0^-)$. En cambio; $f'(0^+) = \lim_{x\to 0^+}\frac{\sqrt{x}-\sqrt{0}}{x-0} = \infty$ **b.** $f:[0,\ 1] \to \mathrm{R} \wedge f := x^2$. f no está definida en $x = 0^-$, $f'(0^+) = \lim_{x\to 0^+}\frac{x^2-0}{x-0} = \lim_{x\to 0^+} x = 0$. Tampoco está definida f en $x = 1^+$, $f'(1^-) = \lim_{x\to 1^-}\frac{x^2-1}{x-1} = \lim_{x\to 1^-}(x+1) = 2$. **c.** $f = |x|$, se vio en el ejemplo 5.2.8.a que $f'(0^-) = -1$ y $f'(0^+) = 1$.

5.6.10. *Definición. Derivada infinita.* Si a es un punto interior del dominio de f y $f'(a^-) = f'(a^+) = +\infty$, entonces f tiene una derivada $+\infty$ en a.

Recíprocamente, si en a, $f'(a^-) = f'(a^+) = -\infty$, f tiene una derivada $-\infty$ en a.

5.6.11. *Ejemplo.* **a.** $f = \sqrt[3]{x}$, $\quad f'(0^-) = \lim_{x\to 0^-}\frac{x^{1/3}-0}{x-0} = \lim_{x\to 0^-} x^{-2/3} = +\infty$,

$f'(0^+) = \lim_{x\to 0^+}\frac{x^{1/3}-0}{x-0} = \lim_{x\to 0^+} x^{-2/3} = +\infty \ \Rightarrow\ f'(0^-) = f'(0^+) = f'(0) = +\infty$,

figura 5.6.11.a. **b.** $f = \left(\sqrt[3]{x}\right)^2 = x^{2/3}$, $\ f'(0^-) = \lim_{x\to 0^-}\frac{x^{2/3}-0}{x-0} = \lim_{x\to 0^-} x^{-1/3} =$

$-\infty$, $f'(0^+) = \lim_{x\to 0^+}\frac{x^{1/3}-0}{x-0} = \lim_{x\to 0^+} x^{-1/3} = +\infty$. $f'(0^-) = -\infty \neq f'(0^+) = +\infty$

$\Rightarrow \nexists f'(0)$. Hay dos tangentes distintas que toman la posición vertical, una con pendiente negativa cuando $x \to 0^-$ y otra con pendiente positiva cuando $x \to 0^+$, figura 5.6.11.b.

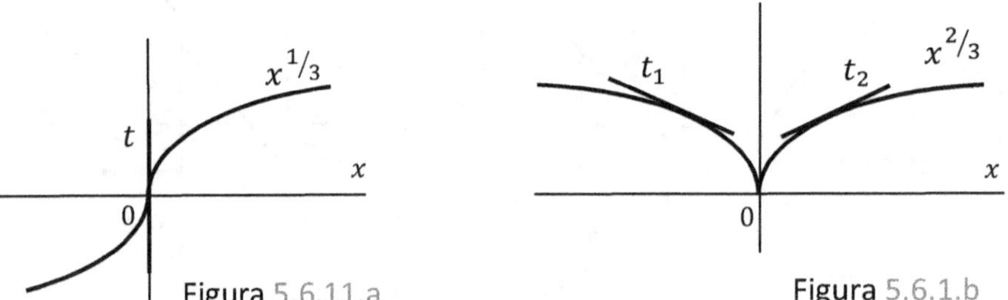

Figura 5.6.11.a   Figura 5.6.1.b

Ejercicios 5.6

Dar la ecuación de la recta tangente $t(x)$ de la siguientes funciones en los puntos indicados.

1. $f = -x^2 + 1$, $a = 1$. **2.** $f = \ln(x+1)$, $a = 2$. **3.** $f = 2x\,e^x$, $a = 0$. **4.** $f = 2\sqrt{x}$, $a = 1$.

Determinar los puntos en que la recta tangente $t(x)$ es paralela al eje x para las siguientes funciones.

5. $f = 2x^3 + 3x^2 - 12x$. **6.** $f = x^4 - 2x^2 + 1$. **7.** $f = e^{-x^2}$, $a = 2$. **8.** $f = \frac{\ln x}{x}$.

Respuestas:

1. $R: t(x) = -2x + 2$. **2.** $R: t(x) = x - 2$. **3.** $R: t(x) = 2x$. **4.** $R: t(x) = x + 1$. **5.** $R: x_1 = 1, x_2 = -2$. **6.** $R: x_1 = 0, x_2 = 1, x_3 = -1$. **7.** $R: x = 0$. **8.** $R: x = e$.

5.7 La diferencial

Hemos visto en 5.6.4 que una función derivable se puede aproximar linealmente, ahora veremos la utilidad práctica de esa propiedad, junto con la justificación de la notación $y' = \frac{dy}{dx}$ o $f' = \frac{df}{dx}$ que introdujimos en 5.2.6.

5.7.1. *La diferencial de una función.* Si la función f es derivable en x, tal como lo definimos en 5.2.1 y 5.2.3, significa que existe el límite

$$\lim_{h \to 0} \frac{f(x+h)-f(x)}{h} = f'(x)$$

o bien que

$$\lim_{h \to 0} \left[\frac{f(x+h)-f(x)}{h} - f'(x) \right] = 0$$

que es una forma equivalente de definir $f'(x)$. Definimos entonces una nueva función $g(x)$

$$g(x) := \frac{f(x+h)-f(x)}{h} - f'(x)$$

Es obvio que $\lim_{h \to 0} g(x) = 0$, y entonces, $g.h = [f(x+h) - f(x)] - f'(x)h$ es una cantidad pequeña si el incremento h es pequeño. Ahora reemplazamos $f(x+h) - f(x)$ por Δf y tenemos

$$g.h = \Delta f - f'(x)h.$$

Las cantidades que aparecen a la derecha en la última expresión, Δf y $f'(x)h$, son *iguales* si $h = 0$, pero solamente en ese caso ya que

$$\Delta f = f'(x)h + g.h$$

La cantidad Δf es como ya lo hemos dicho anteriormente, el incremento de f en x y, a la cantidad $f'(x)h$, la llamamos *la diferencial* de la función f, y la notamos como df

$$df = f'(x)h$$

Como caso particular, si $f = x \Rightarrow f' = x' = 1$ y $dx = h$. Con esto justificamos la notación

$$\boxed{f' = \frac{df}{dx}}$$

Rehaciendo nuestro desarrollo con otra notación tenemos

$$y' = \lim_{\Delta x \to 0} \frac{\Delta y}{\Delta x} \;\Rightarrow\; \frac{\Delta y}{\Delta x} - y' = g(x)$$

para obtener
$$\boxed{y' = \frac{dy}{dx}}$$

    Nota: Las cantidades variables cuyo límite es cero, se denominan; *infinitesimales*. Es el caso de las diferenciales.

5.7.2. *Interpretación geométrica de la diferencial.* En las figuras 5.7.2.a y 5.7.2.b vemos que $dy = \Delta y$ solo si $\Delta x = 0$ o si $y = x$. Cuanto divergen entre si las cantidades dy y Δy, es una cuestión cuyo análisis posponemos para cuando estudiemos la *serie de Taylor* y su *resto,* pero; conocido el valor $y(x)$ que toma y en el punto x, podemos calcular su cambio diferencial dy cuando x se desplaza hacia $x + \Delta x$, en una *primera aproximación*.

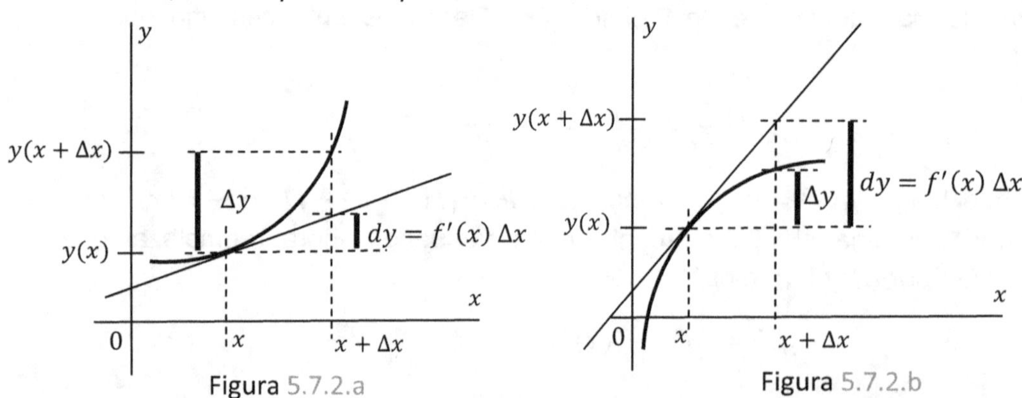

Figura 5.7.2.a   Figura 5.7.2.b

5.7.3. *Ejemplo.* **a.** Si $y = x$, entonces el cuadrado de lado x en el primer cuadrante, con un vértice en $x = 0$, tiene área $A = x^2$. Veamos entonces como cambian con x las cantidades ΔA y dA, siendo $A = x^2$ y $A'_x = 2x$

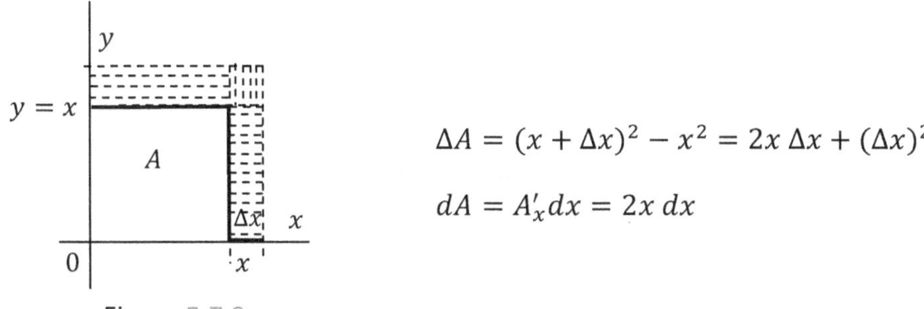

$$\Delta A = (x + \Delta x)^2 - x^2 = 2x\,\Delta x + (\Delta x)^2$$

$$dA = A'_x\,dx = 2x\,dx$$

Figura 5.7.3

Recordando que $dx = \Delta x$, vemos que las cantidades ΔA y dA difieren entre si en $(\Delta x)^2$, un infinitésimo de orden superior respecto a dx, figura 5.7.3.

b. La pequeña diferencia entre las cantidades Δy y dy facilita la tarea de cálculos por aproximación. Si el perímetro de la circunferencia es $P = 2\,\pi r$, se puede calcular inmediatamente por aproximación el incremento de P, cuando Δr es pequeño o viceversa. El radio terrestre es $r \cong 6.5\,10^6\,m$, entonces $\Delta P \cong dP = P'_r\,dr = 2\pi\,dr$, y el problema de calcular cuanto se incrementa el perímetro cuando el radio aumenta $dr = 1\,m$ se resuelve como; $\Delta P \cong 2\pi\,1\,m \cong 6{,}28\,m$. El cambio aproximado correspondiente en el área $A = 4\pi r^2$, es $\Delta A \cong dA = 8\pi\,r\,dr = 8\,\pi\,6{,}5\,10^6\,m\,1m = 1{,}6\,10^8\,m^2$. Si se desea aumentar A en $\Delta A = 1\,m^2$, debe ser $dA \cong \Delta A = 1m^2$, entonces; $\Delta r \cong \dfrac{\Delta A}{8\,\pi\,r} = \dfrac{1\,m^2}{8\,\pi\,6.5\,10^6\,m} = \dfrac{1}{1{,}6\,10^8}\,m = 1{,}610^{-7}m$. Notar que los Δ son cantidades finitas que medimos, determinamos por aproximación o establecemos como criterio de cálculo, las diferenciales en cambio son *infinitesimales*.

c. El error relativo en una medición se define como $\dfrac{\Delta M}{M}$, el cociente entre el *error absoluto* o cambio en la medida y el *valor de la medida*. La *ley de Ohm* relaciona la corriente I con la resistencia R, según la ley $I = \dfrac{V}{R}$. El error relativo en la medida de I, que produce un cambio ΔR en la resistencia es $dI = -\dfrac{V}{R^2}dR$, con $\dfrac{V}{R} = I$ se tiene $\dfrac{dI}{I} = -\dfrac{1}{R}dR$.

d. Podemos calcular $sen\,46^0$ a partir de su valor $sen\,45^0 = \dfrac{\sqrt{2}}{2} = 0{,}707$, usando la aproximación $f(x + \Delta x) = f'(x)\,\Delta x + f(x)$, que obtenemos como en 5.6.4 con un cambio de notación. Esta aproximación, es sustancialmente la misma que hacemos con df y la justificamos en 5.6.4. Tenemos para esta aproximación entonces, $x = 45^0 = \frac{\pi}{4}$, $\Delta x = 1^0 = \frac{\pi}{180}$, $f'(x) = \cos x$, $f(x + \Delta x) = sen\ 46^0$;

$$f(x + \Delta x) = f'(x).\Delta x + f(x) = \cos\frac{\pi}{4}.\frac{\pi}{180} + \frac{\sqrt{2}}{2} = \frac{\sqrt{2}}{2}.0,017 + \frac{\sqrt{2}}{2} = 0,719.$$

Si quisiéramos calcular el seno de 91^0 a partir de $sen\ 90^0 = 1$, obtendríamos el mismo valor para, $f\left(\frac{\pi}{2} + \frac{\pi}{180}\right) = f'\left(\frac{\pi}{2}\right).\Delta x + f(x) = 0.\frac{\pi}{180} + 1 = 1$, debido a que $d(sen\ x)$ se anula en $x = \frac{\pi}{2}$ y no podemos usar la primera aproximación para calcular el $sen\ 91^0 = sen\left(\frac{\pi}{2} + \frac{\pi}{180}\right)$. Otro tanto ocurre si tratamos de calcular $cos\ 1$ como $cos\left(0 + \frac{\pi}{180}\right) = f'(0).\Delta x + f(x) = 0.\frac{\pi}{180} + 1 = 1$. Se necesitan más términos de aproximación para obtener un resultado aceptable. Sirve este ejemplo para ilustrar el comentario que hicimos en 5.3.13 sobre la "simplificación" de las diferenciales.

5.7.4. *Derivada y diferenciabilidad.* Las funciones de *una* variable *derivables*, son *diferenciables*, y los dos términos son equivalentes. Aplicando la definición de diferencial, obtenemos inmediatamente las diferenciales de

$$d(e^x) = e^x dx,\ d(sen\ x) = \cos x\ dx,\ d(uv) = (u'v + v'u)dx = udv + vdu,\ d(\ln x) = \frac{1}{x}dx.$$

5.7.5. *Interpretación física de la derivada.*

La primera interpretación física de la derivada la estableció Newton, al concebir la idea misma de derivada como *velocidad instantánea*.

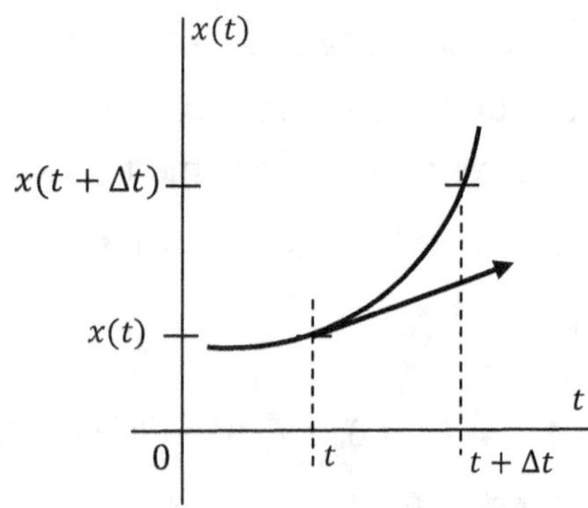

Figura 5.7.5

Si se representa la posición $x(t)$ de una partícula material en los diversos instantes, la curva $x(t)$ describe su posición relativa en el tiempo, y $\frac{\Delta x}{\Delta t}$ es la relación del cambio de posición, al tiempo en que transcurre ese cambio, esto es; $\bar{v} = \frac{\Delta x}{\Delta t}$ su *velocidad media* durante el lapso Δt. $\dot{x} = \lim_{\Delta t \to 0}\frac{\Delta x}{\Delta t}$ es la *velocidad instantánea* en el punto t.

En la figura 5.7.5, hemos puesto una *flecha* sobre la tangente geométrica, en el punto $(t, x(t))$, como se suele hacer para indicar la velocidad. Esa flecha o vector, tiene la dirección de la recta tangente a la curva, y su módulo o longitud, es igual a la pendiente de recta tangente en el punto, cuyo valor es la derivada $\dot{x}(t)$. La razón de la flecha, es indicar hacia donde se desplaza la partícula en su movimiento, si va hacia atrás o hacia adelante en el sentido de las x y eso, no lo indica la derivada que si existe, es única y tiene un solo signo. En el caso de nuestra figura, la partícula podría estar pasando por el punto $(t, x(t))$ de izquierda a derecha o de derecha a izquierda o mejor dicho, yendo de $x(t)$ a $x(t + \Delta t)$ o viceversa, por eso lo apropiado es llamar a $\dot{x} = \lim_{\Delta t \to 0} \frac{\Delta x}{\Delta t}$, la rapidez de la partícula, que es una cantidad *escalar* mientras que la velocidad es *vectorial*. La *velocidad instantánea* $\dot{x}$, es el límite al que tiende la velocidad media ya que, siempre medimos cantidades *finitas* o *discretas* de tiempo y espacio, o en su lugar, de las magnitudes que estemos relacionando, según el fenómeno que se explique con el soporte de la derivada, o la interpretación que demos a la función derivada.

5.7.6. *Otras interpretaciones.* La derivada de una función, se puede concebir como una *tasa de cambio* de cualquier cantidad que varíe en el tiempo de manera razonable o en general, cualquier cosa que cambie con respecto a otra de forma *continua* y *suave*, en el sentido que establecimos en 5.2.7. El coeficiente de expansión térmica, se define como $\alpha = \frac{1}{V}\frac{dV}{dT}$ donde V es el volumen y T la temperatura. La derivada de la concentración $\frac{dc}{dt}$ o de la masa $\frac{dm}{dt}$, miden la rapidez con que entra o sale materia de un sistema como podría ser, un tanque que se llena o se vacía. La *tasa de conversión* $\frac{dN}{dt}$, mide la cantidad N de moléculas que se transforman de una especie química en otra o bien de moléculas que se descomponen en una reacción química. Si el número N representa cantidad de átomos presentes de una especie radioactiva, $-\frac{dN}{dt}$ es la velocidad de *decaimiento radiactivo* etc.

Todas las cantidades que mencionamos, son *finitas* pero se pueden contar en números muy grandes durante pequeños intervalos de tiempo y por lo tanto se considera que cambian con *continuidad*. No podemos contar los vehículos que pasan por una esquina y *derivar* esta cantidad. Se puede si, y de hecho se hace, tomar puntos de medida para alguna magnitud y completar el gráfico como si fuera continuo con alguna *función* o *ley* que *aproxime* el comportamiento del fenómeno estudiado y entonces *derivar*.

TABLA DE DERIVADAS

$y = k$	$y' = 0$	$y = \cot x$	$y' = \dfrac{-1}{sen^2x}$
$y = x$	$y' = 1$	$y = \sec x$	$y' = \dfrac{sen\,x}{cos^2x}$
$y = x^n$	$y' = nx^{n-1}$	$y = \operatorname{cosec} x$	$y' = \dfrac{-cos\,x}{sen^2x}$
$y = \ln x$	$y' = {}^1\!/_x$	$y = sen^{-1}x$	$y' = \dfrac{1}{\sqrt{1-x^2}}$
$y = e^x$	$y' = e^x$	$y = cos^{-1}x$	$y' = \dfrac{-1}{\sqrt{1-x^2}}$
$y = a^x$	$y' = a^x \ln a$	$y = tan^{-1}x$	$y' = \dfrac{1}{1+x^2}$
$y = sen\,x$	$y' = cos\,x$	$y = cot^{-1}x$	$y' = \dfrac{-1}{1+x^2}$
$y = cos\,x$	$y' = -sen\,x$	$y = senh^{-1}x$	$y' = \dfrac{1}{\sqrt{1+x^2}}$
$y = \tan x$	$y' = \dfrac{1}{cos^2x} = 1 + tan^2x$	$y = tanh^{-1}x$	$y' = \dfrac{1}{1-x^2}$

REGLAS GENERALES DE DERIVACIÓN

$y = k.u$	$y' = k.u'$
$y = u + v - w$	$y' = u' + v' - w'$
$y = u.v$	$y' = u'.v + v'.u$
$y = \dfrac{u}{v}$	$y' = \dfrac{u'.v - v'.u}{v^2}$
$y = u[v(x)]$	$y' = u'_v v'_x$

6 MÁXIMOS Y MÍNIMOS

Una aplicación inmediata de la función derivada es la búsqueda sistemática de los máximos y mínimos de las funciones, lo que es de fundamental importancia para el estudio mismo de las funciones, o sus aplicaciones prácticas, cuando se necesita conocer los extremos de alguna función que describa apropiadamente un hecho de interés práctico. El primer método sistemático para la búsqueda de extremos, fue desarrollado por FERMAT (1637), quien demostró que su principio de tiempo mínimo, implicaba la ley refracción que W. V. SNELL (1580-1626) había establecido en1617.

6.1 Máximo y mínimo

En 4.3.3 definimos el máximo de una función f, en un punto c de un conjunto I en el que está definida f, como el valor que f toma en $x = c$, tal que $f(c) \geq f(x)$ para todo $x \in I$. De la misma forma definimos el mínimo en un punto c de I, si se verifica que $f(c) \leq f(x)$ para todo $x \in I$. Probaremos a continuación que si c es un punto interior de I, y f tiene en c un mínimo o un máximo, entonces *si existe* $f'(c)$; $f'(c) = 0$.

6.1.1. *Teorema. Extremo interior.* Sea $f: (a, b) \to \mathrm{R}$, y en un punto $c \in (a, b)$, f tiene un mínimo o un máximo, entonces si existe $f'(c)$, se cumple que $f'(c) = 0$.

Demostración: Probaremos el teorema para el caso en que $f(c)$ sea un máximo. Por hipótesis existe $f'(c)$, entonces deben ser

$$f'(c^-) = \lim_{x \to c^-} \frac{f(x) - f(c)}{x - c} = f'(c^+) = \lim_{x \to c^+} \frac{f(x) - f(c)}{x - c}$$

pero $f'(c^-) \geq 0$ porque $f(x) - f(c) \leq 0$ por ser $f(c)$ el máximo de f y $x - c < 0$ porque x está a la izquierda de c, figura 6.1.1.a. De la misma forma $f'(c^+) \leq 0$ porque $f(x) - f(c) \leq 0$ como antes, ya que $f(c)$ es el máximo de f y ahora, $x - c > 0$, porque x está a la derecha de c, figura 6.1.1.b.

La única forma de compatibilizar $f'(c^-) \geq 0$ y $f'(c^+) \leq 0$, para que sea único el límite, $f'(c) = \lim_{x \to c} \frac{f(x) - f(c)}{x - c}$, es que $f'(c) = 0$ ♦

En otros términos: la tangente en c^- es el límite de una secante de pendiente positiva, debemos *subir* hacia el máximo de f, y la tangente en c^+, es el límite de una secante de pendiente negativa, debemos *bajar* desde el máximo, siempre que la función no sea una constante en la que no hay ascenso ni descenso, y el teorema se prueba trivialmente porque $f' = 0$. Si en c hay máximo y *se puede trazar una tangente*, la tangente es horizontal, figura 6.1.1.c.

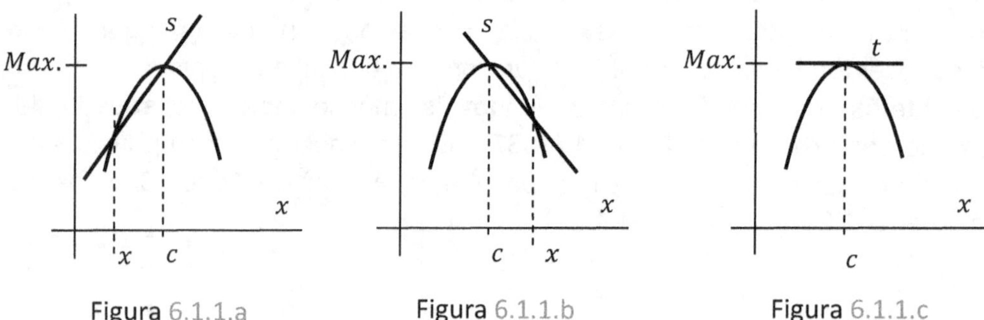

<table>
<tr><td>Figura 6.1.1.a</td><td>Figura 6.1.1.b</td><td>Figura 6.1.1.c</td></tr>
</table>

Repitiendo los pasos de la demostración anterior, con las correspondientes consideraciones sobre los signos del cociente de diferencias $\frac{f(x)-f(c)}{x-c}$, se demuestra que si $f(c)$ es un mínimo de $f(x)$ y existe $f'(c)$, entonces $f'(c) = 0$.

6.1.2. *Ejemplo.* **a.** $f(x) = x^2 - 1$. f tiene un extremo evidente en $x = 0$, donde $f(0) = -1$ es el mínimo de f; $f' = 2x \Rightarrow f'(0) = 0$ tal como lo prevé el teorema, figura 6.1.2.a. **b.** $f(x) = \cos x$. Sabemos que, f tiene máximos en $x = \pm 2k\pi$ donde f alcanza su máximo $f = 1$, y mínimos en $x = \pm(2k+1)\pi$ donde f alcanza su mínimo, $f = -1$; $f' = -\operatorname{sen} x \Rightarrow \operatorname{sen}(2k+1)\pi = 0$ para los mínimos y $\operatorname{sen} 2k\pi = 0$ para los máximos, figura 6.1.2.b. **c.** $f = e^{-x^2}$. f tiene un extremo en en $x = 0$ donde f alcanza su máximo $f(0) = 1$; $f' = -2xe^{-x^2} \Rightarrow f'(0) = 0$ tal como lo prevé el teorema, figura 6.1.2.c. **d.** $f = |x|$. f tiene un solo extremo en $x = 0$ donde $|0| = 0$, pero el teorema *no es aplicable* ya que no existe $f'(0)$, 6.1.2.d.

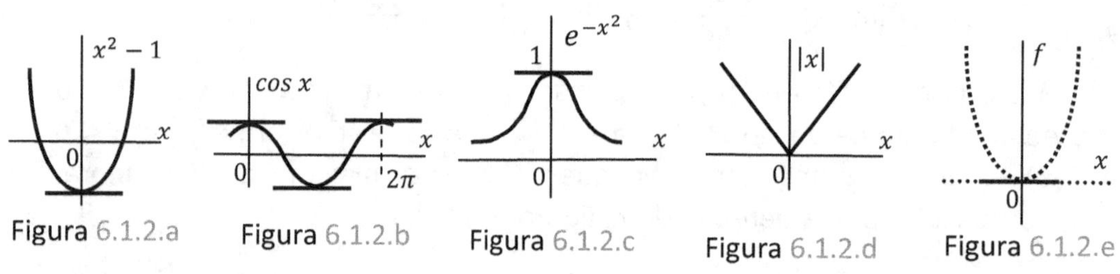

<table>
<tr><td>Figura 6.1.2.a</td><td>Figura 6.1.2.b</td><td>Figura 6.1.2.c</td><td>Figura 6.1.2.d</td><td>Figura 6.1.2.e</td></tr>
</table>

El teorema dice que si en c hay un mínimo o máximo y existe $f'(c)$ entonces $f'(c) = 0$. No dice que si $f'(c) = 0$ entonces en c hay un mínimo o máximo, como ejemplo: Si $f = x^3$, $f' = 3x^2$ y entonces $f'(0) = 0$, pero $f(0) = 0$ no es ni máximo ni mínimo de f, que toma valores negativos para $x < 0$ y positivos para $x > 0$.

El teorema vale también si la función f no es derivable en torno a c. Para demostrar el teorema 6.6.1, solo nos hemos valido del supuesto de que $f(c)$ *sea un extremo y de que exista la derivada de f en c. La función* $f(x) := \begin{cases} x^2 \ / \ x \in Q \\ 0 \ / \ x \notin Q \end{cases}$ del ejemplo 5.2.8.b, solo es derivable en $x = 0$, donde tiene un mínimo $f(0) = 0$ y, como ya lo calculamos, $f'(0) = 0$. En torno a cero, no existe la derivada de f pero en $x = 0$ f, tiene un mínimo y además, existe la derivada y como lo prueba el teorema; $f'(0) = 0$, figura 6.1.2.e.

6.1.3. *Extremo local.* En 4.3.3 definimos los extremos absolutos de una función que son una propiedad *global*, referida la totalidad de un conjunto $I = (a, b)$ que puede extenderse, dado el caso, a todo el dominio de f. Los *extremos locales*, como toda propiedad local, están referidos a un punto y su entorno.

Decimos entonces que; $f : I \to$ R tiene *un máximo local* o *relativo* en $c \in I$, si existe un entorno de c, $E(c, h)$, tal que para toda x que esté en $E \cap I$, se cumpla que $f(c) \geq f(x)$.

Simétricamente definimos el mínimo relativo o local en c de $f : I \to$ R; si $\exists \, E(c, h) \ / \ \forall x \in E \cap I : f(c) \leq f(x)$.

6.1.4. *Ejemplo.*

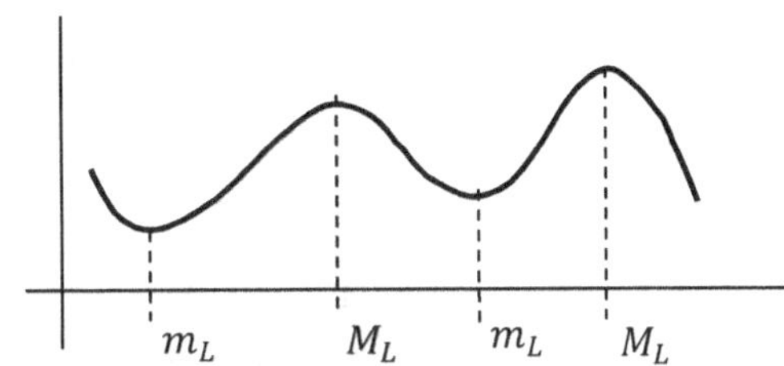

6.1.5. *Teorema. Extremo local.* Si $f : (a, b) \to$ R tiene un extremo local en un punto c de (a, b) y es derivable en c, entonces $f'(c) = 0$.

Demostración: Vale la misma demostración del teorema 6.1.1.

6.1.6. *Ejemplo.* **a.** En todos los ejemplos 6.1.2, los extremos que tratamos verifican la propiedad de extremo local. **b.** $f : [-2, \ 1] \to$ R y $f(x) = x^3 - x$. $f' = 3x^2 - 1 \Rightarrow$ $f'\left(-\frac{\sqrt{3}}{3}\right) = 0$ y $f'\left(\frac{\sqrt{3}}{3}\right) = 0$. En $x = -\frac{\sqrt{3}}{3}$ hay un máximo local, en donde $f\left(-\frac{\sqrt{3}}{3}\right) = 0{,}385$, que es también el máximo absoluto de f en $[-2, 1]$. En $x = \frac{\sqrt{3}}{3}$, f tiene un mínimo relativo $f\left(\frac{\sqrt{3}}{3}\right) = -0,385$, que solo es mínimo relativo de f en $[-2,1]$, donde su mínimo absoluto es $f(-2) = -6$, figura 6.1.6.a. **c.** $f:[-1, 2) \to$ R y $f(x) = x\sqrt{x+1}$. $f' = \sqrt{x+1} + \frac{x}{2\sqrt{x+1}} \Rightarrow f'\left(-\frac{2}{3}\right) = 0$. En $x = -\frac{2}{3}$ hay un mínimo local, en donde $f\left(-\frac{2}{3}\right) = -0,385$, que es también el mínimo absoluto de f en $[-1,2)$. En $[-1, 2)$, f no tiene un máximo absoluto, tiene $\sup f = 2\sqrt{3}$, figura 6.1.6.b. **d.** La función $f = \frac{1}{x^2-1}$ solo tiene un máximo relativo en $x = 0$, donde $f' = \frac{-2x}{(x^2-1)^2} = 0$, y no tiene otro extremo ni absoluto ni relativo en su dominio, figura 6.1.6.c.

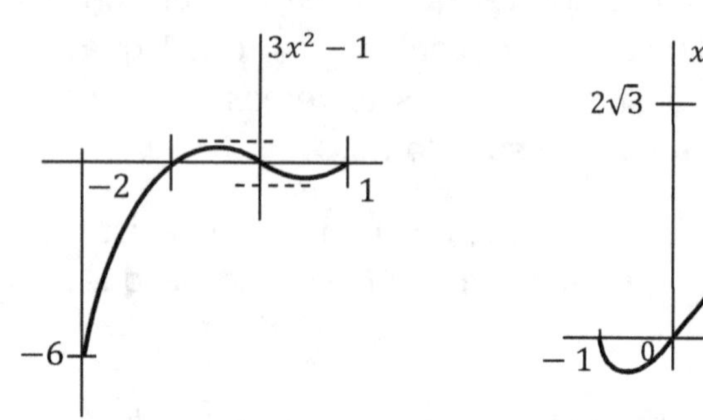

Figura 6.1.6.a   Figura 6.1.6.b   Figura 6.1.6.c

6.1.7. *Teorema de* ROLLE. Si una función f es continua en un intervalo cerrado $[a,b]$, derivable en el intervalo abierto (a,b) con derivada finita o infinita y $f(a) = f(b)$, entonces existe un punto $c \in (a,b)$ tal que $f'(c) = 0$.

Demostración: Si f es constante en $[a,b]$, el teorema se prueba trivialmente. En todo otro caso, la continuidad de f en $[a,b]$ nos asegura que f alcanza su máximo y mínimo absolutos como lo establece el teorema 4.3.5, y entonces aplicando el teorema 6.1.1, se completa la prueba de este teorema ♦

El teorema asegura que: en las condiciones de las hipótesis de continuidad y derivabilidad, hay al menos un punto donde $f' = 0$

6.1.8. *Ejemplo.* **a.** $f(x) = x^2$, en el intervalo $[-1,1]$. $f(-1) = f(1) = 1$, $f' = 2x \Rightarrow c = 0$, y $-1 < c < 1$, figura 6.1.8.a. **b.** $f(x) = x^3 - x$, en el intervalo $[-1,1]$. $f(-1) = f(1) = 0$, $f' = 3x^2 - 1 \Rightarrow c_1 = \frac{-\sqrt{3}}{2}$, $c_2 = \frac{\sqrt{3}}{2}$ y $-1 < c_1 < c_2 < 1$, figura 6.1.8.b. **c.** $f(x) = |x|$, en el intervalo $[-1,1]$. $f(-1) = f(1) = 1$, $f'(0^-) = -1$, $f'(0^+) = 1$ y no se verifica $f' = 0$ en ningún punto de $(-1,1)$. El teorema no es aplicable porque f no cumple con la hipótesis de derivabilidad en $(-1,1)$, figura

6.1.8.c. **d.** $f = \frac{1}{x^2}$, en el intervalo $[-2, 2]$. $f(-2) = f(2) = \frac{1}{4}$, pero el teorema no es aplicable a f porque no es continua en $[-2, 2]$, figura 6.1.8.d.

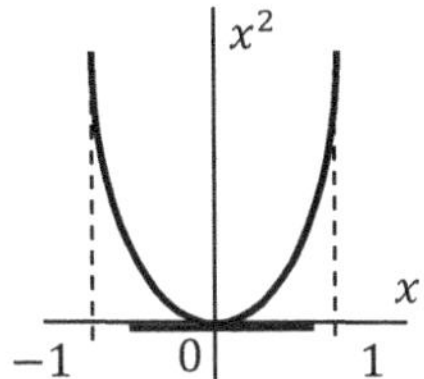
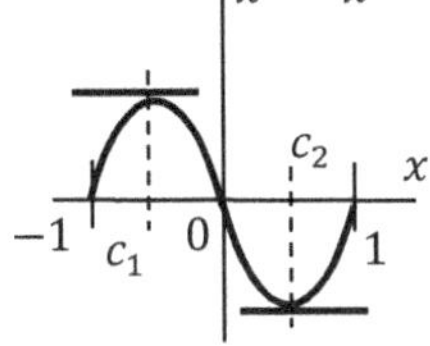
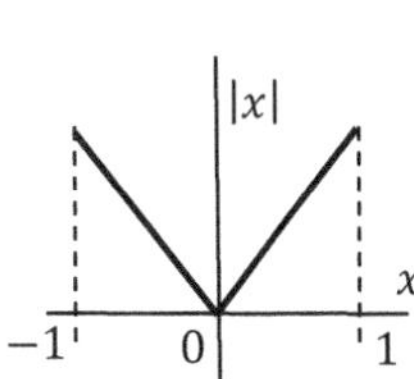
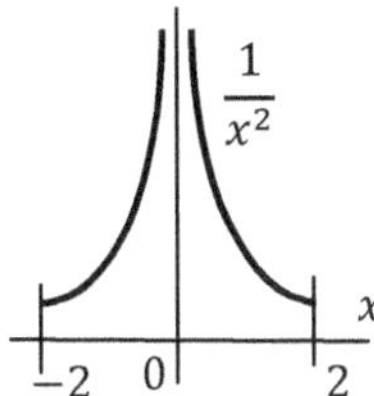

Figura 6.1.8.a   Figura 6.1.8.b   Figura 6.1.8.c   Figura 6.1.8.d

6.1.9. *Localización de los máximos y mínimos.* Si una función f es continua en un intervalo cerrado $[a, b]$, entonces podemos asegurar que existen los extremos máximo y mínimo. Para determinar estos extremos, investigaremos dos clases de puntos: **a.** *Puntos críticos* de f' que son los puntos donde se anula o bien no existe f'. **b.** Extremos de intervalos.

6.1.10. *Ejemplo.* **a.** $f : [0, 1] \to$ R y $f(x) = x^2$. $f' \neq 0$ en $(0, 1)$, y los extremos de f están en los extremos de $[0,1]$, $m = f(0) = 0$ y $M = f(1) = 1$. Notar que si $f : (0.1) \to$ R y $f(x) = x^2$, f no tiene M ni m en el abierto $(0, 1)$, figura 6.1.10.a. **b.** $f : (0, 1) \to$ R y $f(x) = x^3 - x$. El $(0, 1)$ es abierto y por ello no buscamos extremos en $x = 0$ o $x = 1$ pero $f' = 3x^2 - 1 \Rightarrow f'\left(\frac{-\sqrt{3}}{3}\right) = f'\left(\frac{\sqrt{3}}{3}\right) = 0$. El punto $\frac{\sqrt{3}}{3}$ está en $(0, 1)$, $m = f\left(\frac{\sqrt{3}}{3}\right) = -0.384$, este extremo es local y absoluto en $(0, 1)$, f no tiene M en $(0, 1)$, tiene $\sup f = 0$, figura 6.1.10.b. **c.** $f : [-1, 1] \to$ R y $f(x) = x^{2/3}$. $f' = \frac{2}{3} x^{-1/3}$, y hay un punto crítico en $x = 0$, donde $\nexists f'$ y $m = f(0) = 0$, figura 6.1.10.c. **d.** $f : R \to$ R y $f(x) = x^{1/3}$. No hay puntos críticos en el dominio de f, figura 6.1.10.d.

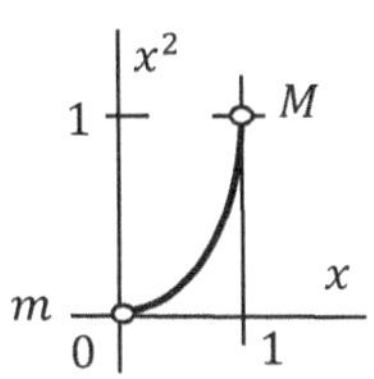
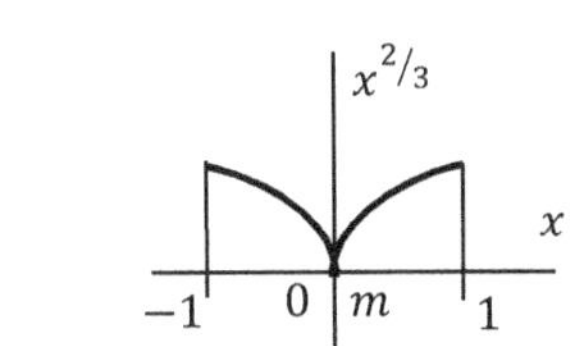
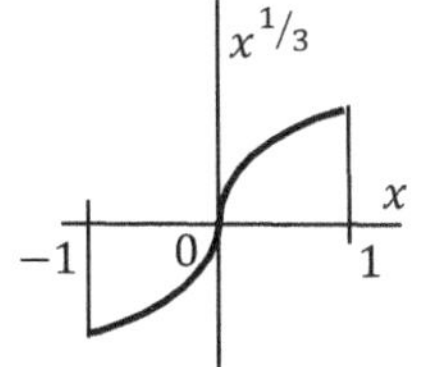

Figura 6.1.10.a   Figura 6.1.10.b   Figura 6.1.10.c   Figura 6.1.10.d

Ejercicios 6.1

Determinar si las siguientes funciones cumplen con la hipótesis del *teorema de Rolle* en los intervalos indicados. En caso afirmativo dar el punto c, en caso negativo explicitar que parte de la hipótesis no se cumple.

1. $f = x^3 - 4x$, en $[0,2]$. **2.** $f = x\sqrt{x+2}$, en $[-2,0]$ y $[-1,1]$. **3.** $f = |x - 2| - 2$, en $[0,4]$.

Para las siguientes funciones, dar los puntos donde $f'(x) = 0$ o $\nexists f'(x)$.

4. $f = 2x^2 - 2x - 4$. **5.** $f = \sqrt{x^2 - 4}$. **6.** $f = sen\,|x|$. **7.** $f = |sen\,x|$. **8.** $f = \frac{1}{\sqrt{1-x^2}}$

Respuestas:

1. $R: si, c = \sqrt{\frac{4}{3}}$. **2.** $R: si$ en $[-2,0]$, $c = -\frac{4}{3}$; no en $[-1,1]$, $f(-1) \neq f(1)$.

3. $R: no, \nexists f'(2)$. **4.** $R: f'\left(\frac{1}{2}\right) = 0$. **5.** $R: \nexists f'(\pm 2)$. **6.** $R:: \nexists f'(0)$. **7.** $R: \nexists f'(\pm n\,\pi), n = 0,1,2,\dots$ **8.** $R:\, : f'(0) = 0,\, : \nexists f'(\pm 1)$.

6.2 Funciones crecientes y cóncavas

En 4.4.1 y 4.4.2 definimos las funciones *crecientes* y *decrecientes* y en 4.4.3, llamamos *intervalos de monotonía*, a aquellos intervalos donde las funciones preservan su carácter creciente o decreciente. Probaremos ahora que si f' no cambia de signo en un intervalo I, es monótona en I. También estudiaremos la aplicación de la derivada segunda para discriminar entre máximos y mínimos, como así también la concavidad de las funciones, propiedad esta, relacionada a la derivada segunda.

6.2.1. *Teorema del valor medio*. Si una función f es continua en un intervalo cerrado $[a, b]$, y derivable en el intervalo abierto (a, b), entonces existe un punto $c \in (a, b)$, tal que $f'(c) = \frac{f(b) - f(a)}{b - a}$.

Demostración: Para probar el teorema crearemos una función auxiliar $g = f - s$, donde f es la función del enunciado y s es la secante a f en $x = a$ y

$x = b$. Por cierto que g se anula en los extremos del intervalo $[a, b]$ donde f y s coinciden, figura 6.1.9.a.

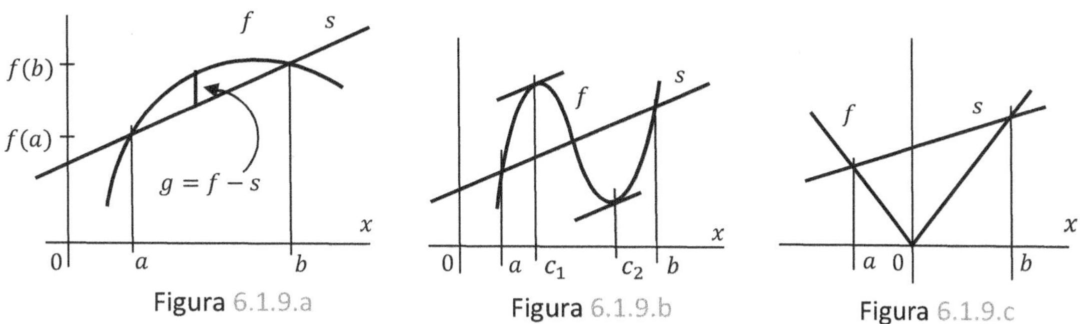

Figura 6.1.9.a   Figura 6.1.9.b   Figura 6.1.9.c

Como $g(a) = g(b) = 0$, y $g = f - s$ es la diferencia de dos funciones continuas en $[a, b]$ y derivables en (a, b), por el teorema de Rolle habrá al menos un punto $c \in (a, b)$, donde $g'(c) = 0$. Construyamos entonces g: La ecuación de la secante s es, como se ve en la figura 6.1.9.a

$$s(x) = f(a) + \frac{f(b) - f(a)}{b - a}(x - a)$$

entonces

$$g(x) = f(x) - [f(a) + \frac{f(b) - f(a)}{b - a}(x - a)]$$

comprobamos que $g(a) = g(b) = 0$, y aplicamos el teorema de Rolle a $g'(x)$, que ha de anularse en algún c de (a, b)

$$g'(x) = f'(x) - \frac{f(b) - f(a)}{b - a} \;\Rightarrow\; g'(c) = f'(c) - \frac{f(b) - f(a)}{b - a} = 0.$$

despejando $f'(c)$, se tiene la tesis

$$f'(c) = \frac{f(b) - f(a)}{b - a} \blacklozenge$$

El teorema se interpreta geométricamente de manera muy sencilla; en algún punto interior de $[a, b]$, la tangente t a la curva, es paralela a la secante s que pasa por los puntos $(a, f(a))$ y $(b, f(b))$, figura 6.1.9.b.

En al figura 6.1.9.c, la tangente a f no es paralela a la secante en ningún punto de $[a, b]$. El teorema no se cumple porque f no es derivable en (a, b). Podría serlo en algún caso, pero el teorema no lo garantiza.

6.2.2. *Ejemplo.* **a.** Si $f(x) = x^2$, y $[a,b] = [0,1]$. $\frac{f(b)-f(a)}{b-a} = \frac{1-0}{1-0} = 1 = f'(c)$.

$f'(x) = 2x$, $f'(c) = 2c = 1 \Rightarrow c = \frac{1}{2}$, figura 6.2.2.a. **b.** Si $f(x) = \ln x$, y $[a,b] =$

$[1,e]$. $\frac{f(b)-f(a)}{b-a} = \frac{1-0}{e-1} = \frac{1}{e-1} = f'(c)$. $f'(x) = \frac{1}{x}$, $f'(c) = \frac{1}{c} = \frac{1}{e-1} \Rightarrow c = e - 1$, figura

6.2.2.b. **c.** Si $f(x) = \sqrt[3]{x}$, y $[a,b] = [-1,1]$. $\frac{f(b)-f(a)}{b-a} = \frac{1-(-1)}{1-(-1)} = 1 = f'(c)$. $f'(x) =$

$\frac{1}{3\sqrt[3]{x^2}}$, $f'(c) = \frac{1}{3\sqrt[3]{c^2}} = 1, \Rightarrow c \cong 0.2$, figura 6.2.2.c.

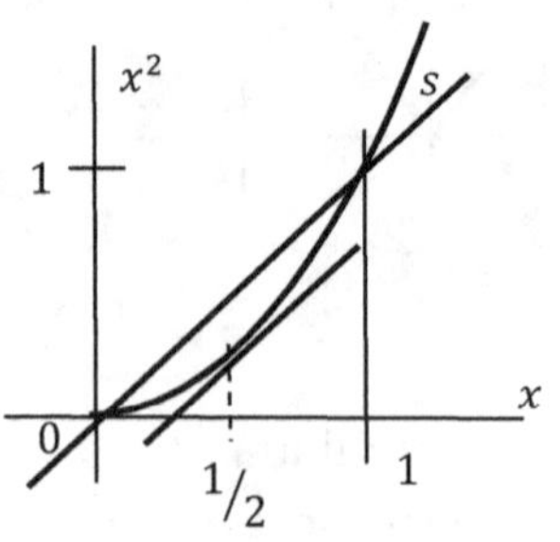

Figura 6.2.2.a

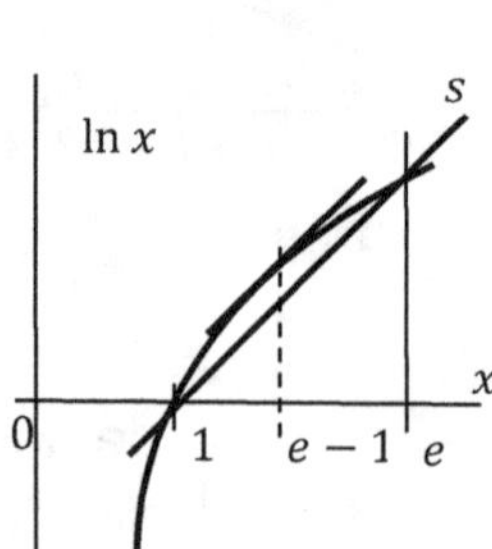

Figura 6.2.2.b

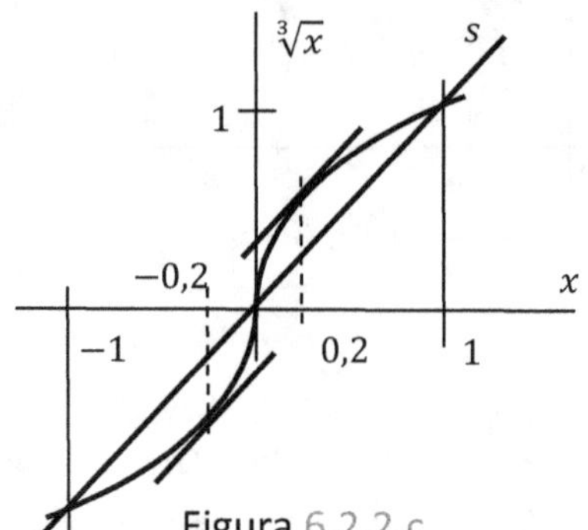

Figura 6.2.2.c

6.2.3. *Consecuencias del teorema del valor medio.*

1. Si $f:I \to \mathrm{R}$ y para todo x en el intervalo I, $f'(x) = 0$, entonces $f(x)$ es constante en I. En 5.2.2 probamos que si $f = k$ constante, entonces $f' = 0$. Ahora probaremos lo recíproco; si $f' = 0$, entonces $f = k$ constante.

Demostración: Sean a y b dos puntos cualesquiera de I con $a \neq b$, entonces aplicando el teorema del valor medio

$$\frac{f(b)-f(a)}{b-a} = f'(x) \qquad \text{con } a < x < b$$

pero $f'(x) = 0, \forall x \in I$, entonces

$$\frac{f(b)-f(a)}{b-a} = 0$$

de donde se concluye que $f(b) = f(a)$, o bien que f es constante ◆

2. Si $f:I \to \mathrm{R}$, $g:I \to \mathrm{R}$ y para todo x en I, $f' = g'$, entonces $f(x) - g(x) = k$, una constante. En otros términos, si dos funciones f y g tienen igual derivada, entonces solo difieren en una constante k.

Demostración: Siendo $f' = g'$ en todo el intervalo, $f' - g' = 0$ en todo I, y por la consecuencia anterior, $f - g = k$, una constante ♦

Comentario: Este teorema es frecuentemente denominado *Teorema de los incrementos finitos*, porque expresa la derivada en un punto c como cociente de incrementos finitos o bien *Teorema de Lagrange*. También se lo denomina *Teorema fundamental del cálculo diferencial*, denominación por demás elocuente para resaltar su importancia. El teorema afirma que si una cantidad cambia en forma continua y derivable entre dos valores, en algún momento, su tasa de cambio fue la media en el intervalo de cambio. Si recorremos $50\ km$ en una hora, sin detenernos ni hacer cambios tan bruscos de velocidad tales que, en el punto donde los realizamos no estuviera definida la velocidad, lo que físicamente nos resultaría imposible, entonces en al menos un punto del trayecto, habremos circulado una velocidad igual a la media de $50\ {}^{km}/_h$.

El teorema no dice que haya un solo punto, asegura que existe al menos uno, y tampoco provee una forma para determinar c sin conocer el valor de f en los extremos a y b. Si pudiéramos determinar c, prescindiendo de alguno de los valores extremos de f, entonces de $\frac{f(x)-f(a)}{x-a} = f'(c)$ con $a < c < x$, podríamos despejar $f(x) = f'(c)(x - a) + f(a)$ y así calcular $f(x)$ con exactitud, para cualquier x a la derecha de a lo que desde luego no es posible, pero si es posible estimar el error de la aproximación acotando f' en (a,b). Podemos comparar la aproximación obtenida con $f(x) = f'(a)(x - a) + f(a)$ en 5.6.4, y la que hemos obtenido ahora; $f(x) = f'(c)(x - a) + f(a)$.

6.2.4. *Teorema. Funciones crecientes en un intervalo.* En 4.4.1 definimos como función creciente a aquella para la que se cumple; $x_1 < x_2 \Rightarrow f(x_1) \leq f(x_2)$. Ahora demostraremos el siguiente teorema: Sea f definida en un intervalo I, si $f'(x) > 0$ para todo x que esté en I, entonces $f(x)$ es estrictamente creciente en I.

Demostración: Si $f'(x) > 0\ \forall x \in I$, aplicando el teorema del valor medio a cualquier par de puntos consecutivos x_1, x_2, del intervalo I, tenemos

$$\frac{f(x_2)-f(x_1)}{x_2-x_1} = f'(c) \qquad\qquad \text{con } x_1 < c < x_2$$

pero como $f'(x) > 0\ \forall x \in I \Rightarrow \frac{f(x_2)-f(x_1)}{x_2-x_1} > 0$, si $x_1 < x_2$, el denominador es positivo, y entonces por la regla de los signos, el numerador también es positivo y esto, significa que; $f(x_1) < f(x_2)$ entonces, hemos probado que para todo par

x_1, x_2 de I; $x_1 < x_2 \Rightarrow f(x_1) < f(x_2)$, que es la definición de función estrictamente creciente en I ♦

El recíproco también es válido, porque si f es estrictamente creciente en I, entonces $\frac{f(x_2)-f(x_1)}{x_2-x_1} > 0$ para todo par x_1, x_2 en I, y $f'(x_1) > 0$.

Con el mismo razonamiento se prueba que si $f'(x) < 0 \ \forall x \in I$, entonces f es estrictamente decreciente en I.

6.2.5. *Ejemplo.* **a.** $f = e^x$. $f'(x) = e^x$ y $e^x > 0 \ \forall x \in \mathrm{R} \Rightarrow e^x$ es estrictamente creciente en su dominio, figura 6.2.5.a. **b.** $f = \frac{1}{x}$. $f'(x) = \frac{-1}{x^2}$ y $\frac{-1}{x^2} < 0 \ \forall x \in \mathrm{R}^{\neq 0} \Rightarrow \frac{1}{x}$ es estrictamente decreciente en su dominio, figura 6.2.5.b. **c.** $f = x^3 - x$. $f'(x) = 3x^2 - 1 = 3\left(x - \frac{\sqrt{3}}{3}\right)\left(x + \frac{\sqrt{3}}{3}\right)$ y f' es una curva de segundo grado con coeficiente positivo para el término cuadrático, lo que determina que sea menor que cero entre las raíces o bien; $f' < 0$ si $-\frac{\sqrt{3}}{3} < x < \frac{\sqrt{3}}{3}$. Reciprocamente, $f' > 0$ si $|x| > \frac{\sqrt{3}}{3}$ $\Rightarrow f$ es estrictamente creciente a la izquierda y derecha de $-\frac{\sqrt{3}}{3}$ y $\frac{\sqrt{3}}{3}$ respectivamente y estrictamente decreciente entre $-\frac{\sqrt{3}}{3}$ y $\frac{\sqrt{3}}{3}$. En la figura 6.2.5.c se muestran los gráficos de f y f', con el de f' desplazado hacia abajo para no superponer los trazados.

   Nota: Hemos establecido como propiedad global, que una función es creciente en un intervalo I si $f' > 0$ en I pero, como veremos, no es posible definir el crecimiento como propiedad local. Consideremos como ejemplo la función $f := \begin{cases} x^2 sen\left(\frac{1}{x}\right) + \frac{x}{2}, & si \ x \neq 0 \\ 0, & si \ x = 0 \end{cases}$, tenemos entonces definida una función continua en todo el eje real porque esta construida por suma y producto de funciones continuas excepto en $x = 0$, donde no obstante, f es continua porque se verifica que $\lim_0 f(x) = 0$, y se ha definido $f(0) = 0$ por lo que se verifica la condición de continuidad $\lim_{x \to 0} f(x) = f(0)$ en $x = 0$, además:

$$f'(0) = \lim_{x \to 0} \frac{f(x)-f(0)}{x-0} =$$

$$\lim_{x \to 0} \frac{x^2 sen\left(\frac{1}{x}\right) + \frac{x}{2} - 0}{x} =$$

$$\lim_{x \to 0} x \, sen\left(\frac{1}{x}\right) + \frac{1}{2} = \frac{1}{2}.$$

Por otra parte $f'(x) = 2x\,sen\left(\frac{1}{x}\right) - cos\left(\frac{1}{x}\right) + \frac{1}{2}$, que no tiene definido el límite en $x = 0$ y, cuando $\frac{1}{x} = 2k\pi$ para k entero distinto de cero, $f'(x) = \frac{-1}{2} < 0$. Cuando $\frac{1}{x} = (2k + 1)\pi$ para cada k entero $f'(x) = \frac{3}{2} > 0$. Es claro entonces que $f'(0) = \frac{1}{2}$, pero en todo entorno de $x = 0$, f' toma valores positivos y negativos. Además, muestra este ejemplo que; siendo f *continua* en todo su dominio y *derivable* en todo su dominio, su derivada *no es una función continua*.

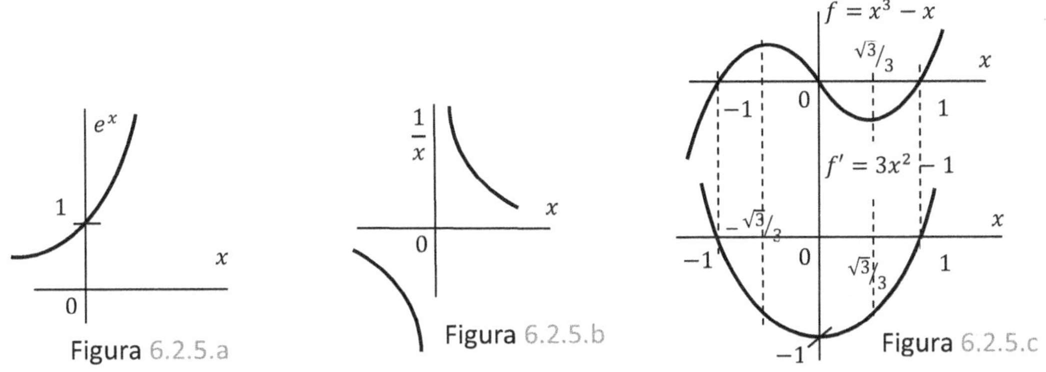

Figura 6.2.5.a   Figura 6.2.5.b   Figura 6.2.5.c

6.2.6. *Teorema. Discriminación de los extremos.* Hasta aquí nos hemos valido de la intuición, las imágenes o el conocimiento previo de las funciones para determinar si los extremos que localizamos con el recurso del teorema 6.1.1 son máximos o mínimos. Probaremos ahora el siguiente teorema: Si $f'(c) = 0$ y existe $f''(c)$, entonces: Si $f(c)$ es un máximo, $f''(c) < 0$ y si $f(c)$ es un mínimo, $f''(c) > 0$.

Demostración: Supongamos que $f(c)$ es un máximo local, entonces $f'(c) = 0$, y la derivada segunda, como definimos en 5.2.5, es

$$f''(c) = \lim_{x \to c} \frac{f'(x) - f'(c)}{x - c}$$

pero $f'(c) = 0$ porque $f(c)$ es un máximo local y por eso podemos escribir

$$f''(c) = \lim_{x \to c} \frac{f'(x)}{x - c}$$

Consideremos a continuación los dos límites, $f''(c^-) = \lim_{x \to c^-} \frac{f'(x)}{x - c}$ y $f''(c^+) = \lim_{x \to c^+} \frac{f'(x)}{x - c}$. En c^-, $x - c < 0$ y $f'(x) > 0$ porque la función está creciendo para alcanzar el máximo, y además $f'(x)$ es continua en c porque por hipótesis existe

$f''(c)$, y entonces el teorema 5.2.7 asegura que $f'(x)$ es continua en c y por lo tanto, el cociente $\frac{f'(x)}{x-c}$ es el cociente de dos cantidades de signo opuesto, y su signo es negativo lo que asegura que $f''(c^-) = \lim_{x \to c^-} \frac{f'(x)}{x-c} < 0$. Por otra parte, en c^+ la situación es opuesta, $x - c > 0$ porque x está a la derecha de c, y $f'(x) < 0$ porque la función es decreciente a la derecha del máximo, y estamos seguros de su continuidad en $x = c$, porque existe según la hipótesis $f''(c)$. Tiene entonces el cociente $\frac{f'(x)}{x-c}$ signo negativo a la derecha de c, y por lo tanto $f''(c^+) = \lim_{x \to c^+} \frac{f'(x)}{x-c} < 0$. De $f''(c^-) < 0$ y $f''(c^+) < 0$, concluimos que

$$f''(c) < 0 \blacklozenge$$

De igual manera se prueba que si $f(c)$ es un mínimo y existe $f''(c)$, entonces $f''(c) > 0$.

6.2.7. *Ejemplo.* **a.** $f = x^2$. $f' = 2x \Rightarrow f'(0) = 0$ y $f(0) = 0$ es un extremo. $f'' = 2 \Rightarrow f''(0) = 2 > 0$ y en $x = 0$ hay un mínimo $f(0) = 0$. En la figura 6.2.7.a, se muestran los gráficos desplazados de f, f' y f''. **b.** $f(x) = x^3 - x$. Es la función del ejemplo 6.2.5.c, $f' = 3x^2 - 1 \Rightarrow f'\left(-\frac{\sqrt{3}}{3}\right) = 0$ y $f'\left(\frac{\sqrt{3}}{3}\right) = 0$, entonces en $x = -\frac{\sqrt{3}}{3}$ y en $x = \frac{\sqrt{3}}{3}$ hay dos extremos. $f'' = 6x \Rightarrow f'' < 0$ si $x < 0$ y $f'' > 0$ si $x > 0$, y por lo tanto en $x = -\frac{\sqrt{3}}{3}$, $f'' < 0$ y hay un máximo $f\left(-\frac{\sqrt{3}}{3}\right) = 0{,}385$. En $\frac{\sqrt{3}}{3}$ $f'' > 0$, por lo que hay un mínimo $f\left(\frac{\sqrt{3}}{3}\right) = -0{,}385$, figura 6.2.7.b. **c.** $f = x^4 - 2x^2 + 1$. $f' = 4x^3 - 4x = 4x(x^2 - 1) \Rightarrow f(-1) = 0$, $f(0) = 1$ y $f(1) = 0$ son extremos. $f'' = 12x^2 - 4 \Rightarrow f''(-1) = 8 > 0$ y en $x = -1$ hay un mínimo $f(-1) = 0$, $f''(0) = -4 < 0$ y en $x = 0$ hay un máximo $f(0) = 1$, $f''(1) = 8 > 0$ y en $x = 1$ hay un mínimo $f(1) = 0$, figura 6.2.7.c. **d.** $f = |x|$. $x = 0$ es el único punto crítico, donde $\nexists f'$. $f'(0^-) = -1$ y $f'(0^+) = 1 \Rightarrow f(0) = 0$ es un mínimo. **e.** $f(x) = x^{2/3}$. $x = 0$ es el único punto crítico donde $\nexists f'$. $f'(0^-) = -\infty$ y $f'(0^+) = +\infty \Rightarrow f(0) = 0$ es un mínimo. figura 5.6.11.b. **f.** $f(x) = x^{1/3}$. No hay puntos críticos ni extremos de intervalo, f no tiene extremos en su dominio, figura 5.6.11.a. **g.** $f(x) = 2x + 3\sqrt[3]{x^2}$. $f' = 2(1 + \frac{1}{\sqrt[3]{x}}) \Rightarrow f'(-1) = 0$ y $\nexists f'(0)$. $f'' = \frac{-2}{3x\sqrt[3]{x}} \Rightarrow f''(-1) = \frac{-2}{3} < 0$ y en $x = -1$ hay un máximo $f(-1) = 1$. En $x = 0$, $f'(0^-) = -\infty$ y $f'(0^+) = +\infty \Rightarrow f(0) = 0$ es un mínimo figura 6.2.7.d, **h.** $f(x) = x^3 - 3x + 3$. $f' = 3x^2 - 3 \Rightarrow f'(-1) = 0$ y $f'(1) = 0$. Recordando la relación del signo de f' con el crecimiento, podemos discriminar máximos y mínimos estimando el signo de $f' = 3(x + 1)(x - 1)$ a la izquierda y derecha de los puntos críticos como en el ejemplo **d**, prescindiendo del análisis con f''. $f' = 3(x^2 - 1)$ es una parábola que toma valores negativos entre sus raíces o sea, $-1 < x < 1$ y toma valores positivos si $x < -1$ o $x > 1$ entonces; $f'(-1^-) > 0$ y $f'(-1^+) < 0 \Rightarrow f(-1) = 5$ es un máximo local. De la misma forma, $f'(1^-) < 0$ y $f'(1^+) > 0 \Rightarrow f(1) = 1$ es un mínimo local. El uso de f'' para discriminar máximos y mínimos, puede no ser necesario si ya se han establecido los intervalos de crecimiento de f, que es lo mismo que determinar como cambia el signo de f'. En este caso particular. $f'' = 6x$ y $f''(-1) < 0 \Rightarrow M$, $f''(1) > 0 \Rightarrow m$, figura 6.2.7.e,

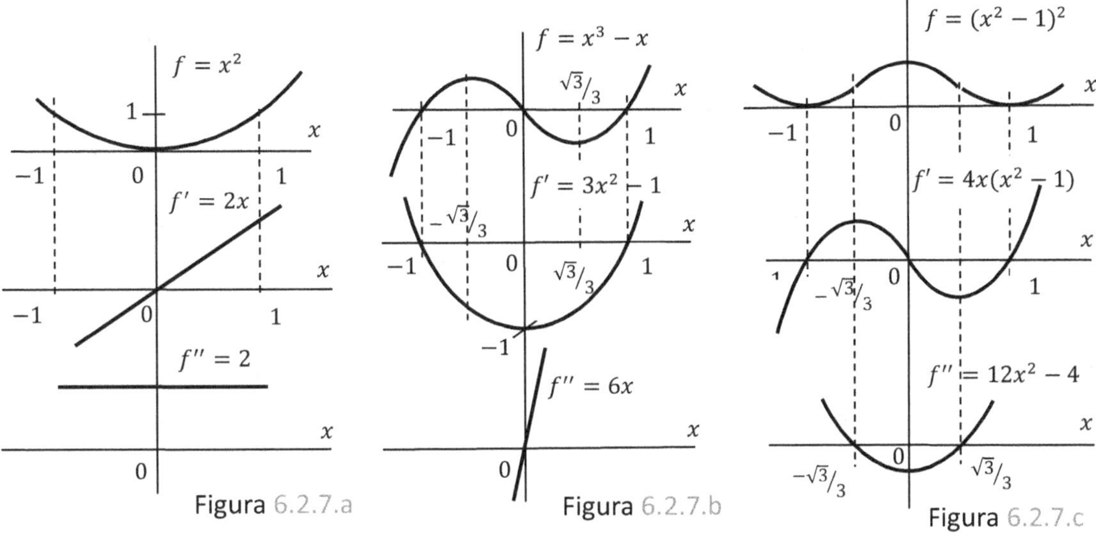

Figura 6.2.7.a   Figura 6.2.7.b   Figura 6.2.7.c

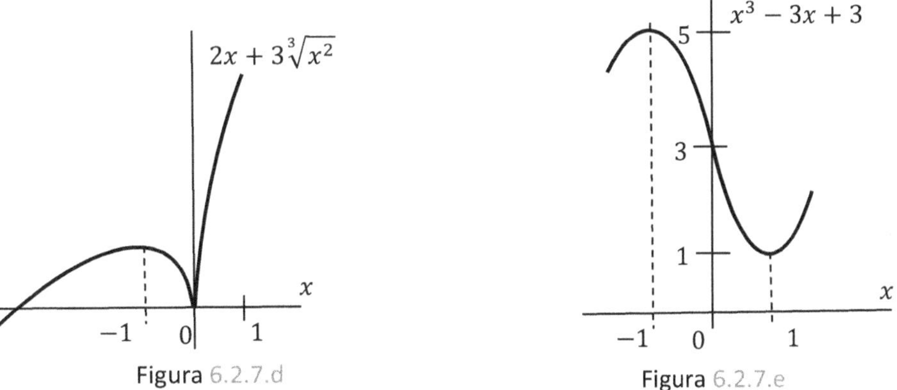

Figura 6.2.7.d   Figura 6.2.7.e

Nota: El método del signo de la derivada primera es muy práctico para discriminar máximos y mínimos, pero no se puede generalizar. Considérese $f = x^4 sen^2\frac{1}{x}$ si $x \neq 0$ y $f(0) = 0$, es obvio que los valores de f son siempre positivos y que su mínimo es cero. Si $\frac{1}{x} = 2k\pi$, con k entero distinto de cero, $f = 0$ y está sobre el eje x. Si $\frac{1}{x} = (\frac{1}{2} + k)\pi$ para k entero, $sen^2\frac{1}{x} = 1$ y f toma valores sobre la curva x^4, en todos los otros puntos $0 < f < x^4$. Tanto f como f' son continúas en $x = 0$ (ver nota ejemplo 6.2.5) pero aun siendo $f(0) = 0$ un mínimo de f, la función *no se comporta como decreciente para $x < 0$ y creciente para $x > 0$*. En las situaciones prácticas en general, se sabe desde un principio si se busca un máximo o un mínimo, y las condiciones del problema orientan en la discriminación entre máximos y mínimos. Cuando la función *no sea continua*, se debe analizar cada caso en particular. A modo de ejemplo, sea $g(x) = \frac{x^2-1}{x-1}$ y $g(1) = k$. Si $k = 2$, g es la recta $g = x + 1$ continua en $x = 1$, pero si $k < 2$, $g(1) = k$ es un mínimo local, figura 6.2.7.f, y si $k > 2$, $g(1) = k$ es un máximo local, figura 6.2.7.g. En ambos casos $g' = 1$ en todo entorno $E'(a)$, por lo que g' no cambia de signo en $x = 1$, donde no existe. Consideremos $h(x) = x^2$ y $h(0) = k$; si $k = 0$ se tiene $h = x^2$, y $h(0) = 0$ es un mínimo local, con h' que cambia de signo en $x = 0$ figura 6.2.7.h, pero si $k > 0$, h tiene en $x = 0$ un máximo local $h(0) = k$, y h' que no existe $x = 0$, siendo h' negativa a la izquierda del máximo y positiva a la derecha del máximo, figura 6.2.7.h, Si $k < 0$, h tiene un mínimo absoluto $h(0) = k$ en $x = 0$, figura 6.2.7.i.

Finalmente consideramos $f = sen \frac{1}{x}$ y $f(0) = k$: Si $|k| < 1$ $f(0) = k$ no es máximo ni mínimo puesto que en todo entorno de $x = 0$ hay valores mayores y menores que k. Si $k < 1$, $f(0) = k$ es un mínimo absoluto de f y si $k > 1$, $f(0) = k$ es un máximo absoluto de f.

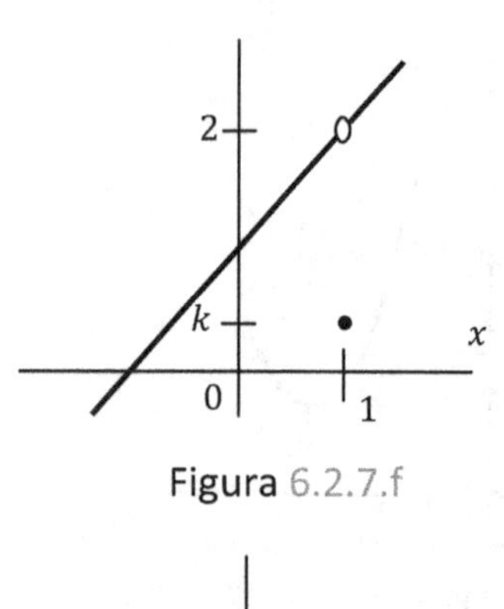

Figura 6.2.7.f

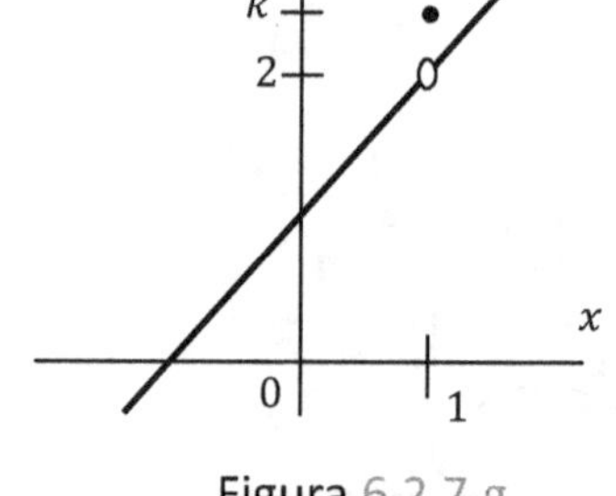

Figura 6.2.7.g

Figura 6.2.7.h

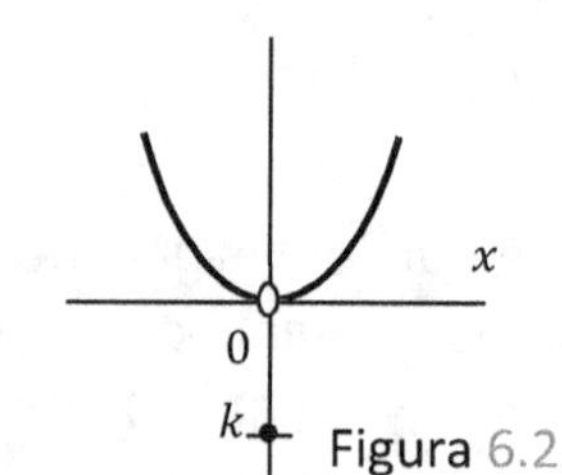

Figura 6.2.7.i

6.2.8. *Problemas.* **a.** De un tronco de árbol de diámetro d, se desea obtener una viga de la mayor resistencia posible a la flexión. Si la resistencia a la flexión de la viga está dada por $R = base \cdot altura^2$, calcular las dimensiones de la viga.

Solución: La función a extremar es $R(x)$

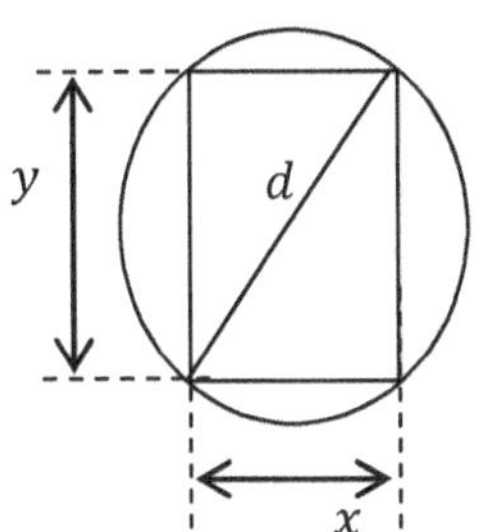

$$R = xy^2, \quad y = \sqrt{d^2 - x^2}$$

$$R = x(d^2 - x^2) = d^2 x - x^3$$

$$R'_x = d^2 - 3x^2 = 0 \Rightarrow 3x^2 = d^2$$

$$x = \frac{d}{\sqrt{3}} \quad y = \sqrt{d^2 - \frac{d^2}{3}}, \quad y = \sqrt{\frac{2}{3}}\, d$$

b. Se desea cercar con una malla de longitud L, tres lados de un área rectangular cuyo cuarto lado es un cerco ya existente. Determinar las longitudes x e y de los lados del cerco para que el área cercada A sea la mayor posible.

Solución: La función a extremar es $A(x)$

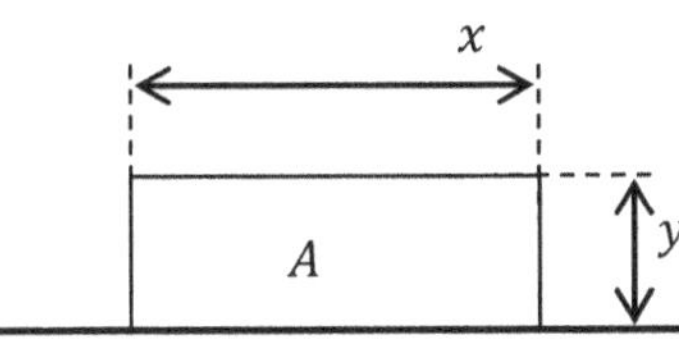

$$A = xy \quad L = x + 2y \quad y = \frac{L-x}{2}$$

$$A = xy = \frac{Lx - x^2}{2}, \quad A'_x = \frac{L - 2x}{2} = 0, \Rightarrow x = \frac{L}{2}$$

$$\Rightarrow y = \frac{L}{4}$$

c. Se dispone de una plancha rectangular de lado L, de la que se pretende obtener una caja sin tapa, de la mayor capacidad posible. Debemos determinar la longitud x, de los cortes a realizar en sus esquinas, para que el volumen V obtenido al plegar la cruz que resulta, sea máximo.

Solución: La función a extremar es $V(x)$

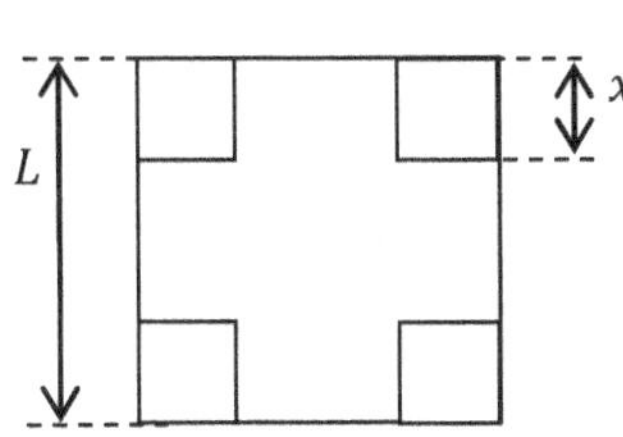

$$V = (\text{área base}) \cdot \text{altura}$$

$$V = (L - 2x)^2 x = (L^2 - 4Lx + 4x^2)x$$

$$V = 4x^3 - 4Lx^2 + L^2 x$$

$$V'_x = 12x^2 - 8Lx + L^2 = 0 \Rightarrow x = \frac{8L \pm \sqrt{64L^2 - 48L^2}}{24}$$

$$x = \frac{L}{6}, \quad x = \frac{L}{2} \Rightarrow \text{mínimo } V = 0$$

d. Deseamos construir un recipiente cilíndrico, cuyo volumen sea $V = 1\ litro$, y cuya superficie o cantidad de material empleado para construirlo, sea mínima.

Solución: Debemos construir una función para extremar:

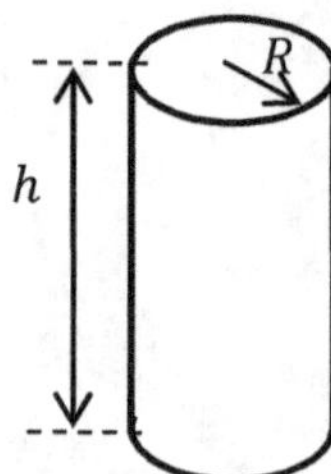

El área total del recipiente es la suma de su tapa, fondo y cilindro de cuerpo, R es el radio del recipiente

$$A = 2\pi R^2 + 2\pi Rh$$

Para tener $A = A(R)$, expresamos la altura h como función de R, despejando h del volumen V

$$V = \pi R^2 h \ \Rightarrow\ h = \frac{V}{\pi R^2}$$

reemplazando en la primera expresión

$$A(R) = 2\pi R^2 + 2\pi R\,\frac{V}{\pi R^2}$$

$$A'(R) = 4\pi R - 2\frac{V}{R^2},\ \text{si}\ A' = 0,\ R = \sqrt[3]{\frac{V}{2\pi}}$$

Para obtener el radio en centímetros, expresamos V en cm^3; $R = \sqrt[3]{\dfrac{1000\ cm^3}{2\pi}}$.

Nota: Como se habrá advertido, el planteo de todos los problemas se reduce a buscar una $f(x)$, apropiada para extremar.

6.2.9. *Teorema del valor medio generalizado.* Sean f y g dos funciones continuas que poseen derivada finita o infinita en cada uno de los puntos del intervalo abierto (a, b) y cada una es continua en los puntos extremos a y b y, además, no existe ningún punto x del interior del intervalo en el que $f'(x)$ y $g'(x)$ sean ambas infinitas. Entonces para algún punto c de (a, b) se tiene

$$f'(c)[\,g(b) - g(a)] = g'(c)[f(b) - f(a)]$$

Demostración: Sea $h = f(x)[\,g(b) - g(a)] - g(x)[f(b) - f(a)]$, que como podemos comprobar, verifica $h(a) = h(b) = f(a)g(b) - g(a)f(b)$, la primera hipótesis del *teorema de Rolle* 6.1.7. También cumple la segunda hipótesis porque h es derivable en (a, b), en tanto es diferencia de funciones con derivada finita o infinita en (a, b) y entonces, h' es finita si f' y g' son finitas, o infinita si una de las dos es infinita, excluyendo la hipótesis, el caso en que ambas sean simultáneamente infinitas. Entonces por el *teorema de Rolle*, para algún c interior de (a, b), $h'(c) = 0$ y

$$h'(x) = f'(x)[\,g(b) - g(a)] - g'(x)[f(b) - f(a)]$$

$$h'(c) = f'(c)[\,g(b) - g(a)] - g'(c)[f(b) - f(a)] = 0$$

de donde $\qquad f'(c)[\,g(b) - g(a)] = g'(c)[f(b) - f(a)]\;\blacklozenge$

Nota: Si en este teorema, hacemos $g(x) = x$, tenemos el *teorema del valor medio* 6.2.1. Este teorema se conoce también como *teorema de Cauchy*.

6.2.10. *Ejemplo.* **a.** $f = x^2$, $g = x^3$, en $[0, 1]$. $\dfrac{1^2 - 0^2}{1^3 - 0^3} = 1 = \dfrac{2c}{3c^2} \Rightarrow c = \dfrac{2}{3} \in [0, 1]$. **b.** $f = x^3 - 1$, $g = x^2 + 2$, en $[1, 2]$. $\dfrac{7 - 0}{6 - 3} = \dfrac{7}{3} = \dfrac{3c^2}{2c} \Rightarrow c = \dfrac{14}{9} \in [1, 2]$. **c.** $f = \sqrt[3]{x}$, $g = \sqrt[5]{x}$, en $[-1, 1]$. El teorema no es aplicable porque en $x = 0$; $f' = g' = +\infty$. Sin embargo, no dice que no haya un punto c donde se verifique la relación: $\dfrac{\sqrt[3]{1} - \sqrt[3]{-1}}{\sqrt[5]{1} - \sqrt[5]{-1}} = 1 = \dfrac{\frac{1}{3}c^{-\frac{2}{3}}}{\frac{1}{5}c^{-\frac{4}{5}}}$, y $c = (3/5)^{\frac{15}{2}} \in [-1, 1]$. **d.** $f = sen\,x$, $g = cos\,x$, en $[0, \frac{\pi}{2}]$. $\dfrac{1 - 0}{0 - 1} = -1 = \dfrac{cos\,c}{-sen\,c} \Rightarrow c = \dfrac{\pi}{4} \in [0, \frac{\pi}{2}]$. **e.** La hipótesis de que el par de funciones f y g no sean simultáneamente infinitas en algún punto interior de (a, b), es equivalente a la de que no se anulen simultáneamente en algún punto interior de (a, b): para el par $f = x^3$ y $g = x^2$, en $x = 0 \in (-1, 2)$, se verifica $f'(0) = g'(0) = 0$, y no existe un $c \in (-1, 2)$ que verifique $\dfrac{f(2) - f(-1)}{g(2) - g(-1)} = 3 = \dfrac{3c^2}{2c}$, ya que en este caso $c = 2 \notin (-1, 2)$, y por supuesto, se ha violado una de las hipótesis del teorema. Sin embargo, el teorema no dice que violando alguna hipótesis, la relación entre las derivadas e incrementos no se verifique. En efecto, para el par $f = x^4$ y $g = x^3$, en $x = 0 \in (-1, 2)$, se verifica $f'(0) = g'(0) = 0$, pero $\dfrac{f(2) - f(-1)}{g(2) - g(-1)} = \dfrac{15}{9} = \dfrac{4c^3}{3c^2}$ y $c = 1{,}25 \in (-1, 2)$, lo mismo sucede en $[-1, 1]$ con el par x^3, x^5, funciones inversas de las del ejemplo **c**. En este caso; $c = \sqrt{\dfrac{3}{5}} \in (-1, 1)$.

6.2.11. *Teorema de Darboux.* Con el teorema 4.3.8 probamos que las funciones continuas tienen la propiedad intermedia y esto es, que si una función continua toma dos valores distintos, toma también todos los valores intermedios, puesto que pasa de uno a otro valor, con *continuidad*. A continuación vimos en 4.3.9 ejemplos que muestran que esta propiedad no es exclusiva de las funciones continuas.

G. DARBOUX (1842-1917), probó que la clase de las funciones derivadas también posee esa propiedad, aun cuando no sean continuas. *Teorema de Darboux*: Sea $f(x)$ definida en un intervalo $[a,b]$ y $f'(x)$ definida en cada punto de (a,b), con $f'(a^+)$ y $f'(b^-)$ finitas. Entonces, si $f'(a^+) \neq f'(b^-)$ y k es un número real entre $f'(a^+)$ y $f'(b^-)$, existe por lo menos un punto c de (a,b), donde se verifica que $f'(c) = k$.

Prueba: Supongamos $f'(a^+) < k < f'(b^-)$ y definamos $F(x) = f(x) - kx$, entonces $F(x)$ es diferenciable en todo (a,b) y $F'(x) = f'(x) - k$. Puesto que $F(x)$ es diferenciable en (a,b), es continua en (a,b) con $F'(a^+) < 0$ y $F'(b^-) > 0$, y en consecuencia alcanza su extremo en un punto interior c, donde el teorema 6.1.1 asegura que debe ser $F'(c) = 0$, por lo que $F'(c) = f'(c) - k = 0$, o bien $f'(c) = k$ ◆

Ejercicios 6.2

Determinar con el signo de la derivada primera, los intervalos donde las siguientes funciones son estrictamente decrecientes o estrictamente crecientes.

1. $f = \sqrt{x+1}$. **2.** $f = e^{\frac{1}{x}}$. **3.** $f = x^2 - 2x + 1$. **4.** $f = 2x\,e^{2x}$. **5.** $f = \ln x^2$.

Encontrar los extremos de f.

6. $f = x^4 - 2x^2 + 1$. **7.** $f = 2x^3 + 3x^2 - 12x + 5$. **8.** $f = x + \frac{4}{x+2}$. **9.** $f = \frac{x}{x^2+1}$. **10.** $f = x\sqrt{x+3}$.

11. Se desea construir un depósito en forma de paralelepípedo de altura h, con base cuadrada de lado L y sin tapa, cuya capacidad sea de $4000\,lts$. Dado que el revestimiento interno será de un material costoso, determínense las dimensiones para que la superficie del depósito sea mínima.

12. Se desea construir un depósito en forma de paralelepípedo de altura h, con base cuadrada de lado L y sin tapa, cuya capacidad sea de $4000\,lts$. Determínense las dimensiones para que la longitud total de soldadura necesaria para unir las cinco caras del depósito sea mínima. Hacer el mismo cálculo, para un recipiente con tapa, en el que se deben unir seis caras.

13. Para crear un recinto en forma de sector circular, se dispone de $120\,m$. de malla para cercarlo. Determínese el radio R para que el área sea máxima.

14. Desde una nave anclada a $9\,km$ del punto más próximo a la costa, se desea enviar un mensajero hasta un puesto ubicado a $15\,km$ desde el punto más próximo en tierra, siguiendo la línea de la costa. Si la velocidad dl mensajero en tierra es de 5 km/h y en el agua se desplaza remando a 4 km/h, determínese el punto de llegada a la costa que hace mínimo el tiempo del recorrido.

15. Se desea construir una caldera de cuerpo cilíndrico y extremos semiesféricos, con un volumen predeterminado V. Si se desea minimizar su superficie para disminuir la pérdida de calor, calcúlese el radio R para que el área superficial sea mínima.

Establecer si las funciones dadas, f y g, cumplen la hipótesis del *teorema del valor medio generalizado* en el intervalo indicado. En caso afirmativo, determinar el punto c de la fórmula, $\dfrac{f(b)-f(a)}{g(b)-g(a)} = \dfrac{f'(c)}{g'(c)}$.

16. $f = x^3 - 2x^2 + x,\ g = -2x + 1, en\ [-1,2]$.

17. $f = x^3,\ g = x^3 + 3x^2 + 3x, en\ [0,3]$. **18.** $f = \sqrt{x+9},\ g = \sqrt{x}, en\ [0,16]$.

Respuestas:

1. $R: crec.\,en\ (-1,\infty)$. **2.** $R: dec.\,en\ (-\infty,0)\ y\ en\ (0,-\infty)$.

3. $R: dec.\,en\ (-\infty,1)\ y\ crec.\ en\ (1,\infty)$. **4.** $R: dec.\,en\ \left(-\infty,\frac{1}{2}\right) y\ crec.\ en\ (\frac{1}{2},\infty)$.

5. $R: dec.\,en\ (-\infty,0)\ y\ crec.\ en\ (0,\infty)$. **6.** $R: en\ x = -1, mín.\ en\ x = 0, máx.\ en\ x = 1, máx.$ **7.** $R: en\ x = -2, máx.\ en\ x = 1, mín.$ **8.** $R: en\ x = 0, mín.$

9. $R: en\ x = -1, máx.\ en\ x = 1, mín.$ **10.** $R: en\ x = -1,\ mín.$

11. $R: L = 2\,m, h = 1\,m.$ **12.** $R: sin\ tapa, L = \sqrt[3]{2}\,m,\ h = 1\,m;\ con\ tapa,\ L = h = \sqrt[3]{4}\,m.$ **13.** $R: R = 30\,m.$ **14.** $R: 12\,km\ del\ pto.\,mas\ próximo.$ **15.** $R: R = \sqrt[3]{\dfrac{3V}{4\pi}}\,.$

16. $si, c = \dfrac{16-\sqrt{148}}{2}.$ **17.** $si, c = \dfrac{6+\sqrt{84}}{8}.$ **18.** $si, c = 3.$

6.3 Formas indeterminadas

Como aplicación del *teorema de Cauchy* o *teorema generalizado del valor medio* 6.2.9, veremos una *regla* para resolver las formas indeterminadas de los límites que adelantamos en 3.9 y expresamos informalmente como

$$\frac{0}{0};\ \frac{\infty}{\infty};\ 0.\infty;\ 0^0;\ \infty^0;\ 1^\infty;\ \infty - \infty$$

como ya lo aclaramos en 3.9, estos símbolos no indican operaciones entre números reales sino que 1, 0, o ∞, están representando los valores a los que tiende una cierta función.

La regla, debida a J. Bernoulli (1667-1748) y publicada por G. L'Hôpital (1652-1719) en 1696, antecede en más de un siglo los trabajos de A. Cauchy (1789-1857) referentes a los límites, y la generalización del teorema del valor medio.

En 3.3.8.b resolvimos $\lim\limits_{x\to 0}\frac{sen\,x}{x} = 1$, apelando a la intuición geométrica junto con el teorema de la intercalación 3.3.7. Ahora usaremos un nuevo método, la *regla de Bernoulli-L'Hôpital* que consiste en sustituir en los cocientes, las funciones cuyo límite es cero, por sus respectivas derivadas y tomar límite sobre el cociente sustituido. Funciona así:

$$\lim\limits_{x\to 0}\frac{sen\,x}{x} = \lim\limits_{x\to 0}\frac{(sen\,x)'}{x'} = \lim\limits_{x\to 0}\frac{cos\,x}{1} = 1$$

De esta forma *expeditiva*, se aplica la regla y es casi siempre efectiva, pudiéndose aplicar reiteradamente para eliminar las indeterminaciones de los límites cuando la primera aplicación conduzca a una nueva indeterminación. Si la regla fracasa por no poder eliminar la indeterminación por aplicaciones sucesivas, o bien el proceso se torna farragoso por el aumento del orden de derivación, se debe recurrir a la *serie de Taylor*.

El sentido de la regla es muy intuitivo, y haremos una primera justificación para el caso en que se quiera calcular $\lim\limits_{x\to a}\frac{f(x)}{g(x)}$, siendo $\lim\limits_{x\to a}f(x) = 0$ y $\lim\limits_{x\to a}g(x) = 0$. Si $f(a) = 0$ y $g(a) = 0$, entonces pueden restarse en $\frac{f(x)}{g(x)}$ sin alterar su valor, por lo que $\frac{f(x)}{g(x)} = \frac{f(x)-f(a)}{g(x)-g(a)}$, o bien $\frac{f(x)}{g(x)} = \frac{\frac{f(x)-f(a)}{x-a}}{\frac{g(x)-g(a)}{x-a}}$, de donde; $\lim\limits_{x\to a}\frac{f(x)}{g(x)} = \lim\limits_{x\to a}\frac{\frac{f(x)-f(a)}{x-a}}{\frac{g(x)-g(a)}{x-a}}$

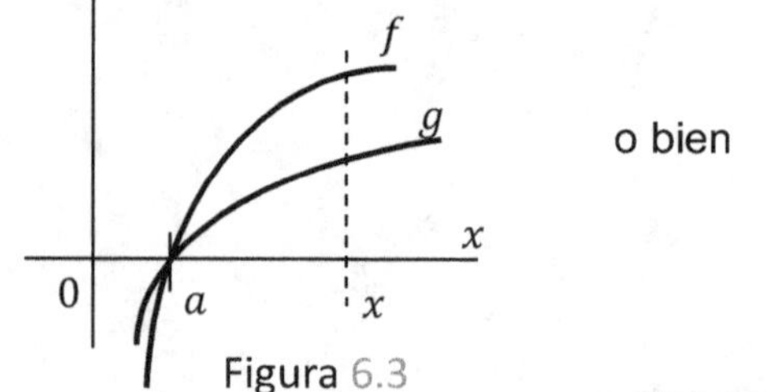

Figura 6.3

o bien

$$\lim\limits_{x\to a}\frac{f(x)}{g(x)} = \lim\limits_{x\to a}\frac{f'(x)}{g'(x)}\ \blacklozenge$$

El procedimiento, es válido suponiendo la *continuidad* de las derivadas en a, justificaremos a continuación el procedimiento para el caso en que f y g, no estuvieran definidas en $x = a$, con el siguiente teorema;

6.3.1. *Teorema. Regla de Bernoulli-L'Hôpital.* Si f y g son derivables en un $E'(a, h)$, y $g'(x) \neq 0 \ \forall x \in E'(a)$ y $\lim_a f(x) = 0$ y $\lim_a g(x) = 0$, entonces

$$\lim_a \frac{f(x)}{g(x)} = \lim_a \frac{f\prime(x)}{g\prime(x)} = L \ / \ \exists \ L$$

Esto último debe entenderse como que: si existe el $\lim_a \frac{f'(x)}{g'(x)} = L$, entonces L es el límite que buscamos.

Demostración: Consideramos un semientorno a la derecha de a; $(a, \ a + h)$ y aplicamos teorema del valor medio generalizado a dos funciones auxiliares

$$F(x) = \begin{cases} f(x), & si \ x \neq a \\ 0, & si \ x = a \end{cases} \qquad G(x) = \begin{cases} g(x), & si \ x \neq a \\ 0, & si \ x = a \end{cases}$$

Ahora F y G reúnen las condiciones de las hipótesis del teorema del valor medio generalizado y se cumple para algún c a la derecha de a

$$\frac{F(x)-F(a)}{G(x)-G(a)} = \frac{F'(c)}{G'(c)} \qquad a < c < x$$

o bien $\ \frac{F(x)}{G(x)} = \frac{F'(c)}{G'(c)}$, por ser $F(a) = G(a) = 0$, y $\lim_a \frac{F(x)}{G(x)} = \lim_a \frac{F\prime(x)}{G\prime(x)}$ ya que si $x \to a \Rightarrow c \to a$ y además, por las definiciones de F y G:

$$\lim_a \frac{f(x)}{g(x)} = \lim_a \frac{f\prime(x)}{g\prime(x)} \ \blacklozenge$$

6.3.2. *Ejemplo.* **a.** $\lim_0 \frac{1-\cos x}{x^2} = \lim_0 \frac{(1-\cos x)\prime}{(x^2)\prime} = \lim_0 \frac{sen \ x}{2x} = \frac{1}{2}.$ **b.** $\lim_1 \frac{x-1}{x^n-1} =$ $\lim_1 \frac{(x-1)\prime}{(x^n-1)\prime} = \lim_1 \frac{1}{nx^{n-1}} = \frac{1}{n}.$ **c.** $\lim_0 \frac{\ln(x+1)}{x} = \lim_0 \frac{[\ln(x+1)]\prime}{x\prime} = \lim_0 \frac{1}{x+1} = 1.$ **d.** $\lim_0 \frac{e^x-e^{-x}}{sen \ x} = \lim_0 \frac{(e^x-e^{-x})\prime}{(sen \ x)\prime} = \lim_0 \frac{e^x + e^{-x}}{\cos x} = 2.$ **e.** $\lim_a \frac{sen \ x - sen \ a}{x-a} = \lim_a \frac{(sen \ x - sen \ a)\prime}{(x-a)\prime} =$ $\lim_a \frac{\cos x}{1} = \cos a.$

Generalizaremos ahora este resultado con el siguiente teorema

6.3.3. *Teorema*. Sea $k > 0$, un número positivo cualquiera y si para todo $x > k$, existen f' y g' y $g' \neq 0$, con $\lim_\infty f(x) = 0$ y $\lim_\infty g(x) = 0$, entonces

$$\lim_\infty \frac{f(x)}{g(x)} = \lim_\infty \frac{f'(x)}{g'(x)} = L \; / \; \exists \; L$$

y esto, como en 6.3.1 significa que: si existe el $\lim_\infty \frac{f'(x)}{g'(x)} = L$, entonces L es el límite que buscamos.

Demostración: Hagamos $t = \frac{1}{x}$ de modo que, si $x \to \infty^+$ entonces $t \to 0^+$, y sean F y G dos funciones tales que, $\forall x$: $F(t) = f(x)$ y $G(t) = g(x)$, entonces se cumple que

$$\lim_{\infty^+} f(x) = \lim_{0^+} F(t) = 0 \; \text{ y } \; \lim_{\infty^+} g(x) = \lim_{0^+} G(t) = 0$$

Tenemos entonces dos funciones F y G que se comportan igual que las respectivas f y g excepto en $t = 0$ por la forma en que las hemos construido. Si además *extendemos* por continuidad F y G como

$$F(t) = \begin{cases} f(x), & si\ t \neq 0 \\ 0, & si\ t = 0 \end{cases} \qquad\qquad G(t) = \begin{cases} g(x), & si\ t \neq 0 \\ 0, & si\ t = 0 \end{cases}$$

Estamos entonces, en las condiciones del teorema 6.3.1, y aplicando el teorema del valor medio generalizado a F y G

$$\frac{F(t)-F(0)}{G(t)-G(0)} = \frac{F'(c)}{G'(c)}, \qquad\qquad 0 < c < t$$

siendo $F(0) = 0$ y $G(0) = 0$

$$\frac{F(t)}{G(t)} = \frac{F'(c)}{G'(c)}, \qquad\qquad 0 < c < t$$

a continuación tomamos límite en ambos miembros y reemplazamos $F(t) = f(x)$, por $f\left(\frac{1}{t}\right)$ a la que derivamos como función compuesta, y lo mismo hacemos con G, teniendo en cuenta al tomar límite, que $0 < c < t$ y entonces $t \to 0^+ \Rightarrow x \to \infty^+$

$$\lim_0 \frac{F'(c)}{G'(c)} = \lim_0 \frac{F(t)}{G(t)} = \lim_0 \frac{\left[f\left(\frac{1}{t}\right)\right]'}{\left[g\left(\frac{1}{t}\right)\right]'} =$$

$$\lim_0 \frac{f'\left(\frac{1}{t}\right)\left(-\frac{1}{t^2}\right)}{g'\left(\frac{1}{t}\right)\left(-\frac{1}{t^2}\right)} = \lim_\infty \frac{f'(x)}{g'(x)}$$

Resumiendo: $\quad \lim_0 \frac{F(t)}{G(t)} = \lim_\infty \frac{f(x)}{g(x)} = \lim_\infty \frac{f'(x)}{g'(x)} \blacklozenge$

6.3.4. *Ejemplo.* **a.** $\lim_\infty \frac{\ln x}{e^x} = \lim_\infty \frac{(\ln x)'}{(e^x)'} = \lim_\infty \frac{1}{xe^x} = 0.$ **b.** $\lim_\infty \frac{\ln x}{x} = \lim_\infty \frac{(\ln x)'}{x'} = \lim_\infty \frac{1}{x} = 0.$ **c.** $\lim_\infty \frac{x^2-1}{x^3+1} = \lim_\infty \frac{(x^2-1)'}{(x^3+1)'} = \lim_\infty \frac{2x}{3x^2} = 0.$

d. $\lim_\infty \frac{\ln x + 2x}{x \ln x} = \lim_\infty \frac{(\ln x + 2x)'}{(x \ln x)'} = \lim_\infty \frac{\frac{1}{x} + 2}{\ln x + 1} = 0.$

e. $\lim_\infty \frac{e^x}{x^n} = \lim_\infty \frac{e^x}{nx^{n-1}} = \cdots = \lim_\infty \frac{e^x}{n!} = \infty.$

Observamos a continuación, la equivalencia de las tres primeras formas indeterminadas, usando una notación informal de subíndices para diferenciar los valores de los distintos límites involucrados en las indeterminaciones;

$$\frac{0_1}{0_2} = \frac{\frac{1}{0_2}}{\frac{1}{0_1}} = \frac{\infty_2}{\infty_1}; \qquad 0.\infty = \frac{\infty}{\frac{1}{0}} = \frac{\infty}{\infty}; \qquad 0.\infty = \frac{0}{\frac{1}{\infty}} = \frac{0}{0}$$

6.3.5. *Teorema.* Sean $f(x)$ y $g(x)$ derivables en un entorno $E'(a,h)$ y $g'(x) \neq 0$, si $\lim_a f(x) = \infty$ y $\lim_a g(x) = \infty$, entonces

$$\lim_a \frac{f(x)}{g(x)} = \lim_a \frac{f'(x)}{g'(x)} = L \; / \; \exists \; L$$

Como siempre interpretamos que, si existe el límite $\lim_a \frac{f'(x)}{g'(x)} = L$, entonces ese es el límite que buscamos.

Demostración: Fijamos un entorno reducido de a con radio h, $E'(a,h)$, tal que f y g sean mayores que $k > 0$, y en $(a, a+h)$ fijamos dos puntos, x y x_0. Entonces en $[x, x_0] \subset E'(a,h)$, aplicamos el teorema del valor medio generalizado a f y g pues satisfacen las oportunas hipótesis

$$\frac{f(x)-f(x_0)}{g(x)-g(x_0)} = \frac{f'(c)}{g'(c)} \quad \text{con } x < c < x_0$$

con los puntos $a \quad x \quad c \quad x_0 \quad a+h$

entonces

$$\frac{f'(c)}{g'(c)} = \frac{f(x)}{g(x)} \frac{1 - \frac{f(x_0)}{f(x)}}{1 - \frac{g(x_0)}{g(x)}}$$

y como $f(x_0)$ es un valor fijo en $(a, a+h)$, y además f y g son *no acotadas* en la proximidad de a, al tomar límite para $x \to a$, tenemos

$$\lim_a \frac{f'(c)}{g'(c)} = \lim_a \frac{f(x)}{g(x)}$$

o bien

$$\lim_a \frac{f'(x)}{g'(x)} = \lim_a \frac{f(x)}{g(x)}$$

ya que podemos elegir h arbitrariamente pequeño, de modo tal que $c \to a \blacklozenge$

Nota: Los teoremas 6.3.1, 6.3.3 y 6.3.5, que se han demostrado a la derecha de los puntos en consideración, se demuestran con los mismos argumentos a la izquierda de dichos puntos.

6.3.6. *Ejemplo.* **a.** $\lim_{0^+} \frac{\cot x}{1/x} = \lim_{0^+} \frac{(\cot x)'}{(1/x)'} = \lim_{0^+} \frac{-1/sen^2 x}{-1/x^2} = \lim_{0^+} \frac{x^2}{sen^2 x} = 1.$ **b.** $\lim_{0^+} \frac{\ln x}{\cot x} = \lim_{0^+} \frac{(\ln x)'}{(\cot x)'} = \lim_{0^+} \frac{-sen^2 x}{x} = 0.$

6.3.7. *Formas exponenciales.* Usando la logaritmación, reducimos las formas 0^0; ∞^0; 1^∞ a un producto y, si el límite del producto obtenido existe, una vez calculado ese límite, con la función exponencial obtenemos el límite buscado o bien, en una sola operación calculamos: $L = \lim_a f(x)^{g(x)} = e^{\ln \lim_a f(x)^{g(x)}} = e^{\lim_a \ln f(x)^{g(x)}} = e^{\lim_a g(x) \ln f(x)}$, y el problema se reduce entonces a calcular el $\lim_a g(x) \ln f(x) = L_1$. Si L_1 existe, entonces $L = e^{L_1}$.

6.3.8. *Ejemplo.* **a.** $\lim_{0^+} x^x = e^{\ln \lim_{0^+} x^x} = e^{\lim_{0^+} \ln x^x} = e^{\lim_{0^+} x \ln x} =$

$$e^{\lim_{0^+} \frac{\ln x}{\frac{1}{x}}} = e^{\lim_{0^+} \frac{(\ln x)'}{\left(\frac{1}{x}\right)'}} = e^{\lim_{0^+} \frac{\frac{1}{x}}{\frac{-1}{x^2}}} = e^{\lim_{0^+} (-x)} = e^0 = 1.$$

b. $\lim_0 (1+x)^{\frac{1}{x}} = e^{\ln \lim_0 (1+x)^{\frac{1}{x}}} = e^{\lim_0 \ln(1+x)^{\frac{1}{x}}} = e^{\lim_0 \frac{\ln(1+x)}{x}} = e^{\lim_0 \frac{[\ln(1+x)]'}{x'}} = e^{\lim_0 \frac{1}{1+x}}$

$= e^1 = e.$ **c.** $\lim_{+\infty} (\ln x)^{\frac{1}{x}} = \lim_{+\infty} \frac{1}{x} \ln x = \lim_{+\infty} \frac{(\ln x)'}{x'} = \lim_{+\infty} \frac{1}{x} = 0.$ **d.** $\lim_0 (\cos 2x)^{\frac{3}{x^2}} = e^{\ln \lim_0 (\cos 2x)^{\frac{3}{x^2}}} = e^{\lim_0 \frac{3}{x^2} \ln(\cos 2x)} = e^{\lim_0 3 \frac{[\ln(\cos 2x)]'}{(x^2)'}} = e^{3 \lim_0 \frac{-2 \tan 2x}{2x}} = e^{-6}.$

6.3.9. *Resta de infinitos.* Finalmente, vemos el caso $\lim_a (f - g)$, cuando $\lim_a f = \infty$ y $\lim_a g = \infty$, que hemos identificado como $\infty_1 - \infty_2$, y es la forma que usualmente se presenta como la más laboriosa. Se reduce a la forma $\frac{0}{0}$ multiplicando y dividiendo la diferencia de las funciones, por el producto de ellas. Se opera de la siguiente manera

$$\infty_1 - \infty_2 = \frac{\infty_1 - \infty_2}{\infty_1 . \infty_2} \; \infty_1 . \infty_2 = \left(\frac{1}{\infty_2} - \frac{1}{\infty_1}\right) \infty_1 . \infty_2 = \frac{\frac{1}{\infty_2} - \frac{1}{\infty_1}}{\frac{1}{\infty_1 . \infty_2}} = \frac{0}{0}$$

6.3.10. *Ejemplo.* $\lim_0 \left[\dfrac{1}{x} - \dfrac{1}{sen\,x}\right] = \lim_0 \dfrac{sen\,x - x}{x\,sen\,x} = \lim_0 \dfrac{cos\,x - 1}{sen\,x + x\,cox\,x}$

$= \lim_0 \dfrac{(cos\,x - 1)'}{(sen\,x + x\,cox\,x)'} = \lim_0 \dfrac{-\,sen\,x}{cos\,x + cos\,x - x\,sen\,x} = \dfrac{0}{2} = 0.$

Ejercicios 6.3

Resolver los siguientes límites con la *regla de L´Hôpital*.

1. $\lim_3 \dfrac{x^2 - 9}{x - 3}$. **2.** $\lim_1 \dfrac{\ln x}{x - 1}$. **3.** $\lim_0 \dfrac{x}{1 - \sqrt{1 - x}}$. **4.** $\lim_0 \dfrac{e^x - e^{-x}}{sen\,x}$. **5.** $\lim_{-\infty} 2x\,e^{3x}$. **6.** $\lim_0 (cos\,x)^{\frac{1}{x}}$. **7.** $\lim_\infty [\ln(1 + x)]^{\frac{1}{x}}$.

Respuestas:

1. $R: 6$. **2.** $R: 1$. **3.** $R: 2$. **4.** 2. **5.** $R: 0$. **6.** $R: 1$. **7.** $R: 1$.

6.4 Estudio de funciones

Completamos en este punto el estudio de las funciones agregando previamente los conceptos de concavidad, punto de inflexión y el trazado de las rectas asíntotas.

6.4.1. *La concavidad.* Cuando una taza está apoyada en la forma usual sobre una mesa, decimos que su superficie es cóncava, cuando la ponemos vuelta boca abajo, decimos que su superficie es convexa. Ambas situaciones se describen también como cóncava hacia arriba y cóncava hacia abajo, es decir; la *cavidad* está hacia arriba o hacia abajo. Evitaremos toda confusión o ambigüedad usando para las funciones, las expresiones *cóncava positiva* y *cóncava negativa*.

6.4.2. *Definición.* Una función f es cóncava positiva en un intervalo I si para todo par de puntos consecutivos x_1, x_2 de I, el segmento rectilíneo s que une los puntos $\left(x_1,\ f(x_1)\right)$ y $\left(x_2,\ f(x_2)\right)$, está sobre el grafico de f, figura 6.4.2.

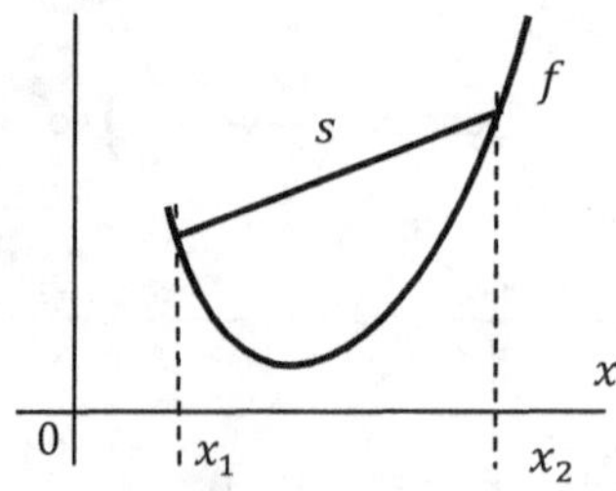

Figura 6.4.2

El segmento s que une los puntos $\left(x_1,\ f(x_1)\right)$ y $\left(x_2,\ f(x_2)\right)$, se puede describir como; $s(x) = f(x_1) + \frac{f(x_2)-f(x_1)}{x_2-x_1}(x - x_1)$, que verifica $s(x_1) = f(x_1)$ y $s(x_2) = f(x_2)$. Y siendo f cóncava positiva

$$s - f = f(x_1) + \frac{f(x_2)-f(x_1)}{x_2-x_1}(x - x_1) - f(x) > 0$$

de donde obtenemos

$$\frac{f(x_2)-f(x_1)}{x_2-x_1} > \frac{f(x)-f(x_1)}{x-x_1}$$

y esta última desigualdad, muestra que la pendiente del segmento secante s, es siempre mayor que el cociente de diferencias $\frac{f(x)-f(x_1)}{x-x_1}$, cuyo límite es $f'(x_1)$, por lo que, si f es cóncava positiva, *siempre está sobre su tangente* y entonces es equivalente a la definición 6.4.2, la siguiente definición.

6.4.3. *Definición.* Una función f es *cóncava positiva* en un intervalo I, si para todo x en I, se verifica que; f está sobre su tangente, excepto en el punto de contacto, figura 6.4.3.a. Recíprocamente decimos que f es cóncava negativa en I, si; f está bajo la tangente para todo x de I, excepto en el punto de contacto, figura 6.4.3.b. También podemos decir que; f es cóncava negativa si $-f$ es cóncava positiva.

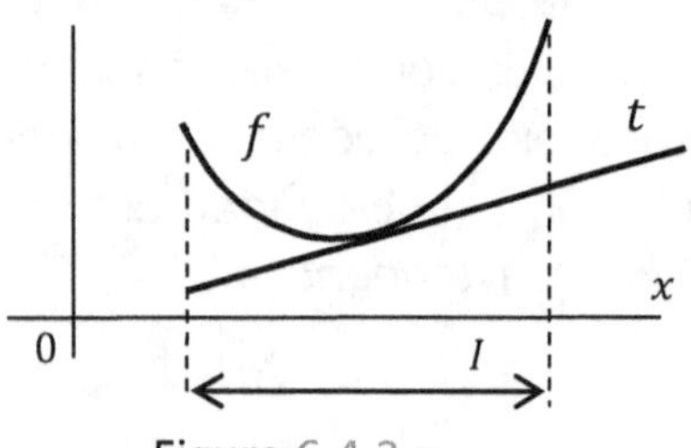

Figura 6.4.3.a

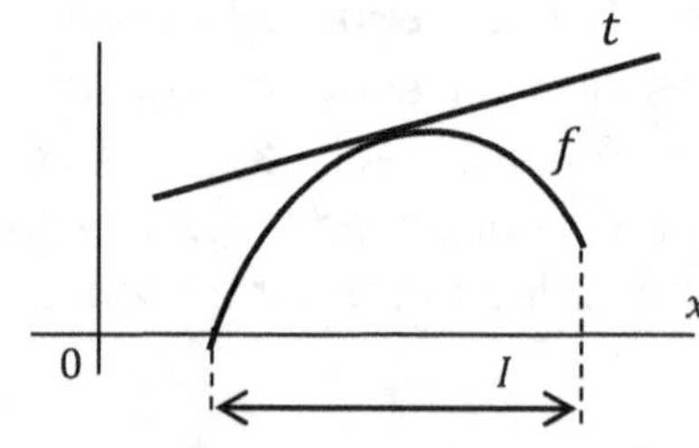

Figura 6.4.3.b

Probaremos a continuación que, si f es cóncava positiva en un intervalo I, entonces $f'' > 0$, lo que es intuitivo puesto que; si f es cóncava positiva, debe *curvarse* hacia arriba por sobre su tangente, lo que implica que aumente su pendiente o mas propiamente, f' debe aumentar y consecuentemente: Si f' es una función creciente en I, su derivada f'' debe ser positiva en I, como vimos en 6.2.4.

6.4.4. *Teorema*. Si f es cóncava positiva en un intervalo I, y su derivada f' es continua en I, entonces $f'' > 0$ en I.

Demostración: Definimos $g = f - t$, siendo t la recta tangente a f, en un punto arbitrario c de $I = [a, b]$. La ecuación de la recta tangente es como en 5.6.2

$$t(x) = f'(c)(x - c) + f(c)$$

Por ser f cóncava positiva, está sobre su tangente t, y entonces $f - t = g > 0$ para todo $x \neq c$ en I, figura 6.4.4. Además, $g(x)$ es continua con derivada continua en I, por ser diferencia de funciones continuas con derivada continua en I.

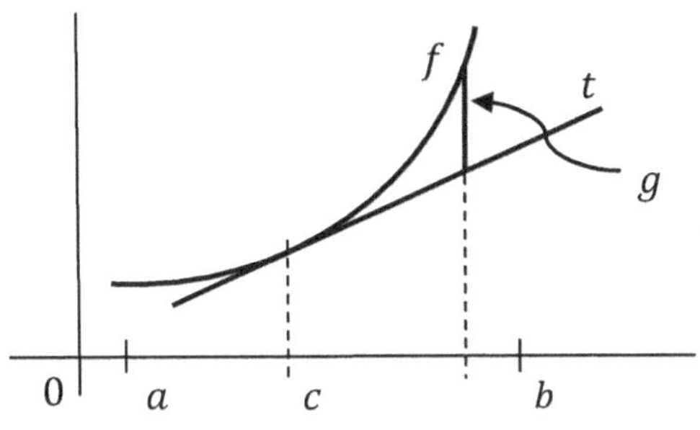

Figura 6.4.4

Consideramos $x > c$ sin perder generalidad, ya que se pueden considerar sucesivamente todos los puntos de I a partir de a, o bien se puede hacer la demostración a izquierda y derecha de c. Siendo $g(x) = f(x) - f'(x)(x - c) - f(c)$, se cumple también que, $g(x)$ es creciente en (c, x), puesto que $g(c) = 0$ y $g(x) > 0$ si $x \neq c$, y si g es creciente g' es positiva, entonces

$$g'(x) = f'(x) - f'(c) > 0$$

$f'(x) - f'(c) > 0$ significa que $f'(x) > f'(c)$, y entonces $f'(x)$ es una función creciente a la derecha de c, y su derivada $f'' > 0$ a la derecha de c, que es lo que se quería demostrar ◆

Nota: si consideramos $x < c$, se tiene que $g(x)$ decreciente a la izquierda de c, y simultáneamente $x - c < 0$. Además, $g'(x) = f'(x) - f'(c) < 0$ por ser $g(x)$ decreciente, pero $x - c < 0$, lo que implica; $\frac{f'(x)-f'(c)}{x-c} > 0$ y nuevamente $f'' > 0$.

6.4.5. *Ejemplo.* **a.** $f = x^2$. $f'' = 2 > 0$, f es cóncava positiva en todo su dominio. Por otra parte, $-f = -x^2$ tiene $f'' = -2 < 0$, y es cóncava negativa en todo su dominio. Otro tanto sucede con $g = e^x$, cuya derivada $g'' = e^x$, es positiva en el dominio de g, a la vez que $-g = -e^x$ es cóncava negativa en R. De igual forma, $h = \ln x$ con $h'' = -\frac{1}{x^2}$, es cóncava negativa en su dominio R$^+$, y $-h = -\ln x$ es cóncava positiva en R$^+$. **b.** $f = \frac{1}{x}$. $f'' = \frac{2}{x^3}$, $f'' < 0$ si $x < 0$ donde f es cóncava negativa, y $f'' > 0$ si $x > 0$ donde f es cóncava positiva. **c.** $f = x^3 - x$. $f'' = 6x$, $f'' < 0$ si $x < 0$ donde f es cóncava negativa, y $f'' > 0$ si $x > 0$ donde f es cóncava positiva, es la función del ejemplo 6.2.5.c, figura 6.2.5.c. **d.** $f = (x^2 - 1)^2$. $f'' = 12x^2 - 4$. $f'' > 0$ si $x < -\frac{\sqrt{3}}{3}$ donde f es cóncava positiva. $f'' < 0$ si $x \in \left(-\frac{\sqrt{3}}{3}, \frac{\sqrt{3}}{3}\right)$ donde f es cóncava negativa, y $f'' > 0$ si $x > \frac{\sqrt{3}}{3}$ donde f es cóncava positiva. Es la función del ejemplo 6.2.7.c, figura 6.2.7.c.

6.4.6. *Punto de inflexión.* Cuando en un punto $x = c$ del dominio de f, la curva f corta a su tangente, se dice que f tiene un punto de inflexión. Estos puntos, donde *cambia la concavidad*, se deben buscar donde $f'' = 0$, para los casos en que la tangente sea horizontal como en la figura 6.4.6.a, o bien cuando la tangente sea oblicua, figura 6.4.6.b. Si $\nexists f''(c)$ y c pertenece al dominio de f, debe examinarse el caso en detalle porque puede ser un punto de inflexión como es el caso de $f = \begin{cases} x^3, & si\ x \leq 0 \\ x^2, & si\ x \geq 0 \end{cases}$ de la figura 6.4.6.c, o bien la tangente es vertical como sucede con la función $h = \sqrt[3]{x}$, en $x = 0$ figura 6.4.6.d. Para $g = \frac{1}{x}$, $x = 0$ no es un punto de su dominio, $\nexists g''(0)$, donde g cambia de concavidad sin continuidad, y por lo tanto no tiene punto de inflexión, figura 6.4.6.e. En cambio para $f = 2x + \sqrt[3]{x^2}$, $x = 0$ es un punto de su dominio donde $\nexists f''(0)$, f cambia de concavidad en $x = 0$ pero no corta a su tangente, que de hecho no está definida en $x = 0$, figura 6.4.6.f.

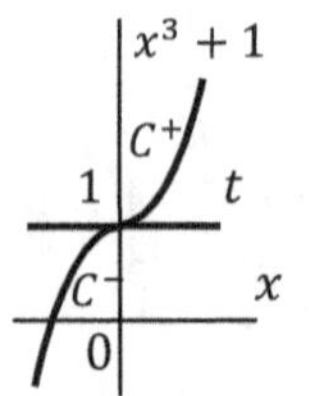

Figura 6.4.6.a

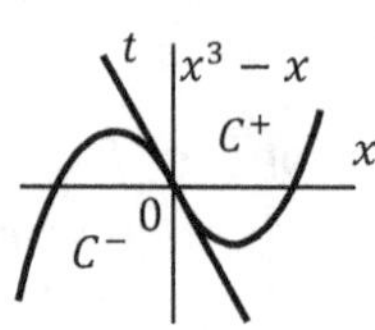

Figura 6.4.6.b

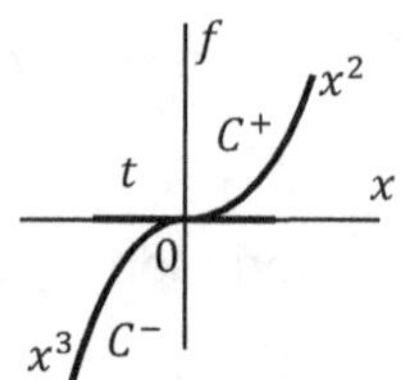

Figura 6.4.6.c

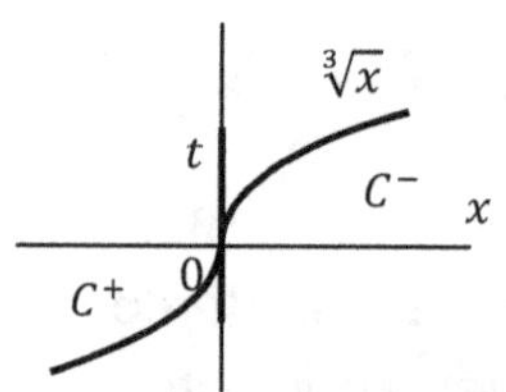

Figura 6.4.6.d

Figura 6.4.6.e   Figura 6.4.6.f

6.4.7. *Ejemplo.* **a.** $f = e^{-x^2}$. $f'' = 2e^{-x^2}(2x^2 - 1) = 0$ si $x = \pm\frac{\sqrt{2}}{2}$. En f'', el factor $2e^{-x^2} > 0 \ \forall x \in \mathbb{R}$, el factor $(2x^2 - 1) < 0$ si $|x| < \frac{\sqrt{2}}{2}$, y $(2x^2 - 1) > 0$ si $|x| > \frac{\sqrt{2}}{2} \Rightarrow$ $f'' < 0$ si $|x| < \frac{\sqrt{2}}{2}$, donde f es cóncava negativa, y $f'' > 0$ si $|x| > \frac{\sqrt{2}}{2}$, donde f es cóncava positiva, figura 6.4.7.a. **b.** $g:(-\infty, \frac{\pi}{2}] \to \mathbb{R}$ y $g(x): = \begin{cases} x^2 + x, & si \ x \leq 0 \\ sen \ x, & si \ x \geq 0 \end{cases}$. En $x = 0$, g es continua y $g'(0^-) = 2.\,0^- + 1 = 1$ y $g'(0^+) = cos \ 0^+ = 1$, por lo que g' es continua en $x = 0$, y entonces la ecuación de la tangente es; $t = x$. Pero $g''(0^-) = 2$ y $g''(0^+) = -sen \ 0^+ = 0 \Rightarrow \nexists \ g''(0)$, si $x < 0$, $g'' = 2 > 0$ y g es cóncava positiva, y si $0 < x < \frac{\pi}{2}$, $g'' = -sen \ x < 0$ y g es cóncava negativa. En $x = 0$ hay un cambio de concavidad con tangente t a 45^0, por lo que hay cambio de concavidad y también hay un punto de inflexión, figura 2.4.7.b.

c. $h = \begin{cases} x^3 - x, & si \ x \leq 0 \\ x^2, & si \ x \geq 0 \end{cases}$. En $x = 0$, h es continua pero $h'(0^-) = 3.\,(0^-)^2 - 1 = -1$ y $h'(0^+) = 2.\,0^+ = 0 \Rightarrow$ no hay recta tangente y $\nexists \ h''(0)$ pero, $h''(0^-) = 6x < 0$ y h es cóncava negativa, a su vez $h''(0^+) = 2 > 0$ y h es cóncava positiva. Entonces, h es cóncava negativa si $x < 0$ y cóncava positiva si $x > 0$, pero en $x = 0$ no hay un punto de inflexión, figura 6.4.7.c.

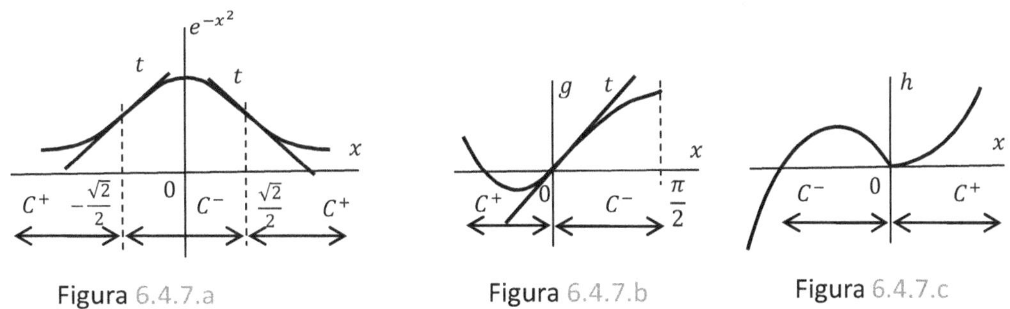

Figura 6.4.7.a   Figura 6.4.7.b   Figura 6.4.7.c

6.4.8. *Asíntotas oblicuas.* En 3.10 describimos a la recta asíntota, como aquella recta a la que la curva f se aproxima cuando x e y crecen indefinidamente, y en 3.10.1 y 3.10.3, consideramos los casos en que una de las coordenadas se mantiene fija mientras la otra crece. Ahora consideraremos el caso en que las coordenadas x e y de un punto $P(x,y)$ sobre la curva f, se alejan simultáneamente del origen, aproximando la curva a una recta $y = mx + b$, la *recta asíntota*, figura 6.4.8.

Si $y = mx + b$ es asíntota de la curva f, cuando x esté suficientemente distante del origen, la distancia entre la recta y f debe mantenerse menor que todo número real, o sea $|f - y| < \varepsilon$, entonces

$$\lim_\infty (f - y) = 0$$

$$\lim_\infty [f(x) - (mx + b)] = 0$$

$$\lim_\infty x \left[\frac{f(x)}{x} - m + \frac{b}{x}\right] = 0$$

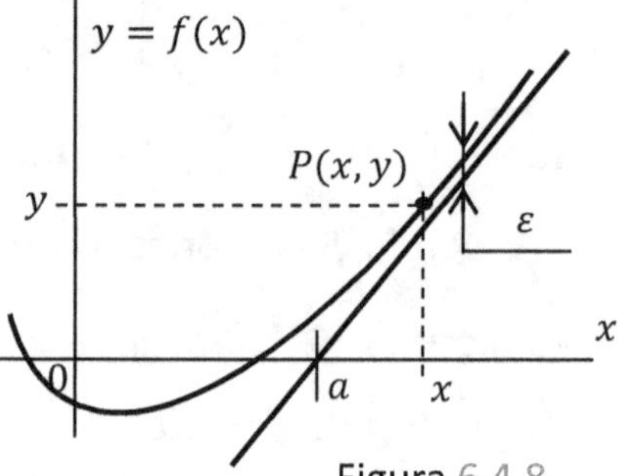

Figura 6.4.8

la última expresión es de la forma $\lim_\infty x.h = 0$ con $h = \left[\frac{f(x)}{x} - m + \frac{b}{x}\right]$ y, si $\lim_\infty x.h = 0$, entonces debe ser $\lim_\infty h = 0$ por lo que concluimos que

$$\lim_\infty \left[\frac{f(x)}{x} - m + \frac{b}{x}\right] = 0$$

y como $\lim_\infty \frac{b}{x} = 0$, surge que; $\boxed{m = \lim_\infty \frac{f(x)}{x}}$

Así, hemos obtenido el coeficiente angular m de la recta asíntota. Como se aprecia en la figura 6.4.8, la pendiente de la recta es, $m = \frac{y(x)}{x-a}$ y en el infinito, se sustituyen $y(x)$ por $f(x)$ y $x - a$ por x.

Para calcular la ordenada al origen b de la asíntota retornamos al principio, o sea, a la expresión $\lim_\infty [f(x) - (mx + b)] = 0$ que define la recta asíntota, e introducimos en ella el valor de m que hemos obtenido

$$\lim_\infty [f(x) - mx - b] = 0$$

entonces, despejando b

$$\boxed{b = \lim_\infty [f(x) - mx]}$$

y así finalmente podemos escribir la ecuación de la asíntota $\boxed{y = mx + b}$.

6.4.9. *Ejemplo.* **a.** $f = x + \frac{1}{x}$. $m = \lim_\infty \frac{f}{x} = \lim_\infty \left(1 + \frac{1}{x^2}\right) = 1$, $b = \lim_\infty [f - mx] = \lim_\infty [x + \frac{1}{x} - x] = 0 \Rightarrow y = x$. Hay también asíntota vertical en $x = 0$, $\lim_{0^\pm} f = \pm\infty$, que puede considerarse como dos asíntotas superpuestas y orientadas en sentidos opuestos, figura 6.4.9.a. **b.** $f = \frac{x^2 - 4x}{2x - 1}$. $m = \lim_\infty \frac{f}{x} = \lim_\infty \frac{x^2 - 4x}{2x^2 - x} = \frac{1}{2}$, $b = \lim_\infty [f - mx] = \lim_\infty [\frac{-4x + \frac{1}{2}x}{2x - 1}] = -\frac{7}{4} \Rightarrow y = \frac{1}{2}x - \frac{7}{4}$. Hay también asíntota vertical en $x = \frac{1}{2}$, $\lim_{\frac{1}{2}^\pm} f = \pm\infty$, que puede considerarse como dos asíntotas superpuestas y orientadas en sentidos opuestos, figura 6.4.9.b.

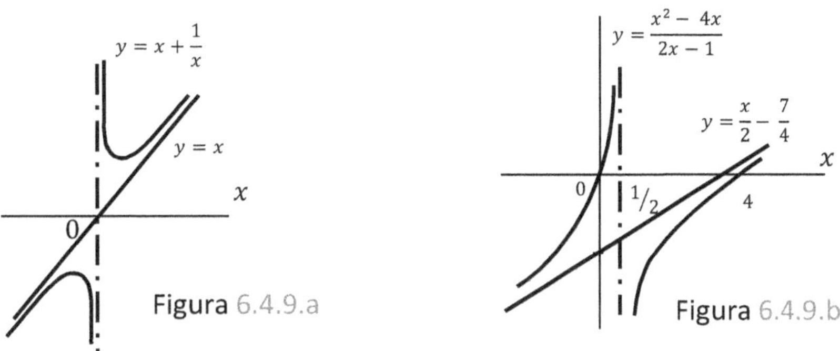

6.4.10. *Estudio completo de funciones.* Realizamos el estudio completo de una función, estudiando su comportamiento en tres pasos: f, f' y f''. Finalmente, con los datos obtenidos se traza el gráfico de f.

Primer paso. Partimos de f o, más precisamente, de su ley de asignación. En esta etapa determinamos el *dominio* de f, *permanencia del signo*, $f(0)$, *raíces y polos*, *límites* y *asíntotas verticales* y *horizontales*, *asíntotas oblicuas*, simetrías como *paridad* y *periodicidad*.

Segundo paso. Obtenemos f' y determinamos los puntos críticos, donde $f' = 0$ o bien $\nexists f'$, y a continuación *intervalos de monotonía* y *máximos y mínimos*.

Tercer paso. Determinamos con f'' *concavidad* y *puntos de inflexión* donde, de ser necesario, trazamos la recta tangente para facilitar el trazado del gráfico.

6.4.11. *Ejemplo.* **a.** $f = \frac{x}{\sqrt[3]{x^2 - 1}}$. *Primer paso:* $D_f = \mathbb{R}\backslash\{-1, 1\}$. *Raíces*; $x = 0$. *Polos*; $x = \pm 1$. *Paridad*; x es impar y $\sqrt[3]{x^2 - 1}$ es par, entonces f es *impar*. $\lim_{\pm\infty} f = \pm\infty$ por lo que no hay *asíntotas horizontales*. $\lim_\infty \frac{f}{x} = 0$ y no hay *asíntota oblicua*. *Permanencia del signo*; primero establecemos la permanencia de signo del numerador x, y el denominador $\sqrt[3]{x^2-1}$, por separado a lo largo de sus dominios y con la regla de los signos obtenemos la permanencia del signo de f en su dominio.

$-\infty \quad -1 \quad 0 \quad 1 \quad \infty$

x	$-$	$-$	$+$	$+$
$\sqrt[3]{x^2-1}$	$+$	$-$	$-$	$+$
f	$-$	$+$	$-$	$+$

Segundo paso: $f' = \dfrac{\sqrt[3]{x^2-1}-\dfrac{2x^2}{3\left(\sqrt[3]{x^2-1}\right)^2}}{\left(\sqrt[3]{x^2-1}\right)^2} = \dfrac{x^2-3}{3\left(\sqrt[3]{x^2-1}\right)^4}$. f' tiene polos en $x=\pm 1$ y ceros

en $x=\pm\sqrt{3}$, determinamos la permanencia del signo en f' para conocer los intervalos de monotonía de f

$-\infty \quad -\sqrt{3} \quad -1 \quad 1 \quad \sqrt{3} \quad \infty$

x^2-3	$+$	$-$	$-$	$-$	$+$
$3\left(\sqrt[3]{x^2-1}\right)^4$	$+$	$+$	$+$	$+$	$+$
f'	$+$	$-$	$-$	$-$	$+$

vemos que $f'>0$ en $(-\infty,-\sqrt{3})$ y en $(\sqrt{3},\infty)$, por lo que f es estrictamente creciente en $(-\infty,-\sqrt{3})$ y $(\sqrt{3},\infty)$, y es estrictamente decreciente en $(-\sqrt{3},\sqrt{3})$ donde $f'<0$, por lo que concluimos que en $x=-\sqrt{3}$, donde f' pasa de valores positivos a negativos, f tiene un máximo local $f(-\sqrt{3})=-\dfrac{\sqrt{3}}{\sqrt[3]{2}}$, que es el punto;

$M_L\left(-\sqrt{3},-\dfrac{\sqrt{3}}{\sqrt[3]{2}}\right)$. En $x=\sqrt{3}$, f' pasa de valores negativos a positivos y en consecuencia, hay un mínimo local $f(\sqrt{3})=\dfrac{\sqrt{3}}{\sqrt[3]{2}}$, que es el punto; $m_L\left(\sqrt{3},\dfrac{\sqrt{3}}{\sqrt[3]{2}}\right)$.

Tercer paso: $f'' = \dfrac{2x}{3}(x^2-1)^{-\frac{4}{3}} - \dfrac{4}{3}(x^2-1)^{-\frac{7}{3}}2x\dfrac{(x^2-3)}{3} = \dfrac{2x(9-x^2)}{9(x^2-1)^{\frac{7}{3}}}$. f'' tiene polos

en $x=\pm 1$ y ceros en $x=\pm 3$ y $x=0$. Determinamos la permanencia del signo de f'', para conocer el signo de la concavidad.

$-\infty \quad -3 \quad -1 \quad 0 \quad 1 \quad 3 \quad \infty$

$2x$	$-$	$-$	$-$	$+$	$+$	$+$
$9-x^2$	$-$	$+$	$+$	$+$	$+$	$-$
$9(x^2-1)^{7/3}$	$+$	$+$	$-$	$-$	$+$	$+$
f''	$+$	$-$	$+$	$-$	$+$	$-$

Hay puntos tres de inflexión en $x = \pm 3$ y en $x = 0$: $P_1(-3, f(-3)) = P_1\left(-3, -\frac{3}{2}\right)$, $P_2(0, f(0)) = P_2(0,0)$, $P_3(3, f(3)) = P_3\left(3, \frac{3}{2}\right)$. La derivada en estos puntos, o bien la pendiente de la tangente a f que pasa por estos puntos es; $f'(-3) = \frac{1}{8}$, $f'(0) = -1$, $f'(3) = \frac{1}{8}$. Verificamos también que el extremo, $f(-\sqrt{3}) = -\frac{\sqrt{3}}{\sqrt[3]{2}}$ que obtuvimos en el segundo paso, está en el intervalo $(-3,-1)$ donde $f'' < 0$, y por lo tanto es un máximo local, y el extremo $f(\sqrt{3}) = \frac{\sqrt{3}}{\sqrt[3]{2}}$ está en el intervalo $(1,3)$, donde $f'' > 0$ lo que implica un mínimo local, figura 6.4.11.a.

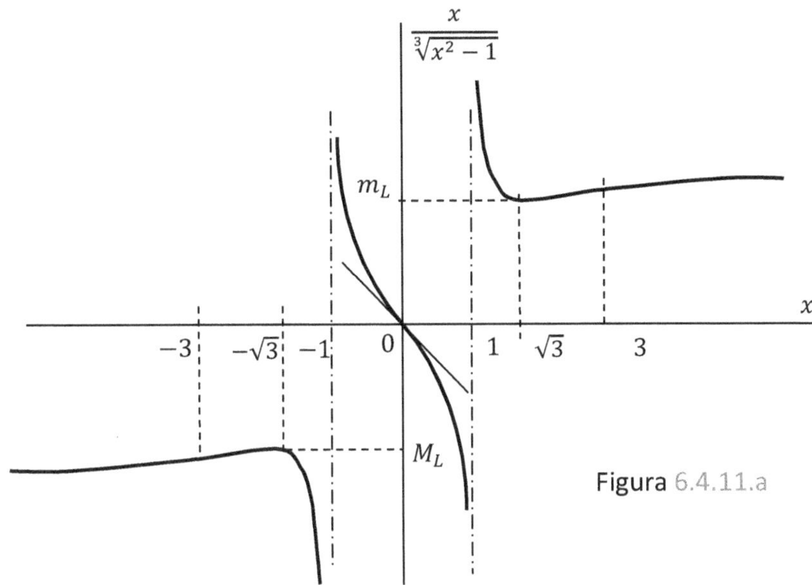

Figura 6.4.11.a

b. $f = x \ln x$. *Primer paso*: $D_f = \mathrm{R}^{>0}$. *Raíces*; $x = 1$. *Polos*; no hay. *Paridad*; no es par ni impar. $\lim_{\infty} f = \infty$ por lo que no hay *asíntota horizontal*. $\lim_{\infty} \frac{f}{x} = \infty$ y no hay *asíntota oblicua*, $\lim_{0^+} f = 0^-$. *Permanencia del signo*; el factor x es siempre positivo por lo que al signo de f lo determina el factor $\ln x$, $\ln x < 0$ si $x < 1$ y $\ln x > 0$ si $x > 1$, de modo que $f < 0$ en $(0,1)$ y $f > 0$ en $(1, \infty)$.

Segundo paso: $f' = \ln x + 1$. $f' = 0$ en $x = \frac{1}{e}$, y determinamos la permanencia del signo en f', para conocer los intervalos de monotonía de f

	0	$^1/_e$	∞
f'		$-$	$+$

La función es estrictamente decreciente en $\left(0,\frac{1}{e}\right)$ y estrictamente creciente en $\left(\frac{1}{e},\infty\right)$, por lo que concluimos que en $x = \frac{1}{e}$ hay un mínimo $f\left(\frac{1}{e}\right) = -\frac{1}{e}$, que es el mínimo absoluto de f en su dominio. Al mínimo lo ubicamos en el punto $m\left(\frac{1}{e}, -\frac{1}{e}\right)$ del gráfico, figura 6.4.10.b.

Tercer paso: $f'' = \frac{1}{x}$. f'' no tiene ceros ni polos, y $f'' > 0\ \forall x \in D_f = \mathrm{R}^{>0}$, por lo que f es cóncava positiva en todo su dominio.

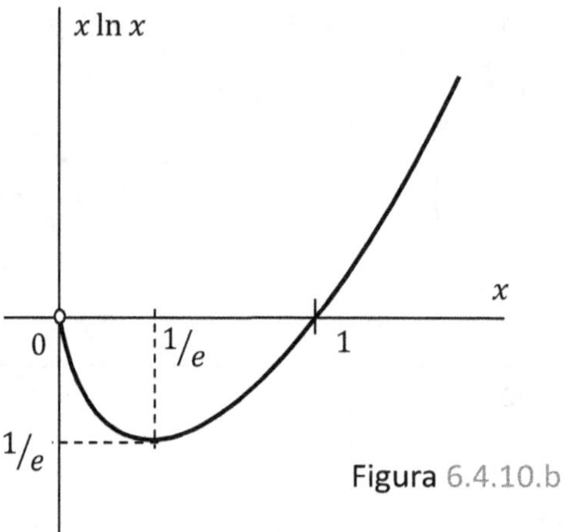

Figura 6.4.10.b

c. $f = \frac{x^2 - 4x}{2x - 1}$. *Primer paso:* $D_f = \mathrm{R}\backslash\left\{\frac{1}{2}\right\}$. *Raíces*; $x = 0$ y $x = 4$. *Polos*; $x = \frac{1}{2}$. *Paridad*; no es par ni impar. $\lim_{\pm\infty} f = \pm\infty$ por lo que no hay *asíntota horizontal*. $\lim_{\infty} \frac{f}{x} = \frac{1}{2}$, hay una *asíntota oblicua* $y = \frac{x}{2} - \frac{7}{4}$, que determinamos anteriormente en el ejemplo 6.4.9.b. *Permanencia del signo*; primero establecemos la permanencia de signo del numerador $x^2 - 4x$ y el denominador $2x - 1$ por separado a lo largo de sus dominios, y con la regla de los signos obtenemos la permanencia del signo de f de su dominio.

	$-\infty$	0	$1/2$	4	∞
$x^2 - 4x$	+	−	−	+
$2x - 1$	−	−	+	+
f	−	+	−	+

Segundo paso: $f' = \frac{2x^2 - 2x + 4}{(2x-1)^2}$. f' no existe en $x = \frac{1}{2}$ que es el polo de la función, y no tiene ceros reales por lo que no hay extremos. El denominador de f' es siempre positivo excepto en $x = \frac{1}{2}$ donde se anula, por lo que $f' > 0 \; \forall x \in D_f$ y por lo tanto; f es estrictamente creciente en su dominio.

Tercer paso: $f'' = \frac{-14}{(2x-1)^3}$. f'' no tiene ceros y cambia de signo en el polo $x = \frac{1}{2}$ por lo que f es cóncava positiva en $\left(-\infty, \frac{1}{2}\right)$ donde $f'' > 0$ y cóncava negativa en $\left(\frac{1}{2}, \infty\right)$ donde $f'' < 0$, figura 6.4.11.c.

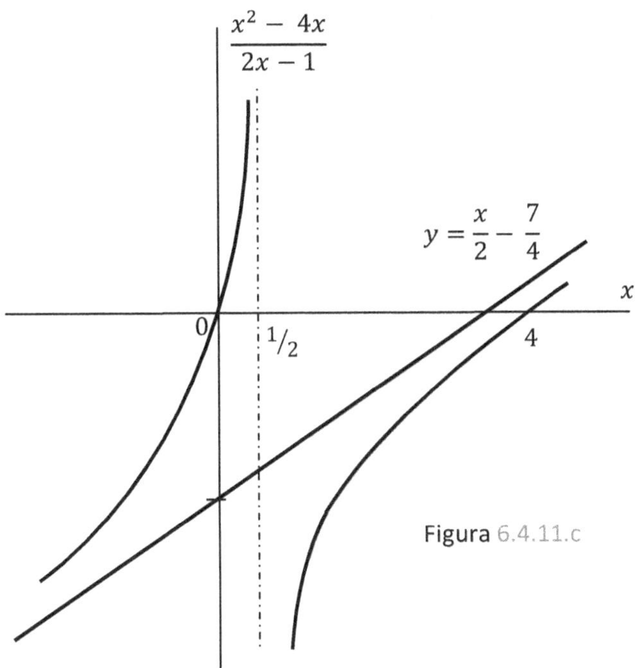

Figura 6.4.11.c

d. $f = \frac{1}{x^2-1}$. *Primer paso*: $D_f = \mathbb{R}\setminus\{-1, 1\}$. *Raíces*; no hay. $f(0) = -1$. *Polos*; $x = \pm 1$. *Paridad*; $f(x) = \frac{1}{x^2-1} = f(-x) = \frac{1}{(x-)^2-1}$, por lo que f es par. $\lim_{\pm\infty} f = 0$, por lo que hay *asíntota horizontal*; $y = 0$. $\lim_{\infty} \frac{f}{x} = 0$, por lo que no hay *asíntota oblicua*. *Permanencia del signo*; el signo del numerador es siempre positivo por lo que los cambios de signo los determina el denominador $x^2 - 1$ y entonces $f < 0$ si $|x| < 1$ y $f > 0$ si $|x| > 1$.

Segundo paso: $f' = \frac{-2x}{(x^2-1)^2}$. f' no existe en $x = \pm 1$ donde están los polos de la función, y $f' = 0$, si $x = 0$, por lo que hay un extremo $f(0) = -1$. El denominador de f' es siempre positivo, excepto en $x = \pm 1$ donde están los polos, y el numerador de f' es positivo si $x < 0$ y negativo si $x > 0$, por eso $f' > 0$ en $(-\infty, 0)$ y $f' < 0$ en $(0, \infty)$ o bien, f es creciente para $x < 0$ y decreciente para $x > 0$.

Tercer paso: $f'' = \frac{6x^2 + 2}{(x^2 - 1)^3}$. f'' no tiene ceros reales y cambia de signo en los polos $x = \pm 1$ por lo que al signo de f'' lo define el signo del denominador $(x^2 - 1)^3$, que es negativo si $|x| < 1$ y positivo si $|x| > 1$, entonces: f es cóncava positiva si $|x| > 1$ o bien, en $(-\infty, -1)$ y $(1, \infty)$ donde $f'' > 0$, y cóncava negativa si $|x| < 1$, o bien en $(-1, 1)$, donde $f'' < 0$, figura 6.4.11.d.

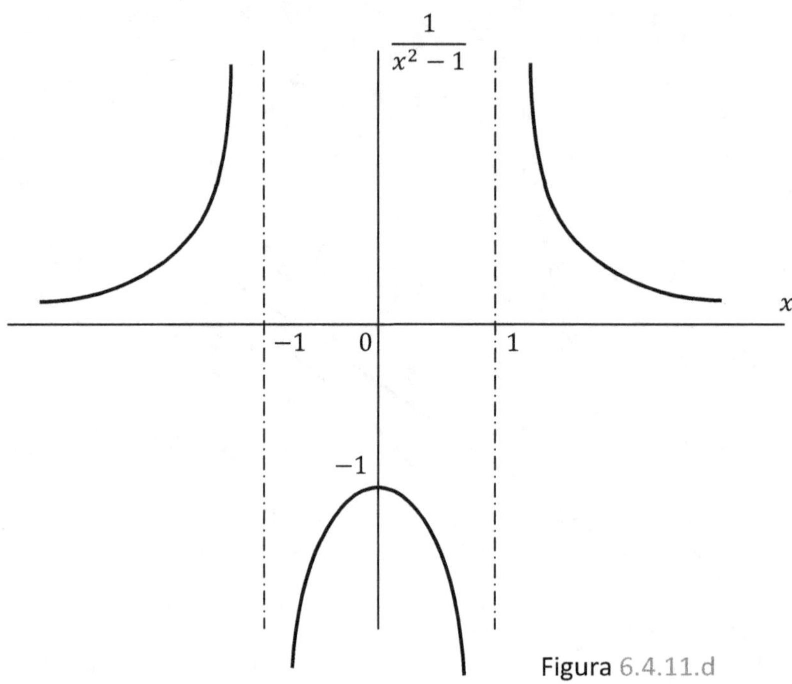

Figura 6.4.11.d

Ejercicios 6.4

Determinar los intervalos donde f es cóncava positiva o cóncava negativa y si hubiera, los puntos de inflexión.

1. $f = 2x^3 + 3x^2 - 12x + 5$. **2.** $f = x + \frac{4}{x+2}$. **3.** $f = xe^x$. **4.** $f = \frac{1}{|x|+1}$. **5.** $f = \frac{x}{\sqrt[3]{x^2-1}}$.

Respuestas:

1. $R: conc. - en\ \left(-\infty, -\frac{1}{2}\right),\ conc. + en\ \left(-\frac{1}{2}, \infty\right),\ p.i.\ en\ x = -\frac{1}{2}.$

2. $R: conc. - en\ (-\infty, -2),\ conc. + en\ (-2, \infty),\ \nexists p.i..$

3. $R: conc. - en\ (-\infty, -2),\ conc. + en\ (-2, \infty), p.i.\ en\ x = -2$

4. $R: conc. + en\ (-\infty, 0) \cup (0, \infty),\ \nexists p.i.$

5. $R: conc. + en\ (-\infty, -3),\ conc. - en\ (-3, -1),\ conc. + en\ (-1,0),\ conc. - en\ (0,1),$ $conc. + en\ (1,3),\ conc. - en\ (3, \infty), p.i.\ en\ x = -3, p.i.\ en\ x = 0, p.i.\ en\ x = 3.$

7 La función primitiva

Al comienzo del capítulo 5, nos hemos referido al problema del cálculo de áreas cuyo contorno no está definido por rectas. Recién en el siglo XVIII se descubrió la singular relación existente entre el problema de la tangente y el área limitada por una curva.

En esta sección, que trataremos la operación *inversa* a la derivación, relacionaremos el área limitada por una curva con la *integral* de la curva, dando una interpretación geométrica de la *función integral*. La justificación formal de los hechos, la postergaremos para el capítulo 9.

De los dos problemas fundamentales del cálculo, la derivación y la integración, el segundo es con mucho el más antiguo, aunque casi siempre se expone en los cursos de cálculo, a continuación de la derivada. No hay ninguna razón lógica o de fundamentación, que fuerce este orden de exposición inverso al orden histórico en que aparecieron los problemas, y nuestro programa de estudio, bien podría iniciar en este capítulo o bien con el tema sucesiones.

En la antigüedad clásica EUDOXO (s. - IV) y ARQUÍMEDES (s. - III), calcularon áreas aproximándolas con polígonos. En el siglo XV, N. CUSANO definió el círculo como un polígono de infinitos lados de longitud *infinitesimal*, y CAVALIERI (1635), calculó áreas por suma de segmentos y volúmenes por adición de placas.

En los orígenes mismos del Cálculo, LEIBNIZ distinguió entre *Calculus differentialis* y *Calculus integralis*, atendiendo al hecho que la integración, es equivalente a una suma.

7.1 Primitiva

7.1.1. *Definición. Primitiva.* Una función F es una primitiva de la función f en un intervalo I, si $F' = f$ para todo valor de x en I.

Decimos *una* primitiva, porque si $F'(x) = f(x)$, entonces con $k = cte.$, $(F(x) + k)' = f(x)$ y así también, $F + k$ es una primitiva de f, por esta razón, F queda indeterminada por una constante k y en tanto k es arbitraria, si existe una primitiva de f, existen infinitas.

Recordemos que en 6.2.3, como segunda consecuencia de teorema del valor medio se obtuvo que, si dos funciones tienen igual derivada en cierto intervalo I, entonces difieren en una constante k, esto es si $F' = G'$ en I, entonces $F = G + k$ en I.

7.1.2. *Ejemplo.* **a.** Si $f = x$, $F = \dfrac{x^2}{2}$ es una primitiva de f porque $F' = \left(\dfrac{x^2}{2}\right)' = x = f$, pero también $G = \dfrac{x^2}{2} + k$ es una primitiva de f, porque $G' = \left(\dfrac{x^2}{2} + k\right)' = \left(\dfrac{x^2}{2}\right)' + k' = x + 0 = f$. **b.** Si $f = \cos x$, $F = sen\, x$ es una primitiva de f porque $F' = (sen\, x)' = \cos x = f$, pero también $G = sen\, x + k$ es una primitiva de f porque $G' = (sen\, x + k)' = (sen\, x)' + k' = \cos x + 0 = f$.

Con estos ejemplos, queda claro que la primitiva queda indefinida por una constante k, que será conveniente no obviar aunque a veces lo hagamos por comodidad.

Notación: Si F es una primitiva de f, lo notamos como:

$$F = \int f \quad \text{o} \quad F(x) = \int f(x) \quad \text{o} \quad F(x) = \int f(x)dx$$

que leemos como; F es la primitiva de f o, mas corrientemente, F es la *integral* de f. La función $f(x)$ se denomina el *integrando* y el símbolo $\int$, que es una letra S estilizada, fue introducido por LEIBNIZ en los orígenes del cálculo. Empleamos con el sentido usual el símbolo dx, y usaremos indistintamente $F = \int f$, o $F(x) = \int f(x)$ o $F(x) = \int f(x)\,dx$, obviando la variable x cuando no hubiera lugar a confusión respecto de cual es la variable. La primitiva, no depende de la denominación de la variable, siendo x una *variable muda*, vale decir; $\int f(x)\,dx = \int f(u)\,du$.

Raramente se emplea la notación $D^{-1}f$, que usaremos en 9.8 y expresa *antiderivada* o *derivada inversa*. Esta notación destaca el hecho de que ambas operaciones, la integración y la diferenciación, son operaciones inversas y entonces

$$\boxed{\int df = f \ \text{ y } \ d(\textstyle\int f) = f}$$

7.1.3. *Teorema. Multiplicación por una constante.* Si $F = \int f$, entonces $\int kf = k \int f = kF$. La prueba es inmediata derivando el resultado enunciado: $(kF)' = kF' = kf \blacklozenge$

7.1.4. *Teorema. Integración de suma de funciones.* Si $F = \int f$ y $G = \int g$, entonces $\int (f \pm g) = \int f \pm \int g = F \pm G$, y se prueba directamente por derivación: $(F \pm G)' = F' \pm G' = f \pm g$. El teorema se generaliza por inducción a la suma de un número finito de funciones: $\int (f \pm g \pm \cdots \pm h) = \int f \pm \int g \pm \cdots \pm \int h = F \pm G \pm \cdots \pm H$, si $F' = f$, $G' = g, \ldots, H' = h \blacklozenge$

7.1.5. *Teorema. Integración de potencias de* x. Si n es un número racional, entonces $\int x^n = \frac{x^{n+1}}{n+1}$, $n \neq -1$. Para probarlo, basta derivar; $\left(\frac{x^{n+1}}{n+1}\right)' = x^n \blacklozenge$

7.1.6. *Ejemplo.* **a.** $F = \int \left(-2x^3 + 7x^2 - \frac{1}{2}x + 3\right)$. Por el teorema 7.1.4; $F = -\int 2x^3 + \int 7x^2 - \int \frac{1}{2}x + \int 3$, aplicando el teorema 7.1.3 $F = -2\int x^3 + 7\int x^2 - \frac{1}{2}\int x + 3\int 1$, finalmente, aplicando el teorema 7.1.5 $F = -2\frac{x^4}{4} + 7\frac{x^3}{3} - \frac{1}{2}\frac{x^2}{2} + 3x + k$. **b.** $F = \int (x-2)^2$. Comenzamos por desarrollar el integrando, $F = \int (x^2 - 4x + 4)$, aplicando el teorema 7.1.4 $F = \int x^2 - \int 4x + \int 4$, y finalmente; $F = \frac{x^3}{3} - 4\frac{x^2}{2} + 4x + k$. **c.** $F = \int \left(\frac{x^2-1}{x-1}\right)$. Simplificando en el integrando; $F = \int (x+1) = \int x + \int 1 = \frac{x^2}{2} + x + k$. **d.** $F = \int \sqrt{x}$. Se facilita expresando la raíz como potencia fraccionaria y luego, aplicando el teorema 7.1.5; $F = \int x^{\frac{1}{2}} = \frac{x^{\frac{3}{2}}}{3/2} + k = \frac{2}{3}x^{\frac{3}{2}} + k$. **e.** $F = \int x\left(\sqrt[5]{x} + 2\right)$. $F = \int \left(x^{\frac{6}{5}} + 2x\right) = \frac{5}{11}x^{\frac{11}{5}} + x^2 + k$. **f.** $F = \int \frac{1}{x}dx$. Hemos aclarado que la regla para integrar potencias tiene la evidente excepción $n \neq -1$, donde la expresión $\frac{x^{n+1}}{n+1}$ no está definida. $\int \frac{1}{x}dx = \ln|x| + k$ como podemos comprobar derivando $\ln x$.

Especificamos $\ln|x|$ al integrar, debido a que la función $\ln x$ no está definida para $x \leq 0$.

7.1.7. *Teorema. Integración por regla de la cadena o sustitución directa*. Si $g(x)$ es una función diferenciable, $f[g(x)]$ está definida en un intervalo I, y $F' = f$ en I, entonces: $\int f[g(x)][g'(x)]\, dx = F[g(x)] + k \blacklozenge$

Demostración: $[g'(x)]dx = dg$, entonces reemplazando en la integral; $\int f[g(x)][g'(x)]dx = \int f[g(x)][dg(x)] = F[g(x)] + k$.

Podemos entonces generalizar el teorema 7.1.5 para la integración de potencias;

$$\int g^n g'dx = \frac{g^{n+1}}{n+1} + k$$

ya que $\int g^n g'dx = \int g^n dg = \frac{g^{n+1}}{n+1} + k$.

7.1.8. *Ejemplo*. **a.** $I = \int sen\, x \cos x\, dx$. Sabemos que $(sen\, x)' = \cos x$, entonces sustituyendo en la integral; $I = \int sen\, x\, (sen\, x)'dx = \int sen\, x\, d(sen\, x) = \frac{sen^2 x}{2} + k_1$. Si en cambio sustituimos $(\cos x)' = -sen\, x$ en la integral; $I = \int \cos x\, (-\cos x)'dx = -\int \cos x\, (\cos x)'dx = -\int \cos x\, d(\cos x) = \frac{-\cos^2 x}{2} + k_2$. Sin embargo, ambos resultados no son iguales si no consideramos las constantes k_1 y k_2, ya que la diferencia de ambos resultados, sin tener en cuenta las constantes, no es nulo como se puede comprobar en; $\frac{sen^2 x}{2} - \frac{-\cos^2 x}{2} \neq 0\ \forall x$. Las dos primitivas que hemos obtenido, *no son iguales*. Difieren en una constante. **b.** $I = \int x \cos x^2 dx$. Aplicando el teorema 7.1.3, multiplicamos y dividimos por 2; $I = \frac{1}{2}\int \cos x^2 2x\, dx$, luego sustituimos en la integral $g(x) = x^2$ y $g' = 2x\, dx$, entonces; $I = \frac{1}{2}\int \cos g\, dg = \frac{1}{2} sen\, g + k$. Retornando a $g = x^2$, $I = \frac{1}{2} sen\, x^2 + k$. **c.** $I = \int \sqrt{1 - 4z}\, dz$. Expre samos la raíz como potencia fraccionaria $I = \int (1 - 4z)^{\frac{1}{2}}\, dz$, identificamos $(1 - 4z)$ con $g(z)$ y como entonces $dg = -4\, dz$, multiplicamos y dividimos la integral por

-4 y tenemos $I = -\frac{1}{4}\int\int(1-4z)^{\frac{1}{2}}(-4)dz$, o bien $I = -\frac{1}{4}\int g^{\frac{1}{2}}\,dg = -\frac{1}{4}\frac{2}{3}\,g^{\frac{3}{2}}+k$.

Con $g = 1-4z$, $I = -\frac{1}{6}(1-4z)^{\frac{3}{2}}+k$. **d.** $I = \int e^{x^2}x\,dx$. Multiplicamos y dividimos

por 2 la integral; $I = \frac{1}{2}\int e^{x^2}2x\,dx$, luego sustituimos $x^2 = g(x)$ y $2x\,dx = dg$,

entonces $I = \frac{1}{2}\int e^g dg = \frac{1}{2}e^g + k$, y retornado a la variable x con $g = x^2$, $I =$

$\frac{1}{2}e^{x^2}+k$. **e.** Como aplicación trivial, $I = \int x^3 dx = \frac{1}{4}x^4 + k$, puede ser resuelta

como $I = \int x^2 x\,dx = \frac{1}{2}\int x^2 2x\,dx = \frac{1}{2}\int [x^2]d[x^2] = \frac{1}{2}\frac{[x^2]^2}{2}+k = \frac{1}{4}x^4+k$.

7.1.9. *Tabla de integrales directas*: Como integrales directas, o *integrales inmediatas,* se conoce a aquellas cuyo reconocimiento es *inmediato* y por ello, no se requiere ningún método para encontrar la primitiva. Su lista es simétrica con la lista de derivadas de funciones elementales.

TABLA DE INTEGRALES INMEDIATAS

$\int x^n dx = \dfrac{x^{n+1}}{n+1}+k,\quad n \neq -1$	$\int \dfrac{1}{\sqrt{1-x^2}}\,dx = sen^{-1}x + k$
$\int \dfrac{u'}{u}\,du = \ln u + k$	$\int \dfrac{1}{\sqrt{1+x^2}}\,dx = senh^{-1}x + k$
$\int sen\,u\,u'du = -\cos u + k$	$\int e^x\,dx = e^x + k$
$\int \cos u\,u'du = sen\,u + k$	$\int \ln x\,dx = x\ln x - x + k$
$\int \tan x\,dx = \int \dfrac{sen\,x}{\cos x}\,dx = -\ln sen\,x + k$	$\int \sqrt{a^2+x^2}\,dx = \dfrac{x}{2}\sqrt{a^2+x^2}+\dfrac{a^2}{2}senh^{-1}\dfrac{x}{a}+k$
$\int \dfrac{1}{1+x^2}\,dx = tan^{-1}x + k$	$\int \sqrt{a^2-x^2}\,dx = \dfrac{x}{2}\sqrt{a^2-x^2}+\dfrac{a^2}{2}sen^{-1}\dfrac{x}{a}+k$

Ejercicios 7.1

Resolver las siguientes integrales.

1. $\int \left(-3x^3 + 5x^2 - \frac{1}{2}x + 4\right).$ **2.** $\int - x(x+2)(x+1).$ **3.** $\int (5 - 3x^3)^2.$

4. $\int \frac{1}{\sqrt[4]{x^3}}.$ **5.** $\int \frac{x^2-1}{x-1}.$ **6.** $\int \frac{\sqrt{x}}{x}.$

7. $\int (3e^x + \ln e).$ **8.** $\int \frac{-\pi}{4} \, sen\, x.$ **9.** $\int \frac{-\pi}{cos^2 x}.$

10. $\int \frac{3}{\pi\sqrt{1-x^2}}.$

Resolver con la regla de la cadena; $\int f^n f' dx = \int f^n df = \frac{f^{n+1}}{n+1} + c.$

11. $\int 3(3x - 2)^5.$ **12.** $\int \frac{2}{(-2x+3)^{4/3}}.$ **13.** $\int \sqrt{1 - 5x}.$

14. $\int \frac{sen\, x}{1-cos\, x}.$ **15.** $\int x^3 e^{x^4}.$

Respuestas:

1. $R: -\frac{3}{4}x^4 + \frac{5}{3}x^3 - \frac{1}{4}x^2 + 4x.$ **2.** $R: -\left(\frac{x^4}{4} + x^3 + x^2\right).$ **3.** $R: 25x - \frac{30}{4}x^4 + \frac{9}{7}x^7.$ **4.** $R: 4x^{1/4}.$ **5.** $R: \frac{x^2}{2} + x.$ **6.** $R: 2\sqrt{x}.$ **7.** $R: 3e^x + x.$ **8.** $R: \frac{\pi}{4} cos\, x.$ **9.** $R: -\pi \tan x.$ **10.** $R: \frac{3}{\pi} sen^{-1} x.$ **11.** $R: \frac{(3x-5)^6}{6}.$ **12.** $R: -\frac{3}{7}(-2x+3)^{7/3}.$ **13.** $R: -\frac{2}{3}(1-5x)^{3/2}.$ **14.** $R: \ln|1 - cos\, x|.$ **15.** $R: e^{x^4}.$ En todos los resultados, hemos obviado la constante de integración k.

7.2 Interpretación geométrica

Ahora que estamos familiarizados con el concepto de primitiva, relacionaremos la *primitiva* o *integral de la función*, con la *derivada del área con respecto a x*

En la figura 7.2.b, se representa un elemento de área ΔA delimitado superiormente por la función f, y es el incremento del área, al desplazarnos desde la posición x a la posición $x + \Delta x$. El incremento ΔA queda comprendido entre dos rectangulos de base Δx, uno menor que ΔA de área $f(x)\,\Delta x$, figura 7.2.a, y otro mayor que ΔA de área $f(x + \Delta x)\,\Delta x$, figura 7.2.c. Tenemos entonces

$$f(x)\,\Delta x \leq \Delta A \leq f(x + \Delta x)\,\Delta x$$

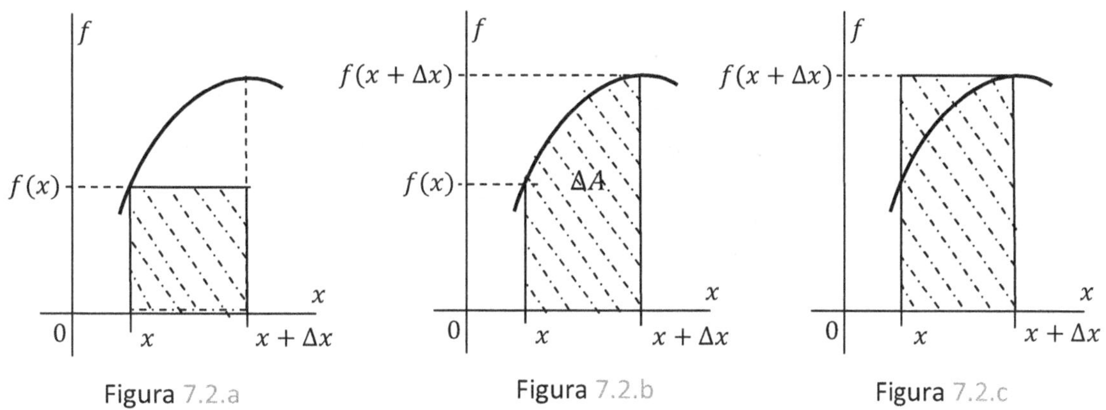

Figura 7.2.a   Figura 7.2.b   Figura 7.2.c

dividiendo los tres miembros por Δx

$$f(x) \leq \frac{\Delta A}{\Delta x} \leq f(x + \Delta x)$$

y tomando límite para $\Delta x \to 0$ simultáneamente

$$f(x) \leq \frac{dA}{dx} \leq f(x) \;\Rightarrow\; \frac{dA}{dx} = f(x)$$

Queda claro entonces, que la derivada con respecto a x, del área bajo la curva f es; $\frac{dA}{dx} = f$. Podemos decir más aún, si ΔA fuera un rectángulo, lo que implica que $f = c$, constante, la división de su área por Δx nos daría, como no puede ser de otra forma, su altura $h = c$. Sucede que los ΔA no son rectángulos y en consecuencia, debemos realizar el cociente punto por punto, y estamos entonces de regreso en el método de CAVALIERI, que obtenía el área por suma de segmentos como "*los hilos de una tela*". Podemos entonces reconstruir el área bajo la curva f, agregando "rectángulos" de base df y de altura f. Justificamos así las expresiones:

$$\frac{dA}{dx} = f; \, dA = f \, dx; \, \text{y} \, \, A = \int dA = \int f \, dx \, \text{o} \, F = \int f \, dx$$

7.2.1. *La integral definida y la regla de Barrow.* A la primitiva o integral de f, la función $F(x) + k$, en tanto es una función indeterminada por una constante arbitraria k, la denominamos *integral indefinida de f*, para diferenciarla de la *integral definida de f* que es un número real. Cuando valuamos k y damos a $F(x) + k$ un valor definido, obtenemos la integral definida de f. En 9.2 veremos una definición mas general de integral, y haremos una justificación mas formal de la relación entre la primitiva y el área bajo la curva, y con el teorema fundamental del cálculo integral, obtendremos rigurosamente el resultado que ahora exponemos informalmente.

Aceptamos como en 7.2 que el área es; $A = \int dA = \int f \, dx$. La regla de BARROW establece que: El área A bajo la curva f entre dos extremos a y b, figura 7.2.1.c, siendo $F = \int f(x)dx + k$, se obtiene como $A = \int_a^b f(x)dx = F(b) - F(a)$, la diferencia entre los valores que asume F en a y b, figuras 7.2.1.a y 7.2.1.b. Es obvio que la constante k desaparece con la resta, en forma mas compacta, la regla se expresa como

$$\boxed{A = \int_a^b f(x)dx = F(x)\big|_a^b = F(b) - F(a)}$$

Las letras a y b se denominan *límites de integración*, distinguiéndoselos respectivamente como *límite inferior* y *límite superior*. Esta notación para los límites, fue introducida por FOURIER.

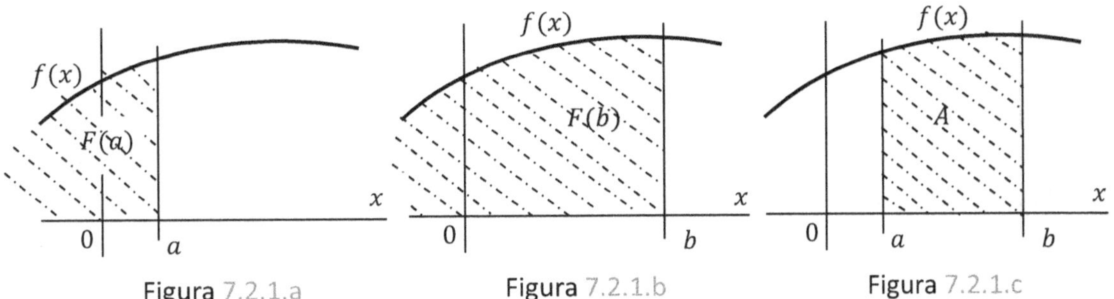

Figura 7.2.1.a   Figura 7.2.1.b   Figura 7.2.1.c

7.2.2. *Ejemplo.* **a.** Queremos calcular el área bajo la curva $y = x^2$ entre los límites 0 y 1, figura 7.2.2.a, lo que significa un esfuerzo considerable si nos limitamos a los métodos elementales y a la vez, deseamos cierto grado de precisión. Esta cuestión, la cuadratura de áreas con bordes no rectos, ya la comentamos al introducir el tema derivada. Mediante el recurso de la integración, el área se obtiene como $\int dA$.

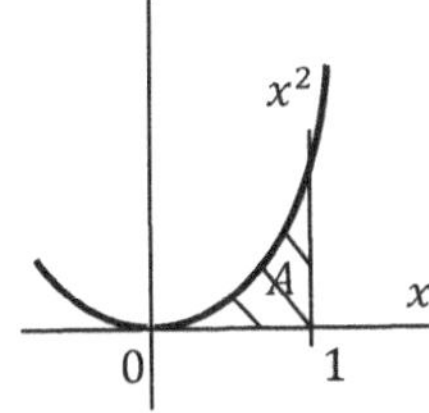

Figura 7.2.2.a

$$A = \int_0^1 x^2 dx = \left.\frac{x^3}{3}\right|_0^1 = \frac{1^3 - 0}{3} = \frac{1}{3}$$

El área vale $\frac{1}{3}$ $(unidad\ de\ longitud)^2$ del sistema empleado para medir.

b. Calcularemos el área bajo la curva $y = sen\ x$, entre los límites 0 y π.

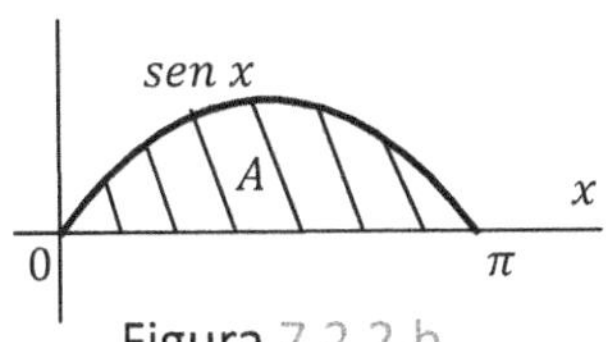

Figura 7.2.2.b

$$A = \int_0^{\pi} sen\ x\ dx = -cos\ x|_0^{\pi} = -(cos\ \pi - cos\ 0) = 2$$

c. Deseamos conocer el área entre las curvas $f = x^2$ y $g = \sqrt{x}$.

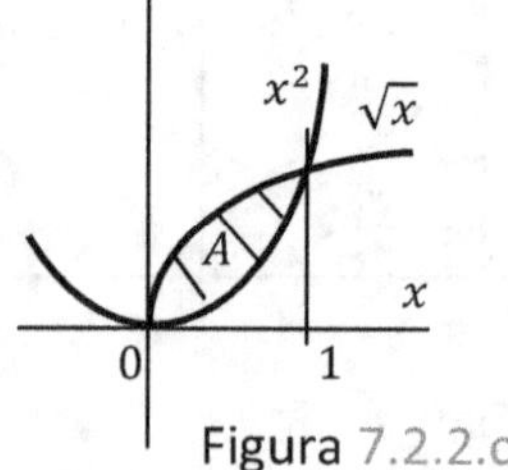

Figura 7.2.2.c

$$A = \int_0^1 \sqrt{x} - \int_0^1 x^2 = \frac{2}{3}x^{3/2}\Big|_0^1 - \frac{x^3}{3}\Big|_0^1 = \frac{1}{3}$$

Notemos que el área se obtiene como la diferencia entre dos áreas: el área bajo la curva $\sqrt{x}$, y el área bajo la curva x^2.

d. Determinemos el área entre las curvas $f = -x^2 - 2x$ y $g = x^2 - 4$

Los puntos de intersección de las curvas f y g, no son tan evidentes como en el ejemplo anterior. Los determinamos a partir de la condición $f = g$;

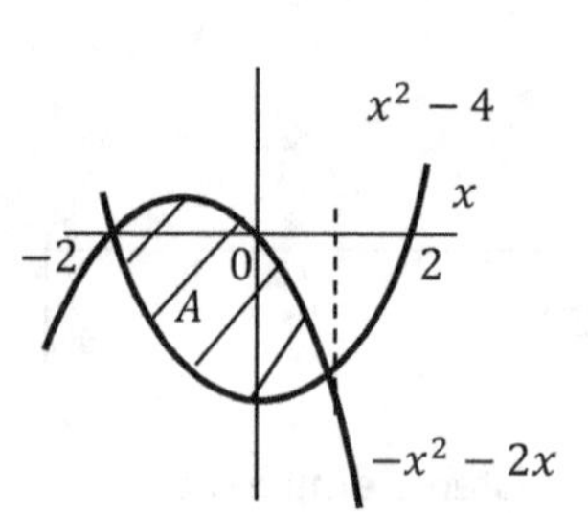

Figura 7.2.2.d

$$f = g \ \Rightarrow \ -x^2 - 2x = x^2 - 4 \text{ y } 2x^2 + 2x - 4 = 0$$

$$x = \frac{-2 \pm \sqrt{2^2 + 32}}{4}, \ x_1 = -2, \ x_2 = 1$$

$$A = \int_{-2}^1 (f - g)dx = \int_{-2}^1 (-2x^2 - 2x + 4)dx$$

$$A = \left(\frac{-2x^3}{3} - x^2 + 4x\right)\Big|_{-2}^1 = \frac{27}{3} = 9$$

7.2.3. *Longitud de arcos.* Mostraremos ahora como se calcula la longitud de un arco de curva con el recurso de la integración, a cuya dificultad dentro de los límites de los métodos elementales, ya nos hemos referido en la introducción del capítulo 5. *Rectificaremos* el elemento de arco dL de la curva c, con una *aproximación diferencial* como se muestra en la figura 7.2.3.a. y daremos una fórmula para el cálculo de la longitud total L del arco de curva entre x_1 y x_2.

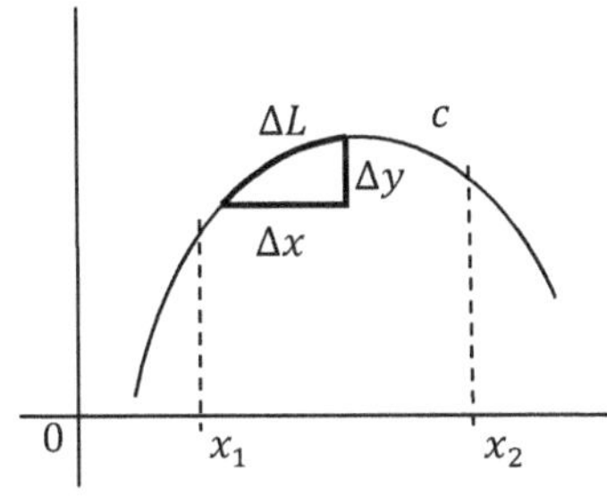

Figura 7.2.3.a

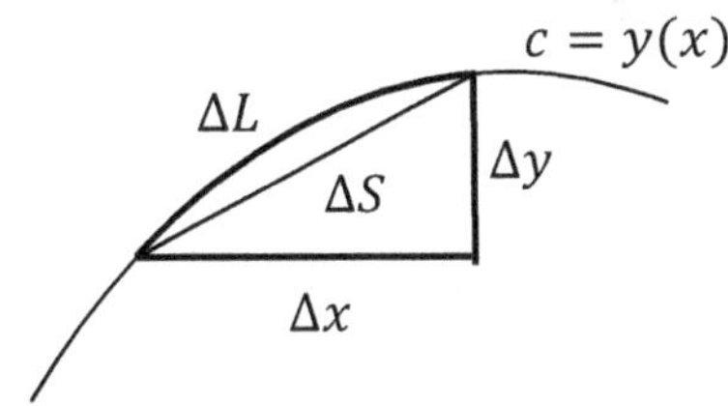

Figura 7.2.3.b

En al figura 7.2.3.b, podemos ver que $\Delta L \cong \Delta S$ y que $\Delta S^2 = \Delta x^2 + \Delta y^2$, por lo que

$\Delta S = \sqrt{\Delta x^2 + \Delta y^2}$, o bien $\Delta S = \sqrt{1 + \left(\frac{\Delta y}{\Delta x}\right)^2}\,\Delta x$ y en el límite, cuando $\Delta x \to 0$,

$dS = \sqrt{1 + (y')^2}\,dx$ y también, $\boxed{dL = \sqrt{1 + (y')^2}\,dx}$, entonces

$$L = \int_{x_1}^{x_2} dL = \int_{x_1}^{x_2} \sqrt{1 + (y')^2}\,dx$$

7.2.4. *Ejemplo*. Calcularemos la longitud del arco de curva $y = x^{\frac{3}{2}}$, que se extiende desde el punto $(1, y(1))$ hasta el punto $(4, y(4))$, figura 7.2.4, usando la expresión; $L = \int_{x_1}^{x_2} \sqrt{1 + (y')^2}\,dx$.

$x_1 = 1,\ x_2 = 4,\ y = x^{\frac{3}{2}},\ y' = \frac{3}{2}x^{\frac{1}{2}} \Rightarrow L = \int_1^4 \sqrt{1 + \frac{9}{4}x}\ dx = \frac{4}{9}\int_1^4 \left(1 + \frac{9}{4}x\right)^{\frac{1}{2}}\frac{9}{4}\,dx =$

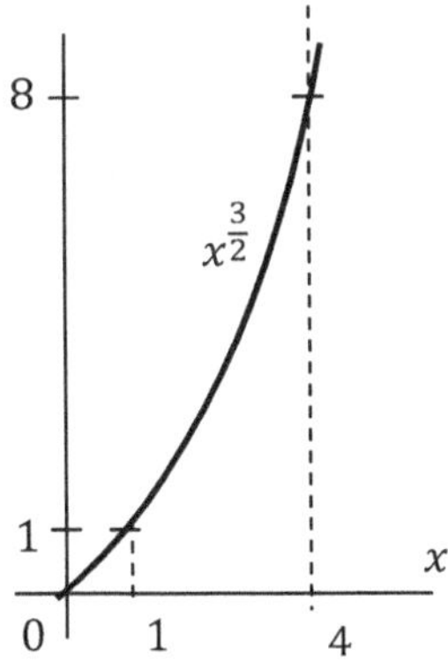

Figura 7.2.4

$$\frac{8}{27}\left(1 + \frac{9}{4}x\right)^{\frac{3}{2}}\Bigg|_1^4 = \frac{8}{27}\left[10^{\frac{3}{2}} - \left(\frac{13}{4}\right)^{\frac{3}{2}}\right] \cong 7.63$$

Ejercicios 7.2

Resolver las siguientes integrales definidas.

1. $\int_1^3 (x^2 + 2x - 3) = \frac{32}{3}$

2. $\int_4^{25} \frac{\sqrt{x}}{x} = 6.$

3. $\int_1^{16} \frac{1}{\sqrt[4]{x^3}} = 4.$

4. $\int_1^2 \frac{1+\sqrt{x}}{x}.$

5. $\int_0^{\frac{\pi}{4}} \frac{1}{\cos^2 x} = 1.$

Calcular las áreas y graficar la solución.

6. $\int_1^2 x^2.$ **7.** $\int_{-1}^1 \left[(2 - x^2) - \sqrt[3]{x^2}\right].$ **8.** $\int_0^{\frac{\pi}{3}} \tan x.$ **9.** $\int_0^1 (e^x - e^{-x}) = e + \frac{1}{e}.$ **10.** $\int_0^{\frac{\pi}{2}} \cos x$

Respuestas:

1. $R: \frac{32}{3}$ **2.** $R: 6.$ **3.** $R: 4.$ **4.** $R: \ln 2 + 2(\sqrt{2} - 1).$ **5.** $R: 1.$ **6.** $R: \frac{7}{3}, fig.\ 7.2.6.$

7. $R: \frac{32}{5}, fig.\ 7.2.7.$ **8.** $R: \ln 2, fig.\ 7.2.8.$ **9.** $R: e + \frac{1}{e}, fig.\ 7.2.9.$ **10.** $R: 1,\ fig.\ 7.2.10.$

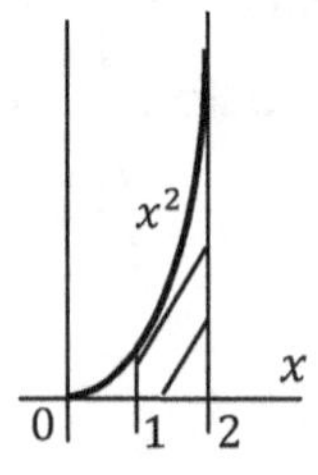

Figura 7.2.6

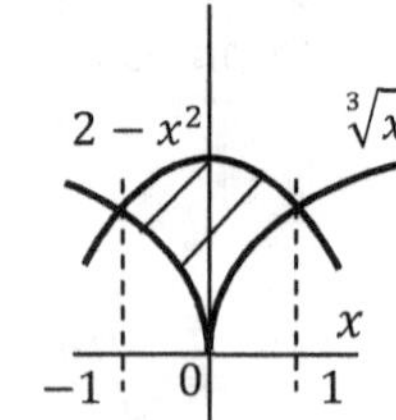

Figura 7.2.7

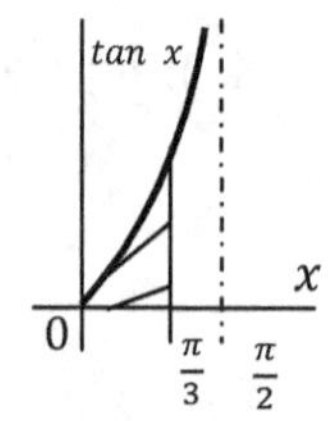

Figura 7.2.8

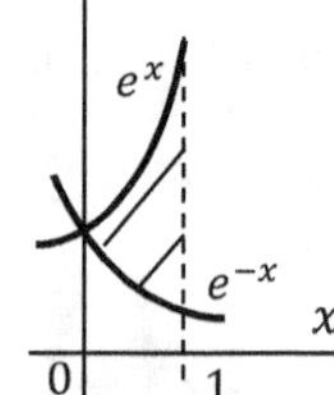

Figura 7.2.9

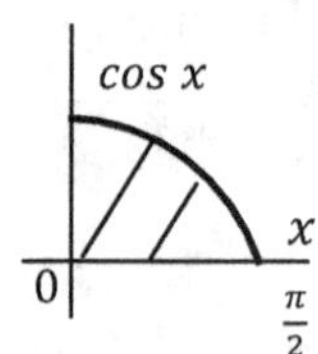

Figura 7.2.10

7.3 Métodos de Integración

El tema que nos ocupa, *Los Métodos de Integración*, son un importante y extenso capítulo del Cálculo, por lo que cualquier buen libro de texto, pone a nuestra disposición mucho más material que el desarrollable conforme a las restricciones de tiempo y peso relativo de un tema dentro del programa de estudio.

Como respuesta a las preguntas obvias: *¿por que enseñar?*, *¿que enseñar?* Optamos por desarrollar aquellos temas que revisten una importancia fundamental, no como *algoritmos de cálculo*, sino que son básicos para el estudio de temas como la *Estabilidad de los Sistemas*, *Teoría de Señales*, *Teoría de Control*, *Servomecanismos*, *Teoría de Circuitos*, materias estas que se incluyen con estos nombres u otros afines, en las currículas de las distintas carreras de Ingeniería o ciencias o bien, que fundamentan temas, desarrollos y estudios, propios de las disciplinas mencionadas, como el *Análisis de Fourier*, las *Transformadas Integrales*, entre estas las de *Fourier* y *Laplace* y el *Cálculo Variacional*, por citar algunos. Oportunamente haremos mención específica de la aplicación de los métodos, aunque debamos limitarnos solo a mencionar las aplicaciones sin desarrollarlas, en tanto son temas que exceden el desarrollo de la materia. Por otra parte, el uso de *software*, está instalado como indispensable recurso de cálculo desde hace ya mucho tiempo, por lo que consideramos que no debemos extendernos en la descripción de algoritmos que no se han de aplicar con el método de lápiz y papel.

7.3.1. *Integración por Partes:* $\int u\, dv$. Este método de integración es fundamental para obtener las ecuaciones de *Euler-Lagrange* de la *Mecánica Teórica*, para establecer ciertas *transformadas integrales* y para calcular la función *gamma* entre otras aplicaciones. Se aplica a la resolución de integrales de la forma $\int u\, dv$, o bien $\int uv'$, recurriendo a la formula $(uv)' = u'v + v'u$ para la derivada de un producto 5.3.5, o a su correlativa 5.7.4 $d(uv) = u\, dv + v\, du$ para la diferencial de un producto, junto con el hecho de que $\int d(uv) = uv$, entonces

de
$$d(uv) = u\,dv + v\,du$$

obtenemos
$$u\,dv = d(uv) - v\,du$$

que integramos a izquierda y derecha para obtener

$$\int u\,dv = \int d(uv) - \int v\,du \ \text{ o bien } \ \boxed{\int u\,dv = uv - \int v\,du} \ \blacklozenge$$

7.3.2. Ejemplo. a. $I = \int x\cos x\,dx$. Hacemos; $x = u, dx = du, \ dv = \cos x\,dx, v = \int dv = \operatorname{sen} x$ y con estas sustituciones, $I = \int u\,dv = \int x\cos x\,dx = \operatorname{sen} x - \int \operatorname{sen} x\,dx = x\operatorname{sen} x + \cos x + k$. **b.** $I = \int \ln x\,dx$. Sustituimos; $u = \ln x, \ du = \frac{1}{x}dx, \ dv = dx, \ v = \int dv = x$, y la integral se resuelve como $I = \int u\,dv = \int \ln x\,dx = (\ln x)\,x - \int x\frac{1}{x}\,dx = x\ln x - x + k$. **c.** $I = \int xe^x$. Hacemos $u = x, \ du = dx, \ dv = e^x dx, \ v = \int dv = e^x$ y resolvemos $I = \int u\,dv = \int xe^x dx = xe^x - \int e^x dx = xe^x - e^x + k$. Si hubiésemos elegido las partes para integrar como $u = e^x, \ du = e^x dx, \ dv = x\,dx, \ v = \int x\,dx = \frac{x^2}{2}$, al sustituir en la integral tenemos; $I = \int u\,dv = \int e^x x\,dx = e^x \frac{x^2}{2} - \int \frac{x^2}{2}e^x dx$, y el problema se complica porque crece la potencia de x. **d.** $I = \int e^x \operatorname{sen} x\,dx$. Este es un caso típico donde la integración por partes requiere mas de un paso de integración por partes, en este caso dos, y esto se debe a que en el segundo miembro, vuelve a aparecer la integral de partida pero lo hace con distinto signo o distinto coeficiente. En I sustituimos; $u = \operatorname{sen} x, \ du = \cos x\,dx, \ dv = e^x dx, \ v = \int dv = e^x$ y entonces $I = \int u\,dv = \int \operatorname{sen} x\,e^x\,dx = \operatorname{sen} x\,e^x - \int e^x \cos x\,dx$. Debemos aplicar nuevamente la integración por partes para resolver $I_1 = \int e^x \cos x\,dx$, donde sustituimos; $u = \cos x, \ du = -\operatorname{sen} x\,dx, \ dv = e^x dx, \ v = \int dv = e^x$

$$I_1 = \int u\,dv = \int \cos x\,e^x dx = \cos x\,e^x - \int e^x(-\operatorname{sen} x)\,dx = e^x \cos x + \int e^x \operatorname{sen} x\,dx$$

que reemplazamos en I para obtener

$$I = \int e^x \operatorname{sen} x\,dx = \operatorname{sen} x\,e^x - e^x \cos x - \int e^x \operatorname{sen} x\,dx = e^x(\operatorname{sen} x - \cos x) - I,$$

entonces; $2I = e^x(\operatorname{sen} x - \cos x)$ o bien $I = \int e^x \operatorname{sen} x\,dx = \frac{e^x(\operatorname{sen} x - \cos x)}{2}$.

e. $I = \int sen\, x \cos x \, dx$. En 7.1.8.a resolvimos esta integral por sustitución directa que es la forma más sencilla. Se propone ahora, resolverla con la sustitución $u = sen\, x$, $dv = \cos x \, dx$ o con $u = \cos x$, $dv = sen\, x \, dx$, para obtener; $2I = sen^2 x + k$.

Nota: Las constantes que resultan de los pasos intermedios de integración, se agrupan en una sola constante final k.

7.3.3. *Integrales trigonométricas.* Este tipo de integrales es de fundamental importancia en la determinación de los *coeficientes de Fourier*, y en el desarrollo del *Análisis Armónico* en general, cuya fundamentación descansa en la teoría de la integración. Usamos las identidades trigonométricas para transformar las integrales que deseamos resolver, llevándolas a una forma directa o inmediata.

7.3.4. *Potencias de senos y cosenos:* $\int sen^n x \, dx, \int \cos^n x \, dx$.

Caso 1. *Potencia impar de seno o coseno*; notamos el exponente impar n como $n = 2p + 1$, y usamos la identidad $sen^2 x = 1 - \cos^2 x$ para obtener;

$$sen^n x = sen^{2p+1} x = sen^{2p} x \, sen\, x = (1 - \cos^2 x)^p sen\, x$$

o bien,
$$\cos^n x = \cos^{2p+1} x = \cos^{2p} x \cos x = (1 - sen^2 x)^p \cos x$$

a continuación, integramos con la regla de la cadena 7.1.7.

7.3.5. *Ejemplo.* $\int sen^3 x = \int sen^2 x \, sen\, x \, dx = \int (1 - \cos^2 x) \, sen\, x \, dx =$

$$\int sen\, x \, dx - \int \cos^2 x \, sen\, x \, dx = -\cos x + \frac{\cos^3 x}{3} + k$$

Caso 2. *Potencia par de seno o coseno*; usamos las identidades trigonométricas del ángulo doble; $\cos^2 x = \frac{1 + \cos 2x}{2}$ y $sen^2 x = \frac{1 - \cos 2x}{2}$

7.3.6. *Ejemplo.* $\int \cos^4 x \, dx = \int \left(\frac{1+\cos 2x}{2}\right)^2 dx = \frac{1}{4}\int (1 + 2\cos 2x + \cos^2 2x)dx =$

$$\frac{x}{4} + \frac{sen\, 2x}{4} + \frac{1}{4}\int \frac{1+\cos 4x}{2}dx = \frac{3x}{8} + \frac{sen\, 2x}{4} + \frac{\cos 4x}{32} + k.$$

Caso 3. *Producto de potencias de seno y coseno con uno de los exponentes impar;* Como en el caso 1, descomponemos la potencia impar en un término par y uno impar.

7.3.7. *Ejemplo.* $\int sen^2 x \cos^3 x \, dx = \int sen^2 x \cos^2 x \cos x \, dx =$

$$\int sen^2 x \,(1 - sen^2 x)\cos x \, dx = \int sen^2 x \cos x \, dx - \int sen^4 \cos x \, dx = \frac{sen^3 x}{3} - \frac{sen^5 x}{5} + k$$

Caso 4. *Producto de potencias pares de seno y coseno;* Se emplean las identidades del ángulo doble y se recurre al caso 2 para integrar las potencias pares que resultaran.

7.3.8. *Ejemplo.* $\int sen^2 x \cos^2 x \, dx = \int \frac{1-\cos 2x}{2}\frac{1+\cos 2x}{2}dx = \frac{1}{4}\int (1 - \cos^2 2x) \, dx =$

$$\frac{x}{4} - \frac{1}{4}\int \cos^2 2x \, dx + k$$

y la última integral se resuelve recurriendo al caso 2.

7.3.9. *Productos de senos y cosenos:* $\int sen\, mx\, sen\, nx \, dx$, $\int sen\, mx \cos nx \, dx$, $\int \cos mx \cos nx \, dx$; Transformamos los productos en suma o diferencia con las identidades:

$$sen\, mx\, sen\, nx = \frac{\cos (m-n)x - \cos (m+n)x}{2}$$

$$sen\, mx \cos nx = \frac{sen\, (m-n)x + sen\, (m+n)x}{2}$$

$$\cos mx \cos nx = \frac{\cos (m-n)x + \cos (m+n)x}{2}$$

7.3.10. *Ejemplo.* $\int sen\, 3x \cos 5x\, dx = \frac{1}{2} \int [sen\, (-2x) + sen\, 8x]\, dx =$

$$\frac{\cos 2x}{4} - \frac{\cos 8x}{16} + k$$

7.3.11. *Integración de Funciones Racionales por el Método de Descomposición en Fracciones Simples.* El procedimiento mismo de descomposición de una función racional, es fundamental para otras áreas del cálculo, como primer paso para el desarrollo de una función en *serie de potencias*, para obtener *transformadas Z* o bien para obtener las *transformadas* o *antitransformadas de Fourier* o *Laplace*, aplicación esta última, en la que el método de *descomposición* es el *estándar*. Es por estas razones que nos extendemos un poco más en este método para dar una justificación completa del mismo, dada la frecuencia e importancia en aplicaciones posteriores.

El método consiste en descomponer el integrando, que es una fracción propia *irreducible* del tipo $\frac{f(x)}{Q(x)}$, lo que significa que el grado de $f(x)$ es menor que el grado de $Q(x)$, y no poseen factores comunes. Si ese no fuera el caso, se procederá antes de aplicar el método, a la reducción de la fracción por simplificación de los factores comunes y división.

Comenzamos por recordar que todo polinomio;

$$P_n = a_n x^n + a_{n-1} x^{n-1} + \cdots + a_1 x + a_0, \ a_n \neq 0, \ (a_n = 1)$$

de una variable, de grado $n \geq 1$ con coeficientes reales, y donde hicimos la restricción $a_n \neq 0$ para asegurar que es efectivamente de grado n y no uno menor, junto con la normalización $a_n = 1$, que realizamos dividiendo todo el polinomio por a_n en el caso que sea $a_n \neq 1$, se descompone de un modo único en factores primos, que son binomios reales o trinomios reales. De este modo, una integral del tipo;

$$\int \frac{f(x)}{Q(x)}\, dx$$

se reducirá como veremos, a la suma de integrales del tipo

$$\int \frac{C}{(x-a)^n}\,dx,\ C \in \mathrm{R}, n \in \mathrm{Z}^+ \quad y \quad \int \frac{Mx+N}{[(x-a)^2+b^2]^n}\,dx,\ M,N \in \mathrm{R},\ n \in \mathrm{Z}^+$$

siendo la primera de las integrales directa, y la segunda *semidirecta* ya que las integrales de este tipo, en el caso más simple $n = 1$ se evalúan como $tan^{-1}u$ y $\ln u$, como oportunamente se verá en 7.3.19. A los casos en que $n > 1$, no los trataremos y solo daremos un ejemplo en 7.3.19.b.

7.3.12. *Ejemplo*. Veremos que en una integral tal como, $I = \int \frac{2x^3-4x^2-x-3}{x^2-2x-3}$, primero se reduce por división de polinomios la fracción del integrando para obtener, $I = \int \frac{2x^3-4x^2-x-3}{x^2-2x-3} = \int \left(2x + \frac{5x-3}{x^2-2x-3}\right) dx = \int 2xdx + \int \frac{5x-3}{x^2-2x-3}\,dx$, así se transforma la integral original en la suma de dos integrales y la primera es inmediata; $\int 2xdx = x^2$. En cuanto al integrando de la segunda, con el método que a continuación desarrollaremos, se descompone en dos fracciones simples como $\int \frac{5x-3}{x^2-2x-3}\,dx = \int \left(\frac{2}{x+1} + \frac{3}{x-3}\right) dx = \int \frac{2}{x+1}\,dx + \int \frac{3}{x-3}\,dx$ que son dos integrales inmediatas y entonces $I = \int \frac{2x^3-4x^2-x-3}{x^2-2x-3} = \int 2xdx + \int \frac{2}{x+1}\,dx + \int \frac{3}{x-3}\,dx = x^2 + 2\ln|x+1| + 3\ln|x-3| + k.$

7.3.13. *Raíces reales simples del denominador $Q(x)$.*

Sean $x_1, x_2, x_3, \ldots, x_n$, raíces simples de $Q(x)$, de modo que;

$$Q(x) = (x - x_1)(x - x_2)(x - x_3) \ldots (x - x_n)$$

Probaremos entonces en 7.3.15 que si las raíces son simples;

$$\frac{f(x)}{Q(x)} = \frac{A_1}{(x - x_1)} + \frac{A_2}{(x - x_2)} + \frac{A_3}{(x - x_3)} + \cdots + \frac{A_n}{(x - x_n)}$$

donde los coeficientes son:

$$A_1 = \frac{f(x_1)}{(x_1 - x_2)(x_1 - x_3) \dots (x_1 - x_n)} = \frac{f(x_1)}{Q'(x_1)}$$

y en general
$$A_n = \frac{f(x_n)}{Q'(x_n)}$$

7.3.14. *Ejemplo.* $\int \frac{x}{x^2-1} dx$. La fracción $\frac{x}{x^2-1}$, donde $Q(x) = x^2 - 1$, con raíces $x = \pm 1$, se descompone como

$$\frac{x}{x^2-1} = \frac{A_1}{x+1} + \frac{A_2}{x-1} = \frac{1/2}{x+1} + \frac{1/2}{x-1}$$

que en forma práctica obtenemos de la siguiente forma: Proponemos que la fracción tenga una descomposición

$$\frac{x}{x^2-1} = \frac{A_1}{x+1} + \frac{A_2}{x-1}$$

agrupamos por suma los términos del segundo miembro

$$\frac{x}{x^2-1} = \frac{A_1(x-1)+A_2(x+1)}{(x+1)(x-1)} = \frac{A_1(x-1)+A_2(x+1)}{x^2-1}$$

multiplicamos los dos miembros por el denominador del primero y obtenemos

$$x = A_1(x - 1) + A_2(x + 1)$$

Si en la última expresión damos a x dos valores arbitrarios, tendremos un sistema lineal con dos incógnitas A_1 y A_2, pero lo más práctico es valuar la expresión en las raíces $x = -1$ y $x = 1$, y entonces

$$\text{si } x = -1, \quad -1 = A_1(-1 - 1) + A_2(-1 + 1) \quad \Rightarrow A_1 = \frac{1}{2}$$

$$\text{si } x = 1, \quad 1 = A_1(1 - 1) + A_2(1 + 1) \quad \Rightarrow A_2 = \frac{1}{2}$$

de donde
$$\frac{x}{x^2-1} = \frac{1/2}{x+1} + \frac{1/2}{x-1}$$

Entonces: $\int \frac{x\,dx}{x^2-1} = \frac{1}{2}\int \frac{dx}{x+1} + \frac{1}{2}\int \frac{dx}{x-1} = \frac{1}{2}\ln|x + 1| + \frac{1}{2}\ln|x - 1| + k = \frac{1}{2}\ln|x^2 - 1| + k.$

Por cierto, una sustitución directa $u = x^2$, $du = 2x\,dx$ da el mismo resultado en forma más expedita, pero hemos apelado a la descomposición del integrando, para ejemplificar el procedimiento.

7.3.15. *Caso General.* Sean $f(x)$ y $Q(x)$ irreducibles, esto es; $f(x)$ y $Q(x)$ no tienen factores comunes y el grado de $f(x)$ es menor que el de $Q(x)$, entonces:

Teorema 1: Si en la fracción $\frac{f(x)}{Q(x)}$, $Q(x)$ admite la raíz *real* o *compleja* a de multiplicidad α, tal que

$$Q(x) = (x - a)^{\alpha} Q_1(x), \ \ y \ Q_1(a) \neq 0$$

lo que significa que a $Q(x)$ le hemos extraído el factor $(x - a)^{\alpha}$ y, al producto de los demás factores lo llamamos Q_1, puede siempre descomponerse en la forma:

$$\frac{f(x)}{Q(x)} = \frac{A_1}{(x-a)^{\alpha}} + \frac{f_1(x)}{(x-a)^{\alpha-1}Q_1(x)}$$

    Prueba: Multiplicando ambos miembros de la expresión propuesta por $Q(x)$ obtenemos

$$f(x) = \frac{A_1 Q(x)}{(x-a)^{\alpha}} + \frac{f_1(x)Q(x)}{(x-a)^{\alpha-1}Q_1(x)}$$

y como $Q(x) = (x - a)^{\alpha}Q_1(x)$, obtenemos

$$f(x) = A_1 Q_1(x) + f_1(x)(x - a)$$

valuando esta expresión en $x = a$ obtenemos el valor numérico de A_1

$$A_1 = \frac{f(a)}{Q_1(a)} \qquad (*)\blacklozenge$$

A continuación, podemos aplicar reiteradamente el teorema hasta obtener la descomposición completa en fracciones simples de $\frac{f(x)}{Q(x)}$. Para ello comenzamos con el resto de la primera descomposición $\frac{f(x)}{Q(x)} = \frac{A_1}{(x-a)^{\alpha}} + \frac{f_1(x)}{(x-a)^{\alpha-1}Q_1(x)}$, descomponiendo su resto $\frac{f_1(x)}{(x-a)^{\alpha-1}Q_1(x)}$, como lo hicimos con $\frac{f(x)}{Q(x)}$, haciendo:

$$\frac{f_1(x)}{(x-a)^{\alpha-1}Q_1(x)} = \frac{A_2}{(x-a)^{\alpha-1}} + \frac{f_2(x)}{(x-a)^{\alpha-2}Q_1(x)}$$

nuevamente multiplicamos los dos miembros por el denominador del primero y tenemos

$$f_1(x) = \frac{A_2(x-a)^{\alpha-1}Q_1(x)}{(x-a)^{\alpha-1}} + \frac{f_2(x)(x-a)^{\alpha-1}Q_1(x)}{(x-a)^{\alpha-2}Q_1(x)}$$

que con las simplificaciones evidentes se reduce a

$$f_1(x) = A_2 Q_1(x) + f_2(x)(x-a)^{\alpha}$$

y valuando en $x = a$, obtenemos A_2

$$A_2 = \frac{f_1(a)}{Q_1(a)}.$$

Así continuamos hasta obtener;

$$\frac{f_{\alpha-1}(x)}{(x-a)Q_1(x)} = \frac{A_\alpha}{(x-a)Q_1(x)} + \frac{f_\alpha(x)}{Q_1(x)}$$

donde como antes:

$$A_\alpha = \frac{f_{\alpha-1}(a)}{Q_1(a)}$$

En la expresión de la que acabamos de despejar A_α, el segundo término de la derecha $\frac{f_\alpha(x)}{Q_1(x)}$, no tiene en el denominador factores $(x-a)$. A este término, $\frac{f_\alpha(x)}{Q_1(x)}$, lo descomponemos de la misma forma en que acabamos de descomponer $\frac{f(x)}{Q(x)}$, siguiendo el mismo procedimiento con la raíz $(x-b)^\beta$. Con este propósito definimos ahora como al principio;

$$Q_1(x) = (x-b)^\beta Q_2(x), \ \text{y} \ Q_2(b) \neq 0$$

y proponemos la descomposición

$$\frac{f_\alpha(x)}{Q_1(x)} = \frac{B_1}{(x-b)^\beta} + \frac{g_1(x)}{(x-b)^{\beta-1}Q_2(x)}$$

procediendo de igual manera con todas las otras raíces, hasta obtener la última constante; L_λ. Entonces, el desarrollo obtenido es:

$$\frac{f(x)}{Q(x)} = \frac{A_1}{(x-a)^\alpha} + \frac{A_2}{(x-a)^{\alpha-1}} + \cdots + \frac{A_\alpha}{x-a} + \frac{B_1}{(x-b)^\beta} + \frac{B_2}{(x-b)^{\beta-1}} + \cdots + \frac{B_\beta}{x-b} + \cdots +$$

$$\frac{L_1}{(x-l)^\lambda} + \frac{L_2}{(x-l)^{\lambda-1}} + \cdots + \frac{L_\lambda}{x-l} \blacklozenge$$

Si las raíces $a, b, \ldots, l$, son reales, y sus multiplicidades $\alpha = \beta = \cdots = \lambda = 1$, la fórmula de descomposición que obtuvimos es la que adelantamos en 7.3.13 para *raíces reales simples*. Del caso en que alguna de las raíces $a, b, \ldots, l$ de la descomposición no fuera real, nos ocuparemos en 7.3.18.

7.3.16. *Ejemplo.* $\int \frac{x^2}{x^3-x^2-x+1}\, dx$. El denominador $Q(x) = x^3 - x^2 - x + 1$, tiene una raíz de multiplicidad 2 en $x = 1$ y una simple en $x = -1$, entonces $Q(x) = (x-1)^2(x+1)$. La descomposición es

$$\frac{x^2}{(x-1)^2(x+1)} = \frac{A_1}{(x-1)^2} + \frac{A_2}{x-1} + \frac{B_1}{x+1} = \frac{1/2}{(x-1)^2} + \frac{3/4}{x-1} + \frac{1/4}{x+1}$$

que en forma práctica obtenemos así: Proponemos que la fracción tenga la descomposición general que ya conocemos por el teorema 1 de 7.3.15

$$\frac{x^2}{(x-1)^2(x+1)} = \frac{A_1}{(x-1)^2} + \frac{A_2}{x-1} + \frac{B_1}{x+1}$$

realizamos la suma en el segundo miembro

$$\frac{x^2}{(x-1)^2(x+1)} = \frac{A_1(x+1)+A_2(x-1)(x+1)+B_1(x-1)^2}{(x-1)^2(x+1)}$$

a continuación multiplicamos ambos miembros por el denominador del primero y obtenemos

$$x^2 = A_1(x+1) + A_2(x-1)(x+1) + B_1(x-1)^2$$

Como en el ejemplo 7.3.14, valuamos en las raíces $x = -1$ y $x = 1$

$$\text{si } x = -1 \quad 1 = A_1(-1+1) + A_2(-1-1)(-1+1) + B_1(-1-1)^2$$

$$1 = 4B_1 \qquad \Rightarrow \qquad \boxed{B_1 = \frac{1}{4}}$$

$$\text{si } x = 1 \qquad 1 = A_1(1+1) + A_2(1-1)(1+1) + B_1(1-1)^2$$

$$1 = 2A_1 \qquad \Rightarrow \qquad \boxed{A_1 = \frac{1}{2}}$$

como $x = 1$ es una raíz doble, no tenemos un tercer valor que con su reemplazo nos restituya directamente el valor de A_2. Para calcular A_2 entonces, reemplazamos x por un valor arbitrario y los factores A_1 y B_1 por sus valores ya calculados, elegimos para x, algún valor que facilite el cálculo tal como $x = 0$ y

$$\text{si } x = 0 \qquad 0 = \frac{1}{2}(0+1) + A_2(0-1)(0+1) + \frac{1}{4}(0-1)^2$$

$$0 = \frac{1}{2} - A_2 + \frac{1}{4} \qquad \Rightarrow \qquad \boxed{A_2 = \frac{3}{4}}$$

Entonces $\quad \dfrac{x^2}{x^3-x^2-x+1} = \dfrac{^1/_2}{(x-1)^2} + \dfrac{^3/_4}{x-1} + \dfrac{^1/_4}{x+1} \quad$ y $\quad \int \dfrac{x^2}{x^3-x^2-x+1}\, dx = \int \dfrac{^1/_2}{(x-1)^2} + \dfrac{^3/_4}{x-1} +$

$\dfrac{^1/_4}{x+1}\ dx = -\dfrac{1}{2}(x-1)^{-1} + \dfrac{3}{4}\ln|x-1| + \dfrac{1}{4}\ln|x+1| + k.$

7.3.17. *Unicidad de la descomposición.* Hemos exhibido una descomposición y en consecuencia, probado su *existencia*. La *unicidad* se comprueba suponiendo dos desarrollos válidos, con sus respectivos coeficientes $C_n \neq C_n'$: Sean entonces dos descomposiciones válidas, como la obtenida en 7.3.15 con el teorema 1, cuyos respectivos coeficientes A_n y A_n' suponemos distintos

$$\frac{f(x)}{Q(x)} = \frac{A_1}{(x-a)^\alpha} + \frac{A_2}{(x-a)^{\alpha-1}} + \cdots + \frac{L_\lambda}{x-l} = \frac{A_1'}{(x-a)^\alpha} + \frac{A_2'}{(x-a)^{\alpha-1}} + \cdots + \frac{L_\lambda'}{x-l}$$

multiplicando a izquierda y derecha por $(x-a)^\alpha$, se tiene

$$A_1 + A_2(x-a) + \cdots + \frac{L_\lambda(x-a)^\alpha}{x-l} = A_1' + A_2'(x-a) + \cdots + \frac{L_\lambda'(x-a)^\alpha}{x-l}$$

haciendo $x = a$ se tiene:

$$A_1 = A_1'$$

A continuación, previa eliminación de los términos $\frac{A_1}{(x-a)^\alpha}$ y $\frac{A_1'}{(x-a)^\alpha}$ que son iguales, y multiplicando por $(x-a)^{\alpha-1}$, se obtiene:

$$A_2 + \cdots + L_\lambda \frac{(x-a)^{\alpha-1}}{x-l} = A_2' + \cdots + L_\lambda' \frac{(x-a)^{\alpha-1}}{x-l}$$

nuevamente, haciendo $x = a$ se tiene:

$$A_2 = A_2'$$

Así se continua con los términos $(x-b)^n$ para obtener $B_n = B_n'$ y finalmente, se procede con los términos L_n, multiplicando por $(x-l)^n$, $n = 1,2,\dots,\lambda$, para obtener $L_n = L_n'$.

De igual forma mostramos que la descomposición no puede tener potencias $\alpha', \beta', \dots, \lambda'$, distintas de $\alpha, b, \dots, \lambda$, ya que multiplicando ambos desarrollos previamente igualados, sucesivamente por; $(x-a)^{\alpha'}$, $(x-a)^{\alpha'-1},\dots,(x-a)^{\lambda'}$, obtenemos, supuestos $\alpha' > \alpha, \beta' > \beta, \dots \lambda' > \lambda$:

$$(x-a)^{\alpha'} \left[\frac{A_1}{(x-a)^\alpha} + \frac{A_2}{(x-a)^{\alpha-1}} + \cdots + \frac{L_\lambda}{x-l} \right] = A_1 + (x-a)A_2 + \cdots + (x-a)^{\alpha'} \frac{L_\lambda}{x-l}$$

que expresamos como:

$$(x-a)^{\alpha'} g(x) = A_1 + (x-a)^{\alpha'} g'(x)$$

que implica $A_1 = 0$, si $x = a$. De igual forma procedemos con los exponentes; $\alpha' - 1, \beta', \dots, \lambda'$, comprobando que los $\alpha', \beta', \dots, \lambda'$ no pueden ser distintos de los $\alpha, \beta, \dots, \lambda$.

7.3.18. *Las raíces complejas.* Si existen en la descomposición que acabamos de describir, *binomios conjugados* de la forma $(x - x_j)^\beta$ y $(x - \overline{x}_j)^\beta$, aparecerán en el desarrollo, como:

$$\frac{J_\beta}{(x-x_j)^\beta} \quad \text{y} \quad \frac{\bar{J}_\beta}{(x-\bar{x}_j)^\beta}, \quad \text{con } x_j = a_j + ib_j \quad \text{y} \quad \bar{x}_j = a_j - ib_j$$

donde los coeficientes J_β y $\bar{J}_\beta$ se han obtenido respectivamente, de la misma forma como se obtuvo como $A_1 = \frac{f(a)}{Q_1(a)}$ $(*)$ y los sucesivos $A_2, A_3, \ldots, L_\lambda$, en el teorema 1 de 7.3.15, o sea;

$$J_\beta = \frac{f(x_j)}{Q_1(x_j)}, \text{ conjugado de } \bar{J}_\beta = \frac{f(\bar{x}_j)}{Q_1(\bar{x}_j)}$$

Agrupamos entonces los términos correspondientes a las raíces conjugadas como:

$$\frac{J_\beta}{(x-x_j)^\beta} + \frac{\bar{J}_\beta}{(x-\bar{x}_j)^\beta} = \frac{J(x)}{(x-x_j)^\beta(x-\bar{x}_j)^\beta} = \frac{J(x)}{[(x-a)^2+b^2]^\beta}$$

El grado de $J(x)$ no es superior a β, y sus coeficientes son reales porque es suma de conjugados. Proponemos entonces, como en el teorema 1 de 7.3.15, una descomposición en fracciones simples, que en este caso tendrá la forma:

$$\frac{J(x)}{[(x-a)^2+b^2]^\beta} = \frac{M_1 x + N_1}{[(x-a)^2+b^2]^\beta} + \frac{G_1(x)}{[(x-a)^2+b^2]^{\beta-1}}$$

Recordemos entonces como se obtuvo $A_1 = \frac{f(a)}{Q_1(a)}$ en 7.3.15, solo que ahora tenemos dos coeficientes, M_1 y N_1 a determinar. Procediendo de igual forma:

$$J(x) = M_1 x + N_1 + G_1(x)\left[(x-a)^2 + b^2\right]$$

que da dos ecuaciones: $\begin{cases} J(x_j) = M_1 x_j + N_1 \\ J(\bar{x}_j) = M_1 \bar{x}_j + N_1 \end{cases}$

sistema que tiene solución única, con determinante principal $\Delta = \begin{vmatrix} x_j & 1 \\ \bar{x}_j & 1 \end{vmatrix} \neq 0$, y los correspondientes determinantes sustitutos; para M_1 $\Delta M_1 = \begin{vmatrix} J(x_j) & 1 \\ J(\bar{x}_j) & 1 \end{vmatrix}$ y para N_1,

$\Delta N_1 = \begin{vmatrix} x_j & J(x_j) \\ \overline{x}_j & J(\overline{x}_j) \end{vmatrix}$. Vemos que los tres determinantes son diferencia de conjugados

y por lo tanto; $M_1 = \frac{\Delta M_1}{\Delta}$ y $N_1 = \frac{\Delta N_1}{\Delta}$, son reales.

A continuación aplicamos el mismo procedimiento a la fracción

$$\frac{G_1(x)}{[(x-a)^2+b^2]^{\beta-1}}$$

para obtener:

$$\frac{G_1(x)}{[(x-a)^2+b^2]^{\beta-1}} = \frac{M_2 x + N_2}{[(x-a)^2+b^2]^{\beta-1}} + \frac{G_2(x)}{[(x-a)^2+b^2]^{\beta-2}}$$

y así continuamos hasta obtener:

$$\frac{M_\beta x + N_\beta}{(x-a)^2+b^2}$$

que es integrable como $tan^{-1}u$ y $\ln u$, como se muestra en el siguiente ejemplo.

7.3.19. *Ejemplo.* **a.** $\int \frac{x+2}{x^3-1} dx$. El denominador $Q(x) = x^3 - 1$, se descompone en factores como $(x-1)(x^2+x+1)$, ya que tiene una raíz real en $x=1$, y el trinomio (x^2+x+1) tiene las raíces complejas $x_1 = \frac{-1+i\sqrt{3}}{2}$ y $x_2 = \frac{-1-i\sqrt{3}}{2}$ y entonces, $\frac{x+2}{x^3-1} = \frac{x+2}{(x-1)(x^2+x+1)}$, que se descompone según acabamos de ver en 7.3.18, como

$$\frac{x+2}{(x-1)(x^2+x+1)} = \frac{A}{x-1} + \frac{Mx+N}{x^2+x+1}$$

A continuación multiplicamos los dos miembros por el denominador del primero y obtenemos

$$x + 2 = \frac{A(x-1)(x^2+x+1)}{x-1} + \frac{(Mx+N)(x-1)(x^2+x+1)}{x^2+x+1}$$

y con las simplificaciones evidentes

$$x + 2 = A(x^2 + x + 1) + (Mx + N)(x - 1)$$

Valuamos la última expresión en tres valores arbitrarios de x; en $x = 1$ que es la raíz real de $(x-1)(x^2+x+1)$, y en $x = 0$ y $x = -1$ porque son valores que facilitan los cálculos

$$
\begin{array}{llll}
\text{si} & x = 1 & 3 = 3A & \Rightarrow \quad A = 1 \\[2mm]
\text{si} & x = 0 & 2 = A - N & \Rightarrow \quad N = -1 \\[2mm]
\text{si} & x = -1 & 1 = A + (-M+N)(-2) & \Rightarrow \quad M = -1
\end{array}
$$

entonces

$$\frac{x+2}{x^3-1} = \frac{1}{x-1} - \frac{x+1}{x^2+x+1}$$

Por lo tanto $\int \frac{x+2}{x^3-1}\,dx = \int \left(\frac{1}{x-1} - \frac{x+1}{x^2+x+1}\right) dx = \int \frac{1}{x-1}\,dx - \int \frac{x+1}{x^2+x+1}\,dx$. La primera integral es directa, $\int \frac{1}{x-1}\,dx = \ln|x-1| + k$. Para resolver la segunda, que tiene el trinomio complejo en el denominador y es de la forma $\int \frac{Mx+N}{ax^2+bx+c}\,dx$, recordamos que $\int \frac{1}{1+u^2}\,du = \tan^{-1}u + k$ y que $\int \frac{du}{u} = \ln u + k$, y transformamos la integral de la siguiente forma

$$I = \int \frac{Mx+N}{ax^2+bx+c}\,dx = \int \frac{Mx+N}{a(x-x_1)(x-x_2)} \quad \text{con} \begin{cases} x_1 = \alpha + i\beta \\ x_2 = \alpha - i\beta \end{cases}$$

Entonces
$$I = \int \frac{Mx+N}{a[x-(\alpha+i\beta)][x-(\alpha-i\beta)]}\,dx = \int \frac{Mx+N}{a[(x-\alpha)^2+\beta^2]}\,dx$$

$$I = \int \frac{Mx+N}{a\beta^2[\left(\frac{x-\alpha}{\beta}\right)^2+1]}\,dx \quad \text{y sustituimos } u = \frac{x-\alpha}{\beta} \Rightarrow dx = \beta\,du$$

$$I = \int \frac{M(\beta u+\alpha)+N}{a\beta^2[u^2+1]}\,\beta\,du = \int \frac{\beta^2 Mu}{a\beta^2[1+u^2]}\,du + \int \frac{\beta(M\alpha+N)}{a\beta^2[1+u^2]}\,du$$

$$I = \frac{M}{a}\int \frac{u}{[1+u^2]}\,du + \frac{M\alpha+N}{a\beta}\int \frac{du}{[1+u^2]} = \frac{M}{2a}\ln(1+u^2) + \frac{M\alpha+N}{a\beta}\tan^{-1}u + k.$$

Entonces con $a = 1$, $M = 1$, $N = 1$, $\alpha = \frac{-1}{2}$, $\beta = \frac{\sqrt{3}}{2}$, $u = \frac{2x+1}{\sqrt{3}}$

$$\int \frac{x+1}{x^2+x+1}\,dx = \frac{1}{2}\ln\left|\frac{4x^2+4x+4}{3}\right| + \frac{\sqrt{3}}{3}\tan^{-1}\left|\frac{2x+1}{\sqrt{3}}\right| + k.$$

b. $\int \frac{x^3-3x^2+2x-3}{(x^2+1)^2}\,dx$. Solamente realizamos la descomposición del integrando proponiéndose la integración como ejercicio. $Q(x) = (x^2+1)^2$ tiene el factor (x^2+1), irreducible en el campo real y elevado a la segunda potencia, por lo tanto requiere dos factores de descomposición, que son los únicos puesto que no hay otras raíces reales o complejas.

$$\frac{f(x)}{Q(x)} = \frac{x^3 - 3x^2 + 2x - 3}{(x^2+1)^2} = \frac{M_1 x + N_1}{(x^2+1)^2} + \frac{M_2 x + N_2}{x^2+1}$$

multiplicando los dos miembros por $Q(x)$

$$x^3 - 3x^2 + 2x - 3 = M_1 x + N_1 + (M_2 x + N_2)(x^2 + 1)$$

realizando las operaciones necesarias

$$M_1 = 1, \ M_2 = 1, \ N_1 = 0, \ N_2 = -3$$

Entonces

$$\frac{f(x)}{Q(x)} = \frac{x^3 - 3x^2 + 2x - 3}{(x^2+1)^2} = \frac{x}{(x^2+1)^2} + \frac{x-3}{x^2+1}$$

7.3.20. *Integración por desarrollo en serie.* Mencionamos este método por ser de fácil (y necesaria) aplicación en casos como:

$$\int \frac{e^x}{x}\, dx, \qquad \int \frac{sen\, x}{x}\, dx$$

integrales estas, que no tienen un resultado en términos de funciones elementales, pero la justificación del método, requiere conocer desarrollos en serie y se pospone la presentación como ejemplo de aplicación de las series de TAYLOR y MC. LAURIN en la sección 10.3.

7.3.21. *Integración numérica y gráfica.* Los métodos numéricos y gráficos de integración, consideramos oportuno presentarlos con la *integral definida* en al capítulo 9 ya que, por ejemplo, los métodos de los *trapecios* y *rectángulos* son una simplificación natural de las integrales de CAUCHY y de RIEMANN, junto con ellos se presenta también el *método de las parábolas de Simpson* en 9.6.

Ejercicios 7.3

Resolver mediante la integración por partes.

1. $\int \frac{x}{e^x}$. **2.** $\int x \cos 3x$. **3.** $\int \tan^{-1} 3x$. **4.** $\int sen^{-1} 2x$. **5.** $\int e^x \cos x$.

Resolver las integrales trigonométricas.

6. $\int \cos^3 x$. **7.** $\int sen^3 4x$. **8.** $\int sen^4 2x$. **9.** $\int \cos^4 \left(\frac{x}{6}\right)$.

10. $\int sen^{-5/2} x \cos^3 x$. **11.** $\int sen^{-6} x \cos^5 x$. **12.** $\int sen^2 4x \cos^2 4x$.

13. $\int \cos^2 3x \ sen^4 3x$.

Resolver las integrales de funciones racionales con raíces reales simples en el denominador.

14. $\int \frac{1}{x^2-4}$. **15.** $\int \frac{1}{x^2+2x}$. **16.** $\int \frac{x^2-5x+9}{x^2-5x+6}$.

17. $\int \frac{2x^2+41x-91}{(x-1)(x+3)(x-4)}$. **18.** $\int \frac{x^2+2}{x^3-5x^2+4x}$.

Resolver las integrales de funciones racionales con raíces reales múltiples en el denominador.

19. $\int \frac{1}{x(x+1)^2}$. **20.** $\int \frac{5x^2+6x+9}{(x-3)^2(x+1)^2}$. **21.** $\int \frac{x^3-2x}{x^3-2x^2+x}$.

22. $\int \frac{2x^2-x+1}{x^3(x+1)}$.

Resolver las integrales de funciones racionales con raíces complejas simples en el denominador.

23. $\int \frac{1}{x^2+4x+5}$. **24.** $\int \frac{1}{x^2+2x+5}$. **25.** $\int \frac{3}{x^2-8x+25}$.

26. $\int \frac{x+1}{x^2-2x+5}$. **27.** $\int \frac{x}{(x^2+4)(x+1)}$.

Respuestas:

1. $R: -e^{-x}(x+1)$. **2.** $R: \frac{x\ sen\ 3x}{3} + \frac{\cos 3x}{9}$. **3.** $R: x \tan^{-1} 3x - \frac{1}{6}\ln|1+(3x)^2|$. **4.** $R: x\ sen^{-1} 2x + \frac{1}{2}[1-(2x)^2]^{1/2}$. **5.** $R: \frac{e^x}{2}(\cos x + sen\ x)$. **6.** $R: sen\ x - \frac{sen^3 x}{3}$.

7. $R: -\dfrac{\cos 4x}{4} + \dfrac{\cos^3 4x}{12}$. **8.** $R: \dfrac{x}{4} - \dfrac{sen\,2x}{4} + \dfrac{x}{8} + \dfrac{sen\,4x}{32}$. **9.** $R: \dfrac{x}{4} + \dfrac{6}{4}\,sen\dfrac{x}{3} + \dfrac{x}{8} + \dfrac{3}{16}\dfrac{sen\,2x}{3}$.

10. $R: -\dfrac{2}{3}sen^{-3/2}x - 2sen^{1/2}x$. **11.** $R: \dfrac{1}{5}sen^{-5}x + \dfrac{2}{3}sen^{-3}x - sen^{-1}x$.

12. $R: \dfrac{x}{4} - \dfrac{x}{8} - \dfrac{sen\,16x}{128}$. **13.** $R: \dfrac{1}{8}\left(\dfrac{x}{2} - \dfrac{sen\,12x}{24} - \dfrac{sen^3\,6x}{18}\right)$. **14.** $R: \ln\left|\dfrac{x-2}{x+2}\right|^{1/4}$.

15. $R: \ln\left|\dfrac{x}{x+2}\right|^{1/2}$. **16.** $R: x + \ln\left|\dfrac{x-3}{x-2}\right|^{1/3}$. **17.** $R: 13\ln|x-1| + 7\ln|x+3| + 5\ln|x-4|$.

18. $R: \dfrac{1}{2}\ln|x| + \dfrac{3}{2}\ln|x-4| - \ln|x-1|$. **19.** $R: \ln|x| - \ln|x+1| + \dfrac{1}{x+1}$.

20. $R: \dfrac{-9}{2(x-3)} - \dfrac{1}{2(x+1)}$. **21.** $R: x + \ln(x-1)^2 + \dfrac{1}{x-1}$. **22.** $R: \ln\left(\dfrac{x}{x+1}\right)^4 - \dfrac{2}{x} - \dfrac{1}{2x^2}$.

23. $R: \tan^{-1}(x+2)$. **24.** $R: \dfrac{1}{2}\tan^{-1}\left(\dfrac{x+1}{2}\right)$. **25.** $R: \tan^{-1}\left(\dfrac{x-4}{3}\right)$.

26. $R: \dfrac{1}{2}\ln|x^2 - 2x + 5| + \tan^{-1}\left(\dfrac{x+1}{2}\right)$.

27. $R: -\dfrac{1}{5}\ln|x+1| + \dfrac{1}{10}\ln(x^2+4) + \dfrac{2}{5}\tan^{-1}\left(\dfrac{x}{2}\right)$.

En todos los resultados, hemos obviado la constante de integración k.

8 SUCESIONES Y SERIES

Estudiaremos en esta sección las sucesiones y las series, a las que fundamentaremos en las sucesiones, resultando las series, un caso particular de las sucesiones.

8.1 Sucesiones

Usualmente empleamos el término sucesión, al referimos a conjuntos de hechos o cosas que podemos *ordenar*, que se *suceden* unas a otras como las generaciones, los siglos etc. En particular nos interesarán las sucesiones de números reales que son infinitas. Una sucesión s de números reales, es una función que tiene como dominio al conjunto $N = \{1, 2, 3, \dots\}$ de los números naturales, y cuyo recorrido está contenido en un conjunto C que en nuestro caso, identificaremos con el conjunto R de los números reales.

8.1.1. *Definición. Sucesión.* Una sucesión s de números reales, es una función que aplica el conjunto N en el conjunto R, que indicamos como

$$s: N \xrightarrow[n \to x_n]{} R$$

y lo leemos como: s aplica N en R y asigna a cada n de N un elemento x_n. Como en toda función, $s(n) = x_n$ es el valor de s en n. Queda establecido así en la sucesión s un *orden natural*, inducido por N. El subíndice n nos permite distinguir sin ambigüedades, a que elementos de N corresponden los x_n que son los valores numéricos que s asigna a cada $n \in N$. A los x_n, los designamos *elementos* o *términos* de la sucesión y, encerrando x_n entre llaves, indicaremos al conjunto de los valores o elementos de la sucesión. Entonces; $\{x_n\} = x_1, x_2, x_3, \dots, x_n, \dots$ y los puntos suspensivos después de n, indican que los elementos de $\{x_n\}$ son infinitos, lo que podremos indicar también como, $\{x_n\} = x_1, x_2, x_3, \dots$. Si en cambio nos referimos a una sucesión finita de n elementos, lo indicaremos como $\{x_n\} = x_1, x_2, x_3, \dots, x_n$

8.1.2. *Ejemplo.* **a.** $\{n\} = 1, 2, 3, \dots, n, \dots$ es la sucesión identidad, de los naturales en si mismos y $s(n) = n$. **b.** $\{x_n\} = \left\{\frac{1}{n}\right\} = 1, \frac{1}{2}, \frac{1}{3}, \dots \frac{1}{n}, \dots$ **c.** $\{x_n\} = \left\{\frac{n^2 + 1}{n}\right\} = 2, \frac{5}{2}, \frac{10}{3}, \dots, \frac{n^2 + 1}{n}, \dots$ **d.** $\{x_n\} = \{(-1)^n\} = -1, 1, -1, \dots (-1)^n, \dots$ **e.** En el año 1202 LEONARDO FIBONACCI (1170-1250) publicó en su *Liber Abaci* la famosa sucesión que lleva su nombre: $\{x_n\} = \{x_{n-1} + x_{n-2}\}$ con $x_1 = 1$ y $x_2 = 1$, define la *sucesión de Fibonacci*, $\{x_n\} = 1, 1, 2, 3, 5, 8, 13, 21, \dots$.

8.2 Operaciones con sucesiones

De la misma forma que en 2.5 construimos funciones a partir de funciones, podemos construir nuevas sucesiones a partir de sucesiones dadas.

8.2.1. *Definición. Igualdad de sucesiones.* Dos sucesiones $\{x_n\}$ e $\{y_n\}$ son iguales si y solo si, $\forall n \in \mathbb{N}: x_n = y_n$. La igualdad de recorridos, no implica la igualdad de las sucesiones.

8.2.2. *Ejemplo.* **a.** $\{x_n\} = \{(-1)^n\} = -1, 1, -1, \dots, (-1)^n, \dots$ $\{y_n\} = \{(-1)^{n+1}\} = 1, -1, 1, \dots, (-1)^{n+1}, \dots$ tienen idénticos recorridos, $R_{x_n} = \{-1, 1\}$ y $R_{y_n} = \{-1, 1\}$ sin embargo, $x_1 = (-1)^1 = -1$, $y_1 = (-1)^2 = 1$, etc. **b.** $\{x_n\} = \{2 + (-1)^n\} = 1, 3, 1, 3, 1, \dots$ $\{y_n\} = \{2 + (-1)^{n-1}\} = 3, 1, 3, 1, \dots$ tienen idénticos recorridos, $R_{x_n} = \{1, 3\}$ y $R_{y_n} = \{1, 3\}$ sin embargo, $x_1 = 1 =$, $y_1 = 3$, etc.

8.2.3. *Definición. Suma y resta de sucesiones.* Si $X(n) = \{x_n\}$ e $Y(n) = \{y_n\}$ son dos sucesiones de números reales, definimos su suma $A(n):= X(n) + Y(n) = \{x_n + y_n\}: n \in \mathbb{N}$ y su diferencia como $B(n):= X(n) - Y(n) = \{x_n - y_n\}: n \in \mathbb{N}$.

8.2.4. *Ejemplo.* **a.** $\{x_n\} = \{(-1)^n\} = -1, 1, -1, \dots$ $\{y_n\} = \{2^n\} = 2, 4, 8, \dots \Rightarrow \{a_n\} = \{x_n + y_n\} = \{(-1)^n + 2^n\} = 1, 5, 7, \dots$ y $\{b_n\} = \{x_n\} - \{y_n\} = \{(-1)^n - 2^n\} = -3, -3, -9, \dots$. **b.** $\{x_n\} = \{(-1)^n\} = -1, 1, -1, \dots$ $\{y_n\} = \{(-1)^{n+1}\} = 1, -1, 1, \Rightarrow \{a_n\} = \{x_n + y_n\} = \{(-1)^n + (-1)^{n+1}\} = 0, 0, 0, \dots$ y $\{b_n\} = \{x_n - y_n\} = \{(-1)^n - (-1)^{n+1}\} = -2, 2, -2, \dots$.

8.2.5. *Definición. Producto de sucesiones.* Si $X(n) = \{x_n\}$ e $Y(n) = \{y_n\}$ son dos sucesiones de números reales, definimos su producto $A(n):= X(n) . Y(n) = \{x_n . y_n\}: n \in \mathbb{N}$.

8.2.6. *Ejemplo.* **a.** $\{x_n\} = \{(-1)^n\} = -1, 1, -1, \dots$ $\{y_n\} = \{2^n\} = 2, 4, 8, \dots \Rightarrow \{a_n\} = \{x_n . y_n\} = \{(-1)^n . 2^n\} = -2, 4, -8, \dots$ **b.** $\{x_n\} = \{2^n\} = 2, 4, 8, \dots$ $\{y_n\} = \left\{\frac{1}{2n+1}\right\} = \frac{1}{3}, \frac{1}{5}, \frac{1}{7}, \dots \Rightarrow \{a_n\} = \{x_n . y_n\} = \left\{\frac{2^n}{2n+1}\right\} = \frac{2}{3}, \frac{4}{5}, \frac{8}{7}, \dots$

8.2.7. *Definición. Cociente de sucesiones.* Si $X(n) = \{x_n\}$ e $Y(n) = \{y_n\}$ son dos sucesiones de números reales con $y_n \neq 0 \ \forall n \in$ N, definimos su cociente $A(n) := \frac{X(n)}{Y(n)} = \left\{\frac{x_n}{y_n}\right\} : n \in$ N.

8.2.8. *Ejemplo.* **a.** $\{x_n\} = \{2n + 1\} = 3, 5, \ 7, \dots$ $\{y_n\} = \{n^2 + 1\} = 2, 5, 10, \dots \Rightarrow$ $\{a_n\} = \{x_n/y_n\} = \{(2n + 1)/(n^2 + 1)\} = \frac{3}{2}, 1, \frac{7}{10}, \dots$ y $\{b_n\} = \{y_n/x_n\} = \left\{\frac{n^2+1}{2n+1}\right\} = \frac{2}{3}, 1, \frac{10}{7}, \dots$ **b.** $\{x_n\} = \{n - 1\} = 0, 1, 2, \dots$ $\{y_n\} = \{n + 1\} = 2, 3, 4, \dots \Rightarrow \{a_n\} = \{x_n\}/\{y_n\} = \left\{(n - 1)/\{n + 1\}\right\} = 0, \frac{1}{3}, \frac{1}{2}, \dots$ $\{c_n\} = \{y_n/x_n\}$ no está definida porque $x_1 = 0$.

8.3 Límite de sucesiones

8.3.1. *Definición. Límite de una sucesión.* Sea $\{x_n\}$ una sucesión de números reales. Se dice que un número real L es límite de la sucesión $\{x_n\}$ o bien que la sucesión $\{x_n\}$ *converge* a L, si para todo $\varepsilon > 0$ existe algún número N $\in$ N, tal que si $n \geq$ N, $|x_n - L| < \varepsilon$. En otras palabras, si avanzamos lo suficiente en la sucesión, tanto como para que el subíndice n sea mayor o igual que cierto N, entonces todos los términos, de $n =$ N en adelante, estarán tan próximos a L como se quiera. Si la sucesión no tiene ningún límite L, se dice que no converge o bien, que *diverge*.

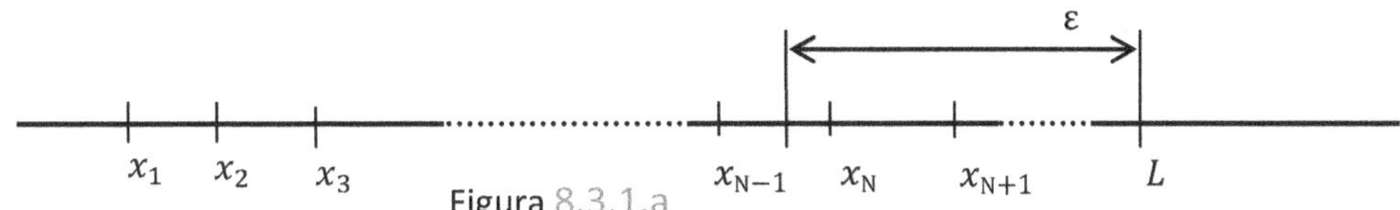

Figura 8.3.1.a

Observemos que, si la sucesión tiene un límite L, entonces solo un número finito $x_1, x_2, \dots, x_{N-1}$ quedan a una distancia mayor que ε del límite L, naturalmente, ese numero N dependerá de ε por lo que lo correcto es expresarlo como N(ε), pero obviaremos esto para no recargar la notación.

En la figura 8.3.1.a hemos representado una sucesión cuyos términos se acercan por un solo lado al límite L, sin rebasarlo y en orden creciente pero, esta restricción, no está en la definición de límite de una sucesión.

La sucesión $\{a_n\} = \left\{\frac{\cos n\frac{\pi}{2}}{n}\right\} = 0, -\frac{1}{2}, 0, \frac{1}{4}, 0, -\frac{1}{6}, 0, \frac{1}{8}, 0, \dots$ tiene límite $L = a_1 = 0$ y todos lo términos de $\{a_n\}$ están a una distancia del límite L, $|L - a_n| \leq \frac{1}{2} \ \forall n \in$ N. Cualquiera sea el $\varepsilon > 0$ que seleccionemos, quedarán a derecha e izquierda de L, a distancia mayor que ε, un número finito de términos $a_1, a_2, \ldots, a_{N-1}$ y, los restantes desde a_N en adelante, quedarán próximos a L a una distancia menor que ε figura 8.3.1.b. Queda claro que el número N crecerá cuando ε disminuya, y que en general, será $N = N(\varepsilon)$. Si por caso, consideramos la sucesión constante $\{b_n\} = 1, 1, 1, \ldots, L = 1$ y N no depende de ε porque para cualquier ε y para todo n, se verifica $|b_n - 1| = 0 < \varepsilon$.

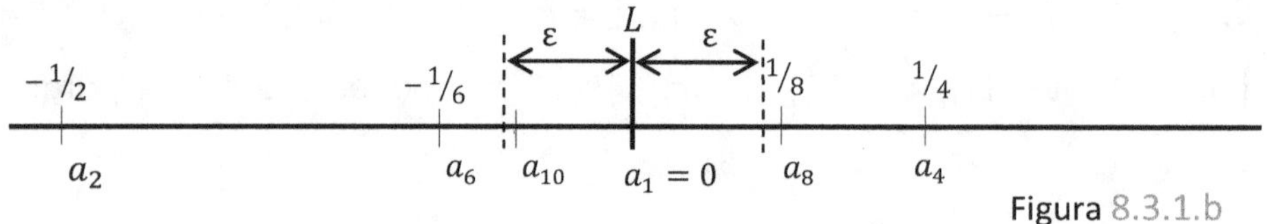

Figura 8.3.1.b

8.3.2. *Ejemplo.* **a.** $\{x_n\} = \left\{\frac{1}{n}\right\} = 1, \frac{1}{2}, \frac{1}{3}, \frac{1}{4}, \ldots$ tiene límite $L = 0$, porque $\left|\frac{1}{n} - 0\right|$ puede hacerse tan pequeño como se desee eligiendo n suficientemente grande, esto es; $\lim_{n\to\infty} \frac{1}{n} = 0$. **b.** $\{y_n\} = \left\{\frac{n+(-1)^n}{2n-1}\right\} = 0, 1, \frac{2}{5}, \frac{5}{7}, \ldots$ tiene límite $L = \frac{1}{2}$, ya que puede hacerse $\left|\frac{n+(-1)^n}{2n-1} - \frac{1}{2}\right| < \varepsilon$ para cualquier $\varepsilon > 0$, eligiendo un n apropiadamente grande o bien; $\lim_{n\to\infty} \frac{n+(-1)^n}{2n-1} = \frac{1}{2}$. **c.** $\{a_n\} = \{2^n\} = 2, 4, 8, \ldots$ no tiene límite L alguno, ya que no hay ningún número real L tal que $|2^n - L| < \varepsilon$ o bien, $\lim_{n\to\infty} 2^n = \infty$; decimos que $\{a_n\}$ *diverge*. **d.** $\{b_n\} = \{(-1)^n\} = -1, 1, -1, \ldots$, no tiene límite porque no existe ningún número real L, para el que se verifique $|b_n - L| < \varepsilon$ cualquiera sea el $n \in N$; decimos entonces que $\{b_n\}$ *no converge*. En estos casos, se dice que $\{b_n\}$ oscila o bien que, $\{b_n\}$ es *oscilante*.

Nota: Podemos definir límite L de una sucesión $\{x_n\}$, en términos de entorno de L con radio ε; $E(L, \varepsilon)$. Decimos que $\{x_n\}$ tiene límite L o que $x_n \to L$, si para todo n mayor que cierto $N \in N$: $x_n \in E(L, \varepsilon)$. La definición de límite de una sucesión, *no dice* como calcular el límite de una sucesión. Solo dice como *verificar* si un valor preestablecido o conjeturado L, es efectivamente el límite de la sucesión. Esta situación es análoga a la comentada en 3.2.2, a propósito de la definición de límite de una función, concepto que podemos revisar en relación a este nuevo concepto de límite, el límite de una sucesión.

8.3.3. *Definición. Límite de una función.* Sea I un subconjunto de R, $f: I \to R$ y a es un punto de acumulación de I entonces $\lim_{x\to a} f(x) = L$ si, para toda sucesión $\{x_n\}$ contenida en I que converja a a, tal que $x_n \neq a$ para todo $n \in N$, la sucesión $\{f(x_n)\}$ converge a L. Abreviadamente; $\{x_n\} \to a \Rightarrow \{f(x_n)\} \to L$.

8.3.4. *Teorema. Unicidad del límite*. Si una sucesión $\{x_n\}$ converge a un límite L, entonces L es único.

Demostración: Supondremos que la sucesión $\{x_n\}$ tiene dos limites L_1 y L_2 tales que $L_1 \neq L_2$ y probaremos que; si existe el límite de $\{x_n\}$, necesariamente $L_1 = L_2 = L$, como en 3.3.1.

Por la definición de límite 8.3.1 para $\{x_n\}$, si L_1 y L_2 son el límite de $\{x_n\}$, se debe cumplir que:

$$|x_n - L_1| < \frac{\varepsilon}{2} \quad \text{y} \quad |x_n - L_2| < \frac{\varepsilon}{2} \quad \text{tal que } n \geq \text{N} \in \text{N}$$

donde por simplicidad de cálculos hemos elegido $\frac{\varepsilon}{2}$ en lugar de ε. Sumando estas expresiones que surgen de la definición de límite 8.3.1

$$|(x_n - L_1)| + |(x_n - L_2)| < \frac{\varepsilon}{2} + \frac{\varepsilon}{2} = \varepsilon \quad \text{tal que } n \geq \text{N} \in \text{N}$$

o bien $\qquad |(x_n - L_1)| + |(L_2 - x_n)| < \varepsilon \qquad \text{tal que } n \geq \text{N} \in \text{N}$

y aplicando la propiedad 7 de módulo (desigualdad del triángulo) dada en 1.5.2

$$|(x_n - L_1) + (L_2 - x_n)| < \varepsilon \qquad \text{tal que } n \geq \text{N} \in \text{N}$$

de donde

$$|L_2 - L_1| < \varepsilon \qquad \text{tal que } n \geq \text{N} \in \text{N}$$

la última expresión muestra que; si L_1 y L_2 satisfacen la definición de límite para la sucesión $\{x_n\}$, L_1 está tan próximo a L_2 como se quiera, o bien que $L_1 = L_2$ ♦

8.3.5. *Teorema. Acotación*. Si una sucesión $\{x_n\}$ converge a un límite L, $\{x_n\}$ es acotada.

Demostración: probaremos que es acotada a partir de que, si la sucesión es convergente, entonces solo un número finito de términos $x_1, x_2, ..., x_{\text{N}-1}$, quedan a una distancia mayor que ε del límite L como vimos en 8.3.1, y los infinitos términos restantes $x_\text{N}, x_{\text{N}+1}, x_{\text{N}+2}, ...$, son tales que $|x_n - L| < \varepsilon$ si $n \geq \text{N} \in \text{N}$, de donde por la propiedad 8 de módulo en 1.5.2, y haciendo $\varepsilon = 1$, se tiene: $|x_n - L| < 1 \Rightarrow |x_n| < |L| + 1$, si $n \geq \text{N} \in \text{N}$.

Consideramos entonces el conjunto $T = \{|x_1|, |x_2|, ..., |x_{N-1}|, |L| + 1\}$, que incluye los módulos de todos los términos de $\{x_n\}$ para $n <$ N, y un término $|L| + 1$ que como vimos, es mayor que el módulo de todos los términos para $n \geq$ N. Es fácil advertir que si $M = \sup T$, M acota todos los términos de $\{x_n\}$ y $\{x_n\}$ es acotada ♦

8.3.6. *Teorema. Compresión.* Sean $\{x_n\}$, $\{y_n\}$, $\{z_n\}$ tres sucesiones de números reales tales que: $x_n < y_n < z_n \;\; \forall n \in$ N y $\lim x_n = \lim z_n = L$, entonces $\{y_n\}$ es convergente y $\lim y_n = L$.

Demostración: De la convergencia de $\{x_n\}$ y $\{z_n\}$ al límite L surge que

$$|x_n - L| < \varepsilon \quad \text{y} \quad |z_n - L| < \varepsilon \quad \text{tal que } n \geq \text{N} \in \text{N}$$

tenemos entonces por la propiedad 5 de módulo dada en 1.5.2

$$L - \varepsilon < x_n < L + \varepsilon \quad \text{y} \quad L - \varepsilon < z_n < L + \varepsilon \qquad \text{tal que } n \geq \text{N} \in \text{N}$$

y como por hipótesis $x_n < y_n < z_n \;\; \forall n \in$ N

$$L - \varepsilon < x_n < y_n < z_n < L + \varepsilon \qquad \text{tal que } n \geq \text{N} \in \text{N}$$

o bien

$$L - \varepsilon < y_n < L + \varepsilon \qquad \text{tal que } n \geq \text{N} \in \text{N}$$

que equivale a, $|y_n - L| < \varepsilon$ si $n \geq$ N $\in$ N, que es la condición de convergencia de $\{y_n\}$ al límite L ♦

Nota: Puede confrontarse los teoremas 8.3.4, 8.3.5 y 8.3.6 de esta sección, con los teoremas 3.3.1, 3.3.4, 3.3.7 de la sección 3, y la definición 3.2.1 de límite de una función con la definición 8.3.3.

8.3.7. *Límite superior y límite inferior.* En 1.6.5 definimos el *punto de acumulación* o *punto límite* de un conjunto de puntos. Una sucesión $\{x_n\}$, es un conjunto que puede tener más de un punto de acumulación, si el punto es único, es el límite L de $\{x_n\}$. Cuando en $\{x_n\}$ hay más de un punto de acumulación u_j, podremos considerar entonces cual de todos los u_j es el que está más a la derecha y cual es el que está más a la izquierda. El punto más a la derecha, que solo es excedido por un número finito $x_1, x_2, ..., x_{N-1}$ de términos de $\{x_n\}$, dejando infinitos x_n a su izquierda lo designamos como límite superior de $\{x_n\}$, $\lim \sup\{x_n\} = \overline{L}$, que definimos como el ínfimo de los puntos u_j que pertenecen a $\{x_n\}$, y dejan solo un número $N - 1$ de términos a su derecha

$$\overline{L} = \inf\{u_j\} \text{ tales que } u_j + \varepsilon < x_n \text{ si } n \geq N$$

Simétricamente definimos el límite inferior de $\{x_n\}$

$$\underline{L} = \text{Sup}\{v_j\} \text{ tales que } x_n < v_j - \varepsilon \text{ si } n \geq N$$

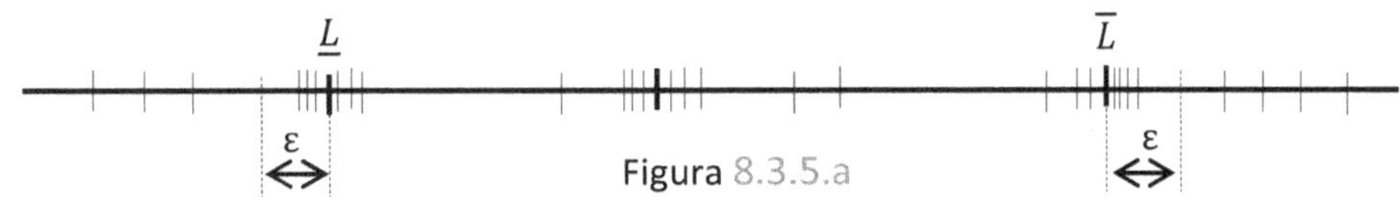

Figura 8.3.5.a

8.3.8. *Ejemplo.* **a.** $\{a_n\} = \{(-1)^n + 1\} = 0, 2, 0, 2, ...; \underline{L} = 0, \overline{L} = 2.$ **b.** $\{b_n\} = \left\{(-1)^n\left(1 + \frac{1}{n}\right)\right\} = -2, \frac{3}{2}, -\frac{4}{3}, \frac{5}{4}, -\frac{6}{5}, \frac{7}{6} ...; \underline{L} = -1, \overline{L} = 1.$ **c.** $\{y_n\} = \{(-1)^n n\} = 1, 2, -3, 4, ...; \underline{L} = -\infty, \overline{L} = +\infty.$ **d.** $\{d_n\} = \left\{n^2 sen^2 n\frac{\pi}{2}\right\} = 1, 0, 9, 0, 25, ...; \underline{L} = 0, \overline{L} = +\infty.$

Ejercicios 8.3

Para las siguientes sucesiones, distinguir entre las que son convergentes, divergentes u oscilantes. Cuando sean convergentes, dar el límite.

1. $\{a_n\} = \left\{\frac{1-2n^2}{1+n-n^2}\right\}.$ **2.** $\{b_n\} = \left\{\frac{1+\sqrt{n}}{n-1}\right\}.$ **3.** $\{c_n\} = \left\{\frac{\sqrt{n}}{1+\sqrt{n}}\right\}.$

4. $\{d_n\} = \left\{\frac{\sqrt[3]{n}+\sqrt[3]{n^2}}{1+\sqrt{n}+\sqrt{n^3}}\right\}.$ **5.** $\{x_n\} = \{\sqrt{n+3} - \sqrt{n-1}\}.$ **6.** $\{y_n\} = \left\{\frac{n^n}{n!}\right\}.$

7. $\{u_n\} = \left\{\frac{n!+1}{1-n!}\right\}.$ **8.** $\{v_n\} = \left\{\frac{sen\,n}{2n}\right\}.$ **9.** $\{a_n\} = \left\{cos\left(\frac{n\pi}{3}\right)\right\}.$

10. $\{w_n\} = \{(-1)^{n+1}n\}.$ **11.** $\{t_n\} = \left\{\frac{a^n}{(n-1)^2}\right\}, \; a > 1, \; n = 2,3,4, ...$

12. $\{d_n\} = \left\{\left(1 + \frac{5}{n}\right)^{n/3}\right\}.$

Respuestas:

1. $R: \lim = 2.$ **2.** $R: \lim = 0.$ **3.** $R: \lim = 1.$ **4.** $R: div. \lim = \infty.$ **5.** $R: \lim = 0.$ **6.** $R: div. \lim = \infty.$ **7.** $R: \lim = -1.$ **8.** $R: \lim = 0.$ **9.** $R: oscil. |a_n| \leq 1.$ **10.** $R: oscil. \pm\infty.$ **11.** $R: \lim = \infty.$ **12.** $R: \lim = e^{5/3}.$

8.4 Convergencia de sucesiones

Hemos señalado ya que la definición de límite 8.3.3, solo permite comprobar si un cierto valor L es el límite de una sucesión, pero no establece una forma para su cálculo y tampoco garantiza su existencia. Veremos a continuación, teoremas que, en ciertas condiciones, garantizan la existencia del límite de una sucesión.

8.4.1. *Sucesiones acotadas y monótonas*. Una sucesión $\{x_n\}$ es acotada, si $\forall n \in N$ se cumple que, $|x_n| \le k$ para algún $k \in R$, conforme con la definición que dimos para conjuntos acotados en 1.3. Podremos también como en 1.3.1 y 1.3.2, discriminar entre cota inferior y cota superior, cuando se verifiquen respectivamente las desigualdades $x_n \ge m$ y $x_n \le k$, siendo m la cota inferior y k la cota superior.

Si en una sucesión $\{x_n\}$ se cumple que $x_n \le x_{n+1}$, se dice que la sucesión $\{x_n\}$ es *no decreciente*, y si se cumple que $x_n < x_{n+1}$, se dice que $\{x_n\}$ es *estrictamente creciente*. En cualquiera de los dos casos, se dice que $\{x_n\}$ es *monótona*. La sucesión $\{x_n\}$ es decreciente si $\{-x_n\}$ es creciente. Concluyendo, $\{x_n\}$ es monótona no decreciente si $x_1 \le x_2 \le x_3 \le \cdots$, y $\{x_n\}$ es monótona no creciente si $x_1 \ge x_2 \ge x_3 \ge \cdots$.

8.4.2. *Ejemplo*. **a.** $\{a_n\} = \{(-1)^n\} = -1, 1, -1, \ldots$ es acotada con $k = 1$ y $m = -1$, no es monótona. **b.** $\{b_n\} = \left\{n^{(-1)^n}\right\} = 1, 2, \frac{1}{3}, 4, \frac{1}{5}, 6, \ldots$ es acotada inferiormente con $m = 0$ y no acotada superiormente, no es monótona. **c.** $\{c_n\} = \left\{\frac{1}{n}\right\} = 1, \frac{1}{2}, \frac{1}{3}, \frac{1}{4}, \frac{1}{5} \ldots$ es monótona decreciente con cota superior $k = 1$ y cota inferior $m = 0$. **d.** $\{d_n\} = \{\{(-1)^n\}n\} = -1, 2, -3, 4, -5 \ldots$ no es monótona y no es acotada, diverge a $\pm\infty$. **e.** $\{e_n\} = \left\{2^{-\frac{1}{n}}\right\} = \frac{1}{2}, \frac{1}{\sqrt{2}}, \frac{1}{\sqrt[3]{2}}, \frac{1}{\sqrt[4]{2}}$, es monótona creciente con cota inferior $m = \frac{1}{2}$ y cota superior $k = 1$.

8.4.3. *Teorema. Convergencia monótona*. Una sucesión $\{x_n\}$ monótona no decreciente, converge si, y solo si, está acotada superiormente. Una sucesión $\{x_n\}$ monótona no creciente, converge si, y solo si, está acotada inferiormente.

Demostración: Probaremos el caso en que $\{x_n\}$ sea monótona no decreciente. Si es monótona no creciente, se prueba el teorema para $\{-x_n\}$ que es monótona no decreciente. El teorema 8.3.5 prueba que si $\{x_n\}$ es convergente, entonces $\{x_n\}$ es acotada, ahora probaremos que si $\{x_n\}$ es *monótona creciente y acotada*, entonces es convergente.

Si $\{x_n\}$ está acotada, el conjunto $\{x_n : n \in N\}$ está acotado y entonces, de todas las cotas superiores, hay una, la menor, que es el supremo y designamos como L. Probaremos que ese supremo L, es el límite de $\{x_n\}$.

Siendo L el supremo de la sucesión, se debe cumplir que: $x_n < L + \varepsilon$ $\forall n \in N$, a la vez que $L - \varepsilon$ no es supremo de la sucesión, por lo que existirá un x_N de la sucesión para el que se verifique $x_N > L - \varepsilon$ figura 8.4.3 y, como la sucesión es no decreciente, se ha de verificar $x_n > L - \varepsilon$ si $n > N \in N$ y, como habíamos obtenido que $x_n < L + \varepsilon$ $\forall n \in N$

$$L - \varepsilon < x_n < L + \varepsilon \quad \forall n \in N \text{ si } n > N \in N$$

o bien $\qquad\qquad |x_n - L| < \varepsilon \quad \forall n \in N \text{ si } n > N \in N$

que es la condición de límite para una sucesión y hemos probado que, si una sucesión $\{x_n\}$ monótona no decreciente está acotada, entonces converge.

Recíprocamente, si una sucesión monótona no decreciente no está acotada superiormente, siempre se podrá encontrar un $N \in N$ tal que $x_N > L$ ♦

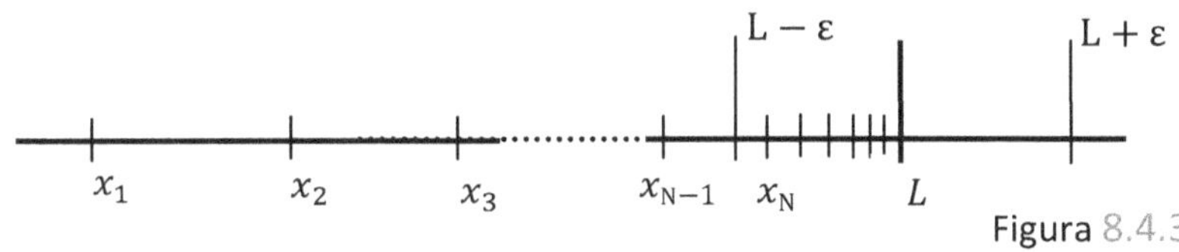

Figura 8.4.3

8.4.4. *Subsucesiones.* De un sucesión $\{x_n\}$ de números reales, podemos obtener otra sucesión $\{x'_n\}$, extrayendo algunos de los términos de $\{x_n\}$ en *orden creciente* y formar una nueva sucesión $\{x'_n\}$, que denominamos subsucesión de $\{x_n\}$.

8.4.5. *Ejemplo.* $\{x_n\} = 1, \frac{1}{2}, \frac{1}{3}, ..., \frac{1}{n}, ...$ tiene como subsucesiones

$$\{a_n\} = \frac{1}{3}, \frac{1}{5}, \frac{1}{7}, ..., \frac{1}{2n+1}, ...; \quad \{b_n\} = \frac{1}{3!}, \frac{1}{5!}, \frac{1}{7!}, ..., \frac{1}{(2n+1)!}, ...; \quad \{c_n\} = \frac{1}{2}, \frac{1}{4}, \frac{1}{8}, ..., \frac{1}{2^n}, ...$$

En cambio no son subsucesiones de $\{x_n\} = \left\{\frac{1}{n}\right\}$: $\{d_n\} = \frac{1}{2}, 1, \frac{1}{4}, \frac{1}{3}, \frac{1}{6}, \frac{1}{5}, ...; \quad \{e_n\} = \frac{1}{2}, 1, \frac{1}{4}, 1, \frac{1}{6}, 1, ...$

8.4.6. *Teorema. Subsucesión monótona.* Toda sucesión $\{x_n\}$ de números reales, tiene una subsucesión monótona.

Demostración: Para demostrar el teorema, decimos que x_P es un *pico* de una sucesión si, $x_P \geq x_n$ cuando $n > P$, de modo que x_P nunca es superado por ningún término que lo sucede. Consideremos los casos en que en la sucesión haya un número infinito de picos o bien un número finito de picos.

Si hay un número infinito de picos, siendo cada uno de ellos mayor que el pico que le sucede por la forma en que definimos pico y, numerándolos en el orden $1,2,3,\dots$ con el que aparecen en la sucesión tenemos

$$x_{P_1} \geq x_{P_2} \geq x_{P_3} \geq \cdots \geq x_{P_n} \geq \cdots$$

y esta es una sucesión monótona.

Si hay un número finito de picos, incluso ninguno, seleccionamos el primer elemento que sucede al último pico y lo designamos como x_{m_1}. Como x_{m_1} no es un pico, habrá entre los x_n que lo suceden alguno que lo supera y lo llamamos x_{m_2} que a su vez no es un pico y por lo tanto será superado por algún otro x_n que esté más adelante en la sucesión. A este tercer elemento lo designamos x_{m_3}, y así continuamos extrayendo términos crecientes en orden creciente para formar

$$x_{m_1} < x_{m_2} < x_{m_3} < \cdots < x_{m_n} < \cdots$$

que es una sucesión monótona ♦

8.4.7. *Ejemplo.* a. $\{a_n\} = 1, \dfrac{1}{2}, \dfrac{1}{3}, \dots, \dfrac{1}{n}, \dots$ es de por si monótona y todos sus términos son picos. Toda subsucesión que se extraiga será monótona. **b.** $\{b_n\} = 1, -1, 1, -1, 1, \dots$ tiene los picos $1,1,1,\dots$ y se puede extraer $\{b'_n\} = 1, 1, 1, \dots$. **c.** $\{c_n\} = \left\{ n^{(-1)^n} \right\} = 1, 2, \dfrac{1}{3}, 4, \dfrac{1}{5}, 6, \dots$ no hay picos, podemos extraer $\{c'_n\} = 1, 2, 4, 6, \dots$ y $\{c''_n\} = \dfrac{1}{3}, \dfrac{1}{5}, \dfrac{1}{7}, \dots$. A su vez toda subsucesión extraída de $\{c'_n\}$ y $\{c''_n\}$ será monótona. **d.** $\{d_n\} = \left\{ \dfrac{\operatorname{sen} n\frac{\pi}{2}}{n} \right\} = 1, 0, -\dfrac{1}{3}, 0, \dfrac{1}{5}, 0, -\dfrac{1}{7}, \dots$ tiene los picos $1, \dfrac{1}{5}, \dfrac{1}{9}, \dfrac{1}{13}, \dots$ que forman $\{d'_n\} = 1, \dfrac{1}{5}, \dfrac{1}{9}, \dfrac{1}{13}, \dots$ monótona.

8.4.8. *Teorema. Bolzano-Weierstrass.* Toda sucesión acotada $\{x_n\}$ de números reales, tiene una subsucesión convergente $\{x'_n\}$.

Demostración: El teorema 8.4.6 de la sucesión monótona, asegura que de la sucesión $\{x_n\}$, se puede extraer una subsucesión monótona $\{x'_n\}$. Siendo la sucesión original acotada, resultan acotados todos los términos de toda subsucesión que se extraiga de ella. Podemos entonces asegurar por el teorema de convergencia monótona 8.4.3, que $\{x'_n\}$ es convergente ♦

El teorema se demuestra también como una extensión del teorema 1.7.11. Siendo el conjunto $\{x_n\}$ infinito y además, acotado por hipótesis, según el teorema 1.7.11 debe tener por lo menos un punto de acumulación y por ser el conjunto $\{x_n\}$ acotado, debe quedar contenido en un intervalo I, o sea; $\{x_n\} \subset I$ que además, como se ha dicho, posee un punto de acumulación que llamamos a_L.

Si bisecamos el intervalo I, el punto a_L quedará en uno de los dos semiintervalos al que llamamos I_1, después de haber excluido de él, el menor valor x_n al que llamamos a_1. Al I_1 lo volvemos a bisecar, elegimos la mitad que aun contiene al punto a_L, quitamos el menor x_n de esta mitad, lo rotulamos a_2 y a lo que queda lo designamos I_2 y lo volvemos a dividir en dos para apartar el menor elemento que rotulamos como a_3 y a lo que resta lo llamamos I_3.

Con este procedimiento obtenemos una sucesión $a_1 < a_2 < a_3 < \cdots < a_n < \cdots$ que converge al punto a_L que, después de N pasos, está contenido en un intervalo de longitud $\frac{|I|}{2^N}$, siendo $|I|$ la longitud de $I \supset \{x_n\}$, figura 8.4.8.

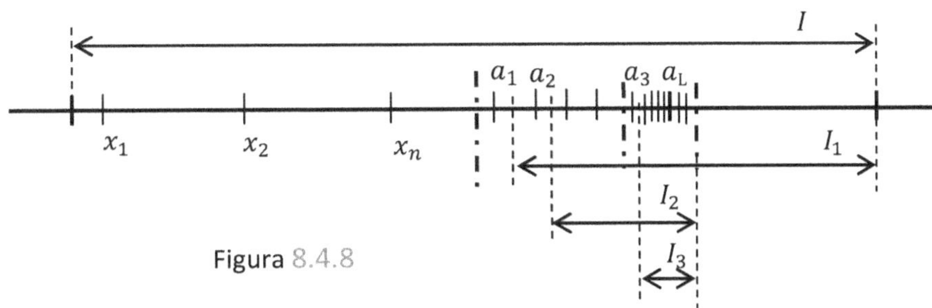

Figura 8.4.8

8.4.9. *Definición. Sucesión de Cauchy.* Una sucesión $\{x_n\}$ es una *sucesión de Cauchy* si para todo $\varepsilon > 0$, existe un número $N \in \mathbb{N}$ tal que para todos los números naturales $m, n \geq N$, se cumpla que $|x_n - x_m| < \varepsilon$.

En otras palabras, en toda sucesión de *Cauchy*, cuando avanzamos en la sucesión, todos sus términos están próximos entre si, tanto como se quiera y esto, como lo probaremos, asegura que la sucesión es convergente.

8.4.10. *Ejemplo.* **a**. $\{a_n\} = 1, \frac{1}{2}, \frac{1}{3}, \dots, \frac{1}{n}, \dots$ es s. de *Cauchy* porque satisface $|a_n - a_m| < \varepsilon$, como se puede verificar para $|a_n - a_{n+1}|$, tomando $\lim_\infty \left[\frac{1}{n} - \frac{1}{n+1}\right] = 0$. **b**. $\{b_n\} = 1, -1, 1, -1, 1, \dots$ no es s. de *Cauchy*, porque satisface no $|b_n - b_m| < \varepsilon$ en general, solo lo satisface para algunos términos como; $|1 - 1| = 0 < \varepsilon$. **c**. $\{c_n\} = \frac{1}{3}, \frac{1}{5}, \frac{1}{7}, \dots\dots$ es s. de *Cauchy* porque satisface $|c_n - c_m| < \varepsilon$, y se verifica como en **a**, tomando $\lim_\infty \left[\frac{1}{2n+1} - \frac{1}{2n+3}\right] = 0$.

8.4.11. *Teorema.* Una sucesión es convergente si, y solo si, es una sucesión de *Cauchy*.

Demostración: Probaremos que si la sucesión es convergente a un límite L, entonces es una sucesión de *Cauch*y ya que, al estar todos su *últimos* términos próximos al límite L, entonces deben estar próximos entre si.

Eligiendo un factor de proximidad $\frac{\varepsilon}{2}$, si $\{x_n\}$ converge a L se debe tener $|x_n - L| < \frac{\varepsilon}{2}$ si $n > \mathrm{N} \in \mathrm{N}$, con un N convenientemente elegido. Entonces si $m, n \geq \mathrm{N} \in \mathrm{N}$

$$|x_n - L| < \frac{\varepsilon}{2} \quad \text{y} \quad |x_m - L| < \frac{\varepsilon}{2}$$

sumando las dos expresiones tenemos

$$|x_n - L| + |x_m - L| < \frac{\varepsilon}{2} + \frac{\varepsilon}{2} = \varepsilon \qquad \text{si } m, n \geq \mathrm{N} \in \mathrm{N}$$

y por la propiedad 7 de la desigualdad triangular 1.5.2

$$|(x_n - L) + (L - x_m)| \leq |x_n - L| + |L - x_m| < \varepsilon \qquad \text{si } m, n \geq \mathrm{N} \in \mathrm{N}$$

$$|(x_n - L) + (L - x_m)| < \varepsilon \qquad \text{si } m, n \geq \mathrm{N} \in \mathrm{N}$$

de donde $|x_n - x_m| < \varepsilon$ si $m, n \geq \mathrm{N} \in \mathrm{N}$. Hemos probado así que; si la sucesión es convergente, entonces es una sucesión de *Cauchy*.

Probaremos ahora que si una sucesión $\{x_n\}$ es una sucesión de *Cauchy*, entonces es convergente porque sus términos, al estar todos próximos entre si al superar un término x_N, se mantienen acotados y entonces la sucesión es acotada. Siendo acotada, por el teorema 8.4.8 de *Bolzano-Weierstrass*, posee una subsucesión convergente o sea, hay un punto de acumulación o punto límite L, y como todos los términos superiores de la sucesión están próximos por ser sucesión de *Cauchy*, L es el límite de $\{x_n\}$.

Si la sucesión es de *Cauchy* se cumple

$$|x_n - x_m| < \varepsilon \text{ si } m, n \geq \text{N} \in \text{N}$$

o bien, haciendo $\varepsilon = 1$ y tomando $m = \text{N}$

$$|x_n - x_\text{N}| < 1 \text{ si } n \geq \text{N} \in \text{N}$$

y entonces $\qquad\qquad |x_n| < |x_\text{N}| + 1 \text{ si } n \geq \text{N} \in \text{N}$

la última expresión, muestra que los módulos $|x_n|$ de los términos de $\{x_n\}$ están acotados.

Quedan así separados los términos de $\{x_n\}$ en dos grupos, uno finito que es $x_1, x_2, x_3, \ldots, x_{\text{N}-1}$, y son los términos que no entran en la proximidad $|x_n - x_\text{N}| < 1$ si $n \geq \text{N} \in \text{N}$, y otro grupo $x_\text{N}, x_{\text{N}+1}, x_{\text{N}+2}, \ldots$, que son los infinitos términos de x_N en adelante que están en la proximidad $|x_n - x_\text{N}| < 1$ si $n \geq \text{N} \in \text{N}$, y cuyos módulos según vimos, están acotados superiormente como $|x_n| < |x_\text{N}| + 1$.

Formamos entonces un conjunto T que incluye; los módulos de los $x_1, \ldots, x_{\text{N}-1}$ términos finitos y $|x_\text{N}| + 1$, que es la cota superior de los infinitos términos restantes

$$T = \{|x_1|, |x_2|, \ldots, |x_{\text{N}-1}|, \ |x_\text{N}| + 1\}$$

El conjunto T tiene un número finito de términos y es acotado con supremo L, y ese supremo es por la forma en que construimos T, supremo de la sucesión $\{x_n\}$. Si $\{x_n\}$ es acotada, por el teorema 8.4.7 de *Bolzano-Weierstrass*, posee una subsucesión $\{x'_n\}$ convergente a L pero, esto implica que $\{x_n\}$, es convergente a L porque $\{x_n\}$ es sucesión de *Cauchy* y todos sus términos superiores, a partir de x_N, están en la proximidad $|x_n - x_\text{N}| < \varepsilon$ y por lo tanto, deben estar próximos a los términos de la subsucesión $\{x'_n\}$ que convergen a L, y consecuentemente, también ser convergentes a L ♦

Los teoremas de esta sección, garantizan la existencia del límite de una sucesión independientemente del valor de L, que no siempre puede determinarse como $\lim_\infty x_n$, como sucede si tratamos de determinar el límite de $\{x_n\} = 1,1 + \frac{1}{2}, 1 + \frac{1}{2} + \frac{1}{3}, \ldots$ cuyo carácter es incluso monótono. El criterio $|x_n - x_m| < \varepsilon$ es el más general.

8.5 Series numéricas infinitas

La suma de los términos de una sucesión infinita, $x_1 + x_2 + \cdots + x_n + \cdots$, es de por si irrealizable en tanto el proceso, no debería tener nunca fin. Nos ocuparemos del cálculo de esas sumas, cuando el proceso pueda ser *cortado* en cierto punto y la suma se resuelva con un algoritmo finito.

8.5.1. *Sucesión de sumas parciales.* Asociada a la sucesión $\{x_n\} = x_1, x_2, \ldots, x_n, \ldots$, hay una sucesión $\{s_n\}$ de *sumas parciales* de los términos de la sucesión $\{x_n\}$, que definimos como

$$s_1 := x_1 \qquad\qquad \ldots\ldots\ldots\ldots\ldots\ldots\ldots$$

$$s_2 := x_1 + x_2 \qquad\qquad s_{N-1} := x_1 + x_2 + \cdots + x_{N-1}$$

$$s_3 := x_1 + x_2 + x_3 \qquad\qquad s_N := x_1 + x_2 + \cdots + x_{N-1} + x_N = s_{N-1} + x_N$$

A la sucesión $\{s_n\}$ de sumas parciales, la llamamos *serie* y es la serie asociada a la sucesión $\{x_n\}$. Si la serie o sucesión de sumas parciales converge a un límite S, diremos que la serie es convergente e indicaremos las sumas parciales s_N, con la notación $\sum_1^N x_n$, donde se indica que el subíndice n toma valores desde 1 a N, entonces

$$\sum_1^N x_n = x_1 + x_2 + \cdots + x_{N-1} + x_N$$

Para la *suma de la sucesión* $\{x_n\}$, entendida esta suma como un límite, escribimos

$$\sum_1^\infty x_n = x_1 + x_2 + \cdots + x_N + \cdots$$

y cuando no hubiera lugar a confusión, es práctico obviar los índices de suma y escribir $\sum_1^\infty x_n = \sum x_n$, y solo explicitarlos cuando la suma no inicie en uno o cuando no se extienda hasta infinito en casos como $\sum_0^N x_n$, $\sum_2 x_n$, donde se indica respectivamente que la suma se detiene en $n = N$, o bien que parte desde $n = 2$ y se sobreentiende que se extiende hasta infinito.

8.5.2. *Ejemplo.* **a.** $\{a_n\} = \left\{\frac{1}{n}\right\} = 1, \frac{1}{2}, \frac{1}{3}, \ldots$ $s_1 = 1$, $s_2 = 1 + \frac{1}{2} = \frac{3}{2}$, $s_3 = 1 + \frac{1}{2} + \frac{1}{3} = \frac{11}{6}$, $s_4 = \sum_1^4 \frac{1}{n} = 1 + \frac{1}{2} + \frac{1}{3} + \frac{1}{4} = \frac{25}{12}$ o, $s_4 = \sum_1^4 \frac{1}{n} = s_3 + \frac{1}{4} = \frac{11}{6} + \frac{1}{4} = \frac{25}{12}$, $\sum \frac{1}{n} = 1 + \frac{1}{2} + \frac{1}{3} + \cdots$. La sucesión $1, \frac{1}{2}, \frac{1}{3}, \ldots$ converge a cero porque $\lim_\infty \frac{1}{n} = 0$, sin embargo, la suma $\sum \frac{1}{n}$ diverge y $\lim_\infty s_n = \lim_\infty \sum_1^\infty \frac{1}{n} = \infty$, como veremos en 8.5.7. **b.** $\{b_n\} = \{(-1)^n\} = -1, 1, -1, \ldots$ $s_1 = 1$, $s_2 = 0$, $s_3 = -1$, $s_{2N} = \sum_1^{2N} b_n = 0$ o, $s_{2N+1} = \sum_1^{2N+1} b_n = 1$. La suma $\sum (-1)^n$ no converge. **c.** $\{c_n\} = \{n^2\} = 1, 4, 9, 16, \ldots$ $s_1 = 1$,

$s_1 = 1 + 4 = 5, \ s_3 = 1 + 4 + 9 = 14, \ s_4 = s_3 + c_4 = 14 + 16 = 30.$ La suma $\sum c_n$ diverge, $\sum c_n = \infty$.

8.5.3. *Teorema.* Si $\{x_n\}$ es una sucesión de números reales no negativos, entonces la suma $\sum x_n$ converge si, y solo si, la sucesión de sumas parciales $\{s_n\}$ está acotada, y $\lim_\infty \sum x_n = \sup \{s_n\}$.

Demostración: Los términos de la sucesión $\{x_n\}$ son no negativos por lo que $s_1 \leq s_2 \leq \cdots \leq s_n \leq \cdots$, y entonces $\{s_n\}$ es una sucesión monótona. Siendo la sucesión de sumas parciales $\{s_n\}$ monótona como acabamos de ver, y acotada por hipótesis, el teorema 8.4.3 de convergencia monótona, asegura que es convergente ♦

8.5.4. *Condición necesaria de convergencia.* Para que la suma $\sum x_n$ sea convergente, es condición *necesaria* que $\lim_\infty x_n = 0$.

Demostración: De $s_n = s_{n-1} + x_n$, tenemos que $x_n = s_n - s_{n-1}$, y si $\sum x_n$ es convergente, se debe cumplir que $\lim_\infty s_n = S$, por lo tanto; $\lim_\infty x_n = \lim_\infty (s_n - s_{n-1}) = S - S = 0$ ♦

8.5.5. *Ejemplo.* **a.** $\sum \frac{n+1}{4n+3}$ no puede ser convergente porque; $\lim_\infty \frac{n+1}{4n+3} = \frac{1}{4} \neq 0$. **b.** $\sum \frac{3^n}{n}$ no puede ser convergente porque; $\lim_\infty \frac{3^n}{n} = \infty$. **c.** $\sum sen \frac{1}{n}$ puede ser convergente porque; $\lim_\infty sen \frac{1}{n} = 0$. **d.** $\sum cos \frac{1}{n}$ no puede ser convergente porque; $\lim_\infty cos \frac{1}{n} = 1 \neq 0$. **e.** La condición *no es suficiente;* $\sum \frac{1}{n}$ verifica la condición $\lim_\infty x_n = \lim_\infty \frac{1}{n} = 0$, pero $\sum \frac{1}{n} = \infty$ como veremos en 8.5.7.

8.5.6. *Criterio de convergencia de Cauchy.* Como extensión del criterio de *Cauchy* para la convergencia de sucesiones 8.4.11, tenemos el siguiente criterio: La serie $\sum x_n$ es convergente si, y solo si, la sucesión de sumas parciales es una sucesión de Cauchy. Debe cumplirse entonces que, para todo $\varepsilon > 0$ existe algún $N(\varepsilon) \in N$ tal que

$$|s_n - s_m| < \varepsilon, \ \text{si } m, n \geq N$$

y esta condición, ya la demostramos en 8.4.11.

8.5.7. *Ejemplo.* La serie armónica $\sum \frac{1}{n} = 1 + \frac{1}{2} + \frac{1}{3} + \cdots$, tiene las sumas $s_n = 1 + \frac{1}{2} + \cdots + \frac{1}{n}$ y $s_{2n} = 1 + \cdots + \frac{1}{n} + \frac{1}{n+1} + \cdots + \frac{1}{2n}$, entonces $s_{2n} - s_n = \frac{1}{n+1} + \frac{1}{n+2} + \cdots + \frac{1}{2n}$, y como $2n > 2n - 1 > 2n - 2 > \cdots > n + 1$, $s_{2n} - s_n > \frac{1}{2n} + \frac{1}{2n} + \cdots + \frac{1}{2n} = n\frac{1}{2n} = \frac{1}{2}$, de modo que $|s_{2n} - s_n| > \frac{1}{2}$, y la serie armónica diverge aun cuando $\lim_\infty \frac{1}{n} = 0$.

8.5.8. *Convergencia absoluta y condicional.* Asociada a una serie de términos positivos y negativos, $\sum_1^\infty x_n = x_1 + x_2 + \cdots + x_N + \cdots$, cuyos términos no tienen todos el mismo signo, tenemos la serie $\sum_1^\infty x_n = |x_1| + |x_2| + \cdots + |x_N| + \cdots$, que es una serie de términos positivos. Si la serie $\sum_1^\infty x_n = |x_1| + |x_2| + \cdots + |x_N| + \cdots$ converge, decimos que la serie es *absolutamente convergente* y esto asegura que la serie $\sum_1^\infty x_n = x_1 + x_2 + \cdots + x_N + \cdots$, también converge. Cuando la serie de términos positivos $\sum_1^\infty x_n = |x_1| + |x_2| + \cdots + |x_N| + \cdots$ no converge, pero converge la serie $\sum_1^\infty x_n = x_1 + x_2 + \cdots + x_N + \cdots$, entonces la serie es *condicionalmente convergente*. Cuando se trata de series de términos positivos o bien de términos no negativos, no existe diferencia entre la convergencia absoluta y la condicional.

8.5.9. *Teorema.* Si la serie $\sum_1^\infty x_n = |x_1| + |x_2| + \cdots + |x_N| + \cdots$ es convergente, o sea $\sum_1^\infty |x_n| = S$, entonces la serie $\sum_1^\infty x_n = x_1 + x_2 + \cdots + x_N + \cdots$ es convergente.

Demostración: tenemos por hipótesis que $\sum_1^\infty |x_n| = S$, y del criterio de convergencia de *Cauchy*, que ha de ser cumplido por esta serie en tanto es convergente tenemos; $|s_m - s_n| < \varepsilon$. Entonces

$$|s_m - s_n| = \big||x_{n+1}| + |x_{n+2}| + \cdots + |x_m|\big| < \varepsilon$$

y por la propiedad 7 de la desigualdad triangular en 1.5.2

$$|x_{n+1} + x_{n+2} + \cdots + x_m| < \varepsilon$$

la última expresión, es el módulo de la diferencia $|s_m - s_n| < \varepsilon$ para la serie $\sum_1^\infty x_n = x_1 + x_2 + \cdots + x_N + \cdots$ condicionalmente convergente y, por lo tanto, esta última converge ◆

8.5.10. *Ejemplo.* La serie armónica $\sum \frac{1}{n} = 1 + \frac{1}{2} + \frac{1}{3} + \frac{1}{4} \ldots$ no converge como serie de términos positivos, pero converge condicionalmente porque la serie $\sum \frac{1}{n} = 1 - \frac{1}{2} + \frac{1}{3} - \frac{1}{4} + \cdots$, es convergente como veremos en 8.6.12.

8.5.11. *La serie geométrica.* La serie $a + a.q + a.q^2 + a.q^3 + \cdots + a.q^n + \cdots$, en la que cada término se obtiene multiplicando el anterior por una razón q, se llama serie geométrica, si $a = 1$ la serie es; $1 + q + q^2 + q^3 + \cdots + q^n + \cdots$. Probaremos que la suma parcial $S_n = 1 + q + q^2 + q^3 + \cdots + q^{n-1}$ de n términos, tiende a $\frac{1}{1-q}$ si $n \to \infty$ y $|q| < 1$, o sea; $\sum_0 q^n = \frac{1}{1-q}$, si $|q| < 1$.

Para probarlo, restaremos $S_n.q$ de S_n

$$S_n = 1 + q + q^2 + \cdots + q^{n-2} + q^{n-1}$$

$$\underline{-S_n.q = q + q^2 + q^3 + \cdots + q^{n-1} + q^n}$$

$$S_n(1 - q) = 1 - q^n$$

de donde $S_n = \frac{1-q^n}{1-q}$. Poniendo $S_n = \frac{1}{1-q} - \frac{q^n}{1-q}$, es inmediato ver que $\lim_\infty S_n = \frac{1}{1-q}$ si $|q| < 1$, porque $\lim_\infty \frac{q^n}{1-q} = 0$ si $|q| < 1$, y también que S_n diverge si $|q| > 1$. Además, si $q = 1$, la suma $\sum_0 q^n = 1 + 1 + 1 + \cdots$, y si $q = -1$ la suma $\sum_0 q^n = 1 - 1 + 1 - + \cdots$, por lo que S_n no converge en ninguno de los dos casos.

Entonces; la serie $1 + q + \cdots + q^n + \cdots$, converge si $-1 < q < 1$ y $S_n = \sum_0 q^n \to \frac{1}{1-q}$ ◆

Para la serie geométrica entonces, es inmediato determinar su carácter convergente o divergente, y en cualquier caso, calcular su suma $S_n = \frac{1-q^n}{1-q}$. Si S_n diverge, claro está que S_n es computable solo para un número n finito de términos.

La serie geométrica junto con los *criterios de comparación*, nos permitirán justificar otros criterios de *convergencia absoluta*.

8.5.12. *Ejemplo.* **a.** $S = 1 + \frac{1}{2} + \frac{1}{4} + \frac{1}{8} + \cdots$. $q = \frac{1}{2}$, $S = \sum_0 q^n = \sum_0 \left(\frac{1}{2}\right)^n = \frac{1}{1-\frac{1}{2}} = 2$, figura 8.5.12.a. **b.** $0.99999\ldots\ldots = \frac{9}{10} + \frac{9}{10^2} + \frac{9}{10^3} + \cdots = 9\sum_1 \frac{1}{10^n} = 9\left(\sum_0 \frac{1}{10^n} - 1\right) = 9\left(\frac{1}{1-\frac{1}{10}} - 1\right) = 1$. **c.** $1.3333\ldots = 1 + \frac{3}{10} + \frac{3}{10^2} + \frac{3}{10^3} + \cdots = 1 + 3\left(\sum_0 \frac{1}{10^n} - 1\right) = 1 + \frac{1}{3}$.

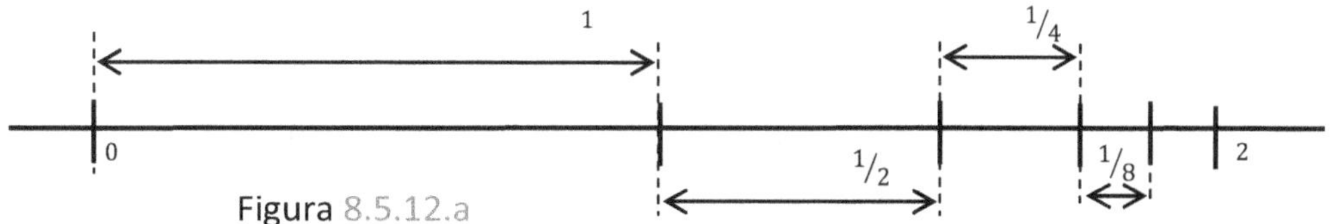

Figura 8.5.12.a

d. En 1904 N. Koch (1870-1924), mostró una curva construida con métodos elementales, que no tiene tangente en ningún punto. La *curva de Koch* se construye así; en un primer paso, a un segmento de longitud l, se le quita el tercio central y se agregan dos segmentos de longitud $\frac{l}{3}$, formando cúspide en el tercio central. En un segundo paso, se realiza el mismo procedimiento con cada uno de los cuatro segmentos obtenidos en el primer paso, y así se continúa indefinidamente. La curva resultante, claramente no es dibujable después de unos pocos pasos y, el carácter *autosemejante* de la curva, hace que cualquier parte de la curva sea semejante al resto, y cualquier intervalo en ella sea de longitud infinita, figura 8.5.12.b.

Figura 8.5.12.b

Para calcular la longitud L de la curva, a la longitud inicial l le agregamos $\frac{l}{3}$ en el primer paso, $4\frac{l}{3^2}$ en el segundo paso, $16\frac{l}{3^3}$ en el tercero, y L resulta

$$L = l + \frac{l}{3} + 4\frac{l}{3^2} + 16\frac{l}{3^3} + \cdots = l\left(1 + \frac{1}{3} + \frac{4}{3^2} + \frac{4^2}{3^3} + \cdots\right)$$

$$L = \frac{l}{4}\left[4 + \frac{4}{3} + \left(\frac{4}{3}\right)^2 + \left(\frac{4}{3}\right)^3 + \cdots\right] = \frac{l}{4}\left[3 + \Sigma_0\left(\frac{4}{3}\right)^n\right] = \infty$$

Si el procedimiento se realiza sobre los lados de un triángulo equilátero de área unidad, la figura obtenida es el *copo de nieve de Koch* con área finita $A = 1 + \frac{3}{5}$, y cuyo perímetro desde luego es infinito, figura 8.5.12.c.

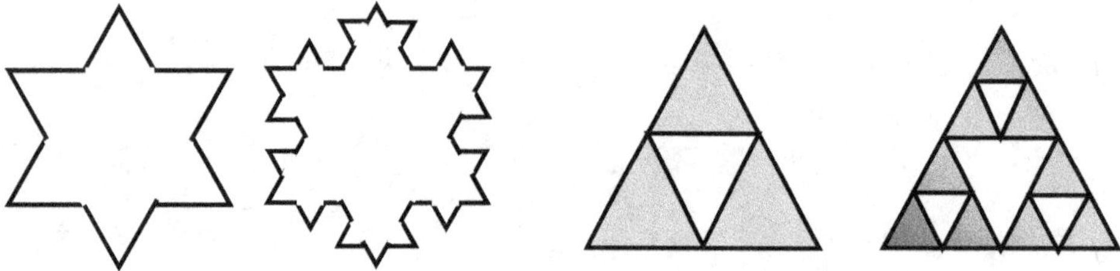

Figura 8.5.12.c   Figura 8.5.12.d

e. En 1915, W. Sierpinski (1882-1969), mostró una curva de longitud infinita que encierra un área nula. El *triángulo o alfombra de Sierpinski*, se construye a partir de un triángulo, al que se le sustrae el triángulo interior con vértices en los puntos medios de sus lados, lo mismo se realiza con los tres triángulos restantes, y el proceso se continúa indefinidamente, figura 8.5.12.d. La figura que resulta, tiene área nula ya que el área A_s que se sustrae en el primer paso, es $\frac{1}{4}A$ siendo A el área del triángulo original, en el segundo paso se sustrae $3\frac{A}{4^2}$, en el tercero $9\frac{A}{4^3}$, y entonces el área A_s que se sustrae por eliminaciones sucesivas, es igual al área A original

$$A_s = A\left(\frac{1}{4} + \frac{3}{4^2} + \frac{3^2}{4^3} + \cdots\right) = \frac{A}{4}\left(1 + \frac{3}{4} + \left(\frac{3}{4}\right)^2 + \cdots\right)$$

$$A_s = \frac{A}{4}\Sigma_0\left(\frac{3}{4}\right)^n = \frac{A}{4}\left(\frac{1}{1-\frac{3}{4}}\right) = A$$

La curva que forman los bordes de los triángulos sustraídos es infinita, ya que si P_0 es el perímetro del triangulo original, en el primer paso agregamos $\frac{P_0}{2}$, en el segundo paso agregamos $3\frac{P_0}{2^2}$, en el tercero $9\frac{P_0}{2^3}$, y así el perímetro P resultante es

$$P = P_0 + \frac{P_0}{2} + 3\frac{P_0}{2^2} + 9\frac{P_0}{2^3} + \cdots$$

$$P = P_0\left(1 + \frac{1}{2} + \frac{3}{2^2} + \frac{3^2}{2^3} + \cdots\right) = \frac{P_0}{3}\left[3 + \frac{3}{2} + \left(\frac{3}{2}\right)^2 + \left(\frac{3}{2}\right)^3 + \cdots\right]$$

$$P = \frac{P_0}{3}\left[2 + \Sigma_0\left(\frac{3}{2}\right)^n\right]$$

y la última expresión, es claramente divergente porque involucra una serie geométrica de razón $q = \frac{3}{2} > 1$, de modo que $P = \infty$.

Ejercicios 8.5

Para las siguientes series, encontrar una expresión del término general.

1. $\sum a_n = 1 + \frac{1}{3} + \frac{1}{5} + \frac{1}{7} + \cdots.$ **2.** $\sum x_n = \frac{1}{2} + \frac{1}{4} + \frac{1}{6} + \frac{1}{8} + \cdots.$

3. $\sum y_n = 1 + \frac{2}{2} + \frac{3}{4} + \frac{4}{8} + \cdots.$ **4.** $\sum b_n = 1 + \frac{1}{4} + \frac{1}{9} + \frac{1}{16} + \cdots.$

5. $\sum z_n = \frac{3}{4} + \frac{4}{9} + \frac{5}{16} + \frac{6}{25} + \cdots.$ **6.** $\sum c_n = \frac{1}{2} + \frac{1}{6} + \frac{1}{12} + \frac{1}{20} + \frac{1}{30} + \cdots.$

7. $\sum x_n = \frac{1}{2} - \frac{2}{3} + \frac{3}{4} - \frac{4}{5} + \frac{5}{6} - + \cdots.$ **8.** $\sum u_n = \frac{2}{5} + \frac{4}{8} + \frac{6}{11} + \frac{8}{14} + \frac{10}{17} + \cdots.$

Con la condición *necesaria* de convergencia, $\lim_{\infty} x_n = 0$, establecer cuales series *no pueden ser* convergentes y cuales *pueden ser* convergentes.

9. $\sum_1^\infty \frac{n+1}{2n+1}$.

10. $\sum_1^\infty \frac{2n}{3n+2}$.

11. $\sum_1^\infty (-1)^{n+1}$.

12. $\sum_1^\infty \frac{1}{\sqrt[n]{10}}$.

13. $\sum_1^\infty \frac{1}{\sqrt[n]{0,2}}$.

14. $\sum_1^\infty \frac{1}{\sqrt{n}}$.

15. $\sum_1^\infty \frac{sen\ n}{n}$.

16. $\sum_1^\infty \frac{1}{n+sen\ n^2}$.

Determinar el carácter convergente o divergente de las siguientes series geométricas. Para las convergentes, dar su suma S.

17. $\sum_0^\infty \frac{1}{3^n}$.

18. $\sum_0^\infty (-1)^n \frac{3}{2^n}$.

19. $\sum_0^\infty \left(\frac{1}{4^n} - \frac{1}{7^n} \right)$.

20. $\sum_0^\infty \left[\left(\frac{1}{2} \right)^n + \left(\frac{4}{3} \right)^n \right]$.

Respuestas:

1. $R: a_n = \frac{1}{2n-1}$. **2.** $R: x_n = \frac{1}{2n}$. **3.** $R: y_n = \frac{n}{2n-1}$. **4.** $R: b_n = \frac{1}{n^2}$. **5.** $R: z_n = \frac{n+2}{(n+1)^2}$. **6.** $R: c_n = \frac{1}{n^2+n}$. **7.** $R: x_n = \frac{(-1)^{n+1} n}{n+1}$. **8.** $R: u_n = \frac{2n}{3n+2}$. **9.** $R:$ no. **10.** $R:$ no. **11.** $R:$ no. **12.** $R:$ no. **13.** $R:$ no. **14.** $R:$ puede ser conv. **15.** $R:$ puede ser conv. **16.** $R:$ puede ser conv. **17.** $R: conv.\ S = \frac{3}{2}$. **18.** $R: conv.\ S = 2$. **19.** $R: conv.\ S = \frac{1}{6}$. **20.** $R: div.$

8.6 criterios de convergencia absoluta

Los criterios de convergencia que veremos a continuación, permiten establecer el carácter de una serie de términos no negativos, siendo inmediata su extensión a las de términos no positivos. Estos criterios, son necesarios y suficientes para la convergencia de una serie de términos no negativos, y aun cuando no existe entre ellos un criterio general aplicable a todas las series, su aplicación se basa en el término general que siempre conocemos y prescinde de las sumas parciales, que en general no conocemos, para aplicar por ejemplo, el criterio de *Cauchy*.

8.6.1. *Criterio del cociente.* Este criterio, debido a J. LE R. D'ALEMBERT (1717-1783), establece que; Sea $\sum x_n$ una serie de términos positivos y supóngase que

$\lim_\infty \frac{x_{n+1}}{x_n} = L$, entonces $\sum x_n$ converge si $L < 1$, y diverge si $L > 1$. En el caso $L = 1$, el criterio no decide.

Demostración: Supondremos $L < 1$ y, eligiendo un q tal que $L < q < 1$, formaremos una serie geométrica que converge por ser $q < 1$, y que a la vez acota a $\sum x_n$, que es monótona creciente por ser una serie de términos positivos.

Siendo $\lim_\infty \frac{x_{n+1}}{x_n} = L$ y $L < q$, para valores suficientemente grandes de n, digamos $n \geq N \in \mathbb{N}$, se ha de cumplir que $\frac{x_{n+1}}{x_n} < q$ si $n \geq N$, entonces

$$\frac{x_{N+1}}{x_N} < q \Rightarrow x_{N+1} < x_N \cdot q$$

$$\frac{x_{N+2}}{x_{N+1}} < q \Rightarrow x_{N+2} < x_{N+1} \cdot q < x_N \cdot q^2$$

$$\frac{x_{N+3}}{x_{N+2}} < q \Rightarrow x_{N+3} < x_{N+2} \cdot q < x_N \cdot q^3$$

y así
$$x_{N+m} < x_N \cdot q^m$$

entonces, a partir de $n = N$, se verifica que los términos de la serie $\sum x_n$, son menores que los términos de la serie geométrica $\sum_{m=0} x_N \cdot q^m$, que converge por ser $q < 1$. Todos los términos anteriores a N son un número finito, y su suma entonces es un valor finito S', los infinitos restantes, suman un valor menor que el de la suma de la serie geométrica $\sum_{m=0} x_N \cdot q^m = S''$, esto hace que $S' + S''$ sea una cota superior de $\sum x_n$, y como esta última serie es monótona no decreciente, por el teorema 8.4.3 de convergencia monótona, es convergente ◆

Hemos podido recurrir para la prueba del teorema, a la *comparación* de la serie $\sum x_n$ con la serie $\sum_{m=0} x_N \cdot q^m$ ya que, sus términos en *última instancia*, o a partir de N, son mayores que los de la serie $\sum x_n$, entonces si la serie geométrica converge, la serie $\sum x_n$ converge porque está *dominada* por la serie geométrica.

8.6.2. *Ejemplo.* **a.** $\sum_1 \frac{1}{n!}$. $\lim_\infty \frac{n!}{(n+1)!} = \lim_\infty \frac{1}{n+1} = 0 < 1 \Rightarrow \sum_1 \frac{1}{n!}$ converge. **b.** $\sum \frac{(n+2)!}{4!n!2^n}$. $\lim_\infty \frac{(n+3)!}{4!(n+1)!2^{n+1}} \frac{2^n n!4!}{(n+2)!} = \lim_\infty \frac{n+3}{2(n+1)} = \frac{1}{2} < 1, \Rightarrow \sum \frac{(n+2)!}{4!n!2^n}$ converge. **c.** $\sum \frac{x^n}{n!}$. Converge si $\lim_\infty \frac{x^{n+1}}{(n+1)!} \frac{n!}{x^n} = \lim_\infty \frac{x}{n+1} < 1$, entonces debe ser $x < \lim_\infty n + 1$, y $\sum \frac{x^n}{n!}$ converge $\forall x \in \mathbb{R}$. **d.** $\sum \frac{(n!)^2}{(2n)!}$. $\lim_\infty \frac{(n+1)!(n+1)!(2n)!}{(2n+2)!n!n!} = \lim_\infty \frac{(n+1)(n+1)(2n)!}{(2n+2)!} =$

$\lim_\infty \frac{(n+1)^2}{(2n+2)(2n+1)} = \frac{1}{4} < 1 \Rightarrow \sum \frac{(n!)^2}{(2n)!}$ converge.

8.6.3. *Criterio de la raíz.* Sea $\sum x_n$ una serie de términos positivos y supóngase que $\lim_\infty \sqrt[n]{x_n} = L$, entonces $\sum x_n$ converge si $L < 1$, y diverge si $L > 1$. En el caso $L = 1$, el criterio no decide.

Demostración: Como en el caso anterior, supondremos $L < 1$ y, con un q tal que $L < q < 1$, formaremos una serie geométrica que converge por ser $q < 1$, y acota a $\sum x_n$, que es monótona creciente por ser una serie de términos positivos.

Si $\lim_\infty \sqrt[n]{x_n} = L$ y $L < q$, cuando n tome valores suficientemente grandes, $n \geq \text{N} \in \text{N}$, se ha de cumplir que $\sqrt[n]{x_n} < q$ si $n \geq \text{N}$, entonces

$$\sqrt[\text{N}]{x_\text{N}} < q \Rightarrow x_\text{N} < q^\text{N}$$

$$\sqrt[\text{N}+1]{x_{\text{N}+1}} < q \Rightarrow x_{\text{N}+1} < q^{\text{N}+1}$$

$$\sqrt[\text{N}+2]{x_{\text{N}+2}} < q \Rightarrow x_{\text{N}+2} < q^{\text{N}+2}$$

y así
$$x_{\text{N}+m} < q^{\text{N}+m}$$

queda claro que, a partir de $n = \text{N}$, los términos de la serie $\sum x_n$, son menores que los términos de la serie geométrica $\sum_{m=0} q^{\text{N}+m}$ convergente por ser $q < 1$. Todos los términos de $\sum x_n$ desde $n = 1$ hasta $n = \text{N} - 1$, son un número finito y por lo tanto su suma converge y vale S', los restantes términos de $\sum x_n$, desde $n = \text{N}$ hasta infinito, tienen una suma acotada, menor que la suma de la serie geométrica $\sum_{m=0} q^{\text{N}+m}$ convergente que los acota, y su suma tendrá un valor que designamos S'', entonces; $S' + S''$ es una cota superior de $\sum x_n$, y como esta última es monótona no decreciente, por el teorema 8.4.3 de convergencia monótona, es convergente ◆

Aquí también es posible recurrir para la prueba del teorema, a la *comparación* de series, tomando como referencia la serie $\sum_{m=0} q^{\text{N}+m}$ que sabemos convergente y cuyos términos, a partir de N son mayores que los de la serie $\sum x_n$, entonces si la serie geométrica converge, la serie $\sum x_n$ converge porque está *dominada* por la serie geométrica.

8.6.4. *Ejemplo.* **a.** $\sum \left(\frac{n+2}{2n-3}\right)^n$. $\lim_\infty \sqrt[n]{\left(\frac{n+2}{2n-3}\right)^n} = \lim_\infty \left(\frac{n+2}{2n-3}\right) = \frac{1}{2} < 1$, converge. **b.**

$\sum \frac{1}{n^n}$. $\lim_\infty \sqrt[n]{\left(\frac{1}{n}\right)^n} = \lim_\infty \frac{1}{n} = 0 < 1$, converge. **c.** $\sum_1 \left(\frac{3n}{2n+1}\right)^n$. $\lim_\infty \sqrt[n]{\left(\frac{3n}{2n+1}\right)^n} = \frac{3}{2} >$

1, diverge. **d.** $\sum_1 \left(\frac{n+1}{n}\right)^{n^2}$. $\lim_\infty \sqrt[n]{\left(\frac{n+1}{n}\right)^{n^2}} = \lim_\infty \left(\frac{n+1}{n}\right)^n = e > 1$, diverge.

8.6.5. *Criterio de la integral.* Sea $\sum x_n$ una serie de términos positivos, y sea f una función continua y monótona no creciente en $[1, \infty)$, tal que $f(n) = x_n$ para cada $n \in$ N, entonces la serie $\sum x_n$ y la *integral impropia* $\int_1^\infty f(t)dt$, convergen y divergen juntas. (Para la definición de integrales del tipo $\int_a^\infty f$, ver 9.7.1)

Demostración: Si $\int_1^\infty f(t)dt$ converge, entonces, como se ve en la figura 8.6.5.a; $\sum_2^n x_n \leq \int_1^{n+1} f(t)dt \leq \int_1^\infty f(t)dt$, siendo las x_n, los rectángulos de base 1 y altura x_n

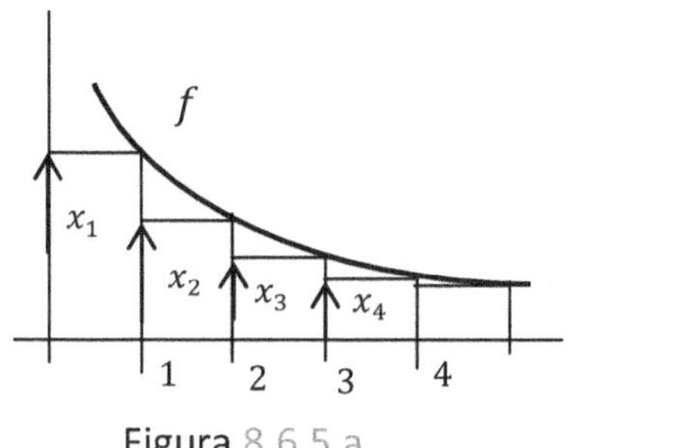

Figura 8.6.5.a

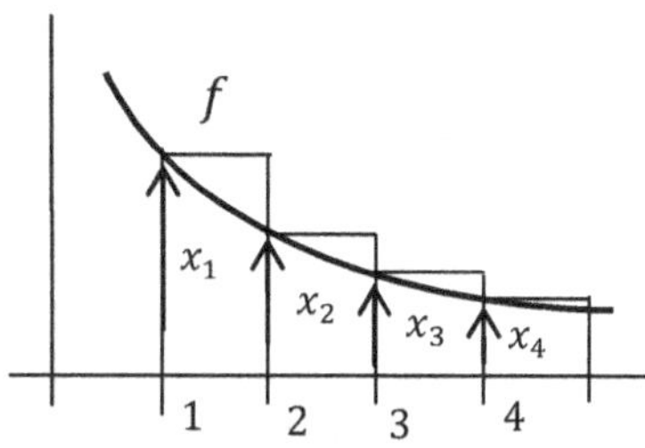

Figura 8.6.5.b

Como la sumas parciales s_n son monótonas y acotadas por el número real $x_1 + \int_1^\infty f(t)dt$, por el teorema 8.4.3 de convergencia monótona convergen.

Por otra parte, si la $\int_1^\infty f(t)dt$ diverge, las sumas parciales s_n no son acotadas porque

$$\sum_1^n x_n \geq \int_1^{n+1} f(t)dt$$

y, siendo la integral $\int_1^{n+1} f(t)dt$ divergente si $n \to \infty$, la serie $\sum_1^n x_n$ diverge, figura 8.6.5.b.

8.6.6. *Ejemplo.* **a.** $\sum_1 \frac{1}{n}$. $f(t) = \frac{1}{t}$ y $\int_1^\infty f(t)dt = \lim_{R \to \infty} \int_1^R \frac{dt}{t} = \lim_{R \to \infty} \ln R - \ln 1 = \infty \Rightarrow \sum_1 \frac{1}{n}$ diverge. **b.** $\sum_1 \frac{1}{3n-1}$. $f(t) = \frac{1}{3t-1}$ y $\int_1^\infty f(t)dt = \int_1^\infty \frac{dt}{3t-1} = \infty \Rightarrow \sum_1 \frac{1}{3n-1}$ diverge. **c.** $\sum_1 \frac{e^{\frac{1}{n}}}{n^2}$. $f(t) = \frac{e^{\frac{1}{t}}}{t^2}$ y $\int_1^\infty \frac{e^{\frac{1}{t}}}{t^2}dt = -e^{\frac{1}{t}}\Big|_1^\infty = e^1 - e^{\frac{1}{\infty}} = e \Rightarrow \sum_1 \frac{e^{\frac{1}{n}}}{n^2}$ converge. **d.**

$\sum \frac{1}{x^p}$. Si $p \neq 1$ como en **a**, $f(t) = \frac{1}{t^p}$ y $\int_1^\infty t^{-p}dt = \lim_{R \to \infty} \frac{t^{1-p}}{1-p}\Big|_1^R = \frac{\lim_{R \to \infty} R^{1-p} - 1^{1-p}}{1-p} \Rightarrow$

$\sum \frac{1}{x^p}$ diverge si $p \leq 1$ y converge si $p > 1$. Esta última, es una importante conclusión; las *series p*, cuya convergencia está asegurada si $p > 1$, junto con las series geométricas cuyas condición de convergencia, $|q| < 1$, vimos en 8.5.11, permiten mediante la *comparación*, establecer el carácter de otras series.

8.6.7. *Comparación de series.* Es posible determinar cual es el carácter de una serie, comparándola con otra cuyo carácter es conocido. Sean dos series $\sum x_n$ y $\sum y_n$ dos series, y $\forall n \in \mathbb{N}: 0 \leq x_n \leq y_n$. Entonces si $\sum y_n$ converge, también converge $\sum x_n$, y si $\sum x_n$ diverge, también diverge $\sum y_n$.

Demostración: La condición $\forall n \in \mathbb{N}: 0 \leq x_n \leq y_n$, nos asegura que las sumas no pueden ser divergentes hacia $-\infty$. Si $\sum y_n$ converge, por el criterio de *Cauchy* 8.5.6, se cumple para algún $\mathbb{N}(\varepsilon) \in \mathbb{N}$ que, si $m, n \geq \mathbb{N}$ entonces $|s_m - s_n| < \varepsilon$, de donde

$$|y_{n+1} + y_{n+2} + \cdots + y_m| < \varepsilon$$

pero la condición $\forall n \in \mathbb{N}: 0 \leq x_n \leq y_n$ asegura entonces que, si $\sum y_n$ cumple la condición de *Cauchy*, también la cumple $\sum x_n$, y

$$|x_{n+1} + x_{n+2} + \cdots + x_m| < \varepsilon \text{ si } m, n \geq \mathbb{N}$$

por lo que $\sum x_n$ es convergente ♦

La divergencia de $\sum y_n$ a partir de la divergencia de $\sum x_n$, es un aserto contra-propositivo del anterior, por lo que queda también probado. Puede recurrirse también para probar la convergencia de $\sum x_n$, al teorema 8.4.3 de convergencia monótona.

8.6.8. *Ejemplo.* **a.** $\sum_2 \frac{\ln n}{n}$. $\sum \frac{1}{n}$ diverge y $\frac{\ln n}{n} > \frac{1}{n}$ $\forall n \in \mathbb{N} \wedge n > 2 \Rightarrow \sum_2 \frac{\ln n}{n}$ diverge. **b.** $\sum_1 \frac{\cos^2 n}{2^n}$. $\sum \frac{1}{2^n}$ converge y $\frac{\cos^2 n}{2^n} \leq \frac{1}{2^n}$ $\forall n \in \mathbb{N} \Rightarrow \sum_1 \frac{\cos^2 n}{2^n}$ converge. **c.** $\sum_1 \frac{1}{3^n + 4n}$. $\sum \frac{1}{3^n}$ converge y $\frac{1}{3^n + 4n} < \frac{1}{3^n}$ $\forall n \in \mathbb{N} \Rightarrow \sum_1 \frac{1}{3^n + 4n}$ converge. Cuando en una sucesión o serie, una propiedad se verifica a partir de cierto n en adelante, decimos que tiene esa propiedad *en última instancia*.

8.6.9. *Comparación de límites.* Podemos conocer el carácter de una serie, comparando el límite de su término general con el de otra serie cuyo carácter se conoce. Si $\{x_n\}$, $\{y_n\}$, son dos sucesiones de términos positivos, y $\lim_\infty \frac{x_n}{y_n} = L \neq 0$, entonces $\sum x_n$ converge si, y solo si, $\sum y_n$ converge. Si $\lim_\infty \frac{x_n}{y_n} = 0$ y $\sum y_n$ converge, entonces $\sum x_n$ converge.

Demostración: Si $\lim_\infty \frac{x_n}{y_n} = L \neq 0$, entonces a partir de cierto $n \geq \mathbb{N} \in \mathbb{N}$, $\frac{x_n}{y_n}$ se mantendrá menor que algún número real $c > 1$ por lo que podemos poner

$$\frac{x_n}{y_n} \leq c \quad \text{si} \quad n \geq \text{N}$$

de donde surgen las dos relaciones

$$x_n \leq c y_n \quad \text{y} \quad y_n \leq \frac{1}{c} x_n \quad \text{si} \quad n \geq \text{N}$$

y en cualquiera de los dos casos, la convergencia de la serie asociada a los términos del segundo miembro asegura la de la asociada a los del primero, para todos los términos posteriores a x_N e y_N por el *criterio de comparación de series* 8.6.7. Los términos anteriores, son justamente $\text{N} - 1$, un número finito y por lo tanto su suma es un valor finito y entonces, hemos probado así el primer aserto.

Al segundo aserto lo probamos con el mismo recurso de la comparación, porque si $\lim_\infty \frac{x_n}{y_n} = 0$, entonces $\frac{x_n}{y_n} < \varepsilon$ si $n \geq \text{N}$ para un $\varepsilon < 1$ y N convenientemente grande, por lo que resulta $x_n < \varepsilon\, y_n$, y la convergencia de $\sum y_n$ asegura la convergencia de $\sum x_n$ ◆

8.6.10. *Ejemplo.* **a.** $\sum \frac{1}{n^2+1}$. $\sum \frac{1}{n^2}$ converge y $\lim_\infty \frac{n^2}{n^2+1} = 1 \Rightarrow \sum \frac{1}{n^2+1}$ converge. **b.**

$\sum_1 sen\, \frac{1}{n}$. $\sum_1 \frac{1}{n}$ diverge y $\lim_\infty \frac{sen\frac{1}{n}}{\frac{1}{n}} = \lim_0 \frac{sen\, n}{n} = 1 \Rightarrow \sum_1 sen\, \frac{1}{n}$ diverge. **c.** $\sum_1 sen\, \frac{1}{n^2}$.

$\sum \frac{1}{n^2}$ converge y $\lim_\infty \frac{sen\frac{1}{n^2}}{\frac{1}{n^2}} = \lim_0 \frac{sen\, n^2}{n^2} = 1 \Rightarrow \sum_1 sen\, \frac{1}{n^2}$ converge. **d.** $\sum \frac{1}{\sqrt{n^2+n}}$. $\sum_1 \frac{1}{n}$

diverge y $\lim_\infty \sqrt{\frac{n^2}{n^2+n}} = 1 \Rightarrow \sum \frac{1}{\sqrt{n^2+n}}$ diverge.

8.6.11. *Series alternadas y criterio de Leibniz.* Si los términos de la serie $\sum x_n$ alternan en signo, y satisfacen las condiciones; $|x_1| \geq |x_2| \geq \cdots |x_n| \geq \cdots$ y $\lim_\infty |x_n| = 0$, entonces $\sum x_n$ converge, y además, si S_n es la enésima suma parcial, y $\sum x_n$ converge a S, entonces el *resto* $|S_n - S| < |x_n|$.

Demostración: Sin pérdida de generalidad, podemos considerar $x_1 > 0$ o bien, los impares positivos. Probaremos que la suma no diverge a $-\infty$ estando acotada inferiormente, luego probaremos que es monótona decreciente y por lo tanto, converge por el teorema 8.4.3 de convergencia monótona al ser acotada inferiormente. Finalmente probaremos que el resto es menor que el último término de la suma parcial, $|S_n - S| < |x_n|$.

Consideremos la suma parcial de $2n + 1$ términos

$$S_{2n+1} = x_1 - x_2 + x_3 - x_4 + \cdots + x_{2n-1} - x_{2n} + x_{2n+1}$$

$$S_{2n+1} = (x_1 - x_2) + (x_3 - x_4) + \cdots + (x_{2n-1} - x_{2n}) + x_{2n+1}$$

y entonces, S_{2n+1} es una suma de términos positivos por la condición $|x_1| \geq |x_2| \geq \cdots |x_n| \geq \cdots$ y eso asegura que es acotada inferiormente por cero. Por otra parte la misma suma S_{2n+1}, puede ponerse como

$$S_{2n+1} = x_1 - (x_2 - x_3) - (x_4 - x_5) - \cdots - (x_{2n} - x_{2n+1})$$

donde cada término entre paréntesis es positivo, esto último prueba que S_{2n+1} es monótona decreciente y, al ser acotada inferiormente, converge a un valor menor que x_1, y hemos probado entonces que las sumas parciales convergen, lo que implica la convergencia de $\sum x_n$.

De la misma forma, se prueba que el resto de la serie, los términos remanentes de $S - S_N = S - \sum_1^N x_n$, que forman la suma $S' = \sum_{N+1}^\infty x_n = x_{N+1} - x_{N+2} + - \cdots$, es también una serie alterna y su convergencia, se asegura y prueba como ya lo hicimos ♦

8.6.12. *Ejemplo.* **a.** $\sum(-1)^n \frac{1}{n} = 1 - \frac{1}{2} + \frac{1}{3} - \frac{1}{4} + \cdots$. Se cumplen; $|1| > \left|\frac{1}{2}\right| > \left|\frac{1}{3}\right| > \cdots$ y $\lim_\infty \left|\frac{1}{n}\right| = 0 \Rightarrow \sum(-1)^n \frac{1}{n}$ converge. La serie $\sum \frac{1}{n}$ no converge, solo converge condicionalmente, como $\sum(-1)^n \frac{1}{n}$. **b.** $\sum(-1)^n \frac{1}{\sqrt{n}}$. Se cumplen; $|1| > \left|\frac{1}{\sqrt{2}}\right| > \left|\frac{1}{\sqrt{3}}\right| > \cdots$ y $\lim_\infty \left|\frac{1}{\sqrt{n}}\right| = 0 \Rightarrow \sum(-1)^n \frac{1}{\sqrt{n}}$ converge. La serie $\sum \frac{1}{\sqrt{n}}$ no converge, solo converge condicionalmente, como $\sum(-1)^n \frac{1}{\sqrt{n}}$. **c.** $\sum_1 (-1)^n \frac{\ln n}{n}$. Se cumplen; $\left|\frac{\ln 3}{3}\right| > \left|\frac{\ln 4}{4}\right| > \left|\frac{\ln 5}{5}\right| > \cdots$ y $\lim_\infty \left|\frac{\ln n}{n}\right| = 0 \Rightarrow \sum_1 (-1)^n \frac{\ln n}{n}$ converge. La serie $\sum_1 \frac{\ln n}{n}$ no converge, solo converge condicionalmente, como $\sum_1 (-1)^n \frac{\ln n}{n}$. **d.** $1 - \frac{1}{5} + \frac{1}{2} - \frac{1}{5^2} + \frac{1}{3} - \cdots + \frac{1}{k} - \frac{1}{5^k} + \cdots$. Se cumple $\lim_\infty |x_n| = 0$ pero no se verifica el decrecimiento monótono de $|x_n|$. La serie no converge.

8.6.13. *Reordenamiento de una serie.* A partir de una serie $\sum x_n$, puede obtenerse otra serie $\sum y_m$, donde los y_m son los términos x_n dispuestos en otro orden.

8.6.14. *Ejemplo.* **a.** La serie armónica $\sum x_n = 1 + \frac{1}{2} + \frac{1}{3} + \frac{1}{4} + \cdots + \frac{1}{n} + \cdots$ puede reordenarse como $\sum y_m = \frac{1}{2} + 1 + \frac{1}{4} + \frac{1}{3} + \cdots + \frac{1}{2n} + \frac{1}{2n-1} + \cdots$ o como $\sum z_m = 1 + \frac{1}{3} + \frac{1}{2} + \frac{1}{4} + \frac{1}{5} + \frac{1}{7} + \cdots + \frac{1}{2n-1} + \frac{1}{2n+1} + \frac{1}{2n} + \frac{1}{2n+2} + \cdots$. **b.** La serie alternoarmónica

$\sum x_n = 1 - \frac{1}{2} + \frac{1}{3} - \frac{1}{4} + \cdots + \frac{(-1)^{n+1}}{n} + \cdots$ puede reordenarse como $\sum z_m = 1 - \frac{1}{2} - \frac{1}{4} +$
$\frac{1}{5} + \frac{1}{7} + \frac{1}{9} - \frac{1}{6} - \frac{1}{8} - \frac{1}{10} - \frac{1}{12} + \cdots$ agrupando un impar, dos pares, tres impares, etc.

8.6.15. *Teorema. Reordenamiento.* Si una serie $\sum x_n$ es absolutamente convergente con suma S, entonces cualquier reordenamiento $\sum y_m$ obtenido de $\sum x_n$, es convergente a S.

Demostración: Sea $\{s_n\}$ la sucesión de sumas parciales de $\sum x_n$ y $\lim_\infty s_n = S$; Probaremos que cualquier reordenamiento $\sum y_m$ de $\sum x_n$, es convergente a S puesto que sus sumas parciales s'_m, están siempre, contenidas en alguna suma parcial s_n, que contiene todos los términos de s'_m, más algunos otros x_n que le son propios, de modo que $\{s'_m\} \subset \{s_n\}$.

Las sumas s'_m son una sucesión monótona creciente, porque sus términos son positivos en tanto estamos considerando la convergencia absoluta de $\sum x_n$ cuyas sumas parciales $\{s_n\}$, además, convergen a S. En consecuencia, las sumas parciales $\{s'_m\}$ convergen a un límite, $\lim_\infty s'_m = S' \leq S$. A su vez, si $\sum y_m$ converge a S' y consideramos a $\sum x_n$ como un reordenamiento de $\sum y_m$, razonando como anteriormente lo hicimos, las sumas parciales de $\sum x_n$ convergen acotadas por S' y $\lim_\infty s_n = S < S'$, por lo que concluimos que $S' = S$ y entonces, las dos series convergen a un mismo límite $\blacklozenge$

Nota: B. RIEMANN demostró un conocido teorema que solo enunciamos; Si $\sum x_n$ es una serie real condicionalmente convergente y L es un número real cualquiera, entonces existe un reordenamiento de $\sum x_n$ que converge a L.

Ejercicios 8.6

En las siguientes series, aplicar el *criterio del cociente* para determinar si son convergentes.

1. $\sum_0^\infty \frac{e^n}{n!}$. **2.** $\sum_0^\infty \frac{2^{n-1}}{(n-1)!}$. **3.** $\sum_1^\infty \frac{n!}{2^n+1}$.

4. $\sum_1^\infty \frac{n^3}{e^n}$. **5.** $\sum_0^\infty \frac{n^2(n-1)}{3^n}$

En las siguientes series, aplicar el *criterio de la raíz* para determinar si son convergentes.

6. $\sum_1^\infty \left(\frac{n}{3n-1}\right)^{2n-1}$.

7. $\sum_1^\infty \frac{2^{n-1}}{n^n}$.

8. $\sum_1^\infty \left(\frac{2n+1}{3n+1}\right)^{n/2}$.

9. $\sum_1^\infty \frac{n^2(n-1)}{3^n}$.

10. $\sum_1^\infty \frac{2^n n!}{n^n}$.

En las siguientes series, aplicar el *criterio de la integral* para determinar si son convergentes.

11. $\sum_1^\infty \frac{1}{3n-2}$.

12. $\sum_2^\infty \frac{1}{n \ln n}$.

13. $\sum_2^\infty \frac{1}{n (\ln n)^2}$.

14. $\sum_1^\infty \frac{\ln n}{n}$.

15. $\sum_1^\infty \frac{e^{1/n}}{n^2}$.

En las siguientes series, aplicar el *criterio de Leibniz* para determinar si son condicionalmente convergentes. Establecer además en cada caso, si la serie es absolutamente convergente.

16. $\sum_1^\infty \frac{(-1)^n}{3n-2}$.

17. $\sum_1^\infty \frac{(-1)^n}{\sqrt{n}}$.

18. $\sum_1^\infty \frac{(-1)^n n}{3n-1}$.

19. $\sum_2^\infty \frac{(-1)^n}{n \ln n}$.

20. $\sum_2^\infty \frac{(-1)^n}{n(\ln n)^2}$.

Respuestas:

1. R: conv.. **2.** R: conv.. **3.** R: no conv.. **4.** R: conv.. **5.** R: conv.. **6.** R: conv.. **7.** R: conv.. **8.** R: conv.. **9.** R: conv.. **10.** R: conv.. **11.** R: no conv.. **12.** R: no conv.. **13.** R: conv.. **14.** R: no conv.. **15.** R: conv.. **16.** R: cond. conv., no abs, conv.. **17.** R: cond. conv., no abs, conv.. **18.** R: no cond. conv., no abs, conv.. **19.** R: cond. conv., no abs, conv.. **20.** R: cond. conv. y abs, conv.

8.7 Sucesiones y series de funciones

Consideraremos ahora en lugar de sucesiones numéricas, sucesiones de funciones, y asociadas a ellas, las series de funciones, restringiendo nuestra atención, a las series de potencias enteras de la variable x.

8.7.1. *Series de funciones.* Si $\{f_n(x)\} = f_1(x), f_2(x), \ldots, f_n(x), \ldots$ es una sucesión de funciones definidas en un dominio $D \subset \mathrm{R}$, la sucesión $\{s_n\}$ de sumas parciales de la serie infinita $\sum f_n(x)$, se define para cada x del domino D como

$$s_1 := f_1 \qquad\qquad \ldots\ldots\ldots\ldots\ldots\ldots\ldots\ldots$$

$$s_2 := f_1 + f_2 \qquad\qquad s_{N-1} := f_1 + f_2 + \cdots + f_{N-1}$$

$$s_3 := f_1 + f_2 + f_3 \qquad\qquad s_N := f_1 + f_2 + \cdots + f_{N-1} + f_N = s_{N-1} + f_N$$

Cuando la sucesión de sumas parciales converja a una cierta función límite f, definida en D, como en el caso de las series numéricas en 8.5.3, diremos que la serie $\sum_1^\infty f_n$ converge y como en 8.5.1, obviaremos los límites de la suma cuando no hubiera lugar a confusión, poniendo $\sum f_n$, y por cierto que hemos omitido también la variable, sobreentendiéndose que es x y que $f_n = f_n(x)$. Como en las series numéricas, cuando también se verifique en D la convergencia de $\sum_1^\infty |f_n|$, diremos que la serie $\sum_1^\infty f_n$ es absolutamente convergente en D.

8.7.2. *Ejemplo.* **a.** $\{f_n\} = \{x^n\} = x, x^2, x^3, \ldots\ s_1 = x,\ s_2 = x + x^2,\ s_3 = x + x^2 + x^3,$ $\sum f_n = \sum x^n = x + x^2 + x^3 + \cdots.$ **b.** $\{f_n\} = \{sen\ nx\} = sen\ x, sen\ 2x, sen\ 3x, \ldots.$ $s_1 = sen\ x,\ s_2 = sen\ x + sen\ 2x,\ s_3 = sen\ x + sen\ 2x + sen\ 3x,\ \sum f_n = \sum sen\ nx =$ $sen\ x + sen\ 2x + sen\ 3x + \cdots.$

8.7.3. *Series de potencias.* Una serie de potencias, es una serie de funciones reales de la forma $\sum_0 a_m(x - x_0)^m = a_0 + a_1(x - x_0) + a_2(x - x_0)^2 + \cdots$, donde los a_m son constantes reales y la serie así expresada, se dice *desarrollada en torno de* x_0, *o con centro en* x_0. Si $x_0 = 0$, la serie es $\sum_0 a_m x^m = a_0 + a_1 x + a_2 x^2 + \cdots$ y el desarrollo es como se ha dicho, con centro en $x = 0$ o en torno a $x = 0$. En lo sucesivo, por comodidad en la escritura, adoptaremos $x_0 = 0$ ya que cualquier serie de la forma $\sum_0 a_m(x - x_0)^m$, se puede expresar como $\sum_0 a_n u^n$, con $u = x - x_0$. Está claro que la serie $\sum_0 a_m x^m$, se convierte en una serie numérica cuando x se reemplaza por un valor determinado, y que la convergencia de $\sum_0 a_m x^m$, depende del valor de x. En general, $\sum_0 a_m x^m$ será convergente solo para algunos valores de x cuyo conjunto, es el *dominio* o *campo de convergencia* de la serie.

Cuando para cierto $x = x_0$ la serie numérica resultante converge a un límite L, y $\sum a_m x_0^m = L$, decimos que la serie converge o bien que es convergente en x_0, en otro caso decimos que diverge o que es divergente en x_0.

8.7.4. *Ejemplo.* **a.** $\sum_0 x^m$ es una serie geométrica de razón $q = x$, que converge a $\frac{1}{1-x}$ cuando $|x| < 1 \Rightarrow \sum_0 x^m = \frac{1}{1-x}$ si $-1 < x < 1$. $\sum_0 x^m$ no converge a ningún valor real si $|x| \geq 1$. **b.** $\sum_0 (-1)^n x^n = 1 - x + x^2 - x^3 + \cdots = \frac{1}{1+x}$ si $|x| < 1$. **c.** $\sum_1 (-1)^{n-1} \frac{(x-1)^n}{n} = (x - 1) - \frac{(x-1)^2}{2} + \frac{(x-1)^3}{3} - \cdots$, es convergente si $0 < x < 2$.

8.7.5. *Radio de convergencia de las series de potencias.* Toda serie $\sum_0 a_m x^m$, converge trivialmente a a_0 en $x = 0$, y en el caso $\sum_0 a_n (x - x_0)^n$, la serie converge a a_0 en $x = x_0$. Puede suceder, que $\sum_0 a_m x^m$ sea convergente, no solo para $x = 0$, sino también para *cualquier* valor de x o bien, que sea convergente solo para *algunos* valores de x.

La mayor distancia $|x - 0|$ para la que $\sum_0 a_m x^m$ converge, es el *radio de convergencia R* de la serie. Si la serie está expresada como $\sum_0 a_m (x - x_0)^m$, el radio de convergencia R es la mayor distancia $|x - x_0|$, para la que $\sum_0 a_n (x - x_0)^n$ converge. Los casos extremos serán: $R = 0$ si $\sum_0 a_m x^m$ o $\sum_0 a_n (x - x_0)^n$ convergen solo para $x = 0$ o $x = x_0$ respectivamente, y $R = \infty$ cuando las series sean convergentes para todo x.

8.7.6. *Ejemplo.* **a.** $\sum_0 x^n = 1 + x + x^2 + x^3 + \cdots$ sabemos que converge a $\frac{1}{1-x}$ si $|x| < 1 \Rightarrow x_0 = 0$ y $R = 1$. **b.** $\sum_0 (-1)^n x^n = 1 - x + x^2 - x^3 + \cdots$ converge a $\frac{1}{1+x}$ si $|x| < 1 \Rightarrow x_0 = 0$ y $R = 1$. **c.** $\sum_1 (-1)^{n-1} \frac{(x-1)^n}{n} = (x - 1) - \frac{(x-1)^2}{2} + \frac{(x-1)^3}{3} - \cdots$ se prueba que es convergente a $\ln x$ si $0 < x < 2 \Rightarrow x_0 = 1$ y $R = 1$. **d.** $\sum_0 \frac{x^n}{n!} = 1 + x + \frac{x^2}{2!} + \frac{x^3}{3!} + \cdots$ se prueba que es convergente para todo $x \Rightarrow x_0 = 0$ y $R = \infty$.

8.7.7. *Determinación del radio de convergencia.* Si la suma $\sum_0 a_n x^n$ es convergente para cierto valor de x, debe serle aplicable el criterio del cociente 8.6.1, y se debe cumplir entonces que

$$\lim_\infty \left| \frac{a_{n+1} x^{n+1}}{a_n x^n} \right| = L < 1$$

Podemos entonces poner, para algún n suficientemente grande tal como $n \geq N \in \mathrm{N}$

$$\frac{|a_{n+1} x^{n+1}|}{|a_n x^n|} < 1$$

o bien

$$|a_{n+1}||x^{n+1}| < |a_n||x^n|$$

de donde

$$|x| < \frac{|a_n|}{|a_{n+1}|} \text{ si } n \geq N \in \mathrm{N}$$

por lo que concluimos que $|x|$ debe ser menor que $\left| \frac{a_n}{a_{n+1}} \right|$ para que la serie sea convergente y, el mayor valor que puede tomar $|x|$ sujeto a la restricción $|x| < \frac{|a_n|}{|a_{n+1}|}$ para $n \geq N \in \mathrm{N}$, es el radio de convergencia R. Entonces, si $\lim_\infty \left| \frac{a_{n+1}}{a_n} \right| = L$, determinamos el radio como; $R = \frac{1}{L}$ y R, está determinando la mayor distancia $|x|$, al centro del desarrollo $x = 0$.

Con el mismo razonamiento, podemos determinar el radio de convergencia R, aplicando el criterio de la raíz 8.6.3 a los términos de la serie $\sum_0 a_n x^n$, y entonces si $L = \lim_\infty \left| \sqrt[n]{a_n x^n} \right|$, $R = \frac{1}{L}$.

8.7.8. *Ejemplo.* **a.** $\sum_1 \frac{x^n}{n^2}$. $L = \lim_\infty \left| \frac{n^2}{(n+1)^2} \right| = 1$, $R = \frac{1}{L} = 1$ y la serie converge si $-1 < x < 1$. **b.** La serie geométrica $\sum_0 x^n = 1 + x + x^2 + x^3 + \cdots$ sabemos que es convergente en $(-1,1)$, y podemos comprobar que $L = \lim_\infty \left| \frac{1}{1} \right| = 1$, $R = \frac{1}{L} = 1$, y la serie converge si $-1 < x < 1$. **c.** $\sum_1 \frac{(x-2)^n}{\sqrt{n}}$. $L = \lim_\infty \left| \frac{\sqrt{n}}{\sqrt{n+1}} \right| = 1$, $R = \frac{1}{L} = 1$ y la serie converge si $|x - 2| < 1$ o bien, $1 < x < 3$.

8.7.9. *Intervalo de convergencia*. Al conjunto de valores de x para los que $\sum a_n x^n$ converge lo hemos denominado en 8.7.3, dominio de convergencia. Veremos ahora, que este dominio es un intervalo centrado en $x = 0$ o en $x = x_0$ en el caso de $\sum a_n (x - x_0)^n$. El intervalo de convergencia es en principio, el intervalo $(-R, R)$ o $(x_0 - R, x_0 + R)$, quedando la convergencia en los extremos, como caso a evaluar individualmente, examinando con un criterio apropiado para convergencia de series numéricas, como se comportan las series numéricas $\sum a_n R^n$ o $\sum a_n (R - x_0)^n$. Si la serie numérica $\sum a_n (-R)^n$ que obtenemos al reemplazar x por el número $-R$ es convergente, entonces el intervalo de convergencia es cerrado en

$x = -R$. A su vez, si la serie numérica $\sum a_n R^n$ que resulta de reemplazar x por R es convergente, el intervalo de convergencia es cerrado en $x = R$.

Probaremos ahora que; si $\sum a_n x^n$ converge para algún valor dado $x = x_0$, entonces converge para todo x tal que $|x| < |x_0|$.

Prueba: Para probar nuestra afirmación, mostraremos que si $\sum a_n x^n$ converge en algún $x = x_0$, entonces en todo x tal que $|x| < |x_0|$, la serie numérica resultante es menor que una serie geométrica de razón $q < 1$ y entonces, se asegura su convergencia por comparación.

Si $\sum a_n x^n$ es convergente para $x = x_0$, los términos *finales* de la serie numérica resultante $\sum a_n x_0^n$, deben ser nulos en tanto la serie es convergente, como se probó en 8.5.4, o sea, $\lim_\infty |a_n x_0^n| = 0$, entonces para algún n suficientemente grande, digamos $n > \text{N} \in \text{N}$, debe ser $|a_n x_0^n| < M$, por lo que

$$|a_n| < \frac{M}{|x_0^n|} \Rightarrow |a_n x^n| < \frac{M}{|x_0^n|}|x^n| = M\left|\frac{x}{x_0}\right|^n \text{ si } n \geq \text{N} \in \text{N}$$

Ahora podemos comparar las dos series

$$\sum |a_n x^n| < \sum M\left|\frac{x}{x_0}\right|^n = M \sum \left|\frac{x}{x_0}\right|^n$$

notando que la serie $\sum |a_x x^n|$ es dominada por la serie $M \sum \left|\frac{x}{x_0}\right|^n$ a partir de $n \geq \text{N} \in \text{N}$ y, siendo la serie $\sum \left|\frac{x}{x_0}\right|^n$ una serie geométrica de razón $q = \left|\frac{x}{x_0}\right| < 1$ y por ello convergente, concluimos que $\sum |a_n x^n|$ es convergente y por lo tanto, $\sum a_n x^n$ es absolutamente convergente ♦

No hemos considerado en la comparación de las series, los términos con subíndice $n < \text{N} \in \text{N}$ para los que la relación dominante podría no ser válida pero, como son un número finito, su suma es finita y no afectan la convergencia.

8.7.10. *Ejemplo.* **a.** $\sum_1 \frac{x^n}{n^2}$. $L = \lim_\infty \left|\frac{n^2}{(n+1)^2}\right| = 1$, $R = \frac{1}{L} = 1$, $x_0 = 0$ y la serie converge si $-1 < x < 1$. Si $x = 1$, la serie se convierte en $\sum_1 \frac{1}{n^2}$ cuya convergencia la asegura el criterio de la integral 8.6.5 y si $x = -1$, la serie se convierte en $\sum_1 \frac{(-1)^n}{n^2}$ y converge según el criterio de Leibniz 8.6.11, $\Rightarrow$ el intervalo de convergencia es $[-1,1]$. **b.** $\sum_0 \frac{x^n}{n!} = 1 + x + \frac{x^2}{2!} + \frac{x^3}{3!} + \cdots$. $L = \lim_\infty \left|\frac{n!}{(n+1)!}\right| = \lim_\infty \left|\frac{1}{n+1}\right| = 0$, $R = \frac{1}{L} = \infty \Rightarrow$ el intervalo de convergencia es $(-\infty, \infty)$, el eje real.

c. $\sum_1 (-1)^{n-1}\frac{x^n}{n} = x - \frac{x^2}{2} + \frac{x^3}{3} - \frac{x^6}{4} + \cdots$. $L = \lim_\infty \left|\frac{n}{n+1}\right| = 1$, $R = \frac{1}{L} = 1$, $x_0 = 0$ y la serie converge en $(-1,1)$. Si $x = -1$, la serie se convierte en $\sum_1 (-1)^{2n-1}\frac{1}{n} = -(1 + \frac{1}{2} + \frac{1}{3} + \frac{1}{3} + \cdots)$ que diverge a $-\infty$ por el criterio de la integral 8.6.5, pero si $x = 1$ la serie se convierte en $1 - \frac{1}{2} + \frac{1}{3} - \frac{1}{4} + \cdots$ cuya convergencia está asegurada por el criterio de Leibniz 8.6.11 $\Rightarrow (-1,1]$ es el intervalo de convergencia. **d.** $\frac{x+1}{1.2} + \frac{(x+1)^2}{2.2^2} + \frac{(x+3)^3}{3.2^3} + \cdots + \frac{(x+1)^n}{n.2^n} + \cdots$. La serie converge si $\lim_\infty \left|\frac{(x+1)^{n+1}n\,2^n}{(x+1)^n(n+1)\,2^{n+1}}\right| = \frac{|x+1|}{2} < 1$, y entonces la serie converge si $-3 < x < 1$. Cuando $x = 1$, la serie se convierte en la serie armónica $1 + \frac{1}{2} + \frac{1}{3} + \cdots$ que sabemos divergente, y si $x = -3$ la serie se convierte en la serie alterno armónica $-1 + \frac{1}{2} - \frac{1}{3} + \cdots$, que es condicionalmente convergente por el criterio de Leibniz 8.6.11 $\Rightarrow [-3,1)$ es el intervalo de convergencia.

8.7.11. *Suma de las series de potencias.* Si la serie $\sum_0 a_n x^n$ es convergente, $\lim_\infty |S - s_n| < \varepsilon$, vale decir que si n es suficientemente grande, tal como $n \geq N \, \varepsilon \, N$

$$|S - s_n| < \varepsilon \text{ o bien } \left|\sum_0^\infty a_n x^n - \sum_0^N a_n x^n\right| < \varepsilon$$

por lo que
$$\left|\sum_{N+1}^\infty a_n x^n\right| = |a_{N+1}x^{N+1} + a_{N+2}x^{N+2} + \cdots| < \varepsilon$$

Esto último significa que la suma de los términos *finales* de la serie, de $n = N + 1$ hasta ∞, $\sum_{N+1}^\infty a_n x^n$, puede hacerse igual a un resto R_N despreciable que dependerá de N, siendo $R_N = \sum_{N+1}^\infty a_n x^n$ y entonces; $S = S_N + R_N$. Notemos que $S_N = a_0 + a_1 x + a_2 x^2 + \cdots + a_N x^N$ es un polinomio.

8.7.12. *Derivación e integración de las series de potencias.* Si bien para justificar la derivación término a término de una serie, debemos considerar que tan buena y estable es su convergencia, aceptamos que si es convergente, se comporta como un polinomio para valores grandes de n, y entonces la derivamos término a término como a una suma finita de funciones

$$\left(\sum_0 a_m x^m\right)' = \sum_0 (a_m x^m)' = \sum_1 m a_m x^{m-1} = a_1 + 2a_2 x + 3a_3 x^2 + \cdots$$

$$\left(\sum_0 a_m x^m\right)'' = \sum_2 m(m-1)a_m x^{m-2} = 2a_2 + 3.2a_3 x + 4.3a_4 x^2 + \cdots$$

y corremos los índices de suma porque la derivación elimina las constantes, no obstante, si no los desplazamos, los primeros términos serán nulos.

De la misma forma podemos integrar término a término una serie de potencias para obtener

$$\int \Sigma_0\, a_m x^m = \Sigma_0 \int a_m x^m = \Sigma_0 \frac{a_m x^{m+1}}{m+1} = a_0 x + \frac{a_1 x^2}{2} + \frac{a_2 x^3}{3} + \cdots$$

8.7.13. *Ejemplo.* $\Sigma_0(-1)^n \frac{x^{2n+1}}{(2n+1)!} = x - \frac{x^3}{3!} + \frac{x^5}{5!} - \frac{x^7}{7!} + \cdots.$ $\left(\Sigma_0(-1)^n \frac{x^{2n+1}}{(2n+1)!}\right)' =$

$\Sigma_0(-1)^n \frac{(2n+1)x^{2n}}{(2n+1)!} = \Sigma_0(-1)^n \frac{x^{2n}}{(2n)!} = 1 - \frac{x^2}{2!} + \frac{x^4}{4!} - \frac{x^6}{6!} + \cdots.$ Naturalmente, integrando

la serie obtenida por derivación, obtenemos la primitiva; $\int \Sigma_0(-1)^n \frac{x^{2n}}{(2n)!} =$

$\int \left(1 - \frac{x^2}{2!} + \frac{x^4}{4!} - \frac{x^6}{6!} + \cdots\right) = x - \frac{x^3}{3.2!} + \frac{x^6}{6.5!} - \frac{x^8}{8.7!} + \cdots = \Sigma_0(-1)^n \frac{x^{2n+1}}{(2n+1)!}.$

El radio de convergencia de una serie, no cambia por derivación o integración de la serie, como puede comprobarse determinando el radio de convergencia R para la serie, y el radio de convergencia R' para la serie derivada;

Si la serie es $\Sigma_0\, a_m x^m$, entonces $L = \lim_\infty \left|\frac{a_{m+1}}{a_m}\right|$ y $R = \frac{1}{L}$. La serie derivada es

$\Sigma_1 m\, a_m x^{m-1}$, y $L' = \lim_\infty \left|\frac{(m+1)\,a_{m+1}}{m\,a_m}\right| = \lim_\infty \left|\frac{m+1}{m}\right| \cdot \lim_\infty \left|\frac{a_{m+1}}{a_m}\right| = \lim_\infty \left|\frac{a_{m+1}}{a_m}\right| = L$, por

lo que $R' = R$.

Ejercicios 8.7

Determinar el *radio de convergencia R*, y el *dominio o intervalo de convergencia I*, de las siguientes series.

1. $\Sigma_1(-1)^{n+1} \frac{x^n}{n}.$ **2.** $\Sigma_0 \frac{x^n}{n!}.$ **3.** $\Sigma_0 \frac{n x^n}{2^n}.$

4. $\Sigma_2 \frac{x^n}{(\ln n)^n}.$ **5.** $\Sigma_2 \frac{2^n x^n}{(n-1)^2}.$

Respuestas:

1. $R: R = 1, I = [-1,1].$ **2.** $R: R = \infty, I = (-\infty, \infty).$ **3.** $R: R = 2, I = (-2,2).$ **4.** $R: R = 1, I = [-1,1).$ **5.** $R: R = \frac{1}{2}, I = [-\frac{1}{2}, \frac{1}{2}].$

9 La integral definida

Retomamos ahora el problema del área, que informalmente comenzamos a tratar en el capítulo 7, para examinar más en detalle el procedimiento de la integración, que ha conocido una larga evolución. Fue alrededor de 1770 cuando Newton y Leibniz encontraron un método general para determinar la tangente a una curva, y posteriormente, relacionaron el cálculo del área bajo la curva con el proceso inverso al de hallar la tangente a una curva.

Si bien el procedimiento de hallar la primitiva, fue denominado por Leibniz *Calculus integralis* relacionándolo con la suma, y el mismo Leibniz para identificar la operación introdujo el símbolo ∫, que es una letra *S* como abreviatura de suma, recién Cauchy dio una definición precisa de integral en términos de una suma hacia 1830, considerando en el procedimiento solo a las funciones continuas.

Hacia 1850 B. Riemann (1826-1866), separó los procesos de integración y derivación concentrándose en el mismo procedimiento de suma, prescindiendo de la restricción de continuidad aunque sin hacer mención explícita de ello, y solo requiriendo que la función sea acotada. El procedimiento, tal como lo conocemos hoy, fue completado por Darboux y quedó así ampliado el campo de las funciones integrables, a la vez que el teorema fundamental del cálculo integral quedó restringido a una clase de funciones, las funciones continuas.

Posteriormente P. Du Bois Reymond (1831-1916), relacionó la integrabilidad de la función con el conjunto de puntos de discontinuidad de la misma, y así quedó planteado un nuevo problema; *medir conjuntos*.

9.1 El problema del área

Para calcular áreas, Arquímedes usaba trapecios, que en realidad son el promedio de rectángulos que aproximan el área por exceso y por defecto, estando los que aproximan por defecto inscriptos en la curva o *dentro de la curva*, y los que aproximan por exceso, circunscriptos en la curva o *fuera de la curva*.

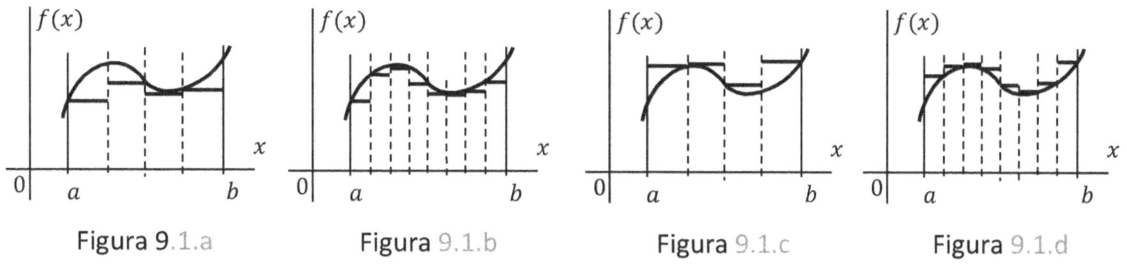

| Figura 9.1.a | Figura 9.1.b | Figura 9.1.c | Figura 9.1.d |

En las figuras 9.1.a y 9.1.b, se ve que en la aproximación por defecto al área bajo la curva f, con rectángulos inscriptos, mejora al disminuir la base de los rectángulos. En las figuras 9.1.c y 9.1.d, se observa que la aproximación al área por exceso, con rectángulos circunscriptos en f, mejora al disminuir la base de los rectángulos.

Este método fue generalizado por CAUCHY (1823), sumando rectángulos de base Δx superpuestos a la curva, tomando como altura de estos rectángulos, el valor de f en algún punto intermedio $\bar{x}$ del intervalo que forma la base del rectángulo, y generalizó el proceso reemplazando el eje x por una trayectoria arbitraria en el plano. Sobre el eje x su método de integración se ilustra en la figura 9.1.e.

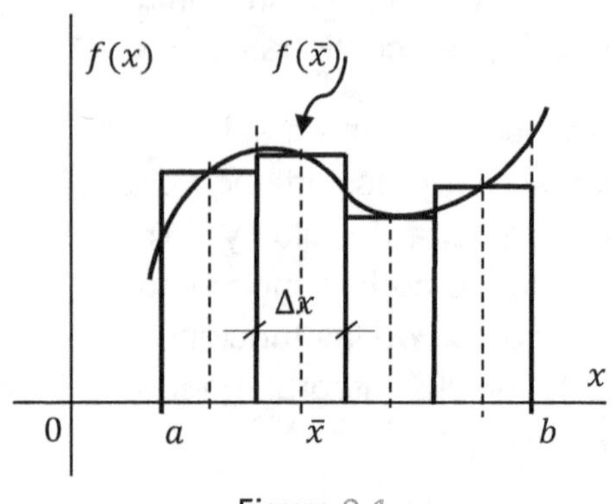

Figura 9.1.e

Si entrar en detalles sobre el método de Cauchy, observamos que, tal como construimos la figura, la altura de los rectángulos es $f(\bar{x})$, donde $\bar{x}$ es un punto intermedio en la base del rectángulo de ancho Δx y, sin mayor precisión, podemos decir que se obtiene el área como:

$$\text{Área} = \lim_{n\to\infty} \sum_{j=1}^{n} f(\bar{x}_j)\Delta x_j$$

con las condiciones de ser f continua y que $\Delta x \to 0$, siendo n el número de rectángulos.

9.2 La integral de Riemann

BERNARD RIEMANN estableció su método de integración (1854), separando las operaciones de diferenciación e integración, considerando en si mismo el proceso de suma para obtener el área, sin exigir que la función sea continua y así, el teorema fundamental del cálculo quedó restringido a una clase de funciones; las funciones continuas. Este cambio amplió el campo de funciones integrables, y dejó abierto el camino para un nuevo enfoque del proceso de realizar las sumas e integrar y a otras definiciones de integral. Posteriormente DARBOUX, introdujo los conceptos de *integral inferior* e *integral superior* (1875), completando el método tal como se conoce hoy.

Comenzaremos por introducir los conceptos que llevan a la definición de la *integral de Riemann*.

9.2.1. *Definición. Partición de un intervalo.* Un conjunto finito y ordenado de puntos $P = \{x_0, \ x_1, \ x_2, \dots, \ x_n\}$, es una partición del intervalo $[a, b]$, si y solo si $a = x_0 < x_1 < x_2 < \cdots < x_n = b$, figura 9.2.1.

Toda partición $P = \{x_0, \ x_1, \ x_2, \dots, \ x_n\}$ de un intervalo, lo divide en n subintervalos no solapados $[x_{j-1}, \ x_j]$, de longitudes $\Delta x_j = x_j - x_{j-1}$, figura 9.2.1.

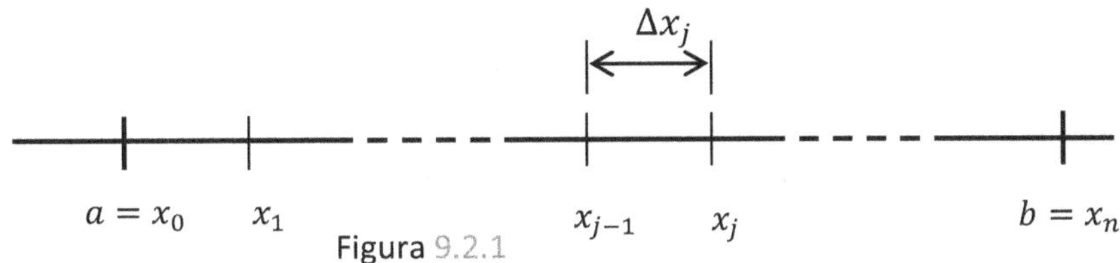

Figura 9.2.1

9.2.2. *Ejemplo.* El intervalo $[1, 10]$ tiene como particiones $P_1 = \{1, 3, 8, 10\}$ y $P_2 = \{1, \frac{5}{3}, 2, 5, 10\}$, en cambio, $C = \{\frac{7}{4}, 2, 6, 10\}$ no es partición de $[1, 10]$ porque no incluye a 1, el extremo inferior. Además $P_1 \cap P_2$ y $P_1 \cup P_2$ son particiones de $[1, 10]$.

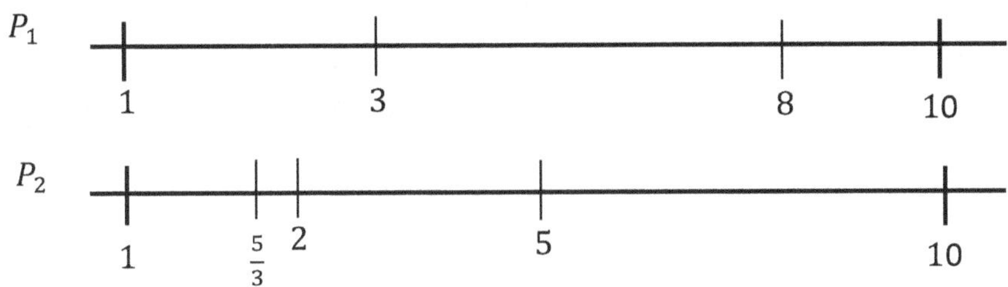

La suma de las longitudes de todos los intervalos determinados por la partición es $b - a$ la longitud del intervalo, como lo comprobamos al sumar

$$\sum_{j=1}^{n} \Delta x_j = (x_1 - x_0) + (x_2 - x_1) + \cdots + (x_n - x_{n-1}) = (x_n - x_0) = b - a$$

Entre todos los intervalos $I_j = (x_{j-1}, \ x_j)$ en que la partición $P = \{x_0, \ x_1, \ x_2, \dots, \ x_n\}$ divide a $I = [a, b]$, habrá uno que será el mayor de todos, y lo llamamos *norma* de la partición.

9.2.3. *Definición. Norma de la partición.* Sea I un intervalo $[a, b]$, si $P = \{x_0, \ x_1, \ x_2, \dots, \ x_n\}$ es una partición de I, definimos la *norma de P*, que indicamos $\|P\|$, como

$$\|P\| = \max \{(x_1 - x_0), (x_2 - x_1), \dots, (x_n - x_{n-1})\} = \max\{\Delta x_j\}$$

9.2.4. *Ejemplo.* $I = [-3, 5]$, $P = \{-3, \ -1, \ 0, \ 4, \ 5\}$.

$I_1 = [-3, -1]$, $I_2 = [-1, 0]$, $I_3 = [0, 4]$, $I_4 = [4, 5]$. $\Delta x_1 = [-1 - (-3)] = 2$,

$\Delta x_2 = [0 - (-1)] = 1$, $\Delta x_3 = (4 - 0) = 4$, $\Delta x_4 = (5 - 4) = 1$. $\|P\| = \max\{2, 1, 4, 1\} = 4$.

9.2.5. *Definición. Suma inferior.* Definimos como suma inferior I(f, P) para la función f y la partición P, a la suma

$$\mathrm{I}(f, P) = \sum_{j=1}^{n} m_j \, \Delta x_j \quad \text{y} \quad m_j = \inf\{f(x) : \ x \in (x_{j-1}, x_j)\}$$

o sea, m_j es el menor valor que puede tomar f en el intervalo $(x_{j-1}, \ x_j)$, y $\Delta x_j = (x_j - x_{j-1})$ como en 9.2.1.

9.2.6. *Definición. Suma superior.* De la misma forma, definimos como suma superior S(f, P) para la función f y la partición P, a la suma

$$S(f, P) = \sum_{j=1}^{n} M_j \, \Delta x_j \quad \text{y} \quad M_j = \sup\{f(x) : \ x \in (x_{j-1}, x_j)\}$$

y ahora, M_j es el mayor valor que puede tomar f en el intervalo (x_{j-1}, x_j), y $\Delta x_j = (x_j - x_{j-1})$ como en 9.2.1. La notación usual para estas sumas es $L(f, P)$ y $U(f, P)$, por *lower* y *upper*.

9.2.7. *Refinamiento de una partición.* Si P_1 y P son dos particiones de un intervalo $I = [a, b]$, decimos que P_1 refina a P, o bien que P_1 es un refinamiento de P, si todos los puntos de P están incluidos en P_1, o bien $P \subset P_1$.

Debe tenerse presente que el refinamiento de una partición, no necesariamente hace disminuir la norma $\|P\|$ de la partición.

9.2.8. *Ejemplo.* Si $P = \{0, 3, 5, 6\}$ es una partición de $[0, 6]$, entonces $P_1 = \{0, 3, 4, 5, 6\}$ refina a P porque contiene todos sus puntos, pero $\|P\| = 3$ y $\|P_1\| = 3$.

$P_2 = \{0, 1, 3, 5, 6\}$ refina a P y $\|P_2\| = 2$. A su vez P_2 no refina a P_1 porque no la contiene, y $\|P_2\| < \|P_1\|$, figura 9.2.8.

Al conjunto de todas las particiones posibles sobre un intervalo, lo identificaremos como P^*.

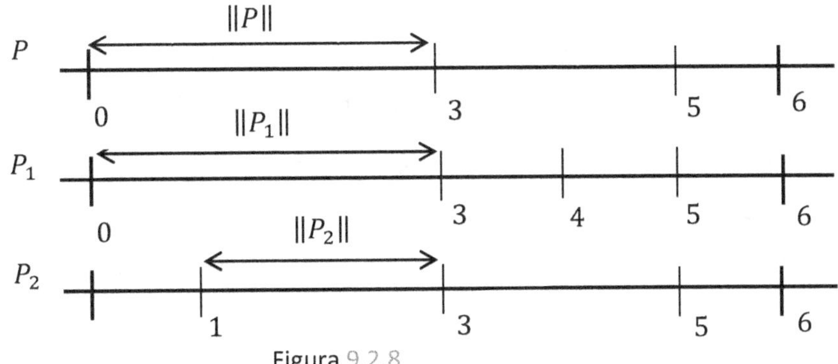

Figura 9.2.8

9.2.9. *Integrales inferior y superior (integrales de Darboux).* Sea P^* el conjunto de todas las particiones posibles sobre el intervalo $I = [a, b]$ y $f : I \rightarrow \mathbb{R}$ acotada, entonces, cada partición $P_j \in P^*$, determina una suma inferior $I_j(f, P_j)$, y una suma superior $S_j(f, P_j)$. Tenemos así dos conjuntos $I^* = \{I(f, P) : P \in P^*\}$ y $S^* = \{S(f, P) : P \in P^*\}$, de todas las sumas inferiores y de todas las sumas superiores para todas las particiones posibles P^*. Definimos entonces

$$\boxed{\int_{\underline{a}}^{b} f = \sup I^*}$$

la *integral inferior* de f entre a y b, como el supremo del conjunto I^* de todas las sumas inferiores, para todas las particiones posibles P^* del intervalo I.

Y definimos

$$\boxed{\int_{a}^{\overline{b}} f = \inf S^*}$$

la *integral superior* de f entre a y b, como el ínfimo del conjunto S^* de todas las sumas superiores, para todas las particiones posibles P^* del intervalo I. En 9.2.14 veremos que, el conjunto I^* es *no decreciente*, y el conjunto S^* es *no creciente*.

Nota: Aun cuando no debería haber lugar a confusión, hacemos notar que; cuando nos referimos al intervalo $[a, b]$ usamos I y cuando nos referimos a sumas inferiores o conjuntos de sumas inferiores, usamos I o I^*.

9.2.10. *Definición. Integral de Riemann.* Sea el intervalo $I = [a, b]$ y $f : [a, b] \rightarrow \mathbb{R}$ una función acotada, se dice que f es *Riemann-integrable* en I, si en I se verifica

$$\boxed{\int_{\underline{a}}^{b} f = \int_{a}^{\overline{b}} f = \int_{a}^{b} f}$$

y llamaremos a $\int_a^b f$, *integral de Riemann* en $[a,b]$. Usaremos indistintamente las notaciones $\int_a^b f = \int_a^b f(x) = \int_a^b f(x)\,dx$, donde la variable x es *muda* o *aparente*, y puede reemplazase por cualquier otra letra y así; $\int_a^b f(x) = \int_a^b f(u)$

Si f es Riemann-integrable diremos que es R-integrable o simplemente que es *integrable*, y se supondrá que lo es *en el sentido de Riemann*. Definimos también

$$\int_a^b f = -\int_b^a f \quad \text{y} \quad \int_a^a f = 0$$

9.2.11. *Ejemplo.* Computamos $\mathrm{I}(f,P)$ y $S(f,P)$ para la función $f\colon [0,2] \to \mathrm{R}$, y elegimos $P = \{0, \frac{1}{2}, 1, \frac{3}{2}, 2\}$, de modo que $\Delta x_j = \frac{1}{2}\ \forall j$, como se muestra en la figura 9.2.11.a.

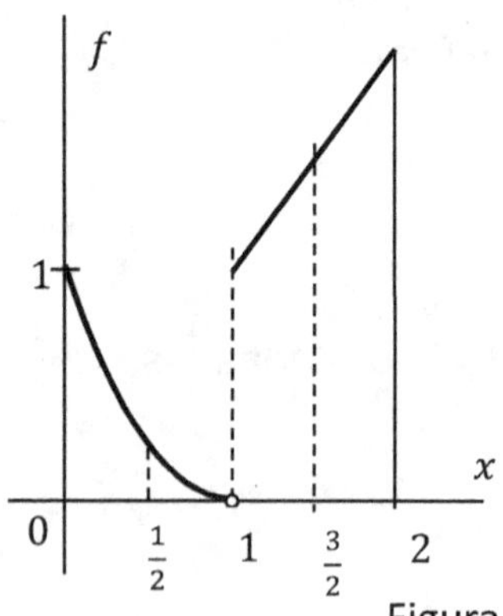

$$f\colon [0,2] \to \mathrm{R} \qquad f(x) := \begin{cases} (x-1)^2, & si\ \ 0 \le x < 1 \\ x, & si\ \ 1 \le x < 2 \end{cases}$$

$$I_1 = \left(0,\tfrac{1}{2}\right) \quad I_2 = \left(\tfrac{1}{2},1\right) \quad I_3 = \left(1,\tfrac{3}{2}\right) \quad I_4 = \left(\tfrac{3}{2},2\right)$$

$$m_1 = \tfrac{1}{4},\ m_2 = 0,\ m_3 = 1,\ m_4 = \tfrac{3}{2},$$

$$M_1 = 1,\ M_2 = \tfrac{1}{4},\ M_3 = \tfrac{3}{2},\ M_4 = 2,$$

Figura 9.2.11.a

En las figuras 9.2.11.b y 9.2.11.c, se muestran los polígonos correspondientes a la sumas $\mathrm{I}(f,P)$ y $S(f,P)$ respectivamente.

$$\mathrm{I}(f,P) = \tfrac{1}{2}\sum m_j = \tfrac{1}{2}\left\{\tfrac{1}{4} + 0 + 1 + \tfrac{3}{2}\right\} = \tfrac{11}{8}, \quad S(f,P) = \tfrac{1}{2}\sum M_j = \tfrac{1}{2}\left\{1 + \tfrac{1}{4} + \tfrac{3}{2} + 2\right\} = \tfrac{19}{8}$$

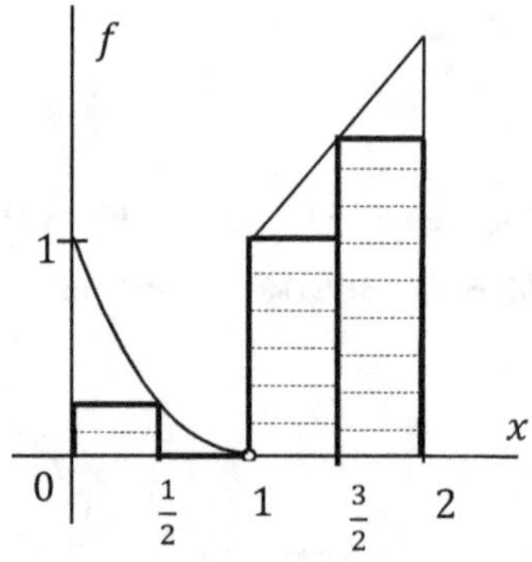

Figura 9.2.11.b

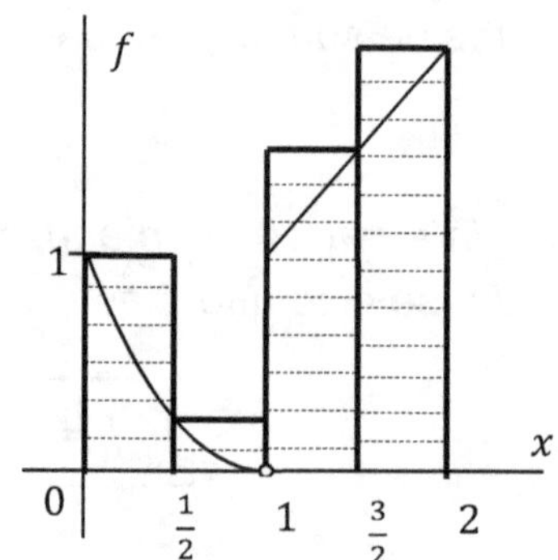

Figura 9.2.11.c

9.2.12. *Condición de integrabilidad de Darboux.*

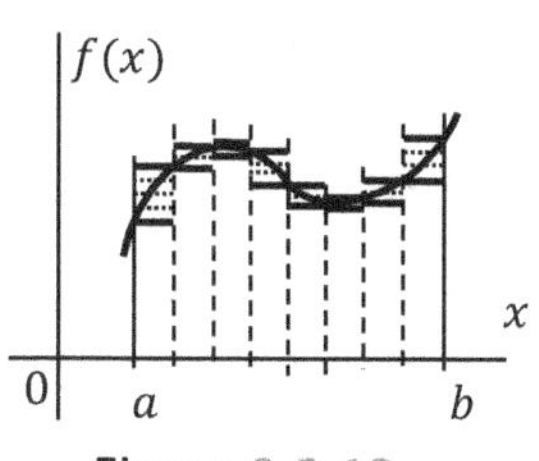

Figura 9.2.12

Sea $I = [a, b]$ y $f : [a, b] \to \mathrm{R}$ una función acotada, entonces f es *R-integrable* en I si y solo si para todo $\varepsilon > 0$, existe una partición $P_\varepsilon = P$ tal que $|\mathrm{S}(f, P) - \mathrm{I}(f, P)| < \varepsilon$, o bien que

$$\left| \int_{\underline{a}}^{b} f - \int_{a}^{\overline{b}} f \right| < \varepsilon$$

En la figura 9.2.12 se muestra la diferencia entre una suma superior y una suma inferior para una partición dada.

9.2.13. *Ejemplo.* **a.** Las funciones elementales son todas integrables. Se entiende por funciones elementales, todas aquellas definidas por expresiones que contienen un número *finito* de operaciones algebraicas, o trigonométricas efectuadas con el argumento, con la función y algunas constantes. En las operaciones algebraicas se incluyen las cuatro operaciones aritméticas, la elevación a potencia, la extracción de raíz, la logaritmación y potenciación de cualquier base. La única restricción es que, en el intervalo de integración, se mantengan acotadas.

b. Las función $\dfrac{1}{x^2 - 1}$ no es integrable en $[0, 2]$ porque no es acotada. Es integrable en todo intervalo $[a, b]$ que no contenga $x = \pm\, 1$.

c. Calculamos $\int_0^1 k$; k es constante y así, para todo (x_{j-1}, x_j) de una partición P, $m_j = M_j = k$, entonces $\mathrm{I}(f, P) = \mathrm{S}(f, P) = \sum_1^n k\,(x_j - x_{j-1})$. Las integrales de *Darboux* son: $\int_{\underline{0}}^1 k = \int_0^{\overline{1}} k = \lim_\infty \sum_1^n k\,(x_j - x_{j-1}) = k \lim_\infty \{(x_1 - x_0) + (x_2 - x_1) + \cdots + (x_n - x_{n-1})\} = k \lim_\infty (x_n - x_0) = k \lim_\infty (1 - 0) = k.$

d. Calculamos $\int_0^1 x$; x es una funcion monótona creciente y entonces, en todo intervalo (x_{j-1}, x_j) de una partición P, será $m_j = x_{j-1}$ y $M_j = x_j$. $\mathrm{I}(f, P) = \sum_1^n x_{j-1}\,(x_j - x_{j-1})$ y $\mathrm{S}(f, P) = \sum_1^n x_j\,(x_j - x_{j-1})$. Entonces las integrales de *Darboux* se obtienen de; $\int_{\underline{0}}^1 x = \lim_\infty \sum_1^n x_{j-1}\,(x_j - x_{j-1})$ y $\int_0^{\overline{1}} x = \lim_\infty \sum_1^n x_j\,(x_j - x_{j-1})$. El trabajo de tomar límites se facilita si tomamos el promedio de los dos límites, y a este promedio lo consideramos como $\int_a^b f$, entonces; $\int_a^b f = \lim_\infty \frac{1}{2}\{\sum_1^n x_{j-1}\,(x_j - x_{j-1}) + \sum_1^n x_j\,(x_j - x_{j-1})\} =$

$$\lim_{\infty} \tfrac{1}{2}\sum_1^n (x_{j-1}+x_j)(x_j - x_{j-1}) = \lim_{\infty} \tfrac{1}{2}\left[(x_0 + x_1)(x_1 - x_0) + (x_1 + x_2)(x_2 - x_1) + \right.$$

$$\cdots = \tfrac{1}{2}\lim_{\infty}\left[(x_1^2 - x_0^2) + (x_2^2 - x_1^2) + \cdots + (x_n^2 - x_{n-1}^2)\right] = \tfrac{1}{2}\lim_{\infty}\tfrac{1}{2}\left[(x_n^2 - x_0^2)\right] =$$

$$\tfrac{1}{2}\lim_{\infty}\tfrac{1}{2}\left[(1^2 - 0^2)\right] = \tfrac{1}{2}.$$

e. La función de *Dirichlet* del ejemplo 2.3.2.c, no es R-integrable. Supongamos que se pretende integrar la función en $[0,1]$, cualquiera sea la partición que se realice de $[0,1]$, siempre habrá en todo intervalo (x_{j-1}, x_j) puntos irracionales donde $f = 0$ y puntos racionales en los que $f = 1$, como lo garantiza el teorema de densidad 1.8.3. En consecuencia, la integral inferior será cero y la superior uno y por ello la función de *Dirichlet*, no es R-integrable. Solo existen sus integrales de *Darboux* $\int_{\underline{a}}^b f = 0$ y $\int_a^{\overline{b}} f = 1$.

f. La función de Thomae, $h: [0,1] \to R$ y $h(x) := \begin{cases} \tfrac{1}{q}, & si \ x = \tfrac{p}{q}, \ fracción \ irred. \\ 0, & si \ x \notin Q \end{cases}$ del ejemplo 4.3.9.f es integrable en $[0,1]$. La definición de h asegura que para cualquier partición P que introduzcamos en $[0,1]$, tendremos $I(f,P) = \sum m_j \, \Delta x_j = 0$, porque en cualquier intervalo (x_{j-1}, x_j) de la partición siempre habrá un irracional donde $h = 0$, lo que implica $m_j = 0 \ \forall j$, y entonces; $\int_{\underline{0}}^1 h = 0$. Para verificar que h es integrable entonces, debemos encontrar una partición que asegure que la suma superior $S(f,P) = 0$, y entonces se verifique la condición de integrabilidad 9.2.12.

Para lograr que $S(h,P) = 0$, o bien que $S(h,P) < \varepsilon$ con $\varepsilon > 0$, fijemos un $\tfrac{\varepsilon}{2} < \tfrac{1}{n}$ y sea $\{r_0, r_1, r_2, \ldots, r_n\}$, el conjunto de todos los números racionales en $[0,1]$ de la forma $r_j = \tfrac{p_j}{q_j}$ fracción irreducible, para los que $q_j < n$ de modo que, $h = \tfrac{1}{q} > \tfrac{1}{n}$ es *grande* pero menor que uno porque $h < 1$ en todo $[0,1]$, y hagamos una partición P de $[0,1]$, $P = \{x_0, x_1, x_2, \ldots, x_n\}$, tal que la longitud total de todos los intervalos (x_{j-1}, x_j) que contengan algún r_j sea $\tfrac{\varepsilon}{2}$. El máximo de h en cada uno de estos intervalos es $\tfrac{\varepsilon}{2} < M_j < 1$ e identificamos como $I_1 = \{1,2,3,\ldots\}$, el conjunto de los subíndices j que indican estos intervalos. En todos los otros intervalos, que indicamos con $j \epsilon I_2 = \{1,2,3,\ldots\}$ tiene longitud total 1, y $h < \tfrac{\varepsilon}{2}$ en estos intervalos por lo que $M_j < \tfrac{\varepsilon}{2}$ cuando $j \epsilon I_2$. Formamos así la suma

$$S(h,P) = \sum_{j \epsilon I_1} M_j (x_j - x_{j-1}) + \sum_{j \epsilon I_2} M_j (x_j - x_{j-1}) <$$

$$1.\sum_{j \epsilon I_1}(x_j - x_{j-1}) + \tfrac{\varepsilon}{2}.\sum_{j \epsilon I_2}(x_j - x_{j-1}) = 1.\tfrac{\varepsilon}{2} + \tfrac{\varepsilon}{2}.1 = \varepsilon$$

con lo que $\qquad S(h, P) < \varepsilon$

Comprobamos entonces que $\int_{\underline{0}}^{1} h = \int_{0}^{\overline{1}} h = \int_{0}^{1} h = 0$, y h es integrable. Debe notarse que $\int_{0}^{1} f = 0$, se obtuvo sin usar una primitiva que en este caso; *no existe*.

g. Damos otro ejemplo de una función que tiene infinitas discontinuidades en $[0,1]$ y sin embargo es integrable y además, obtenemos el área usando la integral de *Riemann*, sin recurrir a la primitiva que de hecho no existe.

$$f:[0,1] \to \mathrm{R} \quad y \quad f:=\left(\frac{1}{2^n}\right) si \; x \in \left(\frac{1}{2^{n+1}}, \frac{1}{2^n}\right), \; n = 0, 1, 2, 3, \dots$$

f es constante en cada subintervalo $\left(\frac{1}{2^{n+1}}, \frac{1}{2^n}\right)$ de su dominio, $f(x) = c_j$ si $x \in (x_{j-1}, x_j)$ y entonces $m_j = M_j = c_j$. Una función así definida, constante en cada subintervalo, es una *función escalonada*.

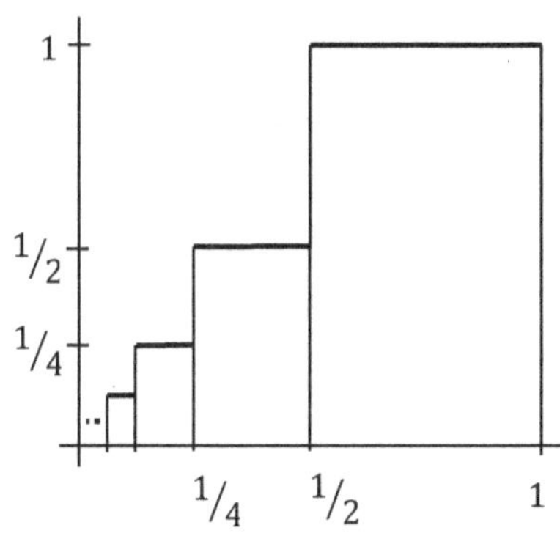

$$\int_a^b f = \sum_{j=0}^{\infty} \frac{1}{2^n}\left(\frac{1}{2^n} - \frac{1}{2^{n+1}}\right) = \sum_{j=0}^{\infty} \frac{1}{2^{2n}} - \sum_{j=0}^{\infty} \frac{1}{2^{2n+1}} =$$

$$\sum_{j=0}^{\infty} \frac{1}{2^{2n}} - \frac{1}{2}\sum_{j=0}^{\infty} \frac{1}{2^{2n}} = \frac{1}{2}\sum_{j=0}^{\infty} \frac{1}{4^n} = \frac{1}{2}\frac{4}{3} = \frac{2}{3}$$

Figura 9.2.13

9.2.14. *Las sumas inferiores crecen y las superiores decrecen.* Probaremos ahora que las sumas inferiores son un conjunto no decreciente, para ello consideraremos dos particiones P_1 y P_2, con P_2 que refina a P_1 agregando un punto $x = u$ entre dos puntos x_{j-1} y x_j de P_1, como se ve en la figura 9.2.14.a.

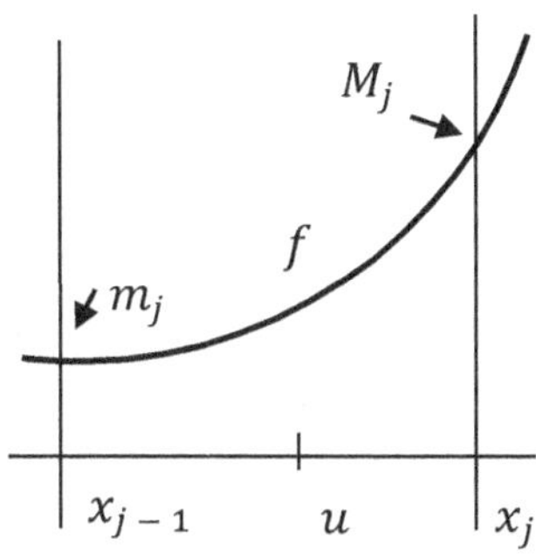

Figura 9.2.14.a

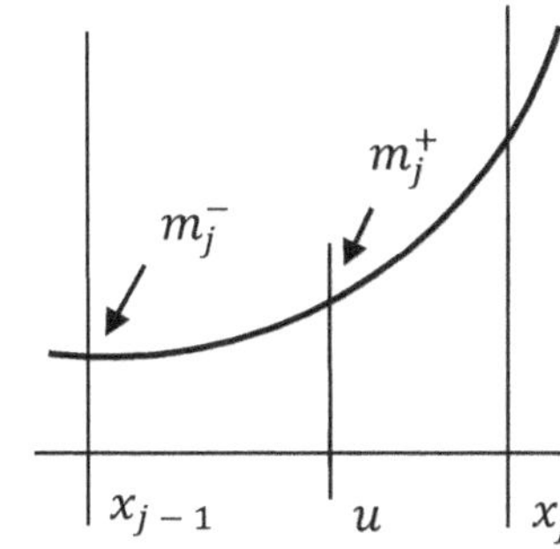

Figura 9.2.14.b

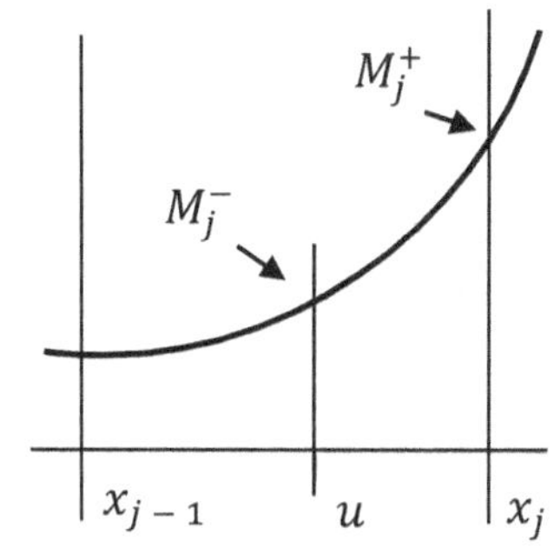

Figura 9.2.14.c

Es importante observar que en (x_{j-1}, x_j) hay un mínimo m_j y al introducir el punto u, el intervalo (x_{j-1}, x_j) se parte en dos intervalos (x_{j-1}, u) y (u, x_j) que componen el (x_{j-1}, x_j), y cada uno de estos subintervalos tiene su propio mínimo. Al mínimo del subintervalo izquierdo lo llamamos m_j^-, y al mínimo del subintervalo de la derecha lo llamamos m_j^+, figura 9.2.14.b. Cada uno de estos nuevos mínimos m_j^- y m_j^+, serán mayores o iguales que el mínimo m_j del intervalo (x_{j-1}, x_j) sin partir, esto es

$$m_j^- \geq m_j \ \text{ y } \ m_j^+ \geq m_j$$

Formamos ahora las sumas inferiores $I(f, P_1)$ y $I(f, P_2)$, que solo difieren en el término correspondiente al intervalo (x_{j-1}, x_j), donde se agrega el punto u

$$I(f, P_1) = \sum m_j \Delta x_j = m_1(x_1 - x_0) + \cdots + m_j(x_j - x_{j-1}) + \cdots$$

$$I(f, P_2) = \sum m_j \Delta x_j = m_1(x_1 - x_0) + \cdots + m_j^-(u - x_{j-1}) + m_j^+(x_j - u) + \cdots$$

donde omitimos los últimos términos que son iguales en ambas sumas. Como $I(f, P_2)$ se obtiene de $I(f, P_1)$ reemplazando $m_j(x_j - x_{j-1})$ por $m_j^-(u - x_{j-1}) + m_j^+(x_j - u)$, bastará probar que

$$m_j^-(u - x_{j-1}) + m_j^+(x_j - u) \geq m_j(x_j - x_{j-1})$$

para probar que $I(f, P_2) \geq I(f, P_1)$.

Siendo $m_j^- \geq m_j$, y $m_j^+ \geq m_j$

$$m_j^-(u - x_{j-1}) + m_j^+(x_j - u) \geq m_j(u - x_{j-1}) + m_j(x_j - u)$$

$$m_j^-(u - x_{j-1}) + m_j^+(x_j - u) \geq m_j[(u - x_{j-1}) + (x_j - u)]$$

pero
$$[(u - x_{j-1}) + (x_j - u)] = (x_j - x_{j-1})$$

entonces
$$m_j^-(u - x_{j-1}) + m_j^+(x_j - u) \geq m_j(x_j - x_{j-1})$$

y esto prueba que $I_2(f, P_2) \geq I_1(f, P_1)$, y entonces, cualquier refinamiento introducido en una partición, hace crecer la suma inferior o a lo sumo la mantiene en su valor, pero nunca la hace decrecer ◆

Para las sumas superiores seguimos el mismo procedimiento considerando en lugar de los mínimos m_j^- y m_j^+, los máximos M_j^- y M_j^+, figura 9.2.14.c. Para estos máximos se verifican las desigualdades $M_j^- \leq M_j$ y $M_j^+ \leq M_j$, que harán a la suma $S(f, P_2)$ disminuir respecto de la suma $S(f, P_1)$ o bien, mantenerse en su valor.

Nota: Por cuanto puedan resultar ilustrativas las figuras 9.2.14, no debe perderse de vista que no son representativas de la situación general, a la que más próximas están las figuras 9.2.11. La función de las figuras 9.2.14 es continua y monótona creciente en $\left(x_{j-1},\ x_j\right)$, pero una función integrable en el sentido de *Riemann*, puede tener un número infinito de discontinuidades en cualquier intervalo, a condición de que sea acotada y las discontinuidades *contables*. En los ejemplos vistos, las funciones de los ejemplos 9.2.13.f y 9.2.13.g, son integrables porque sus discontinuidades están sobre los racionales que es un conjunto contable como vimos en 2.8. La función de *Dirichlet*, del ejemplo 9.2.13.e, tiene sus discontinuidades en todos los racionales, y también en todos los irracionales que *no son contables*.

Así el proceso de integración fue cambiando la clase de funciones integrables, de NEWTON–LEIBNIZ a CAUCHY y a RIEMANN. Para NEWTON y LEIBNIZ, la integral es una primitiva de una función, para CAUCHY la integral es el resultado de una suma establecida para una función continua, con el procedimiento de RIEMANN, la suma se puede extender a funciones discontinuas y aun *muy discontinuas*, a condición de que sean acotadas. El método de CAUCHY solo admite funciones continuas o, en una extensión del método, funciones *continuas por partes* o sea, continuas en subintervalos.

El método de RIEMANN, modificado por DARBOUX admite funciones funciones acotadas con una infinidad *contable* de discontinuidades, con este método, la función de *Dirichlet*, no es integrable porque tiene infinitas discontinuidades que no son contables.

Ejercicios 9.2

Calcular $I(f, P)$ y $S(f, P)$, para las siguientes funciones en los intervalos y particiones indicadas.

1. $f = x^2, en$ $[0,1]$, con $P = \left\{0, \frac{1}{3}, \frac{2}{3}, 1\right\}$.

2. $f = x^2, en$ $[0,1]$, con $P = \{0; 0{,}5; 0{,}7; 0{,}9; 1\}$.

3. $f = x + 3, en$ $[0,5]$, con $P_1 = \{0,2,4,5\}$ y $P_2 = \{0,1,2,3,4,5\}$.

4. $f = x^2, en$ $[0,1]$, con $P_1 = \left\{0, \frac{1}{2}, 1\right\}$ y $P_2 = \left\{0, \frac{1}{4}, \frac{1}{2}, \frac{3}{4}, 1\right\}$.

Respuestas:

1. R: $I(f,P) = \frac{5}{27}$, $S(f,P) = \frac{14}{27}$.

2. R: $I(f,P) = 0{,}229$; $S(f,P) = 0{,}485$.

3. R: $I(f,P_1) = 23$; $S(f,P_1) = 32$; $I(f,P_2) = 25$; $S(f,P_2) = 30$.

4. R: $I(f,P_1) = \frac{1}{8}$; $S(f,P_1) = \frac{5}{8}$; $I(f,P_2) = \frac{7}{16}$; $S(f,P_2) = \frac{15}{16}$.

9.3 Propiedades de la integral definida

a. $\int_a^b f = \int_a^c f + \int_c^b f$; aditividad respecto del intervalo de integración.

b. $\int_a^b (f \pm g) = \int_a^b f \pm \int_a^b g$; aditividad respecto del integrando.

c. $\int_a^b c\,f = c \int_a^b f$, $c = constante$.

d. $\left| \int_a^b f \right| \le \int_a^b |f|$; acotación modular.

e. Si $m \le f \le M\ \forall\, x \in [a,\ b] \Rightarrow m(b-a) \le \int_a^b f \le M(b-a)$; propiedad de la media

f. $\int_a^b f(x) = \int_{a+c}^{b+c} f(x-c)$; propiedad del desplazamiento en el intervalo.

g. $\int_a^b f(x)dx = \frac{1}{c} \int_{ca}^{cb} f\left(\frac{x}{c}\right) dx$; expansión o contracción del intervalo de integración.

Probaremos a continuación, algunas de estas propiedades.

9.3.1. *Aditividad respecto del intervalo de integración.* Si f es integrable en $[a, b]$, entonces para un punto c interior de $[a,b]$: $\int_a^b f = \int_a^c f + \int_c^b f$.

Prueba: Si f es integrable en $[a,b]$, entonces existe una partición $P = \{a = x_0, x_1, \dots, x_n = b\}$ del intervalo $[a,b]$, para la cual que se cumple la condición 9.2.12: $|S(f,P) - I(f,P)| < \varepsilon$. Entonces, habrá algún x_j de P tal que $c = x_j$ o, en caso contrario, lo agregamos a P refinando la partición, y quedan así definidas dos particiones $P_1 = \{a = x_0, x_1, \dots, x_j = c\}$ y $P_2 = \{c = x_j, x_{j+1}, \dots, x_n = b\}$, para las que se cumplirán las siguientes igualdades

$$I(f,P) = I(f,P_1) + I(f,P_2)$$

$$S(f,P) = S(f,P_1) + S(f,P_2)$$

Entonces, a la condición de integrabilidad 9.2.12 que se cumple para f en $[a,b]$,

$$|S(f,P) - I(f,P)| < \varepsilon$$

la podemos obtener restando miembro a miembro las dos igualdades anteriores

$$|S(f,P) - I(f,P)| = |[S(f,P_1) + S(f,P_2)] - [I(f,P_1) + I(f,P_2)]| < \varepsilon$$

por lo que $$|[S(f,P_1) - I(f,P_1)] - [S(f,P_2) - I(f,P_2)]| < \varepsilon$$

y como los términos dentro de las barras de módulo son ambos positivos, para cada uno de ellos se cumple

$$|S(f,P_1) - I(f,P_1)| < \varepsilon \ \text{ y } \ |S(f,P_2) - I(f,P_2)| < \varepsilon$$

y cada una de las dos expresiones anteriores, garantiza la integrabilidad de f en

$[a,c]$ y en $[c,b]$ porque muestran respectivamente, que existen dos particiones P_1 y P_2, para las que se cumple la condición 9.2.12, lo que significa

$$I(f,P_1) \le \int_a^c f \le S(f,P_1)$$

$$I(f,P_2) \le \int_c^b f \le S(f,P_2)$$

Sumando obtenemos

$$I(f,P_1) + I(f,P_2) \le \int_a^c f + \int_c^b f \le S(f,P_1) + S(f,P_2)$$

de donde $$I(f,P) \le \int_a^c f + \int_c^b f \le S(f,P)$$

pero $$I(f,P) \le \int_a^b f \le S(f,P)$$

por lo que concluimos que $\int_a^b f = \int_a^c f + \int_c^b f$ ♦

9.3.2. *Acotación modular.* Si f es integrable en $[a,b]$, entonces: $\left|\int_a^b f\right| \le \int_a^b |f|$.

Prueba: Si f es integrable en $[a,b]$, para cada valor de f en el intervalo $[a,b]$, se cumple por la propiedad 3 de módulo vista en 1.5.2, que:

$$-|f| \le f \le |f|.$$

Integrando en $[a, b]$ los tres miembros de la desigualdad

$$-\int_a^b |f| \leq \int_a^b f \leq \int_a^b |f|$$

y aplicando la propiedad 5 de módulo dada en 1.5.2

$$\left| \int_a^b f \right| \leq \int_a^b |f| \; \blacklozenge$$

Podemos a continuación, para completar la demostración, probar que $|f|$ es integrable en $[a, b]$. Para ello definimos dos funciones $f^+ := \begin{cases} f, & si\ f \geq 0 \\ 0, & si\ f < 0 \end{cases}$ y $f^- := \begin{cases} f, & si\ f \leq 0 \\ 0, & si\ f > 0 \end{cases}$ entonces, con estas definiciones de f^- y f^+, se tiene: $f = f^- + f^+$ y $|f| = f^+ - f^-$.

Además; se cumplirá entonces, para cada $[x_{j-1}, x_j]$ generado por la partición $P = \{a = x_0, x_1, \dots, x_n = b\}$, que el máximo $M_j(f^+)$ de los valores que toma f^+ en el intervalo $[x_{j-1}, x_j]$, es igual al máximo de f en $[x_{j-1}, x_j]$, o sea

$$M_j(f^+) = M_j(f) > 0$$

y para $m_j(f^+)$, el mínimo valor de f^+ en $[x_{j-1}, x_j]$, se cumplirá que

$$m_j(f^+) \geq m_j(f)$$

y entonces, restando las últimas dos expresiones, se tiene que, para cada intervalo

$$M_j(f^+) - m_j(f^+) \leq M_j(f) - m_j(f)$$

y esto significa que para toda partición P

$$S(f^+, P) - I(f^+, P) \leq S(f, P) - I(f, P)$$

pero siendo $|S(f, P) - I(f, P)| < \varepsilon$ por la condición de integrabilidad de f en $[a, b]$, tenemos por transitividad que

$$|S(f^+, P) - I(f^+, P)| < \varepsilon$$

Lo que asegura que f^+ es integrable en $[a, b]$. Hemos probado entonces que f^+ es integrable en $[a, b]$ y si f y f^+ son integrables en $[a, b]$, también podemos probar que $f^- = f - f^+$ es integrable en $[a, b]$, por lo que concluimos que; $|f| = f^+ - f^-$ es integrable en $[a, b]$ $\blacklozenge$

9.3.3. *Propiedad de la media*. Si para todo valor de x en $[a, b]$, se cumple que $m \leq f(x) \leq M$, entonces $m(b - a) \leq \int_a^b f \leq M(b - a)$.

Prueba: Si f es integrable en $[a, b]$ y M es el máximo de f en $[a, b]$, entonces, para cada partición $P = \{a = x_0, x_1, \ldots, x_n = b\}$, se cumplirá que

$$S(f, P) = \sum_1^n M_j \Delta x_j \leq \sum_1^n M \Delta x_j = M \sum_1^n \Delta x_j = M(b - a)$$

por lo que concluimos que

$$\int_a^b f \leq M(b - a)$$

A su vez, si el mínimo de f en $[a, b]$ es m, se cumplirá que

$$I(f, P) = \sum_1^n m_j \Delta x_j \geq \sum_1^n m \Delta x_j = m \sum_1^n \Delta x_j = m(b - a)$$

y entonces

$$m(b - a) \leq \int_a^b f$$

De las dos desigualdades obtenidas para $\int_a^b f$, concluimos que

$$m(b - a) \leq \int_a^b f \leq M(b - a) \blacklozenge$$

9.4 Tres teoremas

Presentamos ahora tres teoremas importantes para la teoría de la integración y las aplicaciones prácticas del cálculo integral.

9.4.1. *Teorema del valor medio del cálculo integral.* Si f es continua en $[a,b]$, existe un valor $\bar{x} \in [a,b]$ tal que $\int_a^b f = f(\bar{x})(b-a)$.

Demostración: Si $a = b$, el teorema es trivialmente cierto. Si $a < b$, f tiene en $[a,b]$ un mínimo absoluto $m = f(x_1)$, y un máximo absoluto $M = f(x_2)$ como lo asegura el teorema 4.3.5. Entonces

$$f(x_1)(b-a) \le \int_a^b f \le f(x_2)(b-a)$$

siendo $(b-a) > 0$

$$f(x_1) \le \frac{\int_a^b f}{(b-a)} \le f(x_2)$$

pero f es continua y el teorema del valor intermedio 4.3.8, nos asegura que existe un $\bar{x} \in (x_1, x_2)$ tal que $f(\bar{x}) = \frac{\int_a^b f}{(b-a)}$ o bien, que $\int_a^b f = f(\bar{x})(b-a) \blacklozenge$ Ver figuras 9.4.1.a a la 9.4.1.d.

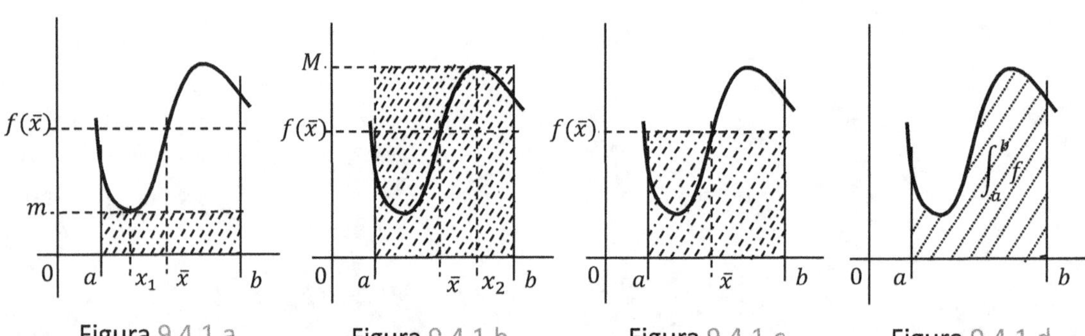

Figura 9.4.1.a   Figura 9.4.1.b   Figura 9.4.1.c   Figura 9.4.1.d

9.4.2. *Ejemplo.* **a.** El valor medio de $f = x^2$ en $[2,4]$ es; $\overline{x}^2 = \frac{1}{4-2}\int_2^4 x^2 = \frac{1}{2}\frac{x^3}{3}\Big|_2^4 = \frac{28}{3}$.

b. $f = sen^2x$, tiene como valor medio en $[0,\pi]$;

$$sen^2\overline{x} = \frac{1}{\pi-0}\int_0^\pi sen^2x = \frac{1}{\pi}\int_0^\pi \frac{1-cos\,2x}{2} = \frac{1}{\pi}\left(\frac{x}{2} - \frac{sen\,2x}{4}\right)\Big|_0^\pi = \frac{1}{2}.$$

9.4.3. *Primer teorema fundamental del cálculo.* Si f es continua en $[a, b]$ y $F(x) = \int_a^x f(t)\, dt \; \forall\, x \in [a, b]$, entonces $F'(x) = f(x) \; \forall\, x \in [a, b]$.

Demostración: Tenemos que probar que $\lim_{h \to 0} \dfrac{F(x+h) - F(x)}{h} = f(x)$.

Si se define $F(x) = \int_a^x f(t)\,dt$, entonces $F(x + h) = \int_a^{x+h} f(t)\, dt$

y
$$\frac{F(x+h) - F(x)}{h} = \frac{1}{h}\left(\int_a^{x+h} f(t)\, dt - \int_a^x f(t)\, dt \right)$$

y aplicando la propiedad 9.3.a

$$\frac{F(x+h) - F(x)}{h} = \frac{1}{h} \int_x^{x+h} f(t)\, dt$$

si ahora aplicamos el teorema anterior a $\frac{1}{h} \int_x^{x+h} f(t)\, dt$ en $[x, x + h]$

$$\frac{F(x+h) - F(x)}{h} = \frac{1}{h} f(\bar{x}) h \quad \text{con } x < \bar{x} < x + h$$

finalmente
$$\frac{F(x+h) - F(x)}{h} = f(\bar{x}) \quad \text{con } x < \bar{x} < x + h$$

y como $x < \bar{x} < x + h$, al tomar límite del cociente incremental para obtener $F'(x)$

$$F'(x) = \lim_{h \to 0} \frac{F(x+h) - F(x)}{h} = \lim_{h \to 0} f(\bar{x}) = f(x) \blacklozenge$$

9.4.4. *Ejemplo.* Como aplicación inmediata del teorema, verificamos si el resultado de una integración es correcto. **a.** $\int_a^x \frac{x^2 + 5x + 4}{x+3} = \frac{x^2}{2} + 2x - 2\ln|x + 3| - F(a)$, es un resultado correcto ya que; $[x + 2 + \ln|x + 3| - F(a)]' = \frac{x^2 + 5x + 4}{x - 3}$. **b.** $\int_a^x \frac{1}{\sqrt{7 - 5x^2}} = \frac{1}{\sqrt{5}} sen^{-1}\left(x \sqrt{\frac{5}{7}} \right) - F(a)$, es un resultado correcto ya que $\left[\frac{1}{\sqrt{5}} sen^{-1}\left(x\sqrt{\frac{5}{7}} \right) - F(a) \right]' = \frac{1}{\sqrt{7 - 5x^2}}$.

9.4.5. *Segundo teorema fundamental del cálculo. Regla de Barrow.* Si f es integrable en $[a, b]$, y $F'(x) = f(x) \; \forall\, x \in [a, b]$, entonces $\int_a^b f = F(b) - F(a)$. (*Regla de Barrow*).

Demostración: Sea $P = \{x_0, x_1, x_2, \dots, x_n\}$ una partición de $[a, b]$, y hagamos

$$F(b) - F(a) = F(x_n) - F(x_0) =$$
$$= F(x_n) - F(x_{n-1}) + F(x_{n-1}) - F(x_{n-2}) + \ldots + F(x_2)$$
$$-F(x_1) + F(x_1) - F(x_0)$$

y reordenando

$$F(b) - F(a) = F(x_1) - F(x_0) + F(x_2) - F(x_1) + \cdots + F(x_n) - F(x_{n-1})$$

entonces

$$F(b) - F(a) = \sum_{j=1}^{n} \Delta F_j$$

Si a cada $\Delta F_j = F(x_j) - F(x_{j-1})$, lo expresamos recurriendo al teorema del valor medio 6.2.1, como $\dfrac{F(x_j) - F(x_{j-1})}{x_j - x_{j-1}} = F'(\bar{x}_j)$, donde $x_{j-1} < \bar{x}_j < x_j$, entonces $F(x_j) - F(x_{j-1}) = F'(\bar{x}_j)(x_j - x_{j-1})$, y reemplazando esto en la suma

$$F(b) - F(a) = \sum_{j=1}^{n} \Delta F_j = \sum_{j=1}^{n} F'(\bar{x}_j)(x_j - x_{j-1})$$

pero $F'(\bar{x}_j) = f(\bar{x}_j)$ por hipótesis, entonces

$$F(b) - F(a) = \sum_{j=1}^{n} \Delta F_j = \sum_{j=1}^{n} f(\bar{x}_j)(x_j - x_{j-1})$$

y además, siendo $\bar{x}_j \in (x_{j-1}, x_j)$, se debe cumplir que $m_j < f(\bar{x}_j) < M_j$, por lo que

$$\sum_{j=1}^{n} m_j(x_j - x_{j-1}) < F(b) - F(a) < \sum_{j=1}^{n} M_j(x_j - x_{j-1})$$

o bien
$$I(f, P) < F(b) - F(a) < S(f, P)$$

y siendo la última relación válida para toda partición, se cumple que

$$\int_{\underline{a}}^{b} f = \sup I^* < F(b) - F(a) < \int_{a}^{\overline{b}} f = \inf S^*$$

Donde I^* y S^* representan los conjuntos de todas las sumas inferiores y superiores posibles, por lo que

$$F(b) - F(a) = \int_{a}^{b} f \;\blacklozenge$$

Esta es la *Regla de Barrow* que adelantamos en 7.2.1, y puede obtenerse correctamente también, a partir de la hipótesis del teorema 9.4.3, $F(x) = \int_{a}^{x} f(t)\,dt$ $\forall\, x \in [a, b]$. Puesto que esta hipótesis está perfectamente fundamentada en la misma definición 9.2.10 de la integral de *Riemann*, junto al supuesto de continuidad de f en $[a, b]$, puede dejarse el límite superior b, sujeto a variación en $[a, b]$ de forma que

$$F(x) + c = \int_a^x f(t)\,dt$$

donde c es una constante indeterminada que no cambia la tesis del teorema 9.4.3, porque si $F'(x) = f(x)$, también $(F + c)' = f(x)$ y entonces, como $\int_a^a f(t)\,dt = 0$

$$F(a) + c = \int_a^a f(t)\,dt = 0 \;\Rightarrow c = -F(a)$$

y como

$$F(b) + c = \int_a^b f(t)\,dt$$

entonces con $c = -F(a)$ tenemos; $F(b) - F(a) = \int_a^b f(t)\,dt\,\blacklozenge$

También como en 7.2.1, usamos la notación más compacta; $F(b) - F(a) = F(x)|_a^b$ y entonces

$$\int_a^b f(x)\,dx = F(x)|_a^b = F(b) - F(a)$$

9.4.6. *Ejemplo.* **a.** Calculamos el área bajo la curva $y = x^{1/3}$ desde 1 a 8 como $A = \int_1^8 y(x)\,dx$, figura 9.4.6.a

$$A = \int_1^8 x^{1/3}dx = \frac{3}{4}x^{4/3}\Big|_1^8 = \frac{3}{4}(16 - 1) = \frac{45}{4}$$

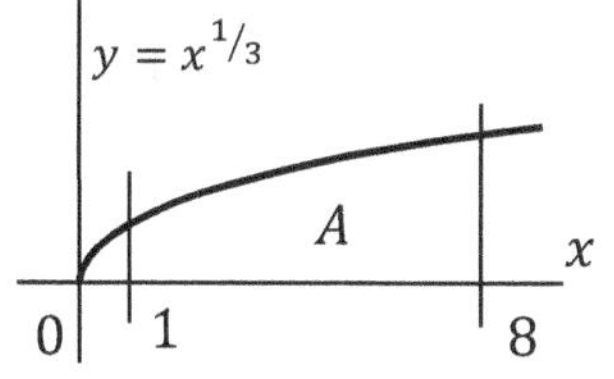

Figura 9.4.6.a

b. Calculamos el área bajo la curva $f(x) = \dfrac{1}{x}$ entre los límites 1 y 2 como $A = \int_1^2 f(x)\,dx$, figura 9.4.6.b. El resultado obtenido, muestra que podemos definir la función $\ln x$ como $\ln x := \int_1^x \dfrac{dt}{t}$ figura 9.4.6.b'

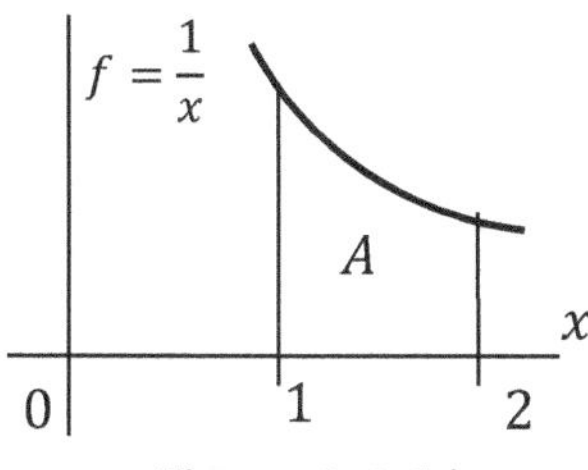

$$A = \int_1^2 \frac{1}{x}dx = \ln x|_1^2 = \ln 2 \cong 0{,}7$$

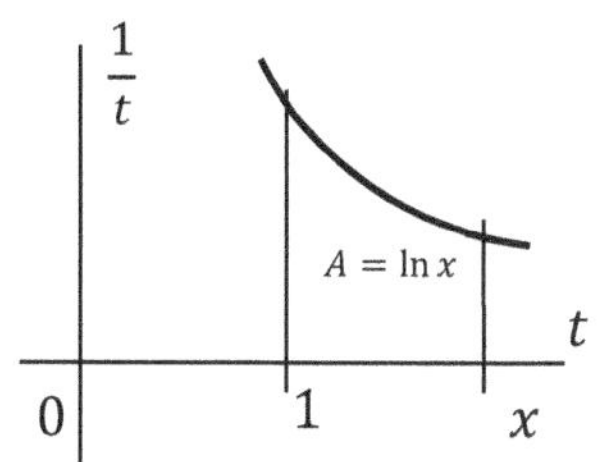

Figura 9.4.6.b

Figura 9.4.6.b'

c. En 2.4.1 definimos como función par la que verifica $f(x) = f(-x)$, y como función impar a aquella para la que se cumple que $f(x) = -f(-x)$. Como consecuencia de esta simetría: para toda función par, $\int_{-a}^{a} f(x)dx = 2\int_{0}^{a} f(x)dx$ y para toda función impar $\int_{-a}^{a} f(x)dx = 0$, como son los casos de las funciones $f = x^2$ integrada en $[-1,1]$ figura 9.4.6.c, y $h = sen\ x$ integrada en el intervalo simétrico $[-\pi, \pi]$ figura 9.4.6.c'.

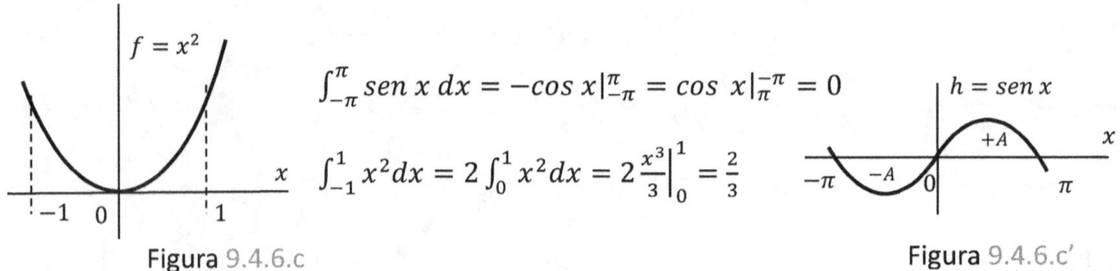

$$\int_{-\pi}^{\pi} sen\ x\ dx = -cos\ x|_{-\pi}^{\pi} = cos\ x|_{\pi}^{-\pi} = 0$$

$$\int_{-1}^{1} x^2 dx = 2\int_{0}^{1} x^2 dx = 2\frac{x^3}{3}\Big|_{0}^{1} = \frac{2}{3}$$

Figura 9.4.6.c   Figura 9.4.6.c'

d. $I = \int_{0}^{1} xe^x dx$. Esta integral debe ser resulta recurriendo a la integración por partes. Para resolverla como integral definida, debemos recordar el procedimiento de integración por partes, que consiste en integrar la expresión diferencial $u.dv = d(u.v) - v.du$ aplicando la integración ambos miembros. Ahora aplicaremos ese procedimiento a la integral definida entre los límites a y b

$$\int_{a}^{b} u.dv = \int_{a}^{b} d(u.v) - \int_{a}^{b} v.du$$

de donde

$$\int_{a}^{b} u.dv = u.v|_{a}^{b} - \int_{a}^{b} v.du$$

y entonces

$$I = \int_{0}^{1} xe^x dx = xe^x|_{0}^{1} - \int_{0}^{1} e^x dx$$

$$I = xe^x|_{0}^{1} - e^x|_{0}^{1} = e - (e - 1) = 1$$

e. $I = \int_{0}^{\pi/2} x\ cos\ x$. Hemos resuelto esta integral en 7.3.2.a como integral indefinida mediante la integración por partes, obteniendo $\int x\ cos\ x\ dx = x\ sen\ x + cos\ x + k$. Como integral definida, la resolvemos valuando directamente la expresión que ya conocemos

$$I = \int_{0}^{\pi/2} x\ cos\ x = (x\ sen\ x + cos\ x)\Big|_{0}^{\pi/2}$$

$$I = \left(\frac{\pi}{2} + 0\right) - (0 + 1) = \frac{\pi}{2} - 1$$

f. $I = \int_{1}^{4} \frac{2xdx}{\sqrt{1+x^2}}$. En una tabla de integrales encontramos $\int \frac{xdx}{\sqrt{a^2+x^2}} = \sqrt{a^2 + x^2}$ entonces con $a = 1$; $I = 2\sqrt{1+x^2}\Big|_{1}^{4} = 2(\sqrt{17} - \sqrt{2}) \cong 5{,}41$

9.4.7. *Sustitución y cambio de límites.* Cuando apliquemos un método de sustitución como en 7.1.7 en la evaluación de integrales definidas, deberemos tener en cuenta que un cambio de variable de integración, implica también un cambio en los límites de integración.

9.4.8. *Ejemplo.* **a.** $I = \int_{-1}^{1} 3\,x^2\sqrt{x^3 + 1}\ dx$. Hacemos en I la sustitución $u = x^3 + 1$ que facilitará la solución de la integral. Con esa sustitución se tiene $du = 3x^2 dx$, y como $u = x^3 + 1$: Si $x = -1$, $u = (-1)^3 + 1 = \boxed{0}$ y si $x = 1$, $u = 1^3 + 1 = \boxed{2}$. Sustituyendo en la integral

$$I = \int_{-1}^{1} 3\,x^2\sqrt{x^3 + 1}\ dx = \int_{0}^{2} \sqrt{u}\ du = \frac{2}{3}u^{3/2}\Big|_{0}^{2}$$

$$I = \frac{2}{3}\left(2^{3/2} - 0\right) = \frac{4}{3}\sqrt{2}$$

El cambio de límites, no es necesario cuando la sustitución se haga con el solo fin de obtener la primitiva, y una vez obtenida la primitiva se retorne a la variable inicial. En nuestro ejemplo, la sustitución $u = x^3 + 1$ nos permitiría resolver la integral en forma indefinida como $I = \int 3\,x^2\sqrt{x^3 + 1}\ dx = \int \sqrt{u}\ du = \frac{2}{3}u^{3/2} + k$. En la primitiva obtenida, realizamos la sustitución inversa y valuamos en los límites originales para obtener

$$I = \frac{2}{3}(x^3 + 1)^{3/2}\Big|_{-1}^{1} = \frac{2}{3}\left[(1^3 + 1)^{3/2} - ((-1)^3 + 1)^{3/2}\right]$$

$$I = \frac{2}{3}\left(2^{3/2} - 0\right) = \frac{4}{3}\sqrt{2}$$

b. Deseamos calcular el área del cuarto de círculo de radio R, o bien $x^2 + y^2 = R^2$, entonces $y = +\sqrt{R^2 - x^2}$, figura 9.4.8.a

$$A = \int_{0}^{R} y(x)\ dx = \int_{0}^{R} \sqrt{R^2 - x^2}\ dx$$

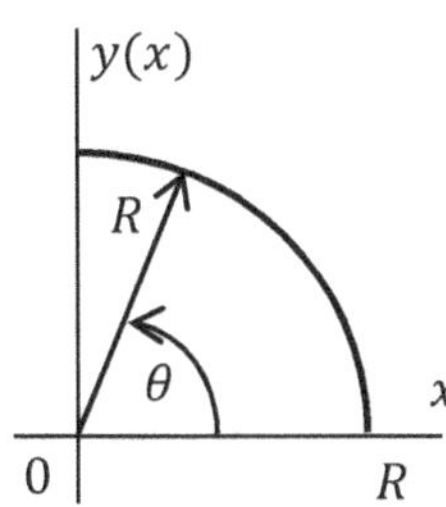

Figura 9.4.8.a

Sustituimos: $x = R \cos \theta$ y $dx = -R \operatorname{sen} \theta\ d\theta$. La variable de integración ahora es θ, y cuando el límite de x es 0, debe ser $\theta = \frac{\pi}{2}$ para que se satisfaga $x = R \cos \frac{\pi}{2} = 0$. De la misma forma cuando $x = R$, debe ser $\theta = 0$ de modo que $x = R \cos 0 = R$, y con la sustitución indicada

$$y = \sqrt{R^2 - R^2 \cos^2 \theta}.$$

En otras palabras, cuando x cambia de 0 a 1, θ cambia de $\frac{\pi}{2}$ a 0, entonces

$$A = \int_{\frac{\pi}{2}}^{0} -R\sqrt{1-\cos^2\theta}\; R\,\text{sen}\,\theta\, d\theta = \int_{0}^{\frac{\pi}{2}} R^2\sqrt{1-\cos^2\theta}\;\,\text{sen}\,\theta\, d\theta$$

$$A = R^2 \int_{0}^{\frac{\pi}{2}} \text{sen}^2\,\theta\; d\theta = R^2 \int_{0}^{\frac{\pi}{2}} \frac{1-\cos 2\theta}{2}\; d\theta = \frac{R^2}{2}\left(\theta - \frac{\text{sen}\,2\theta}{2}\right)\Big|_{0}^{\frac{\pi}{2}}$$

$$A = \frac{R^2}{2}\left[\left(\frac{\pi}{2} - 0\right) - 0\right] = \frac{\pi R^2}{4}$$

Puede también resolverse sin sustitución la integral

$$A = \int_{0}^{R}\sqrt{R^2 - x^2}\, dx$$

consultando una tabla de integrales, donde se lee

$$\int \sqrt{a^2 - x^2}\, dx = \frac{x}{2}\sqrt{a^2 - x^2} + \frac{a^2}{2}\,\text{sen}^{-1}\frac{x}{a} + k$$

Entonces con $a = R$

$$A = \int_{0}^{R}\sqrt{R^2 - x^2}\, dx = \left(\frac{x}{2}\sqrt{R^2 - x^2} + \frac{R^2}{2}\,\text{sen}^{-1}\frac{x}{R}\right)\Big|_{0}^{R} = \frac{\pi R^2}{4}$$

9.4.9. *Área en coordenadas polares.* De la misma forma que en coordenadas cartesianas se obtiene el área por suma de rectángulos elementales, en coordenadas polares se obtiene el área por suma de triángulos elementales. Todo punto $P(x,y)$ de una curva $y = y(x)$ en coordenadas cartesianas, queda unívocamente determinado cuando se especifica el par ordenado (x,y) o bien, $(x, y(x))$. De la misma forma, $P(x,y)$ puede determinarse como $P(\theta, \rho(\theta))$ donde ρ es la distancia del punto $P(x,y)$ al centro $(0,0)$ del sistema de coordenadas, y puede definirse entonces como $\rho = \sqrt{x^2 + y^2}$. El ángulo θ, que orienta al *radio vector* ρ, se mide a partir del semieje derecho x para el que $\theta = 0$, figura 9.4.9.a.

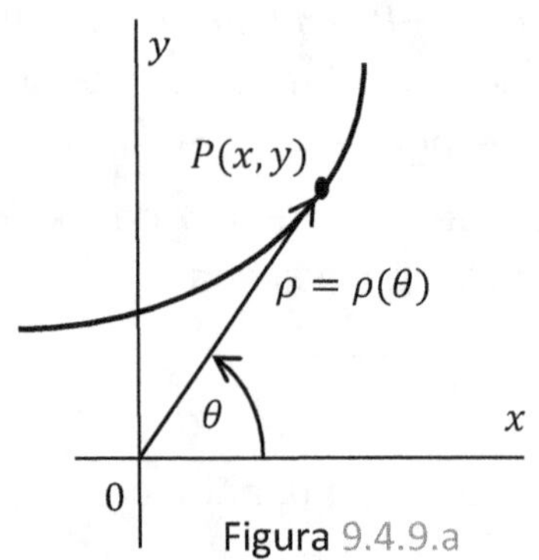

Figura 9.4.9.a

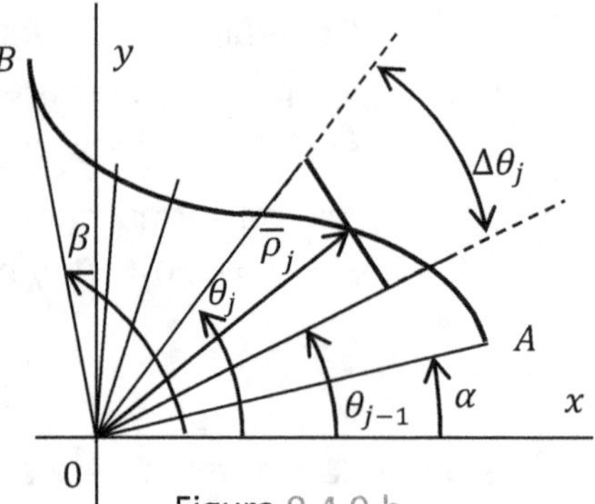

Figura 9.4.9.b

En 9.2.1 definimos la partición de un intervalo $[a, b]$ sobre el eje real, podemos hacer análogamente, una partición del arco $\widehat{AB}$ con los vectores de ángulos $\alpha = \theta_0 < \theta_1 < \theta_2 < \cdots < \theta_n = \beta$ figura 9.4.9.b, que a su vez determinan los ángulos $\Delta\theta_1, \Delta\theta_2, \ldots, \Delta\theta_n$. Quedan entonces delimitados n sectores circulares de áreas A_j. A continuación, probaremos que $A_j \cong \frac{1}{2}\overline{\rho}_j^{\,2}\Delta\theta_j$ figura 9.4.9.c, donde A_j es el área del j-ésimo triángulo que aproxima al j-ésimo sector circular.

Siendo el área de un triángulo el semiproducto de la base por la altura; para el j-ésimo triángulo la altura es $\overline{\rho}_j$ y, la mitad de su base, es la proyección de cualquiera de los lados por el coseno del ángulo θ_c figura 9.4.9.c. El ángulo θ_c es complementario del ángulo $\frac{\Delta\theta_j}{2}$ como se ve en la figura 9.4.9.c y entonces, $cos\,\theta_c = sen\,\frac{\Delta\theta_j}{2}$ pero como el ángulo es pequeño, $sen\,\frac{\Delta\theta_j}{2} \cong \frac{\Delta\theta_j}{2}$, de ahí que si la base del triángulo es $2\overline{\rho}_j\frac{\Delta\theta_j}{2}$, y la altura $\overline{\rho}_j$; $A_j = base\,.\,\frac{altura}{2} = 2\overline{\rho}_j\frac{\Delta\theta_j}{2}\frac{\overline{\rho}_j}{2} = \frac{1}{2}\overline{\rho}_j^{\,2}\Delta\theta_j$.

El área total A del sector *curvilíneo y dentado* figura 9.4.9.d entre los radios de ángulos α y β, es la suma de las áreas de los n triángulos $A_j = \frac{1}{2}\overline{\rho}_j^{\,2}\Delta\theta_j$ que lo componen.

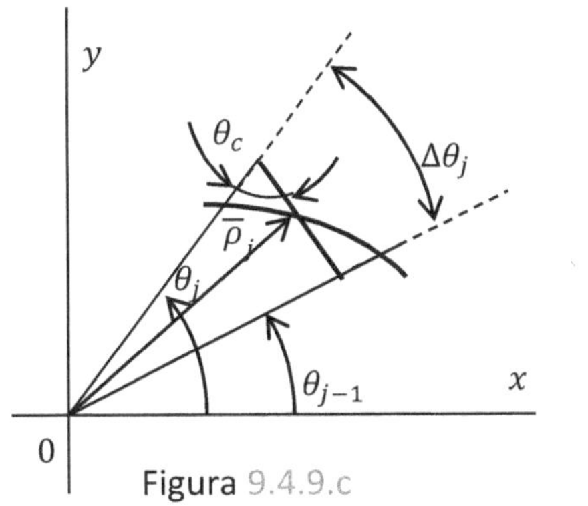

Figura 9.4.9.c

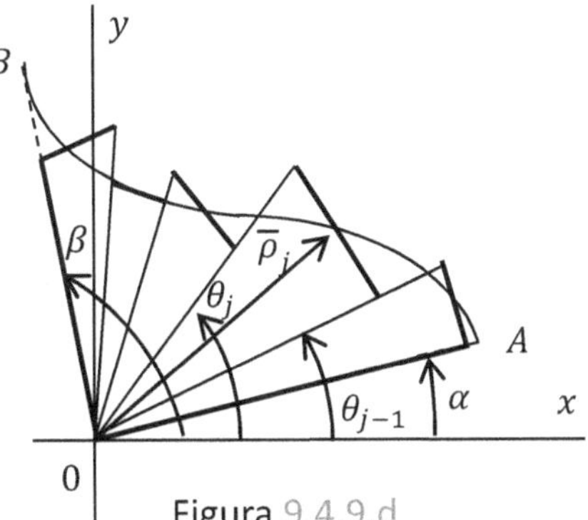

Figura 9.4.9.d

$$A = \frac{1}{2}\sum_1^n \overline{\rho}_j^{\,2}\Delta\theta_j = \frac{1}{2}\sum_1^n \left[\rho(\overline{\theta}_j)\right]^2\Delta\theta_j$$

El área A del sector curvilíneo entre el arco $\widehat{AB}$ y los radios de ángulos α y β que determinan los extremos $A(\alpha, \rho(\alpha))$ y $B(\beta, \rho(\beta))$ es

$$A = \lim_{n\to\infty} \frac{1}{2}\sum_1^n \left[\rho(\overline{\theta}_j)\right]^2\Delta\theta_j = \frac{1}{2}\int_\alpha^\beta \rho^2 d\theta$$

con la condición que $\max \Delta\theta_j \to 0$, o en otros términos, que todos los $\Delta\theta_j$ tiendan a cero.

Nota: La integral $\frac{1}{2}\int_\alpha^\beta \rho^2 d\theta$ ha sido bien definida, pero su definición y concepto, difieren de la definición de integral dada en 9.2.9, donde la integral surge como un límite común de sumas superiores y sumas inferiores y, para definir en esa forma la integral o área del sector curvilíneo, deberíamos haber formado dos sumas o mejor aun, dos conjuntos de sumas superiores e inferiores acotando el área como

$$\frac{1}{2}\sum_1^n (m_j)^2 \Delta\theta_j \le A \le \frac{1}{2}\sum_1^n (M_j)^2 \Delta\theta_j$$

donde m_j y M_j, son los valores mínimo y máximo de $\rho(\theta)$ en el intervalo $[\theta_{j-1}, \theta_j]$.

En la definición que acabamos de dar en cambio, A es el límite de *una sola suma* construida con un valor medio $\overline{\rho}_j$ del radio en cada intervalo. Esta forma de integrar es la de CAUCHY que mencionamos en 9.1 y, si la función $\rho(\theta)$ es continua en el intervalo $[\alpha, \beta]$ o en los subintervalos $[\theta_{j-1}, \theta_j]$ entonces coincidirá con la integral de RIEMANN pero, la forma de integrar que acabamos de introducir, no admite más que un número finito de discontinuidades.

9.4.10. *Ejemplo.* **a.** En el ejemplo 9.4.8.b, obtuvimos el área del cuarto de círculo $\frac{A}{4}$ en coordenadas cartesianas, integrando $dA = \int_0^R f \, dx$ con $f = \sqrt{R^2 - x^2}$. En coordenadas polares, la circunferencia de radio R se describe como $\rho = R \, sen \, \theta + R \cos \theta$, entonces $dA = \frac{1}{2}\rho^2 d\theta = \frac{1}{2}R^2 (sen^2\theta + 2 \, sen \, \theta \cos \theta + cos^2\theta)d\theta$ y como el círculo completo es barrido por ρ cuando θ cambia de 0 a 2π, el área del círculo es

Figura 9.4.10.a

$$A = \int_0^{2\pi} \frac{1}{2}R^2 (sen^2\theta + 2 \, sen \, \theta \cos \theta + cos^2\theta)d\theta$$

$$A = \frac{R^2}{2}\int_0^{2\pi}(1 + 2 \, sen \, \theta \cos \theta)d\theta$$

$$A = \frac{R^2}{2}\int_0^{2\pi}(1 + sen \, 2\theta)d\theta = \frac{R^2}{2}\left(\theta - \frac{\cos 2\theta}{2}\right)\Big|_0^{2\pi} = \pi R^2$$

Hemos obtenido así el área del círculo en forma más sencilla que en el ejemplo 9.4.8.b debido a que las coordenadas polares, son más apropiadas para describir un círculo.

b. La curva *lemniscata* figura 9.4.10.b, se describe como $\rho = a\sqrt{\cos 2\theta}$, por lo que $dA = \frac{1}{2}\rho^2 d\theta = \frac{1}{2}\left(a\sqrt{\cos 2\theta}\right)^2 d\theta = \frac{1}{2}a^2\cos 2\theta\, d\theta$ y el cuarto de su área es barrido por ρ cuando θ varía entre 0 y $\frac{\pi}{4}$, entonces el cuarto de área $\frac{A}{4}$, encerrado por la lemniscata, es

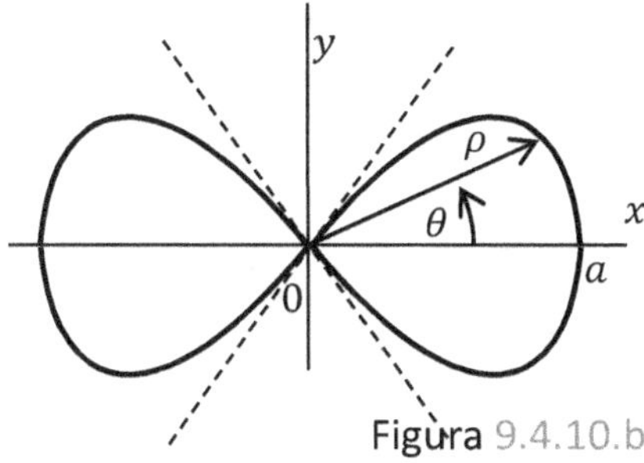

Figura 9.4.10.b

$$\frac{A}{4} = \int_0^{\frac{\pi}{4}} dA = \int_0^{\frac{\pi}{4}} \frac{1}{2}\left(a\sqrt{\cos 2\theta}\right)^2 d\theta$$

$$\frac{A}{4} = \int_0^{\frac{\pi}{4}} \frac{1}{2}a^2\cos 2\theta\, d\theta = \frac{a^2}{2}\int_0^{\frac{\pi}{4}} \cos 2\theta\, d\theta$$

$$\frac{A}{4} = \frac{a^2}{2}\frac{sen\, 2\theta}{2}\bigg|_0^{\frac{\pi}{4}} = \frac{a^2}{4}$$

9.5 aplicaciones de la integral definida

9.5.1. *Volumen de un sólido de revolución*. Un sólido de revolución, es el cuerpo que se obtiene al girar una figura plana en torno a un eje. Si hacemos girar un triángulo rectángulo sobre el eje que pasa por uno de sus catetos, obtenemos un cono figura 9.5.1.a, si lo giramos sobre su hipotenusa, obtenemos dos conos unidos por su base figura 9.5.1.b, si giramos de igual manera un rectángulo, obtendremos cilindros figuras 9.5.1.c y 9.5.1.d y, si giramos el trapezoide bajo la curva $x^2 + 1$ entre $x = 0$ y $x = 1$, obtendremos algo similar a una bocina figura 9.5.1.e o a una copa figura 9.5.1.f, según el eje sobre el que giremos la figura.

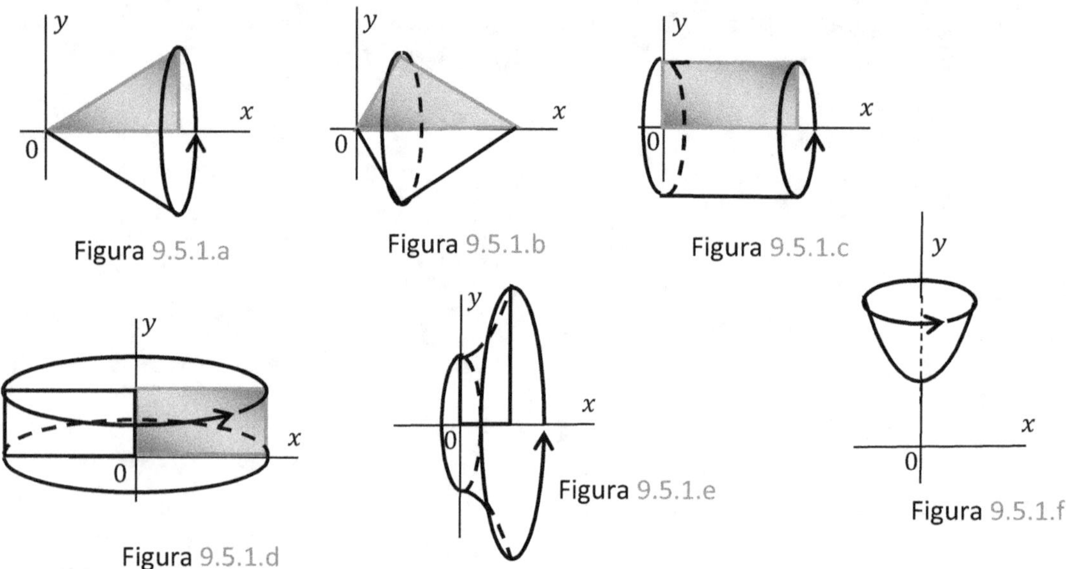

Figura 9.5.1.a   Figura 9.5.1.b   Figura 9.5.1.c

Figura 9.5.1.d   Figura 9.5.1.e   Figura 9.5.1.f

Conocida la función que define el contorno del sólido de revolución, es sencillo calcular su volumen V, considerando al sólido de revolución compuesto por una superposición de discos o rodajas de volúmenes V_j y, sumando todos estos volúmenes elementales, se obtiene el volumen total V. Cada rodaja es un cilindro y su volumen es $V_j = A_j.h$, donde A_j es el área de la j-ésima rodaja y h su altura. Entonces, $V_j = \pi R_j{}^2 h = \pi R_j{}^2 \Delta x$, puesto que R_j es el radio de la rodaja correspondiente y $h = \Delta x$, el paso de integración o distancia entre los dos planos consecutivos que delimitan cada rodaja, tal como se ve en la figura 9.5.1.g, donde las sucesivas rodajas de espesor Δx, componen por exceso el volumen del sólido de revolución.

Si $R = R(x) = f(x)$, como efectivamente sucede debido a que el contorno del cuerpo está descripto por la curva $f(x)$

$$V_j = A_j.h \ \text{ y } \ V = \sum_1^n V_j \cong \sum_1^n A_j.h$$

Si $A_j.h = \pi R_j{}^2 \Delta x$, y $R_j(x) = f(x_j)$, no es difícil probar que

$$V = \lim_{n \to \infty} \sum_1^n \pi R_j{}^2 \Delta x = \int_a^b \pi [f(x)]^2 \, dx$$

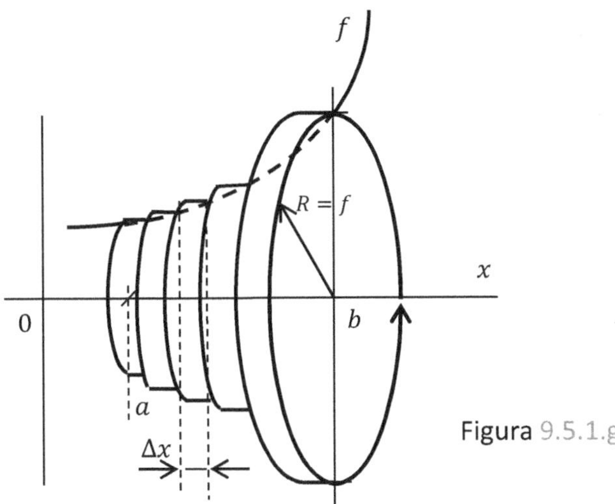

Figura 9.5.1.g

Una prueba formal de estos hechos, requiere como en 9.2.1 introducir una partición de $[a,b]$ y entonces formando las sumas inferiores y superiores $I(f,P) = \sum_1^n \pi \left(m_j\right)^2 \Delta x_j$ y $S(f,P) = \sum_1^n \pi \left(M_j\right)^2 \Delta x_j$, donde m_j y M_j son los valores ínfimo y supremo de f en el correspondiente intervalo $[x_{j-1}, x_j]$ o bien los radios mínimo y máximo de las rodajas. Así se puede acotar el volumen V como, $I(f,P) \leq V \leq S(f,P)$

$$\sum_1^n \pi \left(m_j\right)^2 \Delta x_j \leq V \leq \sum_1^n \pi \left(M_j\right)^2 \Delta x_j$$

y como en 9.2.9, definir $\int_{\underline{a}}^b f$ como el supremo del conjunto $I^*(f,P)$ de todas las sumas inferiores, y $\int_a^{\overline{b}} f$ como el ínfimo del conjunto $S^*(f,P)$ de todas las sumas superiores, realizadas ambas sumas, para todas las particiones P, posibles.

9.5.2. *Ejemplo.* **a.** Calculamos el volumen del cono circular truncado, engendrado por la recta $y = \frac{1}{2}x$, que gira alrededor del eje x, y que limitan los planos que pasan por $x = 1$ y $x = 4$, figura 9.5.2.a.

$$V = \int_1^4 \pi \left(\tfrac{1}{2}x\right)^2 \, dx = \pi \int_1^4 \left(\tfrac{x^2}{4}\right) dx$$

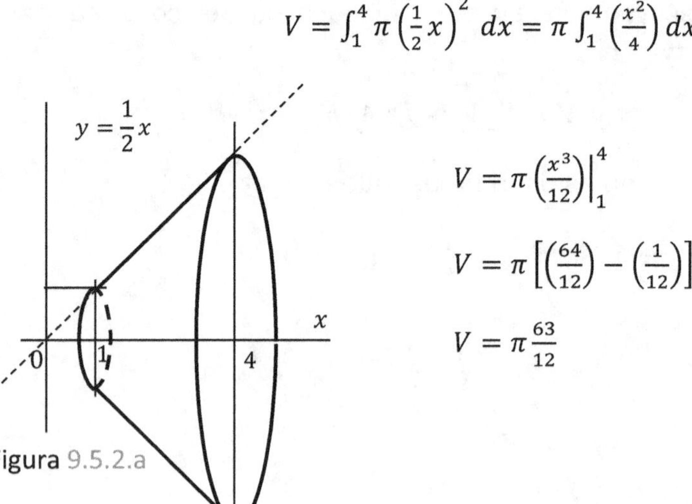

$$V = \pi \left(\tfrac{x^3}{12}\right)\Big|_1^4$$

$$V = \pi \left[\left(\tfrac{64}{12}\right) - \left(\tfrac{1}{12}\right)\right]$$

$$V = \pi \tfrac{63}{12}$$

Figura 9.5.2.a

b. Deseamos calcular el volumen engendrado por el arco $y = x^2$, con $0 \leq x \leq 1$, cuando gira alrededor de la recta $x = 1$, figura 9.5.2.b.

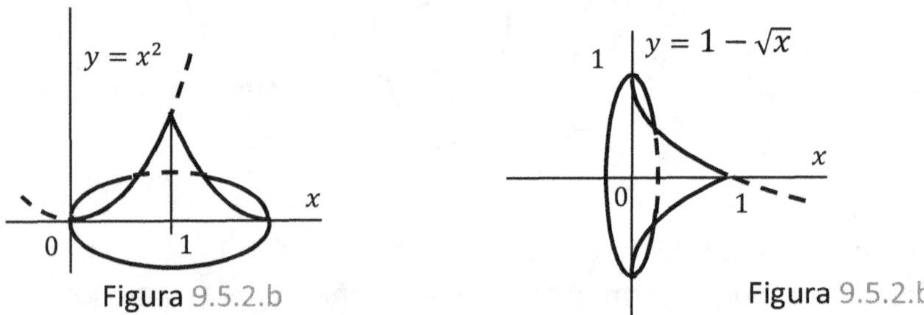

Figura 9.5.2.b   Figura 9.5.2.b'

El mismo cuerpo, se describe mejor para nuestros fines, respecto de nuevos ejes coordenados como se muestra en la figura 9.5.2.b' y que por comodidad, llamaremos igualmente x e y, modificando la función $y = x^2$, que sustituiremos por $y = 1 - \sqrt{x}$, manteniendo $0 \leq x \leq 1$, y calculamos V como

$$V = \int_0^1 \pi\left(1 - \sqrt{x}\right)^2 dx = \pi \int_0^1 \left(1 - 2x^{1/2} + x\right) dx$$

$$V = \pi \left(x - \tfrac{4}{3}x^{3/2} + \tfrac{x^2}{2}\right)\Big|_0^1 = \pi\left(1 - \tfrac{4}{3} + \tfrac{1}{2}\right) = \tfrac{\pi}{6}$$

c. Para obtener el volumen de la esfera de radio R, hacemos girar el arco $\sqrt{R^2 - x^2}$ sobre el eje x figura 9.5.2.c, y calculamos su volumen como sólido de revolución

$$V = \int_{-R}^{R} \pi\left(\sqrt{R^2 - x^2}\right)^2 dx = \int_{-R}^{R} \pi(R^2 - x^2)dx$$

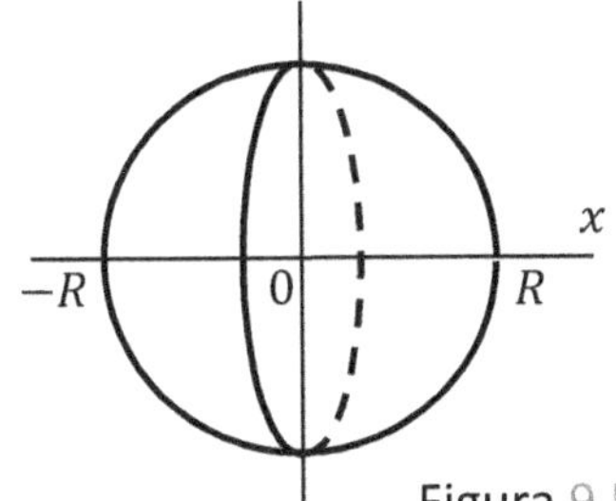

$$V = 2\pi \int_0^R (R^2 - x^2)dx = 2\pi \left(R^2 x - \frac{x^3}{3} \right)\Big|_0^R = \frac{4}{3}\pi R^3$$

Figura 9.5.2.c

d. Cuando un círculo gira alrededor de un eje situado en el plano del círculo, y a una distancia h de su centro mayor que el radio R del círculo, se engendra un *toro*, que corrientemente llamamos aro. Si el círculo se reemplaza por cualquier otra figura, se engendra un *toroide*. Calculamos el volumen del toro, sustrayendo al volumen que engendra el semicírculo exterior figura 9.5.2.d, el volumen que engendra el semicírculo interior o más próximo al centro de giro figura 9.5.2.d'.

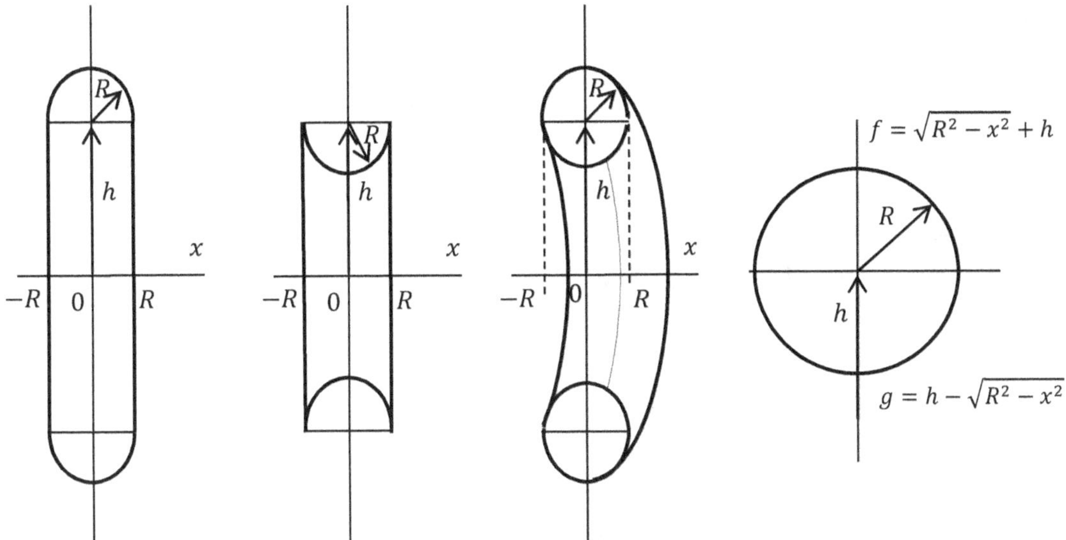

Figura 9.5.2.d   Figura 9.5.2.d'

$$V = \int_{-R}^{R} \pi \left[\left(\sqrt{R^2 - x^2} + h\right)^2 - \left(h - \sqrt{R^2 - x^2}\right)^2 \right] dx$$

$$V = \pi \int_{-R}^{R} \left[(R^2 - x^2) + 2h\sqrt{R^2 - x^2} + h^2 - \left(h^2 - 2h\sqrt{R^2 - x^2} + (R^2 - x^2)\right) \right] dx$$

$$V = \pi \int_{-R}^{R} 4h\sqrt{R^2 - x^2}\, dx = 8\pi h \int_0^R \sqrt{R^2 - x^2}\, dx$$

Consultando una tabla obtenemos $\int \sqrt{a^2 - x^2} = \frac{x}{a}\sqrt{a^2 - x^2} + \frac{a^2}{2}\,sen^{-1}\frac{x}{a} + k$, y con $a = R$ (la solución se obtuvo en 9.4.8.b).

$$V = 8\pi h \left(\frac{x}{R}\sqrt{R^2 - x^2} + \frac{R^2}{2}\,sen^{-1}\frac{x}{R} \right)\Big|_0^R = 8\pi h \frac{R^2}{2}\,sen^{-1}1$$

$$V = 8\pi h \frac{R^2}{2}\frac{\pi}{2} = 2\pi^2 h R^2$$

9.5.3. Área de una superficie de revolución.

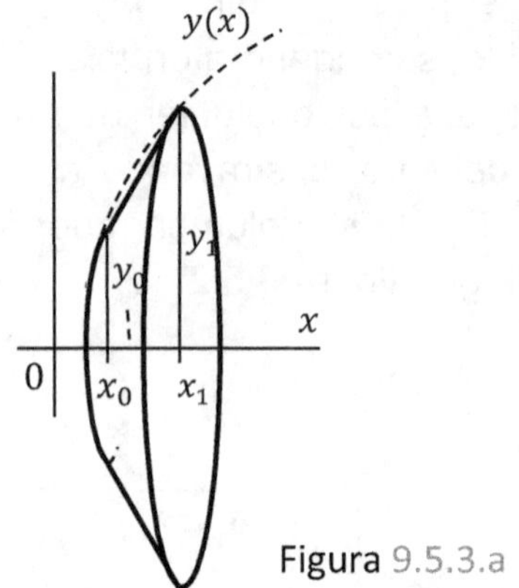

Figura 9.5.3.a

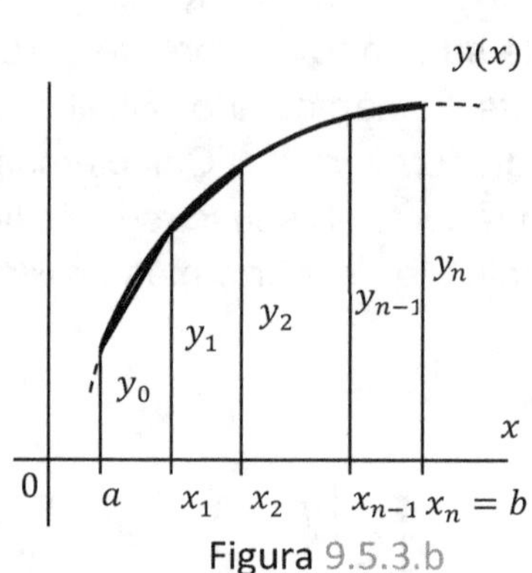

Figura 9.5.3.b

Para determinar el área de un cuerpo de revolución, efectuamos la suma de las áreas laterales de los sucesivos conos figura 9.5.3.a, que engendran al girar, los n trapezoides que determina sobre la figura plana que rotamos, la partición $a = x_0 < x_1 < x_2 < \cdots < x_n = b$ figura 9.5.3.b.

El área de cada cono es $A_i = 2\pi \frac{y_{i-1}+ y_i}{2}\Delta s_i$, y con $\Delta s_i = \sqrt{\Delta x_i^2 + \Delta y_i^2}$ figura 9.5.3.c

$$A_i = 2\pi \frac{y_{i-1}+ y_i}{2}\sqrt{\Delta x_i^2 + \Delta y_i^2}$$

Figura 9.5.3.c

$$A_i = 2\pi \frac{y_{i-1}+ y_i}{2}\sqrt{1 + \frac{\Delta y_i^2}{\Delta x_i^2}}\,\Delta x_i$$

Al cociente $\frac{\Delta y_i^2}{\Delta x_i^2}$ bajo el signo integral, podemos reemplazarlo recurriendo al teorema del valor medio 6.2.1 con la relación $\frac{\Delta y}{\Delta x} = y'(\overline{x}_i)$, con más precisión;

$$\frac{\Delta y}{\Delta x} = \frac{y(x_i)-y(x_{i-1})}{x_i-x_{i-1}} = y'(\overline{x}_i), \text{ con } x_{i-1} < \overline{x}_i < x_i$$

por lo que $\frac{\Delta y_i^2}{\Delta x_i^2} = y'(\overline{x}_i)^2$, y sustituyendo $\sqrt{1 + \frac{\Delta y_i^2}{\Delta x_i^2}} = \sqrt{1 + y'(\overline{x}_i)^2}$ en A_i

$$A_i = 2\pi \frac{y_{i-1} + y_i}{2} \sqrt{1 + y'(\overline{x}_i)^2}\, \Delta x_i$$

$$A \cong \sum_1^n A_i = \sum_1^n 2\pi \frac{[y(x_{i-1}) + y(x_i)]}{2} \sqrt{1 + y'(\overline{x}_i)^2}\, \Delta x_i$$

$$A \cong \sum_1^n \pi y(x_{i-1}) \sqrt{1 + y'(\overline{x}_i)^2}\, \Delta x_i + \sum_1^n \pi y(x_i) \sqrt{1 + y'(\overline{x}_i)^2}\, \Delta x_i$$

con el paso al límite para $n \to \infty$, y la condición de que el $\max \Delta x_i \to 0$, se puede probar que las dos sumas se convierten en integrales y

$$A = \int_a^b \pi y(x)\sqrt{1 + y'(x)^2}\, dx + \int_a^b \pi y(x)\sqrt{1 + y'(x)^2}\, dx$$

$$A = 2\pi \int_a^b y(x)\sqrt{1 + y'(x)^2}\, dx$$

La expresión $\sqrt{1 + y'(x)^2}\, dx$, es la misma $ds = \sqrt{1 + y'(x)^2}\, dx$ que obtuvimos en 7.2.3 para la diferencial de longitud de un arco de curva, y entonces la integral que da el valor del área, se puede expresar en forma mas compacta como

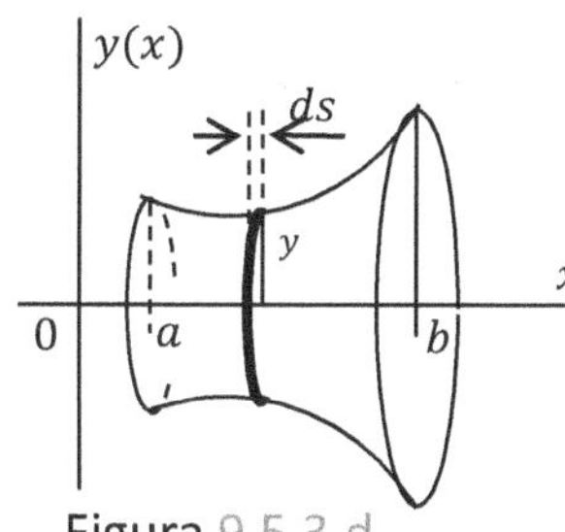

$$A = \int_a^b 2\pi y\, ds = \int_a^b dA$$

La interpretación geométrica es muy simple; la diferencial de área, está dada por el área de la faja de ancho ds que envuelve al sólido de revolución, y tiene perímetro $2\pi y$, figura 9.5.3.d.

Figura 9.5.3.d

9.5.4. *Ejemplo*. **a.** Calculamos el área de la esfera de radio R, engendrada por el giro del arco $y = \sqrt{R^2 - x^2}$, con $-R \le x \le R$

$$A = 2\pi \int_{-R}^R y(x)\, ds \quad \text{y} \quad ds = \sqrt{1 + y'(x)^2}\, dx$$

$$y = \sqrt{R^2 - x^2}, \quad y' = -\frac{x}{\sqrt{R^2 - x^2}} \;\Rightarrow\; ds = \sqrt{1 + \frac{x^2}{R^2 - x^2}}\, dx$$

$$A = 2\pi \int_{-R}^R \sqrt{R^2 - x^2}\, \sqrt{1 + \frac{x^2}{R^2 - x^2}}\, dx = 2\pi \int_{-R}^R \sqrt{R^2 - x^2 + x^2}\, dx$$

$$A = 2\pi \int_{-R}^R R\, dx = 2\pi R x \big|_{-R}^R = 4\pi R^2$$

b. Calculamos el área de la superficie de revolución engendrada por el arco $y = \frac{x^3}{3}$, con $0 \leq x \leq 1$.

$$A = \int_0^1 2\pi \frac{x^3}{3} ds \ \text{ y } \ ds = \sqrt{1 + y'(x)^2}\, dx, \ y = \frac{x^3}{3}, \ y' = x^2 \Rightarrow ds = \sqrt{1 + x^4}\, dx$$

$$A = \int_0^1 2\pi \frac{x^3}{3}(1 + x^4)^{1/2} dx = 2\frac{\pi}{3}\int_0^1 \frac{1}{4} 4x^3 (1 + x^4)^{1/2} dx = \frac{2\pi}{12}\frac{2}{3}(1 + x^4)^{3/2}\Big|_0^1$$

$$A = \frac{\pi}{9}(1 + x^4)^{3/2}\Big|_0^1 = \frac{\pi}{9}\left[2^{3/2} - 1\right]$$

9.5.5. *Centro de gravedad.* Sea $P_1 = (x_1, y_1), P_2 = (x_2, y_2), \dots, P_n = (x_n, y_n)$, un conjunto de puntos materiales distribuidos en el plano cartesiano, a los que atribuimos masas $m_1, m_2, \dots, m_n$. Se designa como *momentos estáticos* de las masas m_i, a los productos $x_i m_i$ y $y_i m_i$ con sus signos y, *las coordenadas del centro de gravedad* del cuerpo x_c y y_c, se obtienen como

$$x_c = \frac{\sum_1^n x_i m_i}{\sum_1^n m_i} \quad \text{y} \quad y_c = \frac{\sum_1^n y_i m_i}{\sum_1^n m_i}$$

Consideraremos los casos de curvas y figuras planas, es decir, totalmente contenidas en el plano cartesiano.

Curva plana. Si el cuerpo material sobre el que están distribuidos los puntos $P_1 = (x_1, y_1), P_2 = (x_2, y_2), \dots, P_n = (x_n, y_n)$ es un arco de curva plana, en nuestra realidad cotidiana, una varilla delgada o alambre curvado, reemplazamos los puntos por una sucesión de segmentos de longitud Δs_i, a los que atribuimos una masa $m_i = \delta_i \Delta s_i$, en la que δ_i es la masa por unidad de longitud o *densidad lineal* del cuerpo. Entonces, consistentemente con la definición de coordenadas del centro de gravedad

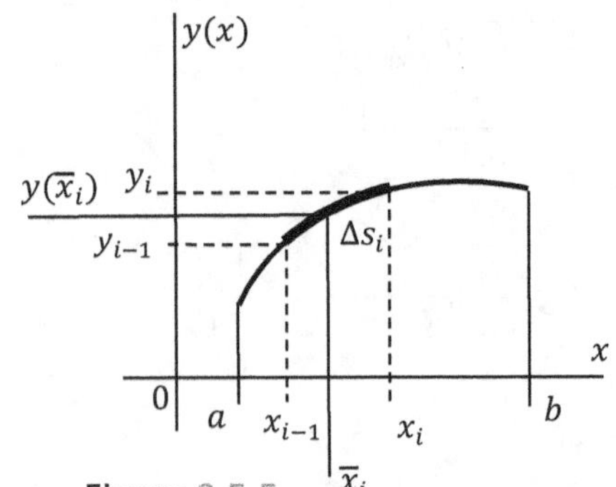

Figura 9.5.5

$$x_c = \frac{\sum_1^n x_i m_i}{\sum_1^n m_i} = \frac{\sum_1^n \overline{x}_i \delta_i \Delta s_i}{\sum_1^n \delta_i \Delta s_i}$$

$$y_c = \frac{\sum_1^n y_i m_i}{\sum_1^n m_i} = \frac{\sum_1^n y(\overline{x}_i) \delta_i \Delta s_i}{\sum_1^n \delta_i \Delta s_i}$$

donde $\overline{x}_i$ es un valor intermedio $x_{i-1} < \overline{x}_i < x_i$ figura 9.5.5. Estas sumas se convierten en integrales si los elementos de arco $\Delta s_i \to 0$

$$x_c = \frac{\int_a^b x\delta(x)ds}{\int_a^b \delta(x)ds} \qquad y_c = \frac{\int_a^b y(x)\delta(x)ds}{\int_a^b \delta(x)ds}$$

Con la expresión para $ds = \sqrt{1+y'^2}dx$ que ya conocemos de 7.2.3 y, si la densidad δ es constante de modo que puede extraerse de las integrales y simplificarse

$$x_c = \frac{\int_a^b x\,ds}{\int_a^b ds} \qquad\qquad y_c = \frac{\int_a^b y(x)\,ds}{\int_a^b ds}$$

9.5.6. *Ejemplo*. **a**. Calculamos las coordenadas x_c, y_c, del centro de gravedad de la semicircunferencia $y = \sqrt{R^2 - x^2}$.

$$x_c = \frac{\int_a^b x\,ds}{\int_a^b ds}, \; y = \sqrt{R^2 - x^2}, \; y' = -\frac{x}{\sqrt{R^2-x^2}}, \; y'^2 = \frac{x^2}{R^2-x^2}$$

$$ds = \sqrt{1+y'^2}dx = \sqrt{1+\frac{x^2}{R^2-x^2}}\,dx = \sqrt{\frac{R^2-x^2+x^2}{R^2-x^2}}\,dx = \frac{R}{\sqrt{R^2-x^2}}\,dx$$

$$x_c = \frac{\int_{-R}^{R} x\,\frac{R}{\sqrt{R^2-x^2}}\,dx}{\int_{-R}^{R}\frac{R}{\sqrt{R^2-x^2}}\,dx} = \frac{0}{2\int_0^R \frac{R}{\sqrt{R^2-x^2}}\,dx},$$

el integrando en la integral del numerador es impar, y por lo tanto la integral se anula en el intervalo simétrico $[-R, R]$. El resultado concuerda con que una figura simétrica respecto a un eje, con masa homogéneamente distribuida, debe tener su centro de gravedad sobre ese eje, figura 9.5.6.a.

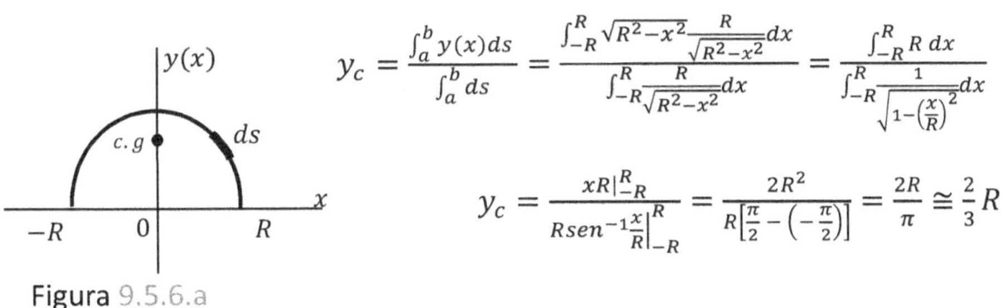

$$y_c = \frac{\int_a^b y(x)ds}{\int_a^b ds} = \frac{\int_{-R}^{R}\sqrt{R^2-x^2}\,\frac{R}{\sqrt{R^2-x^2}}\,dx}{\int_{-R}^{R}\frac{R}{\sqrt{R^2-x^2}}\,dx} = \frac{\int_{-R}^{R} R\,dx}{\int_{-R}^{R}\frac{1}{\sqrt{1-\left(\frac{x}{R}\right)^2}}\,dx}$$

$$y_c = \frac{xR\big|_{-R}^{R}}{R\,sen^{-1}\frac{x}{R}\big|_{-R}^{R}} = \frac{2R^2}{R\left[\frac{\pi}{2}-\left(-\frac{\pi}{2}\right)\right]} = \frac{2R}{\pi} \cong \frac{2}{3}R$$

Figura 9.5.6.a

Figura plana. Consideramos ahora una figura plana cuyos límites laterales son las rectas $x = a$ y $x = b$, y las curvas $y_1(x)$ e $y_2(x)$ en sus bordes superior e inferior respectivamente, figura 9.5.6.b

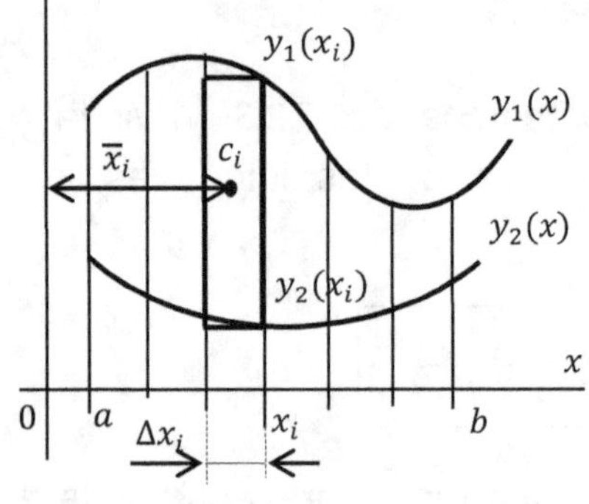

Figura 9.5.6.b

Si la masa por unidad de superficie es una constante δ, cada rectángulo de área $\Delta A_i = [y_1(x_i) - y_2(x_i)]\Delta x_i$, posee una masa $m_i = \delta\,[y_1(x_i) - y_2(x_i)]\,\Delta x_i$, y la masa total M de la figura es, aproximadamente, la suma de las masas m_i de los n rectángulos,

$$M \cong \sum_1^n m_i = \sum_1^n \delta\,[y_1(x_i) - y_2(x_i)]\,\Delta x_i$$

La aproximación mejora con la disminución de los Δx_i y, cuando $\Delta x_i \to 0$ para todas las i, la suma se convierte en integral y da el valor exacto de la masa total M.

$$M = \int_a^b \delta\,[y_1(x) - y_2(x)]\,dx$$

Como el centro de gravedad de cada rectángulo está en su centro, las coordenadas del centro de gravedad de las fajas en que dividimos la figura, tendrán su centro de gravedad muy próximo al centro de gravedad del rectángulo que las aproxima, y ambos centros tenderán a coincidir en cada faja cuando $\Delta x \to 0$. Las coordenadas del centro c_i de cada rectángulo son $\overline{x}_i$, el punto medio del intervalo (x_{i-1}, x_i), y el punto medio de sus lados mayores, $\dfrac{y_1(\overline{x}_i) + y_2(\overline{x}_i)}{2}$.

Reemplazando estas coordenadas en las expresiones de x_c, y_c, junto con el valor de $m_i = \delta\,[y_1(x_i) - y_2(x_i)]\,\Delta x_i$

$$x_c = \frac{\sum_1^n x_i m_i}{\sum_1^n m_i} \cong \frac{\sum_1^n \overline{x}_i \delta_i \Delta A_i}{\sum_1^n \delta_i \Delta A_i} = \frac{\sum_1^n \overline{x}_i \delta\,[y_1(x_i)-y_2(x_i)]\,\Delta x_i}{\sum_1^n \delta[y_1(x_i)-y_2(x_i)]\,\Delta x_i}$$

$$y_c = \frac{\sum_1^n y_i m_i}{\sum_1^n m_i} \cong \frac{\sum_1^n \frac{y_1(\overline{x}_i)+y_2(\overline{x}_i)}{2}\delta\Delta A_i}{\sum_1^n m_i} = \frac{\sum_1^n \frac{y_1(\overline{x}_i)+y_2(\overline{x}_i)}{2}\delta\,[y_1(x_i)-y_2(x_i)]\,\Delta x_i}{\sum_1^n \delta\,[y_1(\overline{x}_i)-y_2(\overline{x}_i)]\,\Delta x_i}$$

pasando al límite, se tienen las correspondientes integrales

$$\boxed{x_c = \frac{\int_a^b x\,\delta\,[y_1(x)-y_2(x)]\,dx}{\int_a^b \delta[y_1(x)-y_2(x)]\,dx}} \qquad \boxed{y_c = \frac{\int_a^b \frac{y_1(x)+y_2(x)}{2}\,\delta\,[y_1(x)-y_2(x)]\,dx}{\int_a^b \delta\,[y_1(x)-y_2(x)]\,dx}}$$

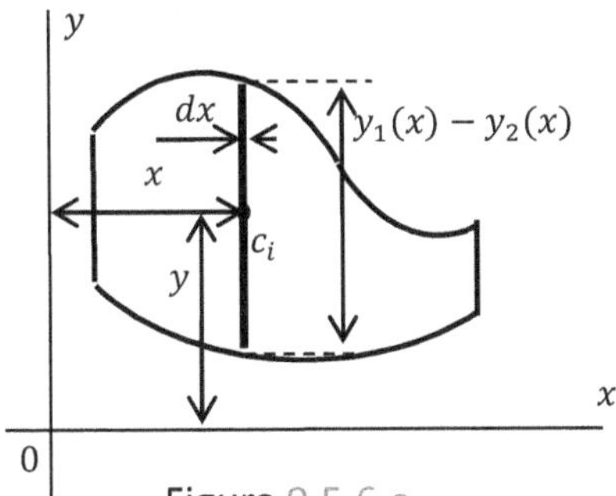

Figura 9.5.6.c

Podemos todavía interpretar geométricamente estos resultados; $y_1(x) - y_2(x)$ es la altura de la diferencial de área, de ancho dx, cuyo centro de gravedad es c_i, y tiene una masa diferencial; $dm = \delta\,[y_1(x) - y_2(x)]dx$.

Las coordenadas de c_i son; x e $y = \frac{y_1(x)+y_2(x)}{2}$, figura 9.5.6.c.

9.5.7. *Ejemplo*. **a**. Calculamos las coordenadas del centro de gravedad del trapezoide limitado por las rectas $x = 0$, $x = 1$ y las curvas $y_1 = \sqrt{x} + 1$, $y_2 = -(\sqrt{x} + 1)$, con masa homogéneamente distribuida, figura 9.5.7.a.

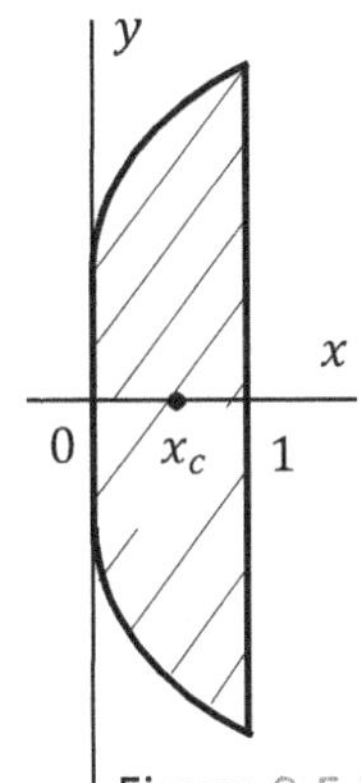

Figura 9.5.7.a

$y_c = 0$ por la simetría de la figura respecto del eje x.

$$x_c = \frac{\delta \int_0^1 x\,[y_1 - y_2]\,dx}{\delta \int_0^1 [y_1 - y_2]\,dx} = \frac{\int_0^1 x\,[\sqrt{x}+1+(\sqrt{x}+1)]\,dx}{\int_0^1 [[\sqrt{x}+1+(\sqrt{x}+1)]]\,dx}$$

$$x_c = \frac{\int_0^1 x\,2[\sqrt{x}+1]\,dx}{\int_0^1 2[\sqrt{x}+1]\,dx} = \frac{\int_0^1 \left(2\,x^{3/2} + 2\,x\right)dx}{\int_0^1 \left(2\,x^{1/2} + 2\right)dx}$$

$$x_c = \frac{\left(2\frac{2}{5}x^{5/2} + x^2\right)\Big|_0^1}{\left(2\frac{2}{3}x^{3/2} + 2\,x\right)\Big|_0^1} = \frac{9}{5}\frac{3}{10} = 0{,}54$$

b. Calculamos las coordenadas del centro de gravedad del semicírculo limitado por $y_1 = \sqrt{R^2 - x^2}$, $y_2 = 0$, y masa homogéneamente distribuida.

$x_c = 0$ por simetría respecto del eje y.

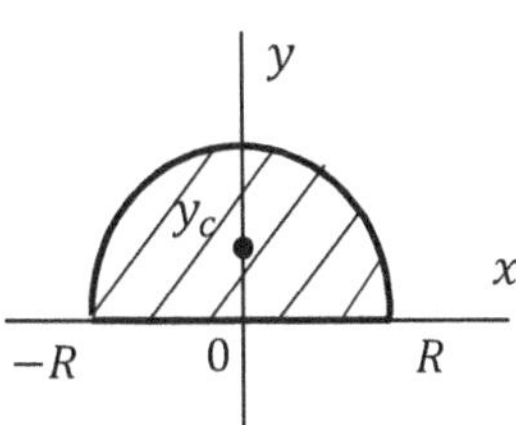

Figura 9.5.7.b

$$y_c = \frac{\delta \int_{-R}^{R} \frac{y_1 + y_2}{2}\,[y_1 - y_2]\,dx}{\delta \int_{-R}^{R} [y_1 - y_2]\,dx}$$

$$y_c = \frac{\int_{-R}^{R} \frac{\sqrt{R^2 - x^2} + 0}{2}\,[\sqrt{R^2 - x^2} - 0]\,dx}{\int_{-R}^{R} [\sqrt{R^2 - x^2} - 0]\,dx}$$

$$y_c = \frac{\int_{-R}^{R} \frac{R^2 - x^2}{2}\,dx}{\int_{-R}^{R} \sqrt{R^2 - x^2}\,dx} = \frac{2\int_0^R \frac{R^2 - x^2}{2}\,dx}{2\int_0^R \sqrt{R^2 - x^2}\,dx}$$

La integral del numerador es inmediata y para la del denominador, usamos el mismo resultado de tabla que en 9.5.2.d

$$y_c = \frac{\left(R^2 x - \frac{x^3}{3}\right)\Big|_0^R}{2\left[\frac{x}{2}\sqrt{R^2-x^2} + \frac{R^2}{2} sen^{-1}\frac{x}{R}\right]\Big|_0^R} = \frac{R^3 - \frac{R^3}{3}}{2\left[\frac{R^2}{2}\frac{\pi}{2}\right]} = \frac{4}{3}\frac{R}{\pi}$$

9.5.8. *Momento de inercia.* Sea $P_1 = (x_1, y_1)$, $P_2 = (x_2, y_2), ..., P_n = (x_n, y_n)$, un conjunto de puntos materiales distribuidos en el plano cartesiano, a los que atribuimos masas $m_1, m_2, ..., m_n$, como lo hicimos en 9.5.5. Se designa como *momento de inercia* de la masa m_i con respecto al centro de coordenadas $(0,0)$, al producto $r_i^2 m_i$ con $r_i^2 = x_i^2 + y_i^2$, el cuadrado de la distancia de la masa m_i al centro $(0,0)$. El momento total I_0 del sistema con respecto al centro $(0,0)$ es entonces

$$I_0 = \sum_1^n r_i^2 m_i = \sum_1^n (x_i^2 + y_i^2) m_i$$

Los momentos I_x e I_y con respecto a los ejes x e y, se definen como

$$I_x = \sum_1^n y_i^2\, m_i \qquad I_y = \sum_1^n x_i^2\, m_i$$

Consideraremos algunos casos de interés.

Curva plana. Como en 9.5.5, si el cuerpo material sobre el que están los puntos $P_1 = (x_1, y_1), P_2 = (x_2, y_2), ..., P_n = (x_n, y_n)$ es un arco de curva plana, a cada pequeña parte Δs_i del arco, la identificamos con un punto y le asociamos una masa $m_i = \delta \Delta s_i$, donde δ es la masa por unidad de longitud o densidad lineal. Sobre el arco de curva, para cada Δs_i inducido por la partición $a = x_0 < x_1 < \cdots < x_n = b$, $\Delta s_i = \sqrt{\Delta x_i^2 + \Delta y_i^2}$. Podemos además fijar un punto intermedio para Δs_i de coordenadas $(\overline{x}_i, y(\overline{x}_i))$ con $x_{i-1} < \overline{x}_i < x_i$, entonces el momento del arco respecto del punto $(0,0)$ es

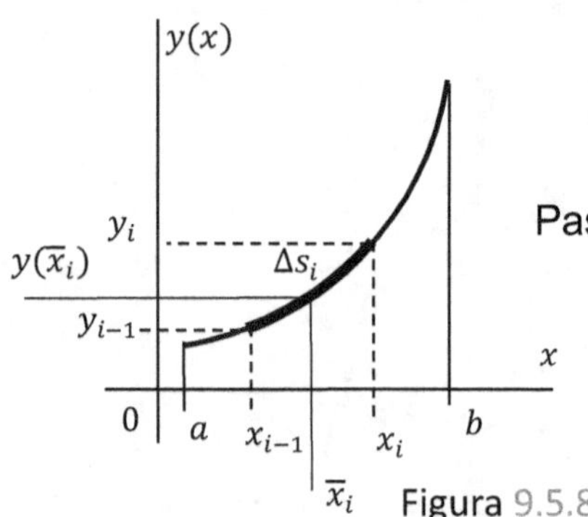

Figura 9.5.8.a

$$I_0 = \sum_1^n (x_i^2 + y_i^2) m_i \cong \sum_1^n \left(\overline{x}_i^2 + y(\overline{x}_i)^2\right) \delta\, \Delta s_i$$

Pasando al límite integral, tenemos el valor exacto de I_0

$$I_0 = \int_a^b \left[x^2 + \left(y(x)\right)^2\right] \delta\, ds$$

sustituyendo $ds = \sqrt{1 + y'^2}\, dx$

$$I_0 = \delta \int_a^b \left[x^2 + \left(y(x)\right)^2\right] \sqrt{1 + y'^2}\, dx$$

y hemos puesto δ fuera de la integral, suponiendo la masa homogéneamente distribuida sobre el arco. Los momentos I_x, I_y, con respecto a los ejes x e y, se calculan como

$$\boxed{I_x = \delta \int_a^b y^2 \sqrt{1 + y'^2}\, dx} \qquad \boxed{I_y = \delta \int_a^b x^2 \sqrt{1 + y'^2}\, dx}$$

9.5.9. *Ejemplo*. **a.** Consideramos una barra homogénea sobre el eje x, de longitud L, con un extremo en el origen del sistema cartesiano figura 9.5.9.a.

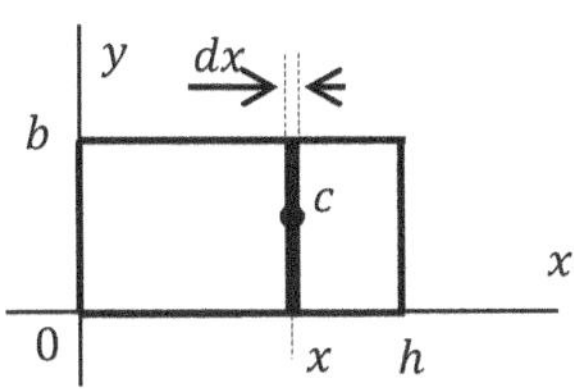

$$I_0 = \int_0^L \left[x^2 + \left(y(x)\right)^2\right] \delta\, ds, \quad y(x) = 0, \quad ds = dx$$

$$I_0 = \delta \int_0^L x^2\, dx = \delta \left.\frac{x^3}{3}\right|_0^L = \delta \frac{L^3}{3}$$

Figura 9.5.9.a

b. Calculamos el momento de inercia con respecto a su base, de un rectángulo de base b y altura h. Disponemos al rectángulo con su base en las y y su altura o lado mayor en las x figura 9.5.9.b

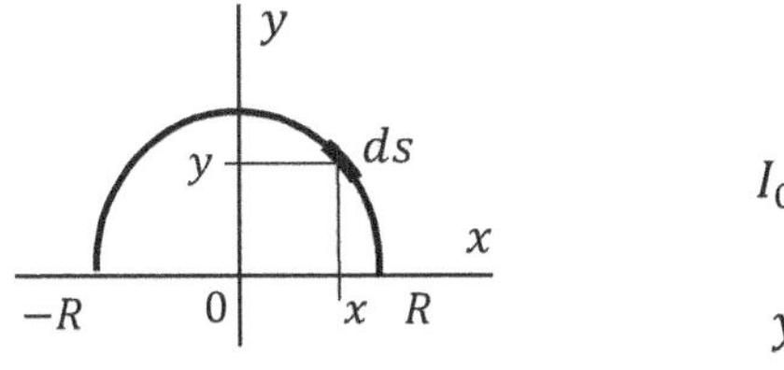

Figura 9.5.9.b

Cada rectángulo diferencial, tiene área diferencial $ds = b\, dx$ y masa $dm = \delta\, dA = \delta\, b\, dx$, que consideramos concentrada en su centro de gravedad c de coordenada x, entonces

$$I_y = \int_0^h x^2\, \delta\, b\, dx = \delta\, b\, \left.\frac{x^3}{3}\right|_0^h = \delta\, b\, \frac{h^3}{3},$$

reemplazando $\delta\, bh = M$ la masa total

$$I_y = M\, \frac{h^2}{3}$$

c. Calculamos ahora el momento de inercia con respecto al centro del sistema, de una barra homogénea delgada de sección constante, en forma de semicircunferencia, con centro en el origen del sistema y radio R figura 9.5.9.c

$$I_0 = \int_{-R}^R \left[x^2 + \left(y(x)\right)^2\right] \delta\, ds$$

$$y = \sqrt{R^2 - x^2}, \quad y' = -\frac{x}{\sqrt{R^2 - x^2}}$$

Figura 9.5.9.c

$$y'^2 = \frac{x^2}{R^2 - x^2} \quad ds = \sqrt{1 + y'^2}\, dx = \sqrt{1 + \frac{x^2}{R^2 - x^2}}\, dx = \frac{R}{\sqrt{R^2 - x^2}}\, dx$$

$$I_0 = \int_{-R}^{R} [x^2 + R^2 - x^2]\, \delta\, \frac{R}{\sqrt{R^2 - x^2}}\, dx$$

$$I_0 = \delta\, R^3 \int_{-R}^{R} \frac{dx}{\sqrt{R^2 - x^2}} = 2\, \delta\, R^3 \int_{0}^{R} \frac{dx}{\sqrt{R^2 - x^2}} = 2\, \delta\, R^3 sen^{-1} \frac{x}{R}\Big|_0^R$$

$$I_0 = 2\, \delta\, R^3 \frac{\pi}{2} = \delta\, \pi\, R^3$$

Para la circunferencia completa se tiene entonces $I_0 = 2\, \delta\, \pi\, R^3$, y con $\delta\, 2\pi R = M$ la masa total del anillo; $I_0 = MR^2$. En rigor, la última integral debe tratarse como en 9.7.3.

d. Calculamos el momento de inercia de un disco homogéneo de radio R respecto de su centro, que ubicamos en el origen del sistema. Descomponemos el disco en anillos concéntricos de radio interior r y radio exterior $r + dr$, de modo que su área diferencial es $dA = 2\pi\, r.\, dr$ y su masa diferencial $dm = \delta\, dA = \delta\, 2\pi\, r.\, dr$

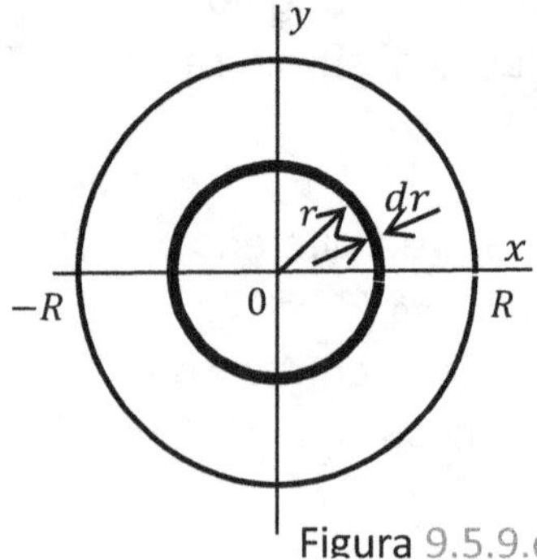

Figura 9.5.9.d

Por el ejemplo anterior sabemos que el momento de inercia I_0 de un anillo es $I_0 = MR^2$, por lo que el momento del anillo diferencial es

$$dI_0 = r^2 dm = r^2 \delta\, 2\pi\, r.\, dr = \delta\, 2\pi\, r^3.\, dr$$

Entonces $I_0 = \int_0^R dI_0 = \int_0^R \delta\, 2\pi\, r^3.\, dr = \delta\, 2\pi\, \frac{R^4}{4}$

Reemplazando $\delta\pi R^2 = M$ la masa total del disco

$$I_0 = M\, \frac{r^2}{2}$$

9.5.10. *Trabajo mecánico.* Si en un punto material que se desplaza sobre una trayectoria, actúa una fuerza F cuya dirección coincide con la trayectoria del punto, el trabajo mecánico W, se define como el producto de la fuerza F por el desplazamiento Δs en el que actuó la fuerza. Si la trayectoria es una recta y se divide con una partición $a = x_0 < x_1 < \cdots < x_n = b$, en la que $\Delta x_i = x_i - x_{i-1}$ como hicimos en 9.2.1, podemos obtener el trabajo total como suma de los trabajos elementales $F_i \Delta x_i$, realizados en cada uno de los intervalos (x_{i-i}, x_i), donde la fuerza actuante es F_i

$$W = F_1 \Delta x_1 + F_2 \Delta x_2 + \cdots + F_n \Delta x_n$$

Si la fuerza es constante $F_1 = F_2 = \cdots = F_n = F$

$$W = F \sum_1^n \Delta x_i = F(b-a)$$

y es sencillo el paso al límite como

$$W = \lim_{n \to \infty} F \sum_1^n \Delta x_i = F \int_a^b dx = F(b-a)$$

Si en cambio la fuerza F no es constante a lo largo de x, y varía como $F = F(x)$, le asignamos a F en cada intervalo (x_{i-1}, x_i), el valor $F = F(\overline{x}_i)$ que toma en un punto intermedio $\overline{x}_i$ del intervalo (x_{i-1}, x_i), y así

$$W \cong \sum_1^n F(\overline{x}_i)\Delta x_i$$

que con el paso al límite es

$$W = \lim_{n \to \infty} \sum_1^n F(\overline{x}_i)\Delta x_i = \int_a^b F(x)dx$$

Si la trayectoria no es el segmento $[a, b]$ del eje x, y en su lugar es el arco $\widehat{AB}$ de una curva s en el plano, los desplazamientos son $\Delta s_i = \sqrt{\Delta x_i{}^2 + \Delta y_i{}^2}$ y, si F toma valores $F(\overline{s}_i)$ en cada intervalo (s_{i-1}, s_i) sobre la curva s, el trabajo W es

$$W \cong \sum_1^n F(\overline{s}_i)\Delta s_i \text{ o bien } W = \int_A^B F(s)ds$$

Si $F(s) = F$, constante a lo largo del arco $\widehat{AB}$

$$W = F \int_A^B ds$$

9.5.11. *Ejemplo*. **a.** La fuerza necesaria para deformar un resorte, es según *la ley de Hooke* $F = kx$, donde x es el cambio de longitud del resorte producido por la fuerza actuante, y k una constante característica del resorte.

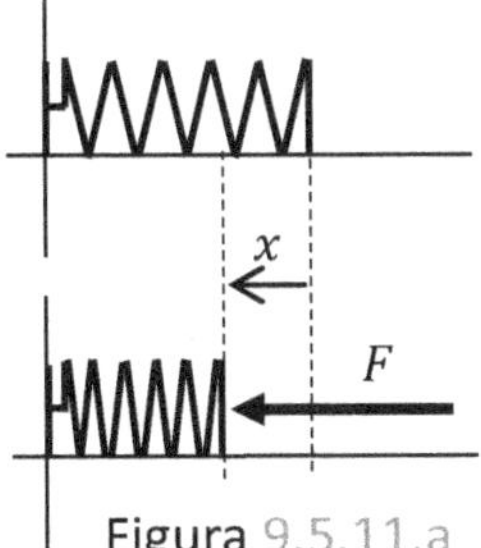

Figura 9.5.11.a

Sea $F = 1$ newton, $x = 0{,}1$ metro, $k = 10\frac{N}{m}$

$$W = \int_0^{0,1} F\, dx = \int_0^{0,1} kx\, dx = k\frac{x^2}{2}\Big|_0^{0,1}$$

$$W = 0{,}05\ N.m$$

b. El Trabajo W, para elevar verticalmente un contenedor de $1000\ kg$ a $50\ m$ por sobre el nivel $h = 0$ donde reposa, mediante un cable que pesa $1{,}2\ kg$ por metro y se arrolla en una polea ubicada 80 m por sobre el contenedor, es la suma de los trabajos, W_1 para elevar el contenedor, y W_2 para elevar el cable. El trabajo W_1 para elevar el contenedor requiere una fuerza constante igual a su peso.

Entonces el trabajo W_1 para elevar el contenedor es

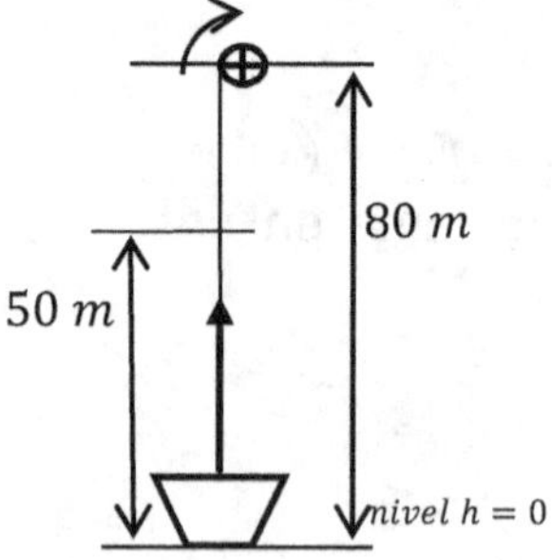

$$W_1 = \int_0^{50} F \ dx = \int_0^{50} 1000 \ dx = 1000x|_0^{50}$$

$$W_1 = 1000.50 \ kg.m$$

Figura 9.5.11.b

En cambio, la fuerza para elevar el cable, es el peso del cable cuya longitud es $80 \ m$ en el comienzo de la tarea y $30 \ m$ al finalizarla, su peso entonces cuando el contenedor fue elevado x metros sobre el nivel $h = 0$, es $1,2.(80 - x)kg$.

Así el trabajo W_2 para elevar el cable es

$$W_2 = \int_0^{50} F \ dx = \int_0^{50} 1,2(80 - x) \ dx$$

$$W_2 = 1,2\left(80\,x - \frac{x^2}{2}\right)\Big|_0^{50} = W_2 = 1,2\left(80.50 - \frac{50^2}{2}\right) = 3300$$

$$W = W_1 + W_2 = 53300 \ kg.m$$

c. Se desea vaciar un tanque que contiene ácido sulfúrico de peso específico $1732 \ kg/m^3$.

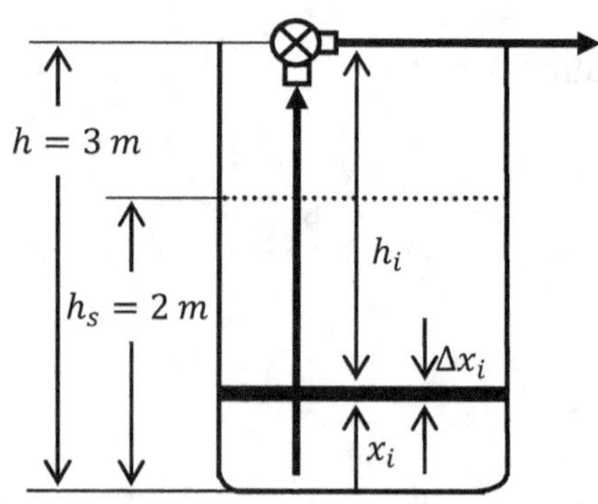

Figura 9.5.11.c

El tanque es cilíndrico con diámetro $d = 2 \ m$, de altura $h = 3 \ m$ y está lleno hasta una altura de $h_s = 2 \ m$. El vaciado se hará por su borde superior utilizando una bomba, y el trabajo de la bomba será elevar hasta el borde situado a $3 \ m$ de altura, el ácido cuya altura inicial es $h_s = 2 \ m$.

Si dividimos el contenido en capas de altura Δx_i, el peso de cada capa será $\rho.\pi.\left(\frac{d}{2}\right)^2.\Delta x_i = 1732.\pi.1^2.\Delta x_i\ kg$, y este peso, debe elevarse $h_i = (h - x_i)m = (3 - x_i)m$, desde el nivel en que se encuentra hasta la altura h a la que descarga la bomba, por lo tanto el trabajo W_i para elevar esta capa es

$$W_i = (1732.\pi.1^2.\Delta x_i)h_i = (\pi.1732.\Delta x_i)(3 - x_i)$$

y el trabajo total W para elevar todas las capas es

$$W = \sum_1^n W_i = \sum_1^n \pi\,1732\,(3 - x_i)\,\Delta x_i$$

Pasando al límite integral y teniendo en cuenta que $0 \leq x_i \leq h_s = 2$

$$W = \pi\,1732 \int_0^2 (3 - x)\,dx$$

$$W = \pi.1732\left(3x - \frac{x^2}{2}\right)\Big|_0^2 = 4\pi.1732 \cong 21754\ kg.m$$

d. Para calcular la fuerza sobre el muro de contención de una presa, sumamos las fuerzas ejercidas sobre sucesivas capas, desde la base hasta la superficie. En cada capa de altura Δx_i, la fuerza ejercida es el producto de la presión local por el área de la capa. Para calcular la presión como función de la profundidad tenemos en cuenta que una columna de agua de base A y altura h, tiene un volumen $V = Ah$, lo que implica un peso $F = \gamma V = \gamma Ah$, donde $\gamma = 1000\frac{kg}{m^3}$ es el peso específico del agua y por ello, la presión ejercida por esta columna sobre su base es $p = \frac{F}{A} = \gamma h$, expresión que nos da la presión como función de la altura h de la columna de agua o profundidad.

Calculamos la fuerza total ejercida sobre el muro de contención de una presa que tiene forma de trapecio, con base menor $20\ m$ en el fondo y base mayor $30\ m$ a $15\ m$ sobre la base, que es la altura máxima que alcanza el agua figura 9.5.11.d

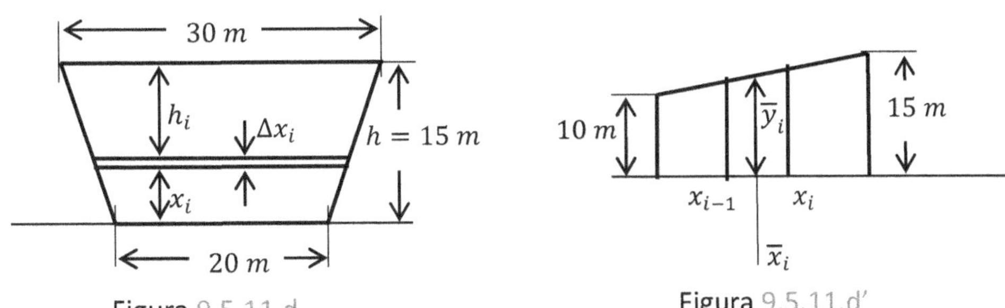

Figura 9.5.11.d   Figura 9.5.11.d'

En la figura 9.5.11.d', que muestra la mitad de la presa volteada 90 grados hacia la derecha, con su altura h a lo largo del eje x, se observa que el área de la mitad de una capa intermedia $\frac{A_i}{2}$ de la presa, de espesor $\Delta x_i = (x_i - x_{i-1})$, es $\frac{A_i}{2} = \Delta x_i \overline{y}_i$ siendo $\overline{y}_i = y(\overline{x}_i)$, con $\overline{x}_i = \frac{x_{i-1} + x_i}{2}$. Podemos determinar y como $y(x) = 10 + \frac{15-10}{h=15} x$, por lo que $\overline{y}_i = y(\overline{x}_i) = 10 + \frac{1}{3}\overline{x}_i$, entonces; $A_i = 2\,\Delta x_i \overline{y}_i = 2\,\Delta x_i \left(10 + \frac{1}{3}\overline{x}_i\right)$.

El elemento de presa con área A_i sumergido a una profundidad h_i, soporta una presión $p_i = \gamma h_i = \gamma(h - \overline{x}_i)$, por lo que la fuerza F_i ejercida sobre la capa A_i es

$$F_i = p_i A_i = \gamma(h - \overline{x}_i)\, 2\,\Delta x_i \left(10 + \frac{1}{3}\overline{x}_i\right)$$

La fuerza total la obtenemos sumando la fuerza ejercida por el agua sobre todas las capas desde el fondo hasta la superficie la aproximamos como

$$F \cong \sum F_i = \sum_1^n p_i A_i = \sum_1^n 2\gamma(h - \overline{x}_i)\left(10 + \frac{1}{3}\overline{x}_i\right)\Delta x_i$$

Pasando al límite integral y recordando que, $\gamma = 1000\,\frac{kg}{m^3}$ y $h = 15\,m$

$$F = \int_0^{15} 2000(15 - x)\left(10 + \frac{1}{3}x\right) dx$$

$$F = 2000 \int_0^{15} \left(150 - 5x + \frac{x^2}{3}\right) dx$$

$$F = 2000 \left(150\,x - 5\frac{x^2}{2} + \frac{x^3}{9}\right)\Big|_0^{15} = 4125000\,kg$$

e. *Compresión y expansión de gases*. Cuando un émbolo comprime un gas, el trabajo $W = Fd$ se calcula como $W = pV$, donde p es la presión que se opone al émbolo y V el volumen desplazado. El producto $W = pV$ se transforma fácilmente a $W = Fd$, sustituyendo en $W = pV$; $p = \frac{F}{A}$ donde F es la fuerza que se opone al émbolo y A el área del émbolo. Teniendo en cuenta que V es el volumen que desplaza el émbolo, y d el desplazamiento del émbolo, el volumen desplazado resulta; $V = Ad$. Entonces $W = pV = \frac{F}{A}Ad = Fd$.

La forma general de describir la compresión o expansión de un gas es; $PV^n =$ *constante*. Si $n = 1$ la transformación es *isotérmica* o a temperatura constante, si $n = 0$ la transformación es a presión constante o *isobárica*. Si la transformación es *adiabática* o sin transferencia de calor, $n = \gamma$ con $\gamma = \frac{C_p}{C_v}$, el cociente de las capacidades caloríficas medidas a presión y volumen constante.

El trabajo para comprimir un gas desde un volumen inicial V_1 hasta un volumen final V_2 es

$$W = \int_{V_1}^{V_2} dW = \int_{V_1}^{V_2} p\, dV$$

Si $p_1 V_1^n = p_2 V_2^n = pV^n$, $p = \frac{p_1 V_1^n}{V^n}$ y entonces

$$W = \int_{V_1}^{V_2} p\, dV = \int_{V_1}^{V_2} p_1 V_1^n \frac{dV}{V^n} = p_1 V_1^n \frac{V^{1-n}}{1-n}\bigg|_{V_1}^{V_2}, \text{ si } n \neq 1$$

si $n = 1$, la transformación es isotérmica y el trabajo es

$$W = \int_{V_1}^{V_2} p\, dV = \int_{V_1}^{V_2} p_1 V_1 \frac{dV}{V} = p_1 V_1 \ln V \big|_{V_1}^{V_2} = p_1 V_1 \ln\frac{V_2}{V_1}$$

Si en lugar de comprimirse, el gas se expande desplazando al émbolo, realiza un trabajo. Calculamos el trabajo de expansión que realizan $10\, lt = 0{,}01\, m^3$ cuando se expanden isotérmicamente desde la presión de $4\, at \cong 400000\, \frac{N}{m^2}$ hasta la presión de $2\, at \cong 200000\, \frac{N}{m^2}$

$$W = \int_{V_1}^{V_2} p_1 V_1 \frac{dV}{V} = 400000\, \frac{N}{m^2}.\, 0{,}01\, m^3.\ln V \big|_{V_1}^{V_2}$$

$$W = 400000\, \frac{N}{m^2}.\, 0{,}01\, m^3.\ln\frac{V_2}{0{,}01}$$

El volumen V_2 se determina como $V_2 = \frac{p_1 V_1}{p_2} = \frac{400000.0{,}01}{200000} = 0{,}02\, lt$

$$W = 400000\, \frac{N}{m^2}.\, 0{,}01\, m^3.\ln\frac{0{,}02}{0{,}01} = 4000.0{,}639 = 2556\, N.m$$

Ejercicios 9.5

Calcular el volumen de revolución engendrado por el giro del arco que describe la función f entre los límites indicados.

1. $f = sen^2 x,\, en\ [0,\pi]$.   **2.** $f = x^{3/2},\, en\ [0,1]$.

Calcular el área de revolución engendrada por el giro del arco que describe la función f entre los límites indicados.

3. $f = \frac{1}{3}\sqrt{x}(3 - x),\, en\ [0,3]$.   **4.** $f = x^2,\, en\ [0,1]$.

5. Determinar las coordenadas x_c, y_c, del centro de gravedad de la figura formada por las curvas $f = \sqrt{x}$ y $h = x^2$.

6. Determinar las coordenadas x_c, y_c, del centro de gravedad de la figura formada por la elipse $\frac{x^2}{a^2} + \frac{y^2}{b^2} = 1$ y el eje x.

7. En el esquema del ejemplo 9.5.11.c, hacer la siguiente modificación: suponer que el depósito es cónico con el vértice en la parte inferior y el diámetro de la base, su parte superior, se mantiene igual a $2\,m$. Calcular el trabajo de vaciado W con esta modificación.

8. Recordando que un cuerpo de masa m y la tierra de masa M se atraen según la ley $F = G\frac{M.m}{d^2}$, donde G es una constante universal y d la distancia entre los centros de masa, calcular el trabajo W para elevar un cuerpo de masa m a una altura h, asignado al radio terrestre el valor R. Sobre el resultado, tomar $\lim_{\infty} h$ para obtener el trabajo W_∞, necesario para sustraer el cuerpo de la gravitación terrestre.

Respuestas:

1. $R:\frac{3}{8}\pi^2$. **2.** $R:\frac{\pi}{4}$. **3.** $R:3\pi$. **4.** $R:\pi\left[\sqrt{2} + \ln\left(1 + \sqrt{2}\right)\right]$. **5.** $R: x_c = y_c = \frac{9}{20}$. **6.** $R: x_c = 0$, $y_c = \frac{4b}{3\pi}$. **7.** $R: W = \frac{4\pi\,1732}{9} \cong 2417\,kg.m$.

8. $R: W = -GM.m\left(\frac{1}{R+h} - \frac{1}{R}\right)$, $W_\infty = G\frac{M.m}{R}$, con $F = mg = G\frac{M.m}{R^2}$, $G = \frac{gR^2}{M}$ y $W_\infty = g.m.R$.

9.6 Métodos gráficos de integración

Los métodos gráficos de integración han sido siempre un valioso recurso, cuando lo que se busca es un valor numérico y no se conoce la primitiva, o bien esta no es una función elemental. Si bien en la actualidad el *software* disponible es un recurso muy potente, expondremos el método de los rectángulos porque seguramente es un apoyo para comprender los procesos de sumas *superior* e *inferior de Darboux* vistos en 9.2.5 y 9.2.6. Trataremos también el método de T. SIMPSON (1710-1761), en tanto es un método de fácil aplicación y da buenos resultados.

9.6.1. *Método de los rectángulos.* Para estimar el valor de $\int_a^b y(x)dx$, con la suposición de que $y(x)$ sea continua, se hace una suma finita de rectángulos inscriptos o bien circunscriptos en $y(x)$, obteniéndose una aproximación al área $A = \int_a^b y(x)dx$, por defecto o por exceso. El procedimiento es el siguiente: Se divide el intervalo $[a, b]$, en n subintervalos iguales de longitud $\Delta x = \frac{b-a}{n}$, mediante los puntos de división $a = x_0, x_1, x_2, ..., x_n = b$, figura 9.6.1.a.

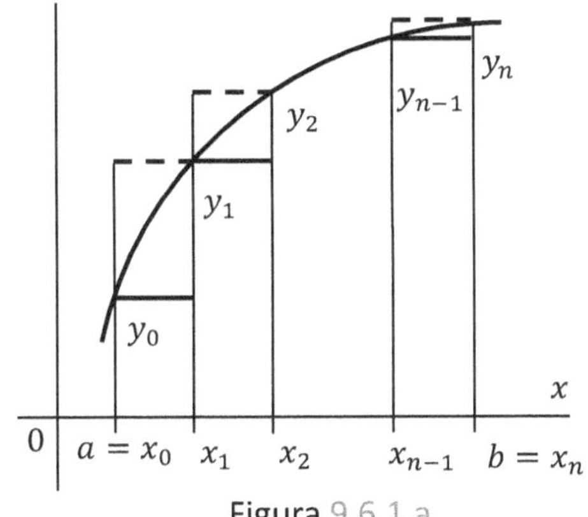

Figura 9.6.1.a

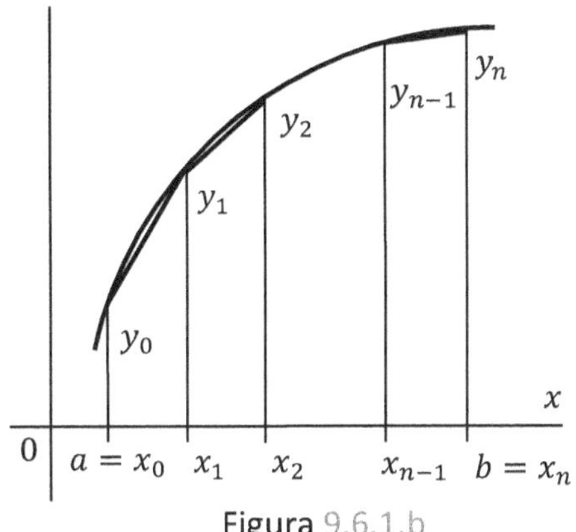

Figura 9.6.1.b

Haciendo $y(x_0) = y_0$, $y(x_1) = y_1$, $y(x_2) = y_2$, ..., $y(x_n) = y_n$, podemos formar dos sumas

$$y_0\Delta x + y_1\Delta x + y_2\Delta x + \cdots + y_{n-1}\Delta x = \frac{b-a}{n}(y_0 + y_1 + y_2 + \cdots + y_{n-1})$$

$$y_1\Delta x + y_2\Delta x + y_3\Delta x + \cdots + y_n\Delta x = \frac{b-a}{n}(y_1 + y_2 + y_3 + \cdots + y_n)$$

La primera de esas sumas, es la suma de los rectángulos inscriptos en la curva figura 9.6.1.a, y se aproxima a la integral $A = \int_a^b y(x)dx$ por defecto. La segunda suma, se aproxima a la integral $A = \int_a^b y(x)dx$ por exceso, ya que es la suma de los rectángulos circunscriptos figura 9.6.1.a, por lo que podemos poner entonces

$$A = \int_a^b y(x)dx \cong \frac{b-a}{n}(y_0 + y_1 + y_2 + \cdots + y_{n-1})$$

o bien
$$A = \int_a^b y(x)dx \cong \frac{b-a}{n}(y_1 + y_2 + y_3 + \cdots + y_n)$$

Del promedio de ambas sumas, obtenemos la *Fórmula de los trapecios*, y su aproximación se muestra en la figura 9.6.1.b.

$$A = \int_a^b y(x)dx \cong \frac{b-a}{n}\left(\frac{y_0+y_n}{2} + y_1 + y_2 + y_3 + \cdots + y_{n-1}\right)$$

9.6.2. *Método de las parábolas de Simpson.* Este método consiste en dividir el intervalo de integración, en un número par $2m$ de subintervalos iguales, y ajustar la curva $y(x)$ a integrar, en cada par de subintervalos, con una parábola coincidente con la curva en los extremos exteriores de los subintervalos y en el punto medio común a ambos subintervalos, figura 9.6.2.a.

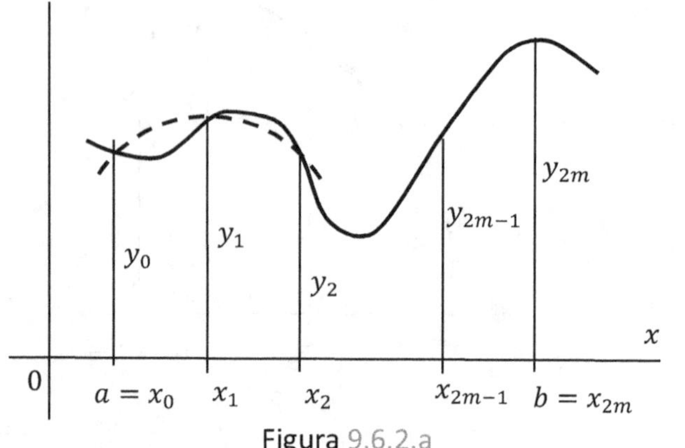

Figura 9.6.2.a

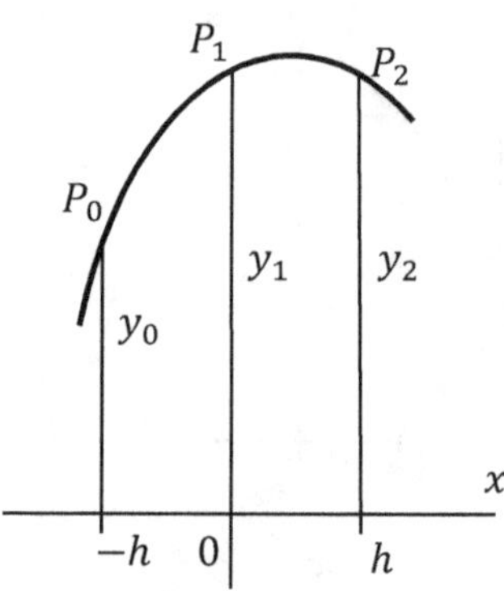

Figura 9.6.2.b

Comenzaremos por probar que: Si una parábola $Ax^2 + Bx + C$ determina un trapezoide con sus lados en $x = -h$ y $x = h$, y base en el eje x, figura 9.6.2.b, entonces tiene un área $S = \frac{h}{3}(y_0 + 4y_1 + y_2)$, siendo y_0 e y_2 las ordenadas extremas de la parábola, e y_1 la ordenada media coincidente con el eje y.

Sabemos que una curva de segundo grado tiene tres constantes, en este caso A, B y C, que determinan en forma unívoca la curva que pasa por tres puntos, que en este caso serán P_0, P_1 y P_2. Determinaremos A, B y C, con tres ecuaciones, dando a x los valores $x = -h$, $x = 0$ y $x = h$, donde la parábola $Ax^2 + Bx + C$ toma los valores $y(-h) = y_0$, $y(0) = y_1$, $y(h) = y_2$, figura 9.6.2.b, entonces

$$\text{si } x = -h \qquad Ah^2 - Bh + C = y_0$$

$$\text{si } x = 0 \qquad\qquad\qquad C = y_1$$

$$\text{si } x = h \qquad Ah^2 + Bh + C = y_2$$

se pueden así calcular A, B y C y, una vez conocidos, calcular el área S bajo la parábola $y = Ax^2 + Bx + C$, con la integral

$$S = \int_{-h}^{h}(Ax^2 + Bx + C)\, dx$$

Eliminando el término impar Bx que se anulará en $[-h, h]$ e integrando entre 0 y h, como en el ejemplo 9.4.6.c

$$S = 2\int_{0}^{h}(Ax^2 + C)\, dx = 2\left(A\frac{x^3}{3} + Cx\right)\Big|_{0}^{h} = 2A\frac{h^3}{3} + 2Ch$$

$$S = \frac{h}{3}(2A\,h^2 + 6C)$$

pero de las ecuaciones que obtuvimos A, B y C, se deduce fácilmente que

$$2A\,h^2 + 6C = y_0 + 4y_1 + y_2 \;\Rightarrow\; S = \frac{h}{3}(y_0 + 4y_1 + y_2)\blacklozenge$$

Hemos obtenido así el área S del trapezoide determinado por la parábola $Ax^2 + Bx + C$ que pasa por tres puntos coincidentes con la curva $y(x)$; los puntos $P_1 = (-h, y_0)$, $P_2 = (0, y_1)$, $P_3 = (h, y_2)$.

Si la parábola se desplaza hacia una nueva posición, tal que coincida nuevamente con la curva en otros tres puntos, la expresión para el área del nuevo trapezoide bajo la parábola, será la misma con las nuevas tres coordenadas sucesivas correspondientes.

Entonces para calcular el área A bajo $y(x)$, que en $a = x_0$, x_1, x_2, ..., $x_{2m} = b$, toma los valores $y(x_0) = y_0$, $y(x_1) = y_1$, $y(x_2) = y_2$, ..., $y(x_{2m}) = y_{2m}$, sumamos las m áreas correspondientes a los m trapecios de los intervalos $[a, x_2]$, $[x_2, x_4]$, $[x_4, x_6]$, ..., $[x_{2m-2}, b]$, y entonces

$$A = \int_{a}^{b} f(x)dx \cong S_1 + S_2 + S_3 + \cdots + S_m$$

sustituyendo $\Delta x = h = \frac{b-a}{2m}$ en $S = \frac{h}{3}(y_0 + 4y_1 + y_2)$, las áreas de los trapecios son

$$\int_{x_0=a}^{x_2} f(x)dx \cong S_1 = \frac{\Delta x}{3}(y_0 + 4y_1 + y_2)$$

$$\int_{x_2}^{x_4} f(x)dx \cong S_2 = \frac{\Delta x}{3}(y_2 + 4y_3 + y_4)$$

$$\dots \dots \dots \dots \dots \dots \dots \dots \dots \dots \dots \dots \dots \dots \dots \dots \dots$$

$$\int_{x_{2m-2}}^{b=x_{2m}} f(x)dx \cong S_m = \frac{\Delta x}{3}(y_{2m-2} + 4y_{2m-1} + y_{2m})$$

Entonces A es

$$A = \int_a^b f(x)dx \cong \frac{\Delta x}{3}[y_0 + y_{2m} + 2(y_2 + y_4 + \cdots + y_{2m-2}) + 4(y_1 + y_3 + \cdots + y_{2m-1})]$$

$$A = \int_a^b f(x)dx \cong \frac{b-a}{6m}[y_0 + y_{2m} + 2(y_2 + y_4 + \cdots + y_{2m-2}) + 4(y_1 + y_3 + \cdots + y_{2m-1})] \blacklozenge$$

9.6.3. *Ejemplo*. Aproximamos el valor de $\int_1^2 \frac{dx}{x}$ con los tres métodos para comparar resultados; con $\Delta x = \frac{1}{4}$, dividimos el intervalo $[1,2]$ y tabulamos los valores de $y(x) = \frac{1}{x}$, tabla 9.6.3.

Fórmulas de los rectángulos. Computamos como A_I y A_{II}, las sumas para las fórmulas de los rectángulos.

x	$y = \dfrac{1}{x}$
$x_0 = 1$	$y_0 = 1,000$
$x_1 = {}^5\!/_4$	$y_1 = 0,800$
$x_2 = {}^3\!/_2$	$y_2 = 0,666$
$x_3 = {}^7\!/_4$	$y_3 = 0,571$
$x_4 = 2$	$y_4 = 0,500$

Tabla 9.6.3

$$A_I = \frac{2-1}{4}(y_0 + y_1 + y_2 + y_3)$$

$$A_I = \frac{1}{4}(1 + 0,800 + 0,666 + 0,571) = 0,759$$

$$A_{II} = \frac{2-1}{4}(y_1 + y_2 + y_3 + y_4)$$

$$A_{II} = \frac{1}{4}(0,800 + 0,666 + 0,571 + 0,500) = 0,634$$

Fórmula de los trapecios. Obtenemos la suma A_T de los trapecios como la media entre A_I y A_{II}

$$A_T = \frac{A_I + A_{II}}{2} = \frac{0,759 + 0,634}{2} = 0,696$$

Fórmula de Simpson.

$$A_S = \frac{2-1}{6.2}\left[y_0 + y_4 + 2y_2 + 4(y_1 + y_3)\right]$$

$$A_S = \frac{1}{12}\left[1 + 0{,}500 + 2\cdot 0{,}666 + 4(0{,}800 + 0{,}571)\right] = \frac{8{,}316}{12} = 0{,}693$$

Resumiendo: $A_I = 0{,}759$, $A_{II} = 0{,}634$, $A_T = 0{,}696$ y $A_S = 0{,}693$. Para $I = \int_1^2 \frac{dx}{x} =$ ln 2, una tabla con cuatro decimales da el valor; ln 2 = 0,6931.

Ejercicios 9.6

1. Empleando la tabla de valores de $x - f$ aplicar el *método de los trapecios* y el *método de Simpson* para obtener las respectivas áreas A_T y A_S.

$f(x)$	1,5	0,75	0,50	0,75	1,50	2,75	4,50	6,75	10,00
x	0,0	0,5	1,0	1,5	2,0	2,5	3,0	3,5	4,0

2. Calcular el valor exacto I de la integral $\int_0^1 (3x^2 - 4x)$ y a continuación, obtener su valor aproximado v_a, empleando el *método de los trapecios* con $n = 10$.

3. Calcular el valor exacto I de la integral $\int_0^1 \frac{x}{x+1}$ y a continuación, obtener su valor aproximado v_a, empleando el *método de Simpson* con $n = 10$.

Respuestas:

1. $R: A_T = 11{,}625$; $A_S = 11{,}417$. **2.** $R: I = -1, v_a = -0{,}995$. **3.** $R: I = 1 - \ln 2, v_a = 0{,}3068$.

9.7 La integral impropia de Riemann

La *integral de Riemann* de 9.2.10 queda bien definida con dos restricciones, una implícita y otra explícita, la primera es que el intervalo de integración $I = [a, b]$ sea finito, la segunda es que el integrando $f(x)$ sea acotado. Extenderemos ahora la definición de la integral de Riemann, para el caso en que una o ambas restricciones no se verifiquen, y entonces las sumas inferiores o superiores sean *sumas impropias* y distinguiremos dos casos, que podrán presentarse aislados o juntos en la integración de Riemann.

9.7.1. *Primer caso. El intervalo de integración es infinito.* Cuando uno o ambos extremos de integración sean infinitos, figuras 9.7.1.a y 9.7.1.b

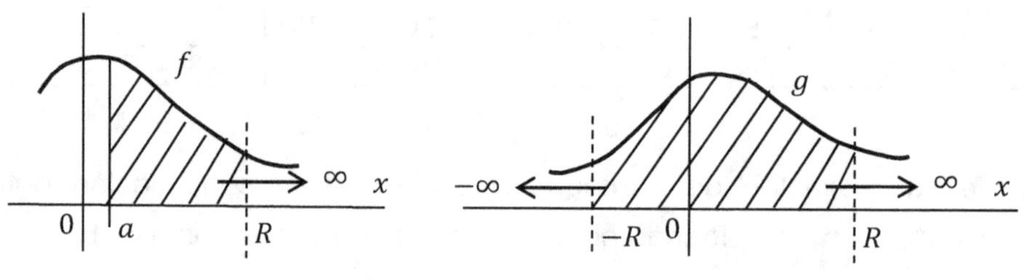

Figura 9.7.1.a   Figura 9.7.1.b

Calcularemos estas integrales como

$$\int_a^R f \;\; y \;\; \int_{-R}^R g$$

tomando luego límite para $R \to \infty$, y cuando dicho límite exista, diremos que la integral *existe* o *converge* a dicho límite, y su valor será precisamente ese límite. En todo otro caso, diremos que la integral *no existe*.

9.7.2. *Ejemplo.* **a.** $I = \int_0^{\infty} e^{-x} = \lim_{R\to\infty} \int_0^R e^{-x} = \lim_{R\to\infty} (-e^{-x})|_0^R = 1 - \lim_{R\to\infty} e^{-R} = 1,$ existe y converge a uno. **b.** $I = \int_0^{\infty} \frac{1}{1+x} = \lim_{R\to\infty} \int_0^R \frac{1}{1+x} = \lim_{R\to\infty} \ln(1 + x)|_0^R =$ $\lim_{R\to\infty} \ln(1 + R) = \infty$, no existe y diverge a ∞. **c.** $I = \int_0^{\infty} \cos x = \lim_{R\to\infty} \int_0^R \cos x =$ $\lim_{R\to\infty} sen\, x|_0^R = \lim_{R\to\infty} sen\, R$, no existe un límite determinado y por lo tanto diverge.

9.7.3. *Segundo caso. La función no es acotada.* La función tiene una discontinuidad infinita en un extremo del intervalo de integración o bien en un punto intermedio del intervalo, en cuyo caso, este punto se puede transformar en extremo por una oportuna división del intervalo, figuras 9.7.3.a y 9.7.3.b

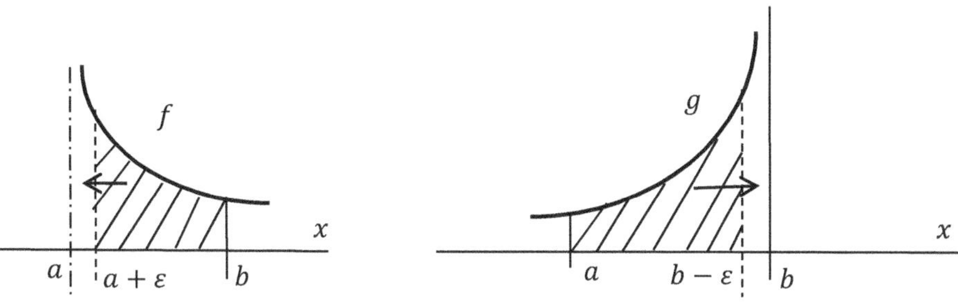

Figura 9.7.3.a   Figura 9.7.3.b

Calcularemos estas integrales como

$$\int_{a+\varepsilon}^{b} f \quad \text{y} \quad \int_{a}^{b-\varepsilon} g$$

para después tomar límite para $\varepsilon \to 0$ y, cuando exista ese límite, diremos como antes que la integral *existe* o *converge* a dicho límite y su valor, será precisamente ese límite. En todo otro caso, diremos que la integral *no existe*.

9.7.4. *Ejemplo.* **a.** $I = \int_0^1 \frac{1}{\sqrt{x}} = \lim_{\varepsilon \to 0} \int_{0+\varepsilon}^1 \frac{1}{\sqrt{x}} = \lim_{\varepsilon \to 0} 2\sqrt{x}\big|_\varepsilon^1 = 2 - 2\lim_{\varepsilon \to 0}\sqrt{\varepsilon} = 2$, existe y converge a 2. **b.** $I = \int_0^1 \frac{1}{x} = \lim_{\varepsilon \to 0}\int_{0+\varepsilon}^1 \frac{1}{x} = \lim_{\varepsilon \to 0}\ln x\big|_\varepsilon^1 = 0 - \lim_{\varepsilon \to 0}\ln \varepsilon = \infty$, no existe, diverge a ∞. **c.** $I = \int_0^1 \frac{\cos\frac{1}{x}}{x^2} = \lim_{\varepsilon \to 0}\int_{0+\varepsilon}^1 \frac{\cos\frac{1}{x}}{x^2} = \lim_{\varepsilon \to 0}-sen\,\frac{1}{x}\Big|_\varepsilon^1 = -sen\,1 + \lim_{\varepsilon \to 0}sen\,\frac{1}{\varepsilon}$, no existe un límite determinado y por lo tanto no existe I.

9.7.5. *Valor principal de Cauchy.* Si existe $\int_{-\infty}^{\infty} f$, lo llamaremos valor principal de Cauchy y se define como

$$V.P.\int_{-\infty}^{\infty} f = \lim_{R \to \infty} \int_{-R}^{R} f$$

siempre que el límite del segundo miembro exista, independientemente de que existan los límites individuales $\lim_{R \to \infty}\int_{-R}^{0} f$ y $\lim_{R \to \infty}\int_{0}^{R} f$. Para cualquier función impar, sus integrales determinarán en los semiplanos derecho e izquierdo, áreas iguales y de signos opuestos en tanto $f(x) = -f(-x)$, y en consecuencia $\int_{-\infty}^{\infty} f = 0$ mientras que, no existe $\int_{-\infty}^{0} f = -\infty$, y tampoco existe $\int_{0}^{\infty} f = \infty$.

9.7.6. *Ejemplo.* **a.** $I = \int_{a}^{b} \frac{1}{x}$, $a < 0 < b$. No existe $I_1 = \int_{a}^{0} \frac{1}{x}$ como ya hemos visto, y por las misma razones, tampoco existe $I_2 = \int_{0}^{b} \frac{1}{x}$, pero si existe $I = \int_{a}^{b} \frac{1}{x}$ por una compensación de áreas, que podríamos interpretar como $I = \int_{a}^{b} \frac{1}{x} = I_2 - I_1$, figura 9.7.6.a. Decimos que *podríamos interpretar I como* $I = I_2 - I_1$, y no *se interpreta como*, ya que no existen I_1 e I_2.

b. $I = \int_{-a}^{a} \frac{1}{x^2}$. En este caso no existe $V.P. \int_{-a}^{a} f$, figura 9.7.6.b.

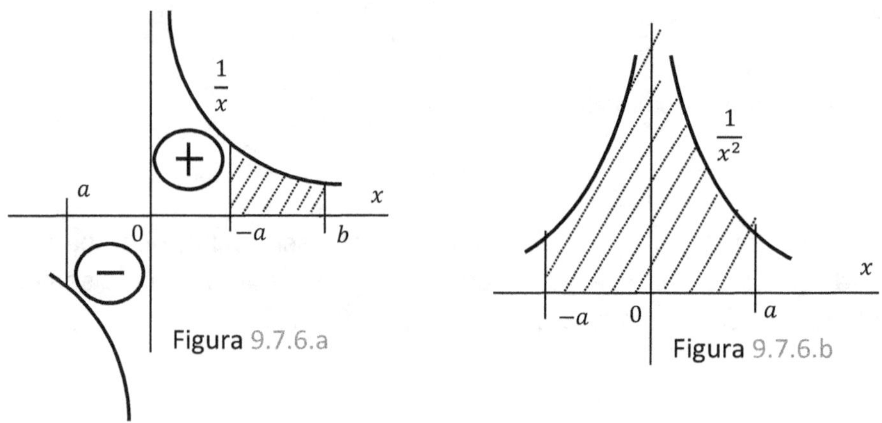

Veremos a continuación, dos criterios de convergencia para integrales impropias

9.7.7. *Criterio de comparación directa.* Si f y g son continuas para todo valor positivo de x, y para todo $x > a$ se verifica que $g(x) \leq f(x)$, entonces si converge $\int_{a}^{\infty} f$, la integral $\int_{a}^{\infty} g$ converge y si la integral $\int_{a}^{\infty} g$ diverge, la integral $\int_{a}^{\infty} f$ diverge. Podemos confrontar este criterio con el criterio 8.6.7 de comparación de series.

9.7.8. *Ejemplo.* **a.** $\int_{1}^{\infty} \frac{sen^2 x}{x^2}$. Esta integral converge porque $0 \leq \frac{sen^2 x}{x^2} \leq \frac{1}{x^2}$ en $[1, \infty)$ y $\int_{1}^{\infty} \frac{1}{x^2}$ converge, cosa que podemos comprobar porque la integral $\int_{1}^{\infty} \frac{1}{x^p} = \lim_{R \to \infty} \left. \frac{x^{1-p}}{1-p} \right|_{1}^{R}$ diverge si $p \leq 1$ y converge si $p > 1$, esto significa que $\int_{1}^{\infty} \frac{1}{x^2}$ converge porque $p = 2 > 1$. **b.** $\int_2^\infty \frac{1}{\sqrt{x^2-1}}$. Esta integral diverge porque $\frac{1}{\sqrt{x^2-1}} \geq \frac{1}{x}$ en $[1, \infty)$ y $\int_1^\infty \frac{1}{x}$ diverge.

9.7.9. *Criterio de comparación de límites*. Si f y g son positivas y continuas en $[a, \infty)$ y $\lim\limits_\infty \frac{f}{g} = L$, con $0 < L < \infty$, entonces las integrales $\int_a^\infty f$ y $\int_a^\infty g$ convergen y divergen juntas. Podemos confrontar este criterio con el criterio 8.6.9 de comparación de límites para series.

9.7.10. *Ejemplo*. **a.** $\int_1^\infty \frac{1}{1+x^2}$. La integral $\int_1^\infty \frac{1}{x^2}$ converge según vimos en el ejercicio 9.7.8.a y, como $\lim\limits_\infty \frac{\frac{1}{1+x^2}}{\frac{1}{x^2}} = 1$, $\int_1^\infty \frac{1}{1+x^2}$ converge. **b.** $\int_0^\infty \frac{2}{e^x+1}$. Es fácil determinar que $\int_0^\infty \frac{1}{e^x} = \int_0^\infty e^{-x}$ converge y, siendo $\lim\limits_\infty \frac{\frac{2}{e^x+1}}{\frac{1}{e^x}} = \lim\limits_\infty \frac{2e^x}{e^x+1} = 2$, $\int_0^\infty \frac{2}{e^x+1}$ converge.

9.7.11. *Condiciones de integrabilidad*. Estableceremos ahora ciertas condiciones bajo las cuales, se asegura la existencia de una *integral impropia de Riemann* comenzando por el primer caso, en que la función es continua y acotada en el intervalo de integración que se extiende hasta infinito. Consideremos entonces la integral

$$I = \int_a^R \frac{dx}{x^n} = \begin{cases} \left.\frac{x^{1-n}}{1-n}\right|_a^R = \frac{R^{1-n}}{1-n} - \frac{a^{1-n}}{1-n} \, , \ si \ n \neq 1 \\ \ln x|_a^R = \ln R - \ln a \, , \ si \ n = 1 \end{cases}$$

por lo que
$$\lim_{R\to\infty} I = \begin{cases} \frac{-a^{1-n}}{1-n} & si \ n > 1 \\ \infty & si \ n \leq 1 \end{cases}$$

Podemos entonces, teniendo como referencia la función $\frac{1}{x^n}$, compararla con el integrando f tomando $\lim\limits_{x\to\infty} \frac{f}{\frac{1}{x^n}}$. Si $\lim\limits_\infty \frac{f}{\frac{1}{x^n}} = K \neq 0$ y finito para algún $n > 1$, entonces f es integrable en $[a, \infty)$. Si en cambio $n \leq 1$, en general, f no será integrable en $[a, \infty)$.

Prueba: Empleando $\frac{1}{x^n}$ como función respecto de la cual comparar f; si $\lim\limits_\infty \frac{f}{\frac{1}{x^n}} = \lim\limits_\infty f x^n = K$, con $K \neq 0$ y finito, la función $h = f x^n$ es continua y finita en

$[a, \infty)$ y por lo tanto acotada como $m < h < M$ en $[a, \infty)$ como lo asegura el teorema 4.3.4, por lo que

$$\int_a^R \frac{m}{x^n} \leq \int_a^R \frac{h}{x^n} \leq \int_a^R \frac{M}{x^n}$$

y estas desigualdades, prueban que $\int_a^R \frac{m}{x^n} \leq \int_a^R f \leq \int_a^R \frac{M}{x^n}$ y por lo tanto, que $\int_a^R f$ es calculable en $[a, R)$ al tender $R \to \infty$ cuando exista el límite $\lim_{R \to \infty} I$, lo que sucede si $n > 1$ ◆

Continuamos ahora con el segundo caso, cuando el intervalo de integración $[a, b]$ es finito, y f continua en todo el intervalo excepto en $x = a$, donde tiene una discontinuidad de tipo infinito.

Comenzamos por considerar la integral

$$I = \int_{a+\varepsilon}^b \frac{dx}{(x-a)^n} = \begin{cases} \frac{(x-a)^{1-n}}{1-n}\Big|_{a+\varepsilon}^b = \frac{1}{1-n}\left[(b-a)^{1-n} - \varepsilon^{1-n}\right], \ si \ n \neq 1 \\ \ln(x-a)\big|_{a+\varepsilon}^b = \ln(b-a) - \ln\varepsilon, \ si \ n = 1 \end{cases}$$

por lo que
$$\lim_{\varepsilon \to 0} I = \begin{cases} \frac{(b-a)^{1-n}}{1-n}, \ si \ n < 1 \\ \infty, \ si \ n \geq 1 \end{cases}$$

Podemos entonces afirmar que, si $f(x)$ tiende a ∞ cuando x tiende a a, de tal manera que $\lim_a \frac{f}{\frac{1}{(x-a)^n}} = K \neq 0$ y finito para algún $n < 1$, entonces f es integrable en $[a, b]$. Si en cambio el $n \geq 1$, en general, f no será integrable.

Prueba. Procedamos a establecer el $\lim_a \frac{f}{\frac{1}{(x-a)^n}} = \lim_a f(x-a)^n = K$. Si $K \neq 0$ y finito, $h = f(x-a)^n$ es una función acotada y continua en $[a, b]$, y entonces $m \leq h \leq M$ en $[a, b]$ según lo asegura el teorema 4.3.4, por lo que podemos poner

$$\int_{a+\varepsilon}^b \frac{m}{(x-a)^n} \leq \int_{a+\varepsilon}^b \frac{h}{(x-a)^n} \leq \int_{a+\varepsilon}^b \frac{M}{(x-a)^n}$$

Las ultimas desigualdades prueban que, $\int_{a+\varepsilon}^b \frac{h}{(x-a)^n} = \int_{a+\varepsilon}^b f$ es integrable en $[a + \varepsilon, b]$ al tender $\varepsilon \to 0$ cuando exista el límite $\lim_{\varepsilon \to 0} I$, lo que sucede si $n < 1$ ◆

Nota: Los criterios que hemos establecido, son suficientes pero no necesarios. Puede una función, no cumplir con las condiciones requeridas por los criterios enunciados, y sin embargo ser integrable como es el caso de $\int_0^\infty sen \, x^2$ que podemos escribir como

$$I = \int_0^\infty \operatorname{sen} x^2 = \int_0^{\sqrt{\pi}} \operatorname{sen} x^2 + \int_{\sqrt{\pi}}^{\sqrt{2\pi}} \operatorname{sen} x^2 + \cdots +$$

$$\int_{\sqrt{n\pi}}^{\sqrt{(n+1)\pi}} \operatorname{sen} x^2 + \cdots$$

$$I = \sum_0^\infty \int_{\sqrt{n\pi}}^{\sqrt{(n+1)\pi}} \operatorname{sen} x^2$$

y la serie obtenida es una serie alterna con términos decrecientes en valor absoluto figura 9.7.11, que converge según el criterio de Leibniz 8.6.11 y en consecuencia, existe I.

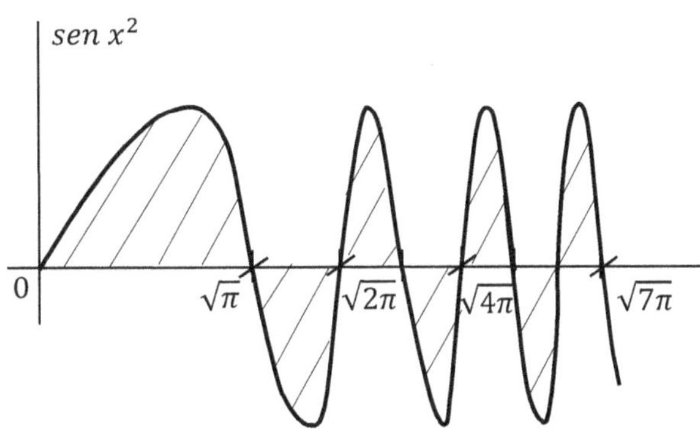

Figura 9.7.11

Ejercicios 9.7

Encontrar el valor, si existe, de las siguientes integrales impropias de primer tipo.

1. $\int_1^\infty \frac{1}{x^2}$.

2. $\int_0^\infty e^{-x} \operatorname{sen} x$.

3. $\int_{-\infty}^\infty e^{-x} \operatorname{sen} x$.

4. $\int_1^\infty \frac{\ln x}{\sqrt{x}}$.

5. $\int_1^\infty \frac{e^x}{e^x-1}$.

Encontrar el valor, si existe, de las siguientes integrales impropias de segundo tipo.

6. $\int_{0^+}^e \ln x$.

7. $\int_{0^+}^1 \frac{1}{x^2}$.

8. $\int_{0^+}^1 \frac{e^x}{e^x-1}$.

9. $\int_{-2}^2 \frac{1}{\sqrt{2-x}}$.

10. $\int_{0^+}^1 \frac{\ln x}{x}$.

Encontrar si existe, el *valor principal de Cauchy* de las siguientes integrales.

11. $\int_{-1}^{2} \frac{1}{x}$.   **12.** $\int_{-\infty}^{\infty} x^3$.   **13.** $\int_{-\pi/2}^{\pi/2} \tan x$.   **14.** $\int_{-\infty}^{\infty} \frac{x}{x^2+1}$.

Respuestas:

1. $R: 1$. **2.** $R: \frac{1}{2}$. **3.** $R: \nexists$. **4.** $R: \nexists$, $div.\,a\,\infty$. **5.** $R: \nexists$, $div.\,a\,\infty$. **6.** $R: \nexists$. **7.** $R: \nexists$. **8.** $R: \nexists$. **9.** $R: 4$. **10.** $R: \nexists$. **11.** $R: \ln 2$. **12.** $R: 0$. **13.** $R: 0$. **14.** $R: 0$.

9.8 Complementos al capítulo

Como aplicación de la integral impropia, introduciremos la función *gamma* y comentaremos algunas consecuencias, que permiten generalizar el concepto de orden de diferenciación e integración.

9.8.1. *Función gamma.* La función gamma, que es importante para cálculos estadísticos y como recurso para el cálculo de ciertas integrales, se define como

$$\Gamma(n) = \int_0^\infty x^{n-1} e^{-x}\, dx$$

recurriendo a la integración por partes que vimos en 7.3.1, con $u = e^{-x}$, $du = -e^{-x}dx$ y $dv = x^{n-1}dx$, $v = \dfrac{x^n}{n}$

$$\Gamma(n) = e^{-x}\frac{x^n}{n}\Big|_0^\infty - \int_0^\infty \frac{x^n}{n}(-e^{-x})dx$$

$$\Gamma(n) = e^{-x}\frac{x^n}{n}\Big|_0^\infty + \frac{1}{n}\int_0^\infty x^n\, e^{-x}dx$$

la parte integrada, $e^{-x}\dfrac{x^n}{n}\Big|_0^\infty$, se anula en el límite inferior $x = 0$ y converge a cero en el límite superior debido al factor e^{-x} por lo que el término es nulo, entonces

$$\Gamma(n) = \frac{1}{n}\int_0^\infty x^n\, e^{-x}dx$$

La integral en el miembro de la derecha es $\Gamma(n+1)$, según la definición de la función Γ, entonces $\Gamma(n) = \dfrac{1}{n}\Gamma(n+1)$ o bien

$$n.\Gamma(n) = \Gamma(n+1)$$

esta última expresión es la fórmula de recurrencia para la función $\Gamma(n)$ que, como se verá, es una generalización del factorial $n!$. Por valuación directa se obtiene

$$\Gamma(1) = \int_0^\infty x^{1-1}\, e^{-x}dx = \int_0^\infty e^{-x}dx = -e^{-x}\big|_0^\infty = -(0-1) = 1$$

donde hemos obviado el procedimiento de límite en la valuación de la integral impropia. Entonces, a partir de $\Gamma(1) = 1$ y la fórmula de recurrencia $n.\Gamma(n) = \Gamma(n+1)$

$$\Gamma(1) = 1$$

$$1.\Gamma(1) = \Gamma(2) = 1$$

$$2.\,\Gamma(2) = \Gamma(3) = 2.1$$

$$3.\,\Gamma(3) = \Gamma(4) = 3.2.1$$

$$\dots \dots \dots \dots \dots \dots \dots \dots \dots \dots \dots$$

$$n.\,\Gamma(n) = \Gamma(n+1) = n(n-1)(n-2)\dots 2.1 = n!$$

La función $\Gamma(n)$, no está definida en $x = 0$ donde $0.\Gamma(0) = \Gamma(1) = 1$ no tiene sentido y por recurrencia, tampoco esta definida en ningún entero negativo, como se comprueba si tratamos de calcular $\Gamma(-1)$ a partir de $(-1).\Gamma(-1) = \Gamma(0)$. Para cualquier valor negativo no entero de n, el valor de $\Gamma(n)$ se puede determinar por recurrencia a partir de $\Gamma(n) = \frac{\Gamma(n+1)}{n}$, que puede considerarse la definición de $\Gamma(n)$ cuando $-1 < n < 0$. Siendo Γ continua en los reales positivos, la expresamos como $\Gamma(x)$ y la propiedad $x.\Gamma(x) = \Gamma(x+1)$, hace que sea una generalización de $x!$ que solo está definido si $x = 0, 1, 2, 3, \dots$. La función gamma, que se representa para valores de $x > 0$ figura 9.8.1.a, se tabula para valores de x comprendidos entre uno y dos, tabla 9.8.1.b.

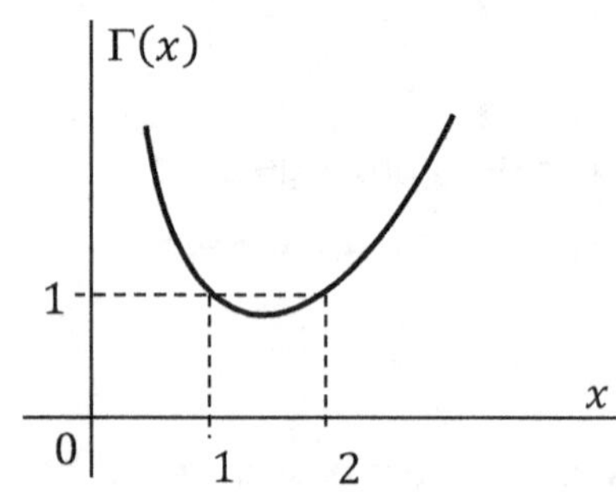

Figura 9.8.1.a

x	$\Gamma(x)$	x	$\Gamma(x)$
1,00	1,00000	...	... ...
1,01	0,99433	...	... ...
...	... ...	...	... ...
...	... ...	1,99	0,99581
...	... ...	2,00	1,00000

Tabla 9.8.1.b

9.8.2. *Ejemplo.* **a.** $\Gamma(0{,}7) = \frac{\Gamma(1,7)}{0,7} = \frac{0,90864}{0,7}$. **b.** $\Gamma(3{,}5) = 2{,}5.\,\Gamma(2{,}5) = 2{,}5.1{,}5.\,\Gamma(1{,}5) = 2{,}5.1{,}5.0{,}88623 = 3{,}32336$. **c.** $\Gamma\left(\frac{1}{2}\right)$ se puede calcular como $\Gamma\left(\frac{1}{2}\right) = \frac{\Gamma(1,5)}{0,5}$, leyendo en la tabla $\Gamma(1{,}5) = 0{,}88623$, pero lo usual es expresar $\Gamma\left(\frac{1}{2}\right) = \sqrt{\pi}$, valor que se obtiene resolviendo $\Gamma\left(\frac{1}{2}\right) = \int_0^\infty x^{\frac{1}{2}-1} e^{-x}dx$.

9.8.3. *El cálculo fraccionario.* En el capítulo 5, hemos realizado las operaciones $Df = f'$, $D^2 f = f''$,..., $D^n f = f^N$ y, conviniendo que $D^0 f = f$, no hay duda de que $D^m D^n f = D^{n+m} f = (f^N)^M = f^{N+M}$, es una notación consistente para el orden de derivación, cuando m y n son enteros positivos. Ahora comprobaremos que se verifica también para casos como $D^{\frac{1}{2}}D^{\frac{1}{2}} = D^1 = D$ y, si bien la idea de un *orden fraccionario de derivación* se remonta hacia 1695 con L'HÔPITAL, recién en las últimas décadas la idea ha tenido un valor práctico en aplicaciones a la reología, procesos de transferencia, procesos estocásticos y estabilidad de sistemas.

Sabemos que $D^1 x^n = nx^{n-1}$, $D^2 x^n = n(n-1)x^{n-2}$, $D^3 x^n = n(n-1)(n-2)x^{n-3}$ y generalizando, si $p < n$

$$D^p x^n = n(n-1)(n-2)\dots[n-(p-1)]x^{n-p}$$

$$D^p x^n = \underbrace{n(n-1)(n-2)\dots(n-p+1)}_{p\ factores\ decrecientes}\,x^{n-p}$$

o bien
$$\boxed{D^p x^n = \frac{n!}{(n-p)!}x^{n-p},\ p < n}$$

Si $p = n$, $D^n x^n = n!$, si $p > n$, $D^p x^n = 0$.

Retomando la expresión, $D^p x^n = \frac{n!}{(n-p)!}x^{n-p}$, con el recurso de la función $\Gamma(n)$, podemos considerar $D^\alpha x^n$ en el caso que α no sea un entero

$$\boxed{D^p x^n = \frac{n!}{(n-p)!}x^{n-p}} \leftrightarrow \boxed{D^\alpha x^n = \frac{\Gamma(n+1)}{\Gamma(n-\alpha+1)}x^{n-\alpha}}$$

La expresión $D^\alpha x^n = \frac{\Gamma(n+1)}{\Gamma(n-\alpha+1)}x^{n-\alpha}$, nos permite calcular la derivada de orden α de x^n, cuando n no sea un entero.

9.8.4. *Ejemplo.* **a.** Empleando $D^\alpha x^n = \frac{\Gamma(n+1)}{\Gamma(n-\alpha+1)}x^{n-\alpha}$, podemos calcular la *media derivada* de x: $D^{\frac{1}{2}}x = D^{\frac{1}{2}}x^1 = \frac{\Gamma(1+1)}{\Gamma(1-\frac{1}{2}+1)}x^{1-\frac{1}{2}} = \frac{\Gamma(2)}{\Gamma(\frac{3}{2})}x^{\frac{1}{2}}$, siendo $\Gamma(\frac{3}{2}) = \frac{1}{2}\Gamma(\frac{1}{2}) = \frac{1}{2}\sqrt{\pi}$ y $\Gamma(2) = 1$, se tiene; $D^{\frac{1}{2}}x = 2\sqrt{\frac{x}{\pi}}$.

b. Si $y = k$, constante, podemos expresar $y = kx^0$ y calcular la media derivada de una constante aplicando $D^{\frac{1}{2}}k$ con la expresión $D^\alpha x^n = \frac{\Gamma(n+1)}{\Gamma(n-\alpha+1)}x^{n-\alpha}$ del operador diferencial siendo $\alpha = \frac{1}{2}$ y $n = 0$

$$D^{\frac{1}{2}}k = \frac{\Gamma(0+1)}{\Gamma\left(0-\frac{1}{2}+1\right)}kx^{0-\frac{1}{2}} = k\frac{\Gamma(1)}{\Gamma(\frac{1}{2})\sqrt{x}} = k\frac{1}{\sqrt{\pi x}}$$

c. Podemos comprobar que $D^{\frac{1}{2}}D^{\frac{1}{2}}x = D^{\frac{1}{2}+\frac{1}{2}}x = Dx = 1$.

$$D^{\frac{1}{2}}D^{\frac{1}{2}}x = D^{\frac{1}{2}}\left(2\sqrt{\frac{x}{\pi}}\right) = \frac{2}{\sqrt{\pi}}D^{\frac{1}{2}}x^{\frac{1}{2}} = \frac{2}{\sqrt{\pi}}\frac{\Gamma(\frac{1}{2}+1)}{\Gamma(\frac{1}{2}-\frac{1}{2}+1)}x^{\frac{1}{2}-\frac{1}{2}} = \frac{2}{\sqrt{\pi}}\frac{\Gamma(\frac{3}{2})}{\Gamma(1)}x^0 = \frac{2}{\sqrt{\pi}}\frac{1}{2}\Gamma\left(\frac{1}{2}\right) = 1$$

9.8.5. *Integrales iteradas.* Con la expresión general de la derivada de orden p que obtuvimos en 9.8.3, $D^p x^n = \frac{n!}{(n-p)!}x^{n-p}$, podemos examinar lo que sucede si p es un entero negativo:

$$p = -1; \quad D^{-1}x^n = \frac{n!}{(n+1)!}x^{n+1} = \frac{x^{n+1}}{n+1} = \int x^n$$

$$p = -2; \quad D^{-2}x^n = \frac{n!}{(n+2)!}x^{n+2} = \frac{x^{n+2}}{(n+2)(n+1)} = \int\int x^n$$

$$p = -3; \quad D^{-3}x^n = \frac{n!}{(n+3)!}x^{n+3} = \frac{x^{n+3}}{(n+3)(n+2)(n+1)} = \int\int\int x^n$$

Podemos concluir entonces que $D^{-p}x^n = \overbrace{\int\ldots\ldots\int x^n}^{p\ veces}$ y a esta operación, de integrar sucesivamente repitiendo la integración con respecto a la misma variable, la llamamos *integración iterada*. Para tener una integral con límites en lugar de $D^{-1}f = \int f$, escribiremos

$$D^{-1}f = \int_0^x f \text{ o bien } D^{-1}f(x) = \int_0^x f(t)dt$$

y el límite superior x, nos asegura que estamos obteniendo una función de x y no un número, como ocurre si ambos límites son un número. Usamos t como variable de integración, para evitar confusión con el límite.

Un segundo paso de integración es $D^{-2} = D^{-1}(D^{-1}f)$, entonces

$$D^{-2}f(x) = \int_0^x\left(\int_0^x f(t)\,dt\right)du$$

en la primera integral, $\int_0^x f(t)\,dt$, debemos ajustar el límite superior para que sea compatible con el segundo paso de integración, para eso cambiamos x por u en el límite superior, y escribimos

$$D^{-2}f(x) = \int_0^x\left(\int_0^u f(t)\,dt\right)du$$

ahora la primera integral de f una vez valuada, será una función de u que integrada entre 0 y x, dará una función de x.

La región de integración, es la de la figura 9.8.5.a con t que varía entre los límites 0 y u, a la vez que u cambia entre los límites 0 y x, o sea

$$0 \leq t \leq u \text{ y } 0 \leq u \leq x$$

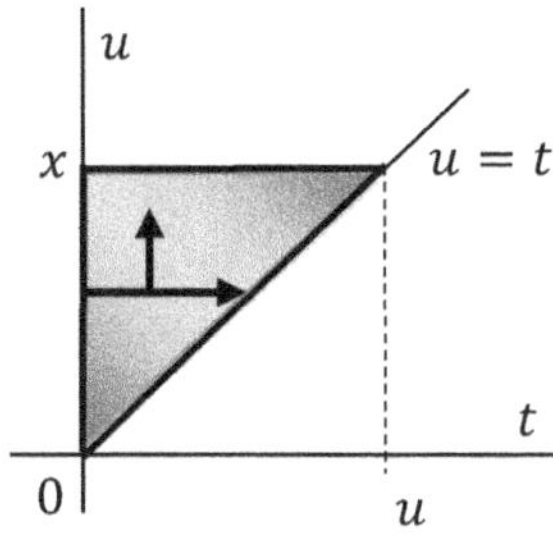

Figura 9.8.5.a

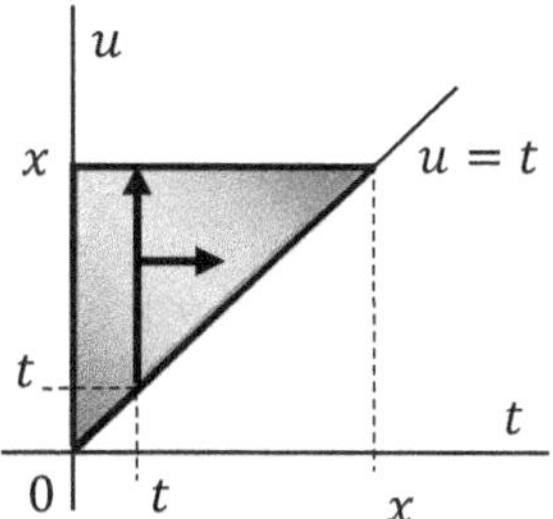

Figura 9.8.5.b

pero esa región, como se ve en la figura 9.8.5.b, es cubierta igualmente si se cambia el orden de integración, con los rangos de variación

$$t \leq u \leq x \text{ y } 0 \leq t \leq x$$

Entonces

$$D^{-2}f(x) = \int_0^x \left(\int_0^u f(t)\, dt \right) du = \int_0^x \left(\int_t^x f(t)\, du \right) dt$$

$$D^{-2}f(x) = \int_0^x f(t) \left(\int_t^x du \right) dt$$

$$D^{-2}f(x) = \int_0^x f(t)(x - t)\, dt$$

Un tercer paso de integración es

$$D^{-1}D^{-2}f(x) = D^{-1} \int_0^x f(t)(x - t)\, dt$$

$$D^{-3}f(x) = \int_0^x \left(\int_0^x f(t)(x - t)\, dt \right) du$$

nuevamente cambiamos el límite superior en la primera integral

$$D^{-3}f(x) = \int_0^x \left(\int_0^u f(t)(u - t)\, dt \right) du$$

Ahora, con las mismas consideraciones que hicimos anteriormente sobre la región de integración y el cambio en el orden de integración, como hicimos para obtener $D^{-2}f$

$$D^{-3}f(x) = \int_0^x f(t) \left(\int_t^x (u - t)\, du \right) dt$$

$$D^{-3}f(x) = \frac{1}{2} \int_0^x f(t)(x - t)^2\, dt$$

Nuevamente, $D^{-4}f(x) = D^{-1}D^{-3}f(x)$, es

$$D^{-4}f(x) = D^{-1}\left(\tfrac{1}{2}\int_0^x f(t)\,(x-t)^2 dt\right) = \int_0^x \left(\tfrac{1}{2}\int_0^x f(t)\,(x-t)^2 dt\right) du$$

$$D^{-4}f(x) = \int_0^x \left(\tfrac{1}{2}\int_t^u f(t)\,(u-t)^2 du\right) dt = \int_0^x \tfrac{1}{2} f(t)\left(\int_t^u (u-t)^2\,du\right) dt$$

$$D^{-4}f(x) = \frac{1}{2.3}\int_0^x f(t)(x-t)^3\,dt$$

y después de n pasos de integración

$$D^{-n}f(x) = \frac{1}{(n-1)!}\int_0^x f(t)(x-t)^{n-1}\,dt$$

que es la expresión para la integral iterada de orden n. Podemos ahora cambiar $-n$ por un α arbitrario, no necesariamente racional, por lo que las expresiones *Cálculo fraccionario* o *Cálculo fraccional*, son un tanto restrictivas pero se conserva la denominación. Entonces, con $-n = \alpha$ y empleando la función gamma para generalizar el factorial

$$D^{\alpha}f(x) = \frac{1}{\Gamma(-\alpha)}\int_0^x \frac{f(t)}{(x-t)^{\alpha+1}}\,dt$$

Esta integral, fue obtenida en 1832 por J. LIOUVILLE (1809-1882) por lo que se denomina justamente, *integral de Liouville*. La integral de Liouville, es una representación integral para el operador diferencial D^{α} cuando α sea negativo y, siendo una integral impropia cuando $\alpha > -1$, pero convergente si $\alpha < 0$, la integral es una *integral fraccionaria*. Posteriormente, RIEMANN modificó el límite inferior poniendo a en lugar de cero y cambió α por $-\alpha$ para que el operador D actúe como operador diferencial y no integral, así

$$_aD_x^{-\alpha}f(x) = \frac{1}{\Gamma(\alpha)}\int_a^x f(t)\,(x-t)^{\alpha-1}dt,\ \ \alpha > 0,\ t > 0$$

que es la *integral de Riemann-Liouville* y, el subíndice a indica el límite inferior de integración a la vez que el subíndice x, indica la variable respecto de la cual se deriva.

La integral de Riemann-Liouville, pone en evidencia que la derivada de orden no entero, *tiene límites* y esto significa, que depende del intervalo en que se define, y no es una propiedad local de la función, como sucede con la derivada de orden entero y por ello, lo correcto para la expresión $D^{\alpha}x^n = \frac{\Gamma(n+1)}{\Gamma(n-\alpha+1)}x^{n-\alpha}$ que obtuvimos en 9.8.3 es

$$_0D^{\alpha}x^n = \frac{\Gamma(n+1)}{\Gamma(n-\alpha+1)}x^{n-\alpha}$$

La importancia de los límites para definir la derivada fraccional, se ve si queremos derivar término a término la función $f(x) = e^x = \sum_0^\infty \frac{x^n}{n!}$, aplicando la fórmula $_0D^\alpha x^n = \frac{\Gamma(n+1)}{\Gamma(n-\alpha+1)} x^{n-\alpha}$ de 9.8.3, a $e^x = \sum_0^\infty \frac{x^n}{n!}$

$$_0D^\alpha \sum_0^\infty \frac{x^n}{n!} = \sum_0^\infty \left(_0D^\alpha \frac{x^n}{n!} \right) = \sum_0^\infty \frac{1}{n!} \frac{\Gamma(n+1)}{\Gamma(n-\alpha+1)} x^{n-\alpha}$$

y de esta última serie, si α es entero obtenemos

$$_0D^\alpha e^x = \sum_0^\infty \frac{x^{n-\alpha}}{(n-\alpha)!}$$

que coincide con la serie $\sum_0^\infty \frac{x^n}{n!} = e^x$ con los índices corridos, y eso concuerda con el hecho de que $De^x = D^2 e^x = \cdots = D^n e^x = e^x$. En cambio, si α no es un entero, lo que se obtiene es

$$_0D^\alpha e^x = \sum_0^\infty \frac{x^{n-\alpha}}{\Gamma(n-\alpha+1)}$$

Si deseamos conservar la propiedad de la función exponencial, $D^n e^{kx} = k^n e^{kx}$, para $\alpha \in \mathrm{R}^+$, aplicamos la integral de Riemann-Liouville a $e^{kx} = \sum_0^\infty \frac{(kx)^n}{n!}$, y teniendo en cuenta que $D^n e^{kx} = k^n e^{kx}$ cuando n es entero, ajustamos los límites de integración para que $_aD^\alpha e^x$ sea compatible con $D^\alpha e^{kx}$ cuando $\alpha = 1$, y entonces

$$_aD^1 e^x = \frac{1}{\Gamma(1)} \int_\alpha^x e^{kt} (x-t)^{1-1} dt, \ \ k > 0$$

$$_aD^1 e^x = \left. \frac{e^{kt}}{k} \right|_a^x = \frac{e^{kx} - e^{ak}}{k} \ \ k > 0$$

Para eliminar el término $\frac{e^{ak}}{k}$, es obvio que necesitamos que $a \to -\infty$ si $k > 0$ y este límite, es distinto del límite $a = 0$ que usamos para derivar x^n en 9.8.3, de ahí que las derivadas no coincidan porque han sido definidas con *distintos límites*.

10 La serie de Taylor

Estudiaremos en este capítulo, la aproximación de funciones mediante las *series de Taylor y Mc Laurin*, así llamadas en honor de los matemáticos Brook Taylor (1685-1731) y Colin Mc Laurin (1698-1746).

Funciones tan familiares como $sen\,x$ o $\ln x$ son trascendentes, trascienden las reglas del álgebra y para su cálculo o aproximación, necesitamos una función algebraica, construida a partir de sumas y productos, que las aproxime.

10.1 Obtención de la serie de Taylor

La serie de Taylor, es una representación de una función $f(x)$, como serie de potencias de $x - a$, de la forma; $f(x) = \sum c_n(x - a)^n$. Para obtener esta serie, comenzamos por recordar que si x es una constante, $dt = d(t - x)$, y entonces; $\int_a^x dt = \int_a^x d(t - x) = (t - x)|_a^x = -(a - x) = x - a$.

Además, $\int f' = f$ y entonces, por aplicación de la regla de Barrow 7.2.1 y 9.4.5, $\int_a^x f'(t)\,dt = f(x) - f(a)$, por lo que podemos escribir

$$f(x) = f(a) + \int_a^x f'(t)\,dt$$

La integral $\int_a^x f'(t)\,dt$, puede resolverse aplicando la integración por partes con: $u = f'(t)$, $du = f''(t)dt$, $dt = dv$, con $v = t - x$, recordando que x es constante puesto que es el límite superior de integración, entonces

$$f(x) = f(a) + f'(t)(t - x)|_a^x - \int_a^x f''(t)(t - x)\,dt$$

y valuando la parte integrada

$$f(x) = f(a) + f'(a)(x - a) - \int_a^x f''(t)(t - x)\,dt$$

Tenemos así una *primera aproximación* para $f(x)$, a partir de su valor $f(a)$ en $x = a$. A esta primera aproximación, podemos compararla con la que obtuvimos para $f(x)$ en 5.6.4, al aproximar $f(x)$ linealmente como $f(x) = f(a) + f'(a)(x - a)$, y con la interpretación geométrica que hicimos en 5.7.2, para la aproximación al cambio Δf con df, ya que podemos poner

$$\Delta f = f(x) - f(a) = f'(a)(x - a) - \int_a^x f''(t)(t - x)\,dt.$$

En la primera aproximación que hemos obtenido, llamamos *primer resto* a $-\int_a^x f''(t)(t-x)\,dt$, o $R_1 = -\int_a^x f''(t)(t-x)\,dt$, y entonces

$$f(x) = f(a) + f'(a)(x-a) + R_1$$

Una *segunda aproximación* para $f(x)$, la obtenemos integrando por partes $R_1 = -\int_a^x f''(t)(t-x)\,dt$, haciendo en este segundo paso, en $\int_a^x f''(t)(t-x)\,dt$; $u = f''(t)$, $du = f'''(t)dt$, $dv = (t-x)dt$, lo que nos da como resultado

$$f(x) = f(a) + f'(a)(x-a) - f''(t)\frac{(t-x)^2\big|_a^x}{2} + \int_a^x f'''(t)\frac{(t-x)^2}{2}\,dt$$

y valuando en los límites a y x la parte integrada

$$f(x) = f(a) + f'(a)(x-a) + f''(a)\frac{(x-a)^2}{2} + \int_a^x f'''(t)\frac{(t-x)^2}{2}\,dt$$

Tenemos entonces una segunda aproximación con $R_2 = \int_a^x f'''(t)\frac{(t-x)^2}{2}\,dt$, y podemos observar que, a medida que vamos valuando los términos integrados, estos son siempre positivos, los que corresponden a potencias impares de $(x-a)$, porque se suman y, como se anulan en el límite superior $t = x$, invertimos la diferencia $(a-x)$, y todo el término queda positivo. Los términos que corresponden a una potencia par de $(x-a)$ se restan y al valuarlos, también se anulan en el límite superior por lo resultan sumados, y como la potencia es par, podemos cambiar el orden de la diferencia $(a-x)$ sin que cambie su signo. Por último; a las integrales correspondientes a los restos de índice impar, las precede el signo menos, a las de índice par, el signo más.

Una nueva integración nos da como resultado, después de valuar la parte integrada

$$f(x) = f(a) + f'(a)(x-a) + f''(a)\frac{(x-a)^2}{2} + f'''(a)\frac{(x-a)^3}{2.3} - \int_a^x f''''(t)\frac{(t-x)^3}{2.3}\,dt$$

o bien
$$f(x) = f(a) + f'(a)(x-a) + f''(a)\frac{(x-a)^2}{2} + f'''(t)\frac{(x-a)^3}{2.3} + R_3$$

Ahora podemos generalizar fácilmente el desarrollo para un orden $n = \mathrm{N} \in \mathrm{N}$

$$f(x) = \sum_0^{\mathrm{N}} \frac{f^{(n)}(x)}{n!}(x-a)^n + (-1)^{\mathrm{N}} \int_a^x \frac{f^{\mathrm{N}+1}(t)}{\mathrm{N}!}(t-x)^{\mathrm{N}}\,dt$$

$$f(x) = \sum_0^{\mathrm{N}} \frac{f^{(n)}(x)}{n!}(x-a)^n + R_{\mathrm{N}}$$

donde $R_N = (-1)^N \int_a^x f^{N+1}(t) \frac{(t-x)^N}{N!} dt$, y si $R_N \to 0$ cuando $N \to \infty$, como luego probaremos en 10.2.1, podemos expresar nuestro resultado como la suma infinita

$$\boxed{f(x) = \sum_0^\infty \frac{f^N(a)}{n!}(x-a)^n}, \quad 0! = 1 \ \text{y} \ f^0 = f$$

esta es la serie de Taylor. Si $a = 0$ se tiene la serie de Mc Laurin

$$\boxed{f(x) = \sum_0^\infty f^N(0)\frac{x^n}{n!}}, \quad 0! = 1 \ \text{y} \ f^0 = f$$

Si en lugar de la serie, tomamos un número finito de términos que estimamos suficientes para la aproximación deseada, tenemos el *polinomio de Taylor* de grado n

$$f(x) = \frac{f(a)}{0!} + \frac{f'(a)}{1!}(x-a) + \frac{f''(a)}{2!}(x-a)^2 + \ldots + \frac{f^n(a)}{n!}(x-a)^n$$

y con $a = 0$ el *polinomio de Mc Laurin* de grado n

$$f(x) = \frac{f(0)}{0!} + \frac{f'(0)}{1!}x + \frac{f''(a)}{2!}x^2 + \ldots + \frac{f^n(0)}{n!}x^n$$

Es posible considerar un número finito de términos, porque como veremos, $R_n \to 0$ si $n \to \infty$ y la serie converge.

Si a la suma de un numero finito de términos agregamos el resto correspondiente, tenemos la *fórmula de Taylor*

$$\boxed{f(x) = \sum_0^N f(x)\frac{(x-a)^n}{n!} + R_N}$$

que es la expresión de la que obtuvimos la serie de Taylor y el polinomio de Taylor, con la condición $R_N \to 0$ si $N \to \infty$.

Queda claro por la expresión misma de la serie, que para su existencia, es requisito que existan las derivadas de f de todos los órdenes en $x = a$ o $x = 0$ que son los respectivos centros de los desarrollos. Esto se expresa diciendo que f es *analítica* en $x = a$ o $x = 0$ respectivamente. Si la aproximación deseada es de solo n términos, entonces bastará la derivabilidad hasta el orden $n + 1$.

10.1.1. *Ejemplo.* **a.** $f(x) = e^x$, $a = 0$. $f(x) = \sum_0^\infty f^N(0)\frac{x^n}{n!}$, $f(x) = e^x$, $f'(x) = e^x, \ldots, f^N(x) = e^x \Rightarrow f(0) = e^0 = 1, f'(0) = e^0 = 1, \ldots, f^N(0) = e^0 = 1$.

$f(x) = e^x = 1 + x + \frac{x^2}{2!} + \frac{x^3}{3!} + \cdots + \frac{x^n}{n!} + \cdots$, figura 10.1.1.a. Si $x = 1$ tenemos el desarrollo de $e^1 = e = 1 + 1 + \frac{1}{2!} + \frac{1}{3!} + \cdots + \frac{1}{n!} + \cdots$. Podemos aproximar el número e con 5 términos para obtener $e \cong 1 + 1 + \frac{1}{2!} + \frac{1}{3!} + \frac{1}{4!} = 1 + 1 + \frac{1}{2} + \frac{1}{6} + \frac{1}{24} = \frac{24+24+12+4+1}{24} = \frac{65}{24} \cong 2{,}708$, en una tabla con cuatro decimales se lee $e = 2{,}7183$.

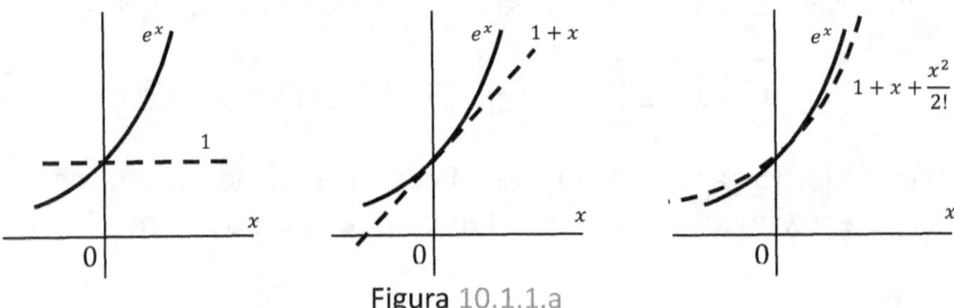

Figura 10.1.1.a

b. $f(x) = sen\ x$, $a = 0$. $f(x) = \sum_0^\infty \frac{f^N(0)}{n!} x^n$, $f(x) = sen\ x$, $f'(x) = \cos x$, $f''(x) = -sen\ x$, $f'''(x) = -\cos x$, $f^{IV}(x) = sen\ x, \ldots \Rightarrow f(0) = sen\ 0 = 0$, $f'(0) = \cos 0 = 1$, $f''(0) = sen\ 0 = 0$, $f'''(0) = -\cos 0 = -1$, $f^{IV}(0) = sen\ 0 = 0, \ldots$ $f(x) = sen\ x = x - \frac{x^3}{3!} + \frac{x^5}{5!} - + \cdots = \sum_0 (-1)^n \frac{x^{2n+1}}{(2n+1)!}$, figura 10.1.1.b. Sabemos que $sen\ x$ es una función impar y vemos que efectivamente, su desarrollo solo contiene potencias impares de x. Si la aproximación es de primer orden, lo que significa que consideramos suficiente la aproximación lograda con solo el término de primer orden, se tiene $sen\ x = x$, lo que es plausible si x es pequeño, ya que se hacen despreciables; $\frac{x^3}{3!}, \frac{x^5}{5!}$, etc. Si dividimos ambos miembros de la serie por x tenemos, $\frac{sen\ x}{x} = 1 - \frac{x^2}{3!} + \frac{x^4}{5!} - + \cdots$, y esto justifica plenamente; $\lim_0 \frac{sen\ x}{x} = 1$, que obtuvimos en 3.3.8.b.

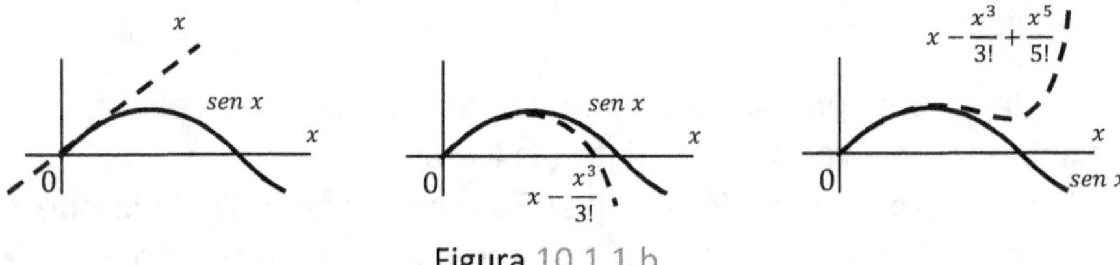

Figura 10.1.1.b

De la misma forma, podemos verificar que la función par $\cos x$, tiene un desarrollo en potencias pares de x; $\cos x = 1 - \frac{x^2}{2!} + \frac{x^4}{4!} - + \cdots = \sum_0 (-1)^n \frac{x^{2n}}{(2n)!}$.

c. $f(x) = sen\ x$, $\quad a = \frac{\pi}{2}$. $\quad f(x) = \sum_0^\infty f^N\left(\frac{\pi}{2}\right)\frac{\left(x-\frac{\pi}{2}\right)^n}{n!}$, $\quad f(x) = sen\ x$, $\quad f'(x) = \cos x$,

$f''(x) = -sen\ x$, $\quad f'''(x) = -\cos x$, $\quad f^{IV}(x) = sen\ x$, $\quad f^V(x) = \cos x,... \Rightarrow f\left(\frac{\pi}{2}\right) =$

$sen\ \frac{\pi}{2} = 1$, $\quad f'\left(\frac{\pi}{2}\right) = \cos\frac{\pi}{2} = 0$, $\quad f''\left(\frac{\pi}{2}\right) = -sen\frac{\pi}{2} = -1$, $\quad f'''\left(\frac{\pi}{2}\right) = -\cos\frac{\pi}{2} = 0$,

$f^{IV}\left(\frac{\pi}{2}\right) = sen\frac{\pi}{2} = 1,....$

$$f(x) = sen\ x = 1 - \frac{\left(x-\frac{\pi}{2}\right)^2}{2!} + \frac{\left(x-\frac{\pi}{2}\right)^4}{4!} - \cdots + (-1)^n\frac{\left(x-\frac{\pi}{2}\right)^{2n}}{(2n)!} + \cdots = \sum_0(-1)^n\frac{\left(x-\frac{\pi}{2}\right)^{2n}}{(2n)!}.$$ El

hecho de que $sen\left(x - \frac{\pi}{2}\right)$, esté representado por un desarrollo de potencias pares

cuando $sen\ x$ es impar, se debe a que el centro del desarrollo es $x = \frac{\pi}{2}$ y la función

$sen\ x$, presenta una simetría par respecto de $x = \frac{\pi}{2}$.

d. *El resorte lineal; Ley de Hooke.* Cualquier fuerza que sea una función de x, puede expresarse como desarrollo de Mc Laurin en torno al origen, fijando el origen $x = 0$ en la posición de equilibrio, desarrollamos la fuerza F como

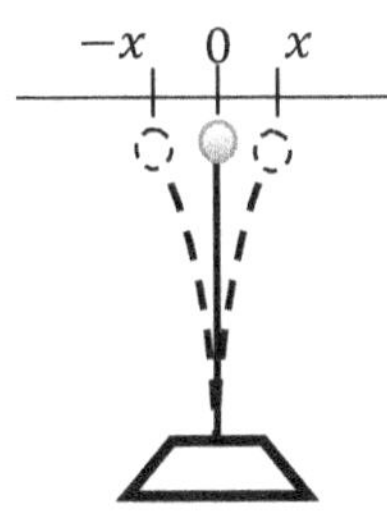

Figura 10.1.1.d

$$F(x) = F(0) + F'(0)x + \frac{F''(0)}{2!}x^2 + \frac{F'''(0)}{3!}x^3 + \cdots + \frac{F^N(0)}{n!}x^n + \cdots$$

Siendo $F(0) = 0$, porque $x = 0$ es la posición de equilibrio donde no actúa F y, pudiéndose despreciar los términos que contienen x^2, $x^3,...$ las potencias superiores, por ser el desplazamiento x pequeño, tenemos; $F(x) = F'(0)\ x$, y haciendo $F'(0) = k$

$$F(x) = k\ x,\ \text{la Ley de Hooke.}$$

10.1.2. *Teorema. Fórmula de Taylor.* Si $f(x)$ y sus $n + 1$ primeras derivadas son definidas y continuas en el intervalo I definido como $|x - a| < R$. Entonces, para todo valor de x en I se tiene;

$$\boxed{f(x) = \sum_0^N \frac{f^N(a)}{n!}(x - a)^n + R_n(x)}, \quad \text{con } R_n(x) = (-1)^n \int_a^x \frac{f^{N+1}(t)}{n!}(t - x)^n\,dt$$

El teorema queda probado por la obtención de la serie en 10.1 ◆

10.1.3. *Ejemplo.* $f(x) = x^{8/3}$ tiene derivadas continuas hasta el orden dos en $-\infty < x < \infty$, y la fórmula de Taylor en $a = 8$, es

$$x^{8/3} = f(8) + f'(8)(x - 8) + \int_8^x f''(t)(t - x)\,dt$$
$$x^{8/3} = 256 + \frac{256}{3}(x - 8) + \frac{40}{9}\int_8^x t^{2/3}(t - x)\,dt$$

Ejercicios 10.1

Obtener los desarrollos en serie de potencias de las siguientes funciones, alrededor de los puntos indicados.

1. $f = \cos x$, en $a = 0$.

2. $f = \ln x$, en $a = 1$.

3. $f = (1 + x)^n$, en $a = 0$.

4. $f = \ln(x + 1)$, en $a = 0$.

5. $f = e^{-x}$, en $a = 0$.

Respuestas:

1. $R: \cos x = 1 - \dfrac{x^2}{2!} + \dfrac{x^4}{4!} - \dfrac{x^6}{6!} + \cdots + (-)^n \dfrac{x^{2n}}{(2n)!} + \cdots$.

2. $R: \ln x = (x - 1) - \dfrac{(x-1)^2}{2} + \dfrac{(x-1)^3}{3} - \dfrac{(x-1)^4}{4} + \cdots + (-)^{n-1} \dfrac{(x-1)^n}{n} + \cdots$.

3. $R: (1 + x)^n = 1 - \dfrac{n}{1!}x + \dfrac{n(n-1)}{2!}x^2 + \dfrac{n(n-1)(n-2)}{3!}x^3 + \dfrac{n(n-1)(n-2)(n-3)}{4!}x^4 + \cdots$.

4. $R: \ln(x + 1) = x - \dfrac{x^2}{2} + \dfrac{x^3}{3} - \dfrac{x^4}{4} + \cdots + (-)^{n-1}\dfrac{x^n}{n} + \cdots$.

5. $R: e^{-x} = 1 - x + \dfrac{x^2}{2!} - \dfrac{x^3}{3!} + \dfrac{x^4}{4!} - \cdots + (-)^n\dfrac{x^n}{n!} + \cdots$.

10.2 Convergencia y unicidad de la serie

Probaremos ahora dos cosas importantes; la unicidad y la convergencia de la serie de Taylor. La convergencia, nos asegura que a partir de cierto $n \geq N \in N$, el resto $R_n \to 0$ y entonces, la serie se puede *cortar* y emplear como un polinomio con la ventaja que esto supone. La unicidad nos asegura que cualquier procedimiento válido empleado para obtener la serie, nos conducirá efectivamente a una serie de Taylor.

10.2.1. *Estimación del resto.* Siendo el resto $R_n(x) = (-1)^n \int_a^x \frac{f^{N+1}(t)}{n!}(t-x)^n \, dt$, podemos acotarlo, considerando que la función bajo el signo integral $f^{N+1}(t)$, en tanto es continua en $[a, x]$, como por hipótesis como exige el teorema 10.1.2, y puede acotarse. Efectivamente, si una función es continua en un intervalo, sabemos por el teorema 4.3.4, que es acotada en ese intervalo donde entonces, tiene y un mínimo f_m^{N+1} y un máximo f_M^{N+1} por lo que, en $[a, x]$ se cumplirá que, $f_m^{N+1} \leq f^{N+1}(t) \leq$ si f_M^{N+1}, y entonces en el intervalo $[a, x]$, se verifica la siguiente relación:

$$|R_n(x)| = \left| \int_a^x \frac{f^{N+1}(t)}{n!}(t-x)^n \, dt \right| \leq \left| \int_a^x \frac{f_M^{N+1}}{n!}(t-x)^n \, dt \right|$$

o bien
$$|R_n(x)| \leq \int_a^x \left| \frac{f_M^{N+1}}{n!}(t-x)^n \right| dt = \int_a^x |f_M^{N+1}| \frac{|t-x|^n}{n!} \, dt$$

siendo $|f_M^{N+1}|$ un valor constante, puede ponerse fuera de la integral

$$|R_n(x)| \leq |f_M^{N+1}| \int_a^x \frac{|t-x|^n}{n!} \, dt$$

quedando por resolver una integral directa, y entonces

$$|R_n(x)| \leq |f_M^{N+1}| \frac{|x-a|^{n+1}}{(n+1)!}$$

Queda claro que $\lim_\infty |R_n(x)| = 0$, porque la función factorial crece más rápido que la función potencial, siendo $\lim_\infty \frac{x^n}{n!} = 0$ y f_M^{N+1} una constante.

Concluyendo, si $\lim_\infty |R_n(x)| = 0$, habrá un cierto $N \in N$ tal que si $n \geq N$, se verifica $|R_n(x)| < \varepsilon$ y entonces

$$f(x) = \sum_0^\infty \frac{f^N(a)}{n!}(x-a)^n = \sum_0^N \frac{f^{(n)}(a)}{n!}(x-a)^n + R_N(x)$$

y
$$f(x) \cong \sum_0^N \frac{f^{(n)}(a)}{n!}(x-a)^n \quad \text{un polinomio.}$$

10.2.2. *Ejemplo.* En el ejemplo 5.7.3.d comprobamos que $cos\,1^0$, no puede estimarse con una primera aproximación ya que, $df = 0$ en $x = 0$, como puede comprobarse directamente de; $d(cos\,x) = (cos\,x)'dx = sen\,x\,dx = 0$, en $x = 0$. Con la serie de Mc Laurin para $cos\,x$, empleando dos términos se tiene, $cos\,x = 1 - \frac{1}{2!}x^2 + R_2$, entonces $cos\,1^0 = cos\,\frac{\pi}{180} \cong 1 - \frac{1}{2!}\left(\frac{\pi}{180}\right)^2 = 0.9998$, valor que coincide con el leído en una tabla con cuatro decimales. Podemos estimar el error, estimando el resto $R_2 = \int_0^{\frac{\pi}{180}} f'''(t)\frac{t^2}{2}dt = \int_0^{\frac{\pi}{180}} sen(t)\frac{t^2}{2}dt$, y recordando que $|sen\,t| \leq 1; |R_2| \leq \int_0^{\frac{\pi}{180}}\left|\frac{t^2}{2}\right|dt = \frac{t^3}{2.3}\Big|_0^{\frac{\pi}{180}} \approx 10^{-6}$.

10.2.3. *La unicidad de la serie.* Podemos fácilmente probar que la serie de Taylor es única, porque si una serie arbitraria de potencias $\sum_0^\infty c_n(x-a)^n$ representa una función $f(x)$, sus coeficientes c_n, resultan idénticos a los del desarrollo de Taylor de la función f. Efectivamente vemos que, si $f(x)$ admite un desarrollo en serie de potencias con centro en $x = a$, tal como

$$f(x) = \sum_0^\infty c_n(x-a)^n = c_0 + c_1(x-a) + c_2(x-a)^2 + c_3(x-a)^3 + \cdots$$

valuando en $x = a$, se obtiene $f(a) = c_0$, de modo que el primer coeficiente de la serie, es igual al primer coeficiente de Taylor. Derivando la serie obtenemos

$$f'(x) = c_1 + 2c_2(x-a) + 3c_3(x-a)^2 + \cdots$$

valuando nuevamente en $x = a$, se obtiene $f'(a) = c_1$, y comprobamos que el segundo coeficiente de la serie, es igual al segundo coeficiente de Taylor. Si continuamos con el procedimiento, obtendremos $f^N(a) = n!\,c_n$ o bien; $c_n = \frac{f^N(a)}{n!}$ que es el enésimo coeficiente de Taylor. Comprobamos entonces que la serie propuesta, es la serie de Taylor. Podemos concluir entonces que; si una serie de potencias representa una función f en un intervalo I, esa serie, *es la serie de Taylor de f en el intervalo I* ♦

El procedimiento que usamos para probar la unicidad de la serie, la derivación término a término, es válido porque previamente aceptamos que la serie es convergente a $f(x)$ y si es convergente, podemos tratarla como un polinomio.

La unicidad del desarrollo de Taylor, nos permite obtener desarrollos de Taylor por distintos procedimientos mientras estos sean válidos.

10.2.4. *Ejemplo.* **a.** En el ejemplo 10.1.1.b obtuvimos el desarrollo de Mc Laurin para la función $sen\,x$. Siendo $(sen\,x)' = cos\,x$, podemos obtener el desarrollo de $cos\,x$, derivando término a término el desarrollo de $sen\,x$, en lugar de proceder a valuar las derivadas de $cos\,x$ en $x = 0$, para obtener los coeficientes, y entonces

$$cos\,x = (sen\,x)' = \left(\Sigma_0(-1)^n \frac{x^{2n+1}}{(2n+1)!}\right)' = \Sigma_0(-1)^n(2n+1)\frac{x^{2n}}{(2n+1)!} = \Sigma_0(-1)^n\frac{x^{2n}}{(2n)!} =$$
$$1 - \frac{x^2}{2!} + \frac{x^4}{4!} - \frac{x^6}{6!} + \cdots.$$

b. Sea $f = \frac{1}{1-x}$, y se desea obtener su desarrollo de Mc Laurin. Es innecesario proceder a valuar $f(0) = 1$, $f' = \frac{1}{(1-x)^2}$ y $f'(0) = 1$, $f'' = \frac{2}{(1-x)^3}$ y $f''(0) = 2$, etc. Sabemos por 8.5.11, que $\frac{1}{1-x}$ tiene un desarrollo en serie geométrica $\frac{1}{1-x} = 1 + x +$ $x^2 + \cdots$ y entonces la unicidad del desarrollo, nos asegura que $f = \frac{1}{1-x} = 1 + x +$ $x^2 + \cdots$, es la serie de Mc Laurin de $f = \frac{1}{1-x}$. **c.** $h = \frac{1}{(1-x)^2}$. Queremos expresar h en la forma $\Sigma_0 \frac{h^N(0)}{n!}x^n$, y podemos por cierto determinar cada uno de los coeficientes $\frac{h^N(0)}{n!}$, derivando sucesivamente h y valuando en $x = 0$ sus derivadas, pero, a partir de $f = \frac{1}{1-x} = 1 + x + x^2 + \cdots$ del ejemplo anterior, podemos obtener $f' = \frac{-1}{(1-x)^2}$, por lo que $h = -f'$ y entonces; $h = -(1 + x + x^2 + \cdots)' = -(1 + 2x + 3x^2 + \cdots)$. También podemos obtener h como $f^2 = f.f = \frac{1}{1-x}\frac{1}{1-x} = (1 + x + x^2 + \cdots)(1 + x +$ $x^2 + \cdots)$, recurso que puede ser laborioso pero, a veces, con unos pocos pasos de multiplicación, se obtienen fácilmente por inducción los coeficientes de la serie producto.

d. Sea $f = e^{1/x}$. Por el ejemplo 10.1.1.a sabemos que, $e^u = 1 + u + \frac{u^2}{2!} + \frac{u^3}{3!} + \frac{u^4}{4!} +$ $\cdots$ entonces, si sustituimos $u = \frac{1}{x}$; $e^{1/x} = 1 + \frac{1}{x} + \frac{1}{2!x^2} + \frac{1}{3!x^3} + \frac{1}{4!x^4} + \cdots$.

e. $f = e^{ix}$. Con $i = \sqrt{-1}$, $i^2 = -1$, $i^3 = i.i^2 = -i$, $i^4 = i^2i^2 = 1$, $i^5 = i.i^4 = i, \ldots$ y el desarrollo $e^u = 1 + u + \frac{u^2}{2!} + \frac{u^3}{3!} + \frac{u^4}{4!} + \cdots$, tenemos: $e^{ix} = 1 + ix + \frac{(ix)^2}{2!} + \frac{(ix)^3}{3!} +$ $\frac{(ix)^4}{4!} + \cdots = 1 + ix + \frac{i^2x^2}{2!} + \frac{i^3x^3}{3!} + \frac{i^4x^4}{4!} + \frac{i^5x^5}{5!} + \cdots = 1 - \frac{x^2}{2!} + \frac{x^4}{4!} - \cdots + i\left(x - \frac{x^3}{3!} + \frac{x^5}{5!} -\right.$ $\left.\cdots\right) = cos\,x + i\,sen\,x$. De $e^{ix} = cos\,x + i\,sen\,x$, cambiando x por $-x$, obtenemos $e^{-ix} = cos\,(-x) + i\,sen\,(-x) = cos\,x - i\,sen\,x$, y sumando y restando ambas expresiones obtenemos; $cos\,x = \frac{e^{ix}+e^{-ix}}{2}$, $sen\,x = \frac{e^{ix}-e^{-ix}}{2i}$.

f. $f = \ln(1+x)$. Podemos definir $\ln(1+x) = \int_0^x \frac{dt}{1+t}$, entonces desarrollando el integrando con la serie geométrica, $\ln(1+x) = \int_0^x \frac{dt}{1+t} = \int_0^x (1 - t + t^2 - t^3 + \ldots)\,dt$ y entonces, $\ln(1+x) = \left(1 - \frac{t^2}{2} + \frac{t^3}{3} - \frac{t^4}{4} + \ldots\right)\Big|_0^x = x - \frac{x^2}{2} + \frac{x^3}{3} - \cdots$

Ejercicios 10.2

Usando los *desarrollos de Taylor-Mc Laurin*, aproxime los siguientes valores de funciones, con los errores o aproximaciones indicados o bien, asegurando que sea el resto $R_n(x) < \varepsilon$.

1. $\cos 18^0$, $\varepsilon = 0{,}001$.

2. $sen\ 15^0$, $\varepsilon = 0{,}0001$.

3. e, $\varepsilon = 0{,}0001$.

4. $\ln 2$, $\varepsilon = 0{,}01$.

5. estime los valores de x para los que la aproximación $sen\ x \cong x$, da errores menores a $0{,}01$ y $0{,}001$.

Respuestas:

1. $R: \cos 18^0 \approx 1 - \frac{x^2}{2!}$.

2. $R: sen\ 15^0 \approx x - \frac{x^3}{3!}$.

3. $R: e \cong 1 + x + \frac{1}{2!} + \frac{1}{3!} + \frac{1}{4!} + \frac{1}{5!} + \frac{1}{6!} + \frac{1}{7!}$.

4. $R: \ln 2 \cong \sum_1^{99} (-)^{n+1} \frac{(x)^n}{n}$.

5. $R: x < 0{,}39; \quad x < 0{,}18$.

10.3 Integración con el empleo de series

Toda función obtenida por álgebra o composición de funciones elementales, tiene una derivada expresada en términos de funciones elementales, no ocurre lo mismo con la integración y las integrales de ciertas funciones elementales, no dan como resultado, funciones elementales. Podemos generalizar esto informalmente diciendo que cualquier curva elemental, tendrá una tangente que es también elemental pero no cualquier curva elemental, representa la tangente de alguna curva elemental. Tomamos como ejemplo $f = \frac{sen\,x}{x}$ o $g = \frac{e^x}{x}$, cuyas derivadas $f' = \frac{x\,cos\,x - sen\,x}{x^2}$ y $g' = \frac{xe^x - e^x}{x^2}$, son funciones elementales, sin embargo; $\int \frac{sen\,x}{x}$ y $\int \frac{e^x}{x}$, no son funciones elementales y por si mismas definen nuevas funciones, el *seno integral* y la *exponencial integral*.

Si $f(x)$ admite un desarrollo en serie de potencias $f(x) = \sum a_n x^n$, podemos resolver $\int f(x)$ como $\int f(x) = \int \sum a_n x^n = \sum \int a_n x^n$, y la integración vale dentro del intervalo de convergencia de la serie, según vimos en 8.7.12.

10.3.1. *Ejemplo.* **a.** $I = \int \frac{e^x}{x}$. Sabemos que $e^x = 1 + x + \frac{x^2}{2!} + \frac{x^3}{3!} + \frac{x^4}{4!} + \cdots$

entonces $\frac{e^x}{x} = \frac{1}{x} + 1 + \frac{x}{2!} + \frac{x^2}{3!} + \frac{x^3}{4!} + \cdots$, y reemplazando en la integral

$$I = \int \left(\frac{1}{x} + 1 + \frac{x}{2!} + \frac{x^2}{3!} + \frac{x^3}{4!} + \cdots \right) = \ln|x| + x + \frac{x^2}{2.2!} + \frac{x^3}{3.3!} + \frac{x^4}{4.4!} + \cdots$$

b. $I = \int \frac{sen\,x}{x}$. Sabemos que $sen\,x = x - \frac{x^3}{3!} + \frac{x^5}{5!} - \frac{x^7}{7!} + \cdots$

entonces $\frac{sen\,x}{x} = 1 - \frac{x^2}{3!} + \frac{x^4}{5!} - \frac{x^6}{7!} + \cdots$, y reemplazando en la integral

$$I = \int \left(1 - \frac{x^2}{3!} + \frac{x^4}{5!} - \frac{x^6}{7!} + \cdots \right) = x - \frac{x^3}{3.3!} + \frac{x^5}{5.5!} - \frac{x^7}{7.7!} + \cdots$$

c. $I = \int e^{-x^2}$. Sabemos que $e^u = 1 + u + \frac{u^2}{2!} + \frac{u^3}{3!} + \frac{u^4}{4!} + \cdots$

entonces si $u = -x^2$, $e^{-x^2} = 1 - x^2 + \frac{x^4}{2!} - \frac{x^6}{3!} + \frac{x^8}{4!} - \cdots$, y reemplazando en la integral

$$I = \int \left(1 - x^2 + \frac{x^4}{2!} - \frac{x^6}{3!} + \frac{x^8}{4!} - \cdots \right) = x - \frac{x^3}{3} + \frac{x^5}{5.2!} - \frac{x^7}{7.3!} + \cdots$$

APÉNDICES

A.1 TRIGONOMETRÍA

A.1.1. *La circunferencia trigonométrica.* Se define la circunferencia trigonométrica fijando su centro en el origen del sistema de coordenadas $x - y$, con radio $r = 1$, figura A.1.1.a. Con esta definición de la circunferencia trigonométrica, para todo punto P situado sobre la circunferencia, cuyas coordenadas son x e y, y que notamos como $P(x, y)$, se ha de verificar; $x^2 + y^2 = 1$. Los ángulos se miden a partir de la semirrecta positiva x y se adopta como orientación positiva del ángulo, el sentido de giro antihorario, figura A.1.1.a.

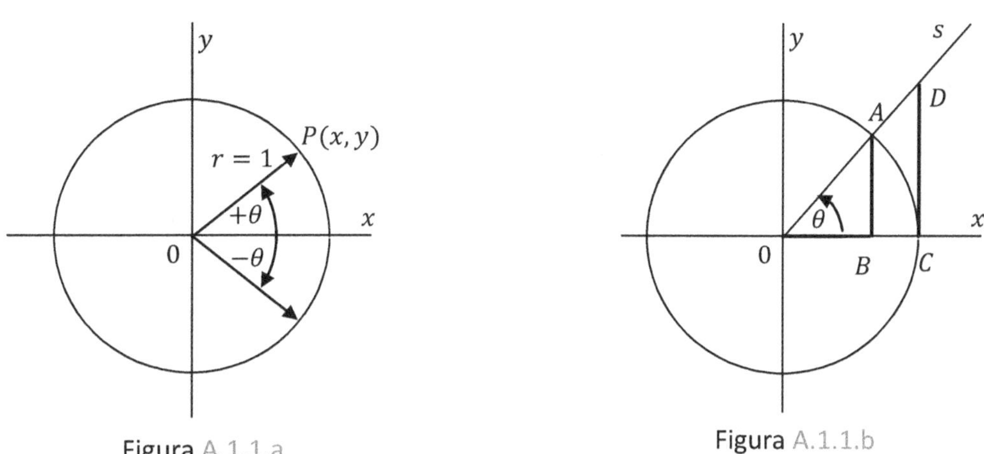

Figura A.1.1.a   Figura A.1.1.b

A.1.2. *Funciones trigonométricas.* Si a partir del centro 0 de la circunferencia trigonométrica, trazamos una semirrecta s orientada con un ángulo θ, que corta a la circunferencia en el punto A figura A.1.1.b, *se define* el seno del ángulo θ, *sen* θ, como la ordenada del punto A, o bien longitud del segmento $\overline{BA}$, perpendicular al eje x, cuyo extremo inferior B está sobre el eje x, y cuyo extremo superior A, es la intersección de la semirrecta s con la circunferencia. El coseno del ángulo θ, *cos* θ, se define como la longitud del segmento $\overline{0B}$, que se extiende sobre el eje x desde el centro 0 hasta el punto B, que es la abscisa del punto A figura A.1.1.b, donde la semirrecta s intersecta la circunferencia. La tangente del ángulo θ, *tan* θ, *se define* como el segmento $\overline{CD}$ figura A.1.1.b, y por proporcionalidad de los triángulos $OBA \sim OCD$, se cumple que; $\dfrac{\overline{CD}}{\overline{OC}=1} = \dfrac{\overline{BA}=sen\,\theta}{\overline{OB}=cos\,\theta}$ o bien que, $tan\,\theta = \dfrac{sen\,\theta}{cos\,\theta}$.

Se extiende fácilmente la definición de las funciones trigonométricas, a cualquier triángulo rectángulo, observando en la figura A.1.2.a que: por proporcionalidad de los triángulos semejantes $0BA \sim 0CD \sim 0FE$ de las figuras A1.2.a y A.1.2.b, se deducen las relaciones

$$sen\,\theta = \frac{\overline{BA}=sen\,\theta}{\overline{0A}=1} = \frac{\overline{CD}}{\overline{0D}} = \frac{\overline{FE}}{\overline{0E}} = \frac{Cat.\ opuesto\ a\ \theta}{Hipotenusa}$$

$$cos\,\theta = \frac{\overline{0B}=cos\,\theta}{\overline{0A}=1} = \frac{\overline{0C}}{\overline{0D}} = \frac{\overline{0F}}{\overline{0E}} = \frac{Cat.\ adyacente\ a\ \theta}{Hipotenusa}$$

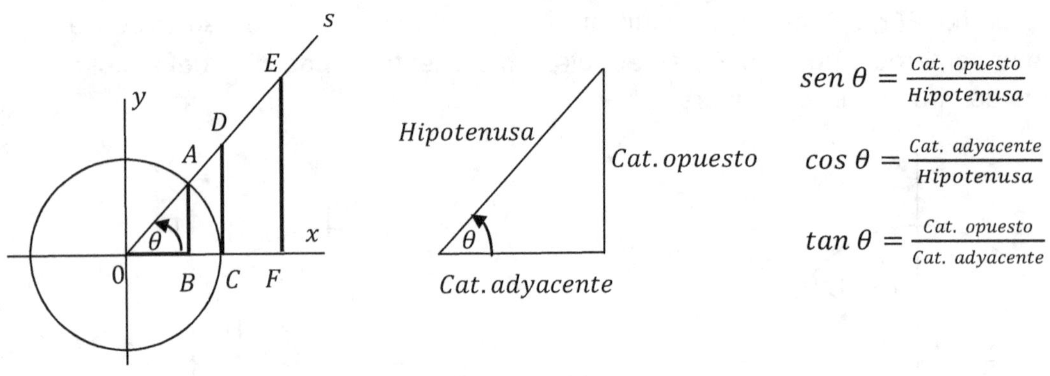

Figura A.1.2.a   Figura A.1.2.b

A.1.3. *Signo de las funciones trigonométricas.* En la figura A.1.3.a se observa que, $sen\,\theta = -sen(-\theta)$ por la reflexión del punto P en P', mientras que $cos\,\theta = cos(-\theta)$ porque la abscisa x, permanece invariante con la reflexión respecto del eje x. El cambio de signo de $sen\,\theta$ y $cos\,\theta$ al recorrer los cuatro cuadrantes, se muestra en las figuras A.1.3.b y A.1.3.c, y por la regla de los signos, deducimos el signo de la tangente, $tan\,\theta = \frac{sen\,\theta}{cos\,\theta}$, en los distintos cuadrantes, figura A.1.3.d

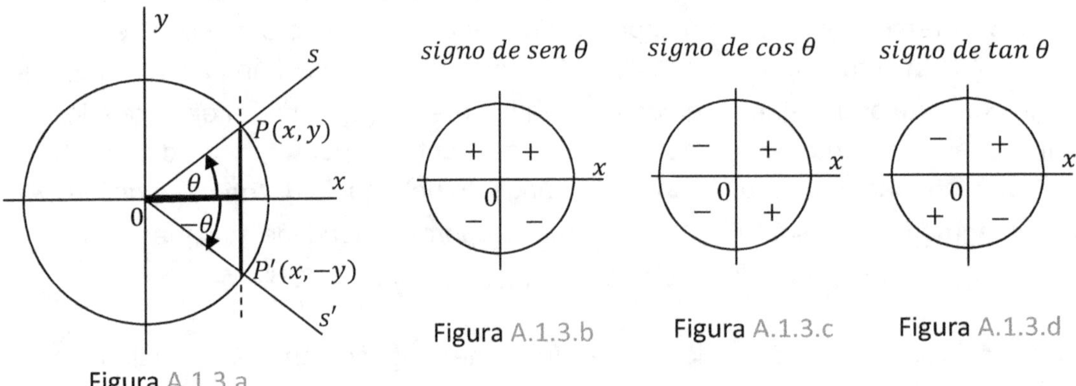

Figura A.1.3.b   Figura A.1.3.c   Figura A.1.3.d

Figura A.1.3.a

Además, por la forma en que definimos la circunferencia trigonométrica, se verifica que

$$sen^2\theta + cos^2\theta = 1$$

A.1.4. *Ángulos complementarios.* El ángulo complementario θ_c, es el ángulo que sumado a θ completa los 90^0

$$\theta + \theta_c = 90^0 = \frac{\pi}{2}$$

En la figura A.1.4 se ve por simetría que; $sen\,\theta_c = \overline{EA} = \overline{OB} = cos\,\theta$, y $cos\,\theta_c = \overline{OE} = \overline{BA} = sen\,\theta$. Definiendo la cotangente de θ, $cot\,\theta = \overline{FG}$; $tan\,\theta_c = \overline{FG} = cot\,\theta$.

En general siempre se tiene; $función(\theta) = cofunción\,(\theta_c)$.

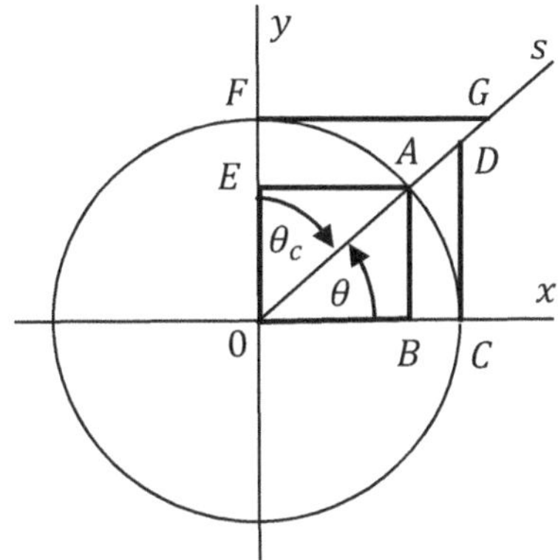

Figura A.1.4

A.1.5. *Secante y cosecante.* Si se traza una recta tangente a la circunferencia trigonométrica, en el punto de intersección de la circunferencia con la recta s que determina el ángulo θ figura A.1.5.a, quedan determinados sobre los ejes x e y dos segmentos que designamos secante de θ, $sec\,\theta$, y cosecante de θ, $cosec\,\theta$, que son respectivamente, la distancia desde el origen 0 a las intersecciones con los ejes x e y, con la tangente t que trazamos, figura A1.5.a

En la figura A.1.5.b se ve que los triángulos $OBA{\sim}ODB$ son semejantes y entonces: Si definimos la $cosec\,\theta$ como, $cosec\,\theta = \frac{1}{sen\,\theta}$, en la figura A.1.5.b vemos que se verifica las relación $\frac{\overline{OA}}{\overline{OB}=1} = \frac{\overline{OB}=1}{\overline{DB}=sen\,\theta}$, o bien $\overline{OA} = \frac{1}{sen\,\theta} = cosec\,\theta$.

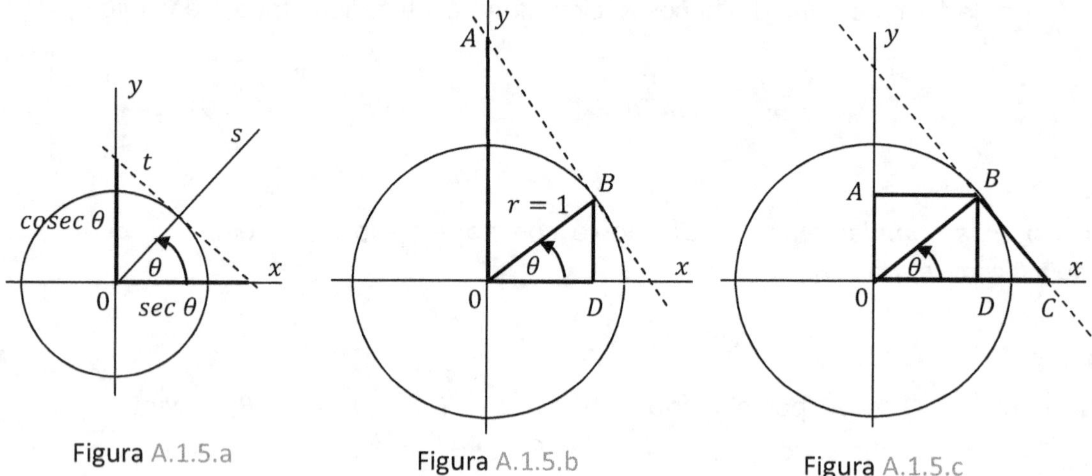

Figura A.1.5.a Figura A.1.5.b Figura A.1.5.c

De la misma forma en la figura A.1.5.c, podemos comprobar por la semejanza de los triángulos $OBC \sim BAO$, que se cumple $\dfrac{\overline{OC}}{\overline{OB}=1} = \dfrac{\overline{OB}=1}{\overline{AB}=cos\,\theta}$, o bien $\overline{OC} = \dfrac{1}{cos\,\theta} = sec\,\theta$.

A.1.6. *Seno y coseno, de suma y diferencia de ángulos.*

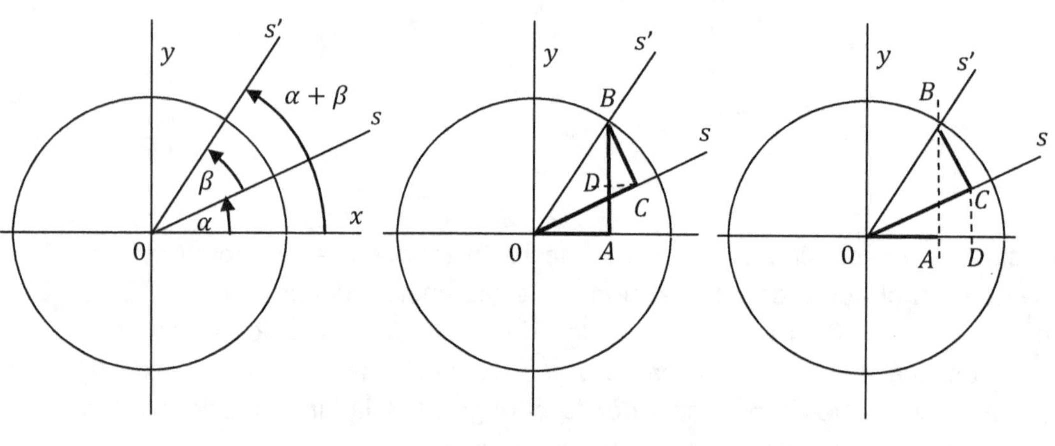

Figura A.1.6.a Figura A.1.6.b Figura A.1.6.c

En la figura A.1.6.a, se observa que la semirrecta s determina un ángulo α, y a continuación, la semirrecta s' determina el ángulo β, de modo que entre el eje x y la semirrecta s' queda determinado el ángulo $\alpha + \beta$.

Determinaremos ahora el $sen\,(\alpha + \beta)$, observando en la figura A.1.6.b que

$$sen\,(\alpha + \beta) = \overline{AD} + \overline{DB}$$

$$\overline{AD} = \overline{0C}\,sen\,\alpha = cos\,\beta.sen\,\alpha \ \text{ y } \ \overline{DB} = \overline{BC}\,cos\,\alpha = sen\,\beta.cos\,\alpha,$$

$$\boxed{sen\,(\alpha + \beta) = sen\,\alpha.cos\,\beta + sen\,\beta.cos\,\alpha}$$

Si cambiamos β por $-\beta$; $sen\,(\alpha - \beta) = sen\,\alpha.cos\,(-\beta) + sen\,(-\beta).cos\,\alpha$

$$\boxed{sen\,(\alpha - \beta) = sen\,\alpha.cos\,\beta - sen\,\beta.cos\,\alpha}$$

Para determinar el $cos\,(\alpha + \beta)$, observamos en la figura A.1.6.c que

$$cos\,(\alpha + \beta) = \overline{0D} - \overline{AD}$$

$$\overline{0D} = \overline{0C}\,cos\,\alpha = cos\,\beta.cos\,\alpha \ \text{ y } \ \overline{AD} = \overline{BC}\,sen\,\alpha = sen\,\beta.sen\alpha$$

$$\boxed{cos\,(\alpha + \beta) = cos\,\alpha.cos\,\beta - sen\,\alpha.sen\,\beta}$$

Cambiando β por $-\beta$; $cos\,(\alpha - \beta) = cos\,\alpha.cos\,(-\beta) - sen\,\alpha.sen\,(-\beta)$

$$\boxed{cos\,(\alpha - \beta) = cos\,\alpha.cos\,\beta + sen\,\alpha.sen\,\beta}$$

A.1.7. *Relaciones del ángulo doble.* Si en la expresión para el coseno de la suma de dos ángulos, $cos\,(\alpha + \beta) = cos\,\alpha.cos\,\beta - sen\,\alpha.cos\,\beta$, hacemos $\alpha = \beta$, tenemos

$$cos\,(\alpha + \beta) = cos\,(2\alpha) = cos\,\alpha.cos\,\alpha - sen\,\alpha.sen\,\alpha$$

$$cos\,2\alpha = cos^2\,\alpha - sen^2\,\alpha$$

si sustituimos $-sen^2\,\alpha = cos^2\,\alpha - 1$, tenemos $cos\,2\alpha = 2cos^2\,\alpha - 1$, de donde obtenemos

$$\boxed{cos^2\,\alpha = \frac{1+cos\,2\alpha}{2}}$$

Si en cambio, en $cos\,2\alpha = cos^2\,\alpha - sen^2\,a$, sustituimos $cos^2\,\alpha = 1 - sen^2\,\alpha$, obtenemos $cos\,2\alpha = 1 - 2sen^2\,\alpha$, de donde

$$\boxed{sen^2\,\alpha = \frac{1-cos\,2\alpha}{2}}$$

A.1.8. *Transformación de suma o diferencia en producto.* Para transformar el coseno o el seno de una diferencia en un producto de funciones, restamos de $sen\,(\alpha + \beta\,)$, $sen\,(\alpha - \beta)$

$$sen\,(\alpha + \beta\,) = sen\,\alpha.\cos\beta + sen\,\beta.\cos\alpha$$

$$\underline{sen\,(\alpha - \beta\,) = sen\,\alpha.\cos\beta - sen\,\beta.\cos\alpha}$$

$$sen\,(\alpha + \beta\,) - sen\,(\alpha - \beta\,) = 2\,sen\,\beta.\cos\alpha$$

haciendo la sustitución $p = \alpha + \beta$, y $q = \alpha - \beta$, se tiene $\alpha = \frac{p+q}{2}$, $\beta = \frac{p-q}{2}$, que reemplazados en la última expresión obtenida dan

$$sen\,p - sen\,q = 2\,sen\,\frac{p-q}{2}.\cos\frac{p+q}{2}$$

Ahora podemos reasignar nuevamente las variables, haciendo $p = \alpha$, y $q = \beta$, para obtener

$$\boxed{sen\,\alpha - sen\,\beta = 2\,sen\,\frac{\alpha-\beta}{2}.\cos\frac{\alpha+\beta}{2}}$$

A.1.9. *Ángulos particulares.* Se determinan fácilmente las funciones trigonométricas de los ángulos particulares de 30^0, 45^0 y 60^0, recurriendo a un triángulo rectángulo de catetos unidad para el ángulo de 45^0, y a un triángulo equilátero de lado 2 para los otros dos casos;

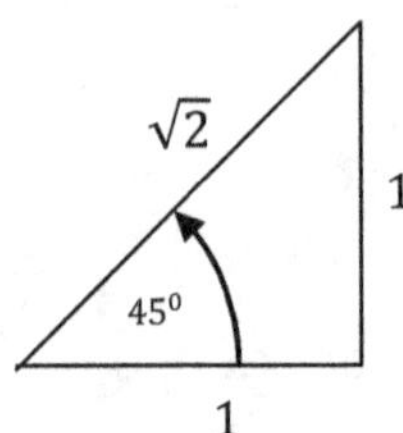

$$sen\,45^0 = \frac{1}{\sqrt{2}} = \frac{\sqrt{2}}{2} \qquad cos\,45^0 = \frac{1}{\sqrt{2}} = \frac{\sqrt{2}}{2} \qquad tan\,45^0 = 1$$

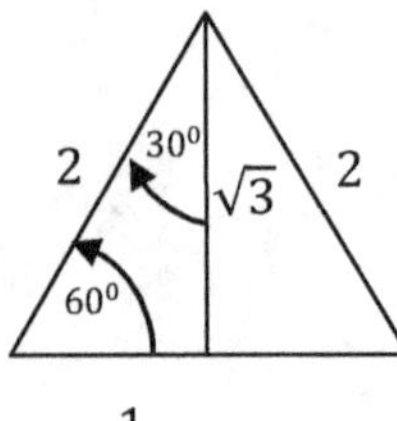

$$sen\,60^0 = \frac{\sqrt{3}}{2} \qquad cos\,60^0 = \frac{1}{2} \qquad tan\,60^0 = \sqrt{3}$$

$$sen\,30^0 = \frac{1}{2} \qquad cos\,30^0 = \frac{\sqrt{3}}{2} \qquad tan\,30^0 = \frac{1}{\sqrt{3}} = \frac{\sqrt{3}}{3}$$

A.2 NOTAS BIOGRÁFICAS

Arquímedes

(Siracusa, actual Italia, h. 287 a.C.-id., 212 a.C.) Matemático griego, hijo de un astrónomo, quien probablemente le introdujo en las matemáticas, Arquímedes estudió en Alejandría, donde tuvo como maestro a Conón de Samos y entró en contacto con Eratóstenes; a este último dedicó Arquímedes su Método, en el que expuso su genial aplicación de la mecánica a la geometría, en la que "pesaba" imaginariamente áreas y volúmenes desconocidos para determinar su valor. Regresó luego a Siracusa, donde se dedicó de lleno al trabajo científico.

De la biografía de Arquímedes, sólo se conocen una serie de anécdotas, la más divulgada la relata Vitruvio y se refiere al método que utilizó para comprobar si existió fraude en la confección de una corona de oro encargada por Hierón II, tirano de Siracusa y protector de Arquímedes, quizás incluso pariente suyo. Hallándose en un establecimiento de baños, advirtió que el agua desbordaba de la bañera a medida que se iba introduciendo en ella; esta observación le inspiró la idea que le permitió resolver la cuestión que le planteó el tirano. La idea de Arquímedes está reflejada en una de las proposiciones iniciales de su obra *Sobre los cuerpos flotantes*, pionera de la hidrostática; corresponde al famoso principio que lleva su nombre y, como allí se explica, haciendo uso de él es posible calcular la ley de una aleación, lo cual le permitió descubrir que el orfebre había cometido fraude.

El esfuerzo de Arquímedes por convertir la estática en un cuerpo doctrinal riguroso es comparable al realizado por Euclides con el mismo propósito respecto a la geometría, fundamentó la ley de la palanca, deduciéndola a partir de un número reducido de postulados, y determinó el centro de gravedad de paralelogramos, triángulos, trapecios, y el de un segmento de parábola. Utilizó el método denominado de exhaución, precedente del cálculo integral, para determinar la superficie de una esfera y para establecer la relación entre una esfera y el cilindro circunscrito en ella. Este último resultado pasó por ser su teorema favorito, que por expreso deseo suyo se grabó sobre su tumba, hecho gracias al cual Cicerón pudo localizar su tumba cuando su ubicación había sido ya olvidada.

Barrow, Isaac

(Londres, 1630 - id., 4 de mayo,1677) fue un teólogo, profesor y matemático inglés al que históricamente se le ha concedido un mérito menor en su influencia sobre el desarrollo del cálculo moderno. Isaac Newton fue discípulo de Barrow.

Barrow completó su educación en el Trinity College, Cambridge, donde su tío, más tarde obispo de St. Asaph, era miembro de la Junta de Gobierno del colegio. Sobresalió especialmente en matemáticas y, tras graduarse en 1648, le fue concedido un puesto de investigación en 1649. Residió unos cuantos años en Cambridge donde le fue ofrecido un puesto de profesor, pero en 1655 fue expulsado. Los siguientes cuatro años estuvo viajando por Francia, Italia e incluso Constantinopla regresando a Inglaterra en 1659. Fue ordenado al año siguiente, y nombrado profesor Regius de griego en Cambridge. En 1662 fue profesor de Geometría en el Gresham College, y en 1663 fue elegido primer profesor Lucasiano en Cambridge. En 1669 dejó la cátedra en favor de su pupilo, Isaac Newton, quien fue considerado durante mucho tiempo el único matemático inglés que le había superado. El resto de su vida fue muy devota pues se dedicó al estudio de la teología, en 1672 fue director del Trinity College donde fundó una biblioteca que dirigió hasta su muerte en Cambridge en 1677.

Bernoulli; la familia

Jakob Bernoulli (Basilea, Suiza, 1654- id., 1705), Johann Bernoulli (Basilea, 1667- id., 1748) y Daniel Bernoulli (Groninga, Holanda, 1700- Basilea, 1782). Familia de científicos suizos. Jakob Bernoulli, el iniciador de la dilatada saga de los Bernoulli, nació en el seno de una familia de comerciantes procedentes de los Países Bajos. Tras licenciarse en teología y haber estudiado matemáticas y astronomía contra la voluntad familiar, entre 1677 y 1682 viajó a Francia (donde se familiarizó con el pensamiento de Descartes), los Países Bajos e Inglaterra.

De regreso en Suiza, desde 1683 enseñó mecánica en Basilea y en secreto introdujo en el estudio de las matemáticas a su hermano Johann, a quien su padre había destinado a la medicina. En 1687 se hizo cargo de la cátedra de matemáticas en la Universidad de Basilea. Con su hermano, estudió las aportaciones de G. W. Leibniz al cálculo infinitesimal, el cual aplicó al estudio de la catenaria (la curva que forma una cadena suspendida por sus extremos), y en 1690 introdujo el término de integral en su sentido moderno.

Al año siguiente, Johann solucionó el problema de la catenaria, lo cual le valió situarse entre los matemáticos de primera línea de la época; de los dos hermanos, él fue el más intuitivo y el que con mayor soltura manejaba el formulismo matemático, mientras que Jakob era de inteligencia más lenta pero más penetrante. Ambos compartieron un exagerado afán por ver reconocidos sus méritos, e incluso mantuvieron frecuentes disputas de prioridad entre ellos y con otros autores. Johann inició en el cálculo infinitesimal creado por Leibniz al marqués de L'Hôpital, quien aprovechó las lecciones para publicar el primer libro de texto sobre el tema.

En 1695, Johann decidió aceptar el ofrecimiento de ocupar una cátedra de matemáticas en Groninga, perdidas las esperanzas de obtener plaza en Basilea en vida de su hermano Jakob, y resentido con él por la actitud condescendiente con que lo trataba. En 1697, Johann dio una brillante solución al problema de la braquistócrona, que él mismo había planteado el año anterior. Jakob analizó también la cuestión y aportó su propia solución, mucho menos elegante, pero que lo condujo a las puertas de una nueva disciplina, el cálculo de variaciones, en cuyo ámbito propuso a su vez el llamado problema isoperimétrico.

Cantor, Georg Ferdinand

(San Petersburgo, 1845-Halle, Alemania, 1918) Matemático alemán de origen ruso. El joven Cantor permaneció en Rusia junto a su familia hasta los once años, cuando la delicada salud de su padre les obligó a trasladarse a Alemania. En 1862 ingresó en la Universidad de Zurich, pero tras la muerte de su padre, un año después, se trasladó a la Universidad de Berlín, donde estudió matemáticas, física y filosofía. Se doctoró en 1867 y empezó a trabajar como profesor adjunto en la Universidad de Halle.

En 1874 publicó su primer trabajo sobre teoría de conjuntos. Entre 1874 y 1897, demostró que el conjunto de los números enteros tenía el mismo número de elementos que el conjunto de los números pares, y que el número de puntos en un segmento es igual al número de puntos de una línea infinita, de un plano y de cualquier espacio. Es decir, que todos los conjuntos infinitos tienen "el mismo tamaño".

Cauchy, Augustin-Louis

(París, 1789-Sceaux, Francia, 1857) Matemático francés. Era el mayor de los seis hijos de un abogado católico y realista, que hubo de retirarse a Arcueil cuando estalló la Revolución. Allí sobrevivieron de forma precaria, por lo que Cauchy creció desnutrido y débil.

Fue educado en casa por su padre y no ingresó en la escuela hasta los trece años, aunque pronto empezó a ganar premios académicos. A los dieciséis entró en la École Polytechnique parisina y a los dieciocho asistía a una escuela de ingeniería civil, donde se graduó tres años después y su primer trabajo fue como ingeniero militar para Napoleón, ayudando a construir las defensas en Cherburgo.

Con veintisiete años ya era uno de los matemáticos de mayor prestigio y empezó a trabajar en las funciones de variable compleja, publicando 300 páginas de esa investigación once años después. En esta época publicó sus trabajos sobre límites, continuidad y sobre la convergencia de las series infinitas. En 1830 se exilió en Turín, donde trabajó como profesor de física matemática hasta que regresó a París (1838) y pasó el resto de su vida enseñando en La Sorbona.

Publicó un total de 789 trabajos, entre los que se encuentran el concepto de límite, los criterios de convergencia, las fórmulas y los teoremas de integración y las ecuaciones diferenciales de Cauchy-Riemann. Su extensa obra introdujo y consolidó el concepto fundamental de rigor matemático.

Cavalieri, Bonaventura Francesco

(Milán, 1598-Bolonia, 1647) Matemático italiano. Jesuita y discípulo de Galileo, fue desde 1629 catedrático de astronomía en Bolonia. De su numerosa obra destacan *Un cierto método para el desarrollo de una nueva geometría de continuos indivisibles* (1635) y *Seis ejercicios de geometría* (1649), en donde establece y perfecciona su teoría de los indivisibles, precursora del cálculo integral. Realizó la primera demostración rigurosa del teorema de Papus relativo al volumen de un sólido de revolución y popularizó el empleo de los logaritmos.

Cusano, o Nicolás de Cusa

(Nicolás Chrypffs; Cusa o Kues, actual Alemania, 1401 - Todi, actual Italia, 1464) Místico alemán ordenado sacerdote en 1430. Se educó en Deventer con los Hermanos de la vida común, de cuya doctrina mantuvo el misticismo platonizante, más tarde estudió en Heidelberg, Padua y Colonia, donde profundizó en el pensamiento de Tomás de Aquino y es uno de los principales representantes de la filosofía de la transición entre la Edad Media y el Renacimiento. Es un antiaristotélico que continúa la tradición medieval de origen neoplatónico, transitando la senda de Juan Escoto Erígena y el Maestro Eckart. Su cosmología es un anticipo de los avances del Renacimiento y la Ciencia moderna, se lo considera precursor de Copérnico y también, por el método matemático de contar y medir que introduce en las Ciencias Naturales, de Kepler. Propone medir el pulso con el reloj, examinar con balanzas las secreciones de sanos y enfermos, y fijar el peso específico de los metales.

D'Alembert, Jean Le Rond

(París, 1717-1783) Científico y pensador francés de la Ilustración, sus investigaciones en matemáticas, física y astronomía le llevaron a formar parte de la Academia de Ciencias con sólo 25 años; y resultaron de tal relevancia que aún conservan su nombre un principio de física que relaciona la estática con la dinámica y un criterio de convergencia de series matemáticas.

Sin embargo, su mayor renombre lo iba a alcanzar como filósofo. Junto con Diderot dirigió la *Enciclopedia,* compendio del saber de su tiempo que ha dado nombre a este tipo de obras hasta nuestros días; el propio D'Alembert redactó en 1751 el "Discurso preliminar", en el cual apuntaba el enfoque general de la obra, ligado a la filosofía de las "Luces". Su pensamiento resulta una síntesis entre el racionalismo y el empirismo, que subraya la unidad del saber y la fe en el progreso de la Humanidad a través de las ciencias, unificadas por una filosofía desprendida de mitos y creencias trascendentales.

Darboux, Gaston

(Nimes, 1842-París, 1917) Matemático francés. Profesor en la Sorbona y miembro de la Academia de Ciencias y de la Royal Society. Especializado en el campo de la geometría, obtuvo brillantes resultados en sus trabajos sobre los sistemas triples ortogonales. Estudió las ecuaciones de derivadas parciales y perfeccionó la teoría de la integral de Riemann. Destaca su obra *Lecciones sobre la teoría general de las superficies y las aplicaciones geométricas del cálculo infinitesimal*.

Euler, Leonhard

(Basilea, Suiza, 1707-San Petersburgo, 1783) Matemático suizo. Las facultades que desde temprana edad demostró para las matemáticas pronto le ganaron la estima del patriarca de los Bernoulli, Johann, uno de los más eminentes matemáticos de su tiempo y profesor de Euler en la Universidad de Basilea. Tras graduarse en dicha institución en 1723, cuatro años más tarde fue invitado personalmente por Catalina I para convertirse en asociado de la Academia de Ciencias de San Petersburgo, donde coincidió con otro miembro de la familia Bernoulli, Daniel, a quien en 1733 relevó en la cátedra de matemáticas.

En 1748 expuso el concepto de función en el marco del análisis matemático, campo en el que así mismo contribuyó de forma decisiva con resultados como el teorema sobre las funciones homogéneas y la teoría de la convergencia, revolucionó el tratamiento de las funciones trigonométricas al relacionarlas con los números complejos mediante la denominada identidad de Euler; a él se debe la moderna tendencia a representar cuestiones matemáticas y físicas en términos aritméticos.

De sus trabajos sobre mecánica destacan, entre los dedicados a la mecánica de fluidos, la formulación de las ecuaciones que rigen su movimiento y su estudio sobre la presión de una corriente líquida, y, en relación a la mecánica celeste, el desarrollo de una solución parcial al problema de los tres cuerpos –resultado de su interés por perfeccionar la teoría del movimiento lunar–, así como la determinación precisa del centro de las órbitas elípticas planetarias, que identificó con el centro de la masa solar. Tras su muerte, se inició un ambicioso proyecto para publicar la totalidad de su obra científica, compuesta por más de ochocientos tratados, lo cual lo convierte en el matemático más prolífico de la historia.

Fermat, Pierre de

(Beaumont, Francia, 1601-Castres, id., 1665) Matemático francés. Poco se conoce de sus primeros años, excepto que estudió derecho, posiblemente en Toulouse y Burdeos. Interesado por las matemáticas, en 1629 abordó la tarea de reconstruir algunas de las demostraciones perdidas del matemático griego Apolonio relativas a los lugares geométricos; a tal efecto desarrollaría, contemporánea e independientemente de René Descartes, un método algebraico para tratar cuestiones de geometría por medio de un sistema de coordenadas.

Diseñó también un algoritmo de diferenciación mediante el cual pudo determinar los valores máximos y mínimos de una curva polinómica, amén de trazar las correspondientes tangentes, logros todos ellos que abrieron el camino al desarrollo ulterior del cálculo infinitesimal por Newton y Leibniz. Tras asumir correctamente que cuando la luz se desplaza en un medio más denso su velocidad disminuye, demostró que el camino de un rayo luminoso entre dos puntos es siempre aquel que menos tiempo le cuesta recorrer; de dicho principio, que lleva su nombre, se deducen las leyes de la reflexión y la refracción.

Otro campo en el que realizó destacadas aportaciones fue el de la teoría de números, en la que empezó a interesarse tras consultar una edición de la Aritmética de Diofanto; precisamente en el margen de una página de dicha edición fue donde anotó el célebre teorema que lleva su nombre y que tardaría más de tres siglos en demostrarse. Extremadamente prolífico, sus deberes profesionales y su particular forma de trabajar (sólo publicó una obra científica en vida) redujeron en gran medida el impacto de su obra.

Fibonacci, Leonardo

(Llamado Leonardo de Pisa; Pisa, *c.* 1175- id., *c.* 1240) Matemático italiano. Difundió en Occidente los conocimientos científicos del mundo árabe, que recopiló en *Liber abbaci*. Popularizó el uso de las cifras árabes y en *Practica geometriae* expuso los principios de la trigonometría.

Fourier, Jean-Baptiste-Joseph

(Auxerre, Francia, 1768-París, 1830) Ingeniero y matemático francés. Era hijo de un sastre, y fue educado por los benedictinos. Los puestos en el cuerpo científico del ejército estaban reservados para familias de estatus reconocido, así que aceptó una cátedra militar de matemáticas. Tuvo un papel destacado durante la revolución en su propio distrito, y fue recompensado con una candidatura para una cátedra en la École Polytechnique. Fourier acompañó a Napoleón en su expedición oriental de 1798, y fue nombrado gobernador del Bajo Egipto.

A partir de su *Teoría analítica del calor,* basándose en parte en la ley del enfriamiento de Newton desarrolló la denominada "serie de Fourier", de notable importancia en el posterior desarrollo del análisis matemático, y con interesantes aplicaciones a la resolución de numerosos problemas de física.

Hooke, Robert

(Freshwater, Inglaterra, 1635 - Londres, 1703) Físico y astrónomo inglés que colaboró con Robert Boyle en la construcción de una bomba de aire (1655) y formuló la ley de la elasticidad que lleva su nombre (1670), que establece la relación de proporcionalidad directa entre el estiramiento sufrido por un cuerpo sólido y la fuerza aplicada para producir ese estiramiento. Hooke aplicó sus estudios a la construcción de componentes de relojes y en 1662 fue nombrado responsable de experimentación de la Royal Society de Londres, siendo elegido miembro de dicha sociedad al año siguiente.

En 1664, con un telescopio de construcción propia, Robert Hooke descubrió la quinta estrella del Trapecio, en la constelación de Orión; así mismo fue el primero en sugerir que Júpiter gira alrededor de su eje y sus detalladas descripciones del planeta Marte fueron utilizadas en el siglo XIX para determinar su velocidad de rotación.

Un año más tarde fue nombrado profesor de geometría en el Gresham College, ese mismo año publicó su obra *Micrographia*, en la cual incluyó estudios e ilustraciones sobre la estructura cristalográfica de los copos de nieve y discusiones sobre la posibilidad de manufacturar fibras artificiales mediante un proceso similar al que siguen los gusanos de seda. Sus estudios sobre fósiles microscópicos le llevaron a ser uno de los primeros impulsores de la teoría de la evolución de las especies.

En 1666 sugirió que la fuerza de gravedad se podría determinar mediante el movimiento de un péndulo, e intentó demostrar la trayectoria elíptica que la Tierra describe alrededor del Sol. En 1672 descubrió el fenómeno de la difracción luminosa; para explicar este fenómeno, Hooke fue el primero en atribuir a la luz un comportamiento ondulatorio.

Koch, Niels Fabian Helge von

(Estocolmo, 25 de enero de 1870 – id., 11 de marzo de 1924) Matemático sueco, cuyo nombre se ha asignado a una famosa curva fractal llamada *Copo de nieve de Koch*, una de las primeras curvas fractales en ser descritas. Estudió Matemáticas en la Universidad de Estocolmo con el famoso matemático sueco Magnus Gösta Mittag-Leffler, con posterioridad éste sería su mentor. Escribió muchos artículos sobre teoría de números. Uno de sus resultados (1901) fue el teorema que probaba que la hipótesis de Riemann es equivalente al Teorema de los números primos. Describió la curva que lleva su nombre, en un artículo del año 1904 titulado *Acerca de una curva continua que no posee tangentes y obtenida por los métodos de la geometría elemental* (en francés original: *Sur une courbe continue sans tangente, obtenue par une construction géométrique élémentaire*).

Lagrange, Joseph-Louis de

(Turín, 1736-París, 1813) Matemático francés de origen italiano. Estudió en su ciudad natal y hasta los diecisiete años no mostró ninguna aptitud especial para las matemáticas, sin embargo, la lectura de una obra del astrónomo inglés Edmund Halley despertó su interés y, tras un año de incesante trabajo, era ya un matemático consumado. Nombrado profesor de la Escuela de Artillería, en 1758 fundó una sociedad, con la ayuda de sus alumnos, que fue incorporada a la Academia de Turín.

A principios de 1760 era ya uno de los matemáticos más respetados de Europa, a pesar de una salud extremadamente débil, su trabajo sobre el equilibrio lunar, donde razonaba la causa de que la luna siempre mostrara la misma cara, le supuso la concesión, en 1764, de un premio por la Academia de Ciencias de París. Hasta que se trasladó a la capital francesa en 1787, escribió gran variedad de tratados sobre astronomía, resolución de ecuaciones, cálculo de determinantes de segundo y tercer orden, ecuaciones diferenciales y mecánica analítica.

Leibniz, Gottfried Wilhelm

(Leipzig, actual Alemania, 1646-Hannover, id., 1716) Filósofo y matemático alemán. Su padre, profesor de filosofía moral en la Universidad de Leipzig, falleció cuando Leibniz contaba seis años. Capaz de escribir poemas en latín a los ocho años, a los doce empezó a interesarse por la lógica aristotélica a través del estudio de la filosofía escolástica.

En 1661 ingresó en la universidad de su ciudad natal para estudiar leyes, y dos años después se trasladó a la Universidad de Jena, donde estudió matemáticas con E. Weigel. En 1666, la Universidad de Leipzig rechazó, a causa de su juventud, concederle el título de doctor, que Leibniz obtuvo sin embargo en Altdorf; tras rechazar el ofrecimiento que allí se le hizo de una cátedra, en 1667 entró al servicio del arzobispo elector de Maguncia como diplomático, y en los años siguientes desplegó una intensa actividad en los círculos cortesanos y eclesiásticos.

En 1672 fue enviado a París con la misión de disuadir a Luis XIV de su propósito de invadir Alemania; aunque fracasó en la embajada, Leibniz permaneció cinco años en París, donde desarrolló una fecunda labor intelectual. De esta época datan su invención de una máquina de calcular capaz de realizar las operaciones de multiplicación, división y extracción de raíces cuadradas, así como la elaboración de las bases del cálculo infinitesimal.

Las contribuciones de Leibniz en el campo del cálculo infinitesimal, efectuadas con independencia de los trabajos de Newton, así como en el ámbito del análisis combinatorio, fueron de enorme valor. Introdujo la notación actualmente utilizada en el cálculo diferencial e integral. Los trabajos que inició en su juventud, la búsqueda de un lenguaje perfecto que reformara toda la ciencia y permitiese convertir la lógica en un cálculo, acabaron por desempeñar un papel decisivo en la fundación de la moderna lógica simbólica.

Lejeune Dirichlet, Peter Gustav

(Düren, actual Alemania, 1805-Gotinga, id., 1859) Matemático alemán. Cursó sus estudios en París, relacionándose con matemáticos como Fourier. Tras graduarse, fue profesor en las universidades de Breslau (1826-1828), Berlín (1828-1855) y Gotinga, en donde ocupó la cátedra dejada por Gauss tras su muerte. Sus aportaciones más relevantes se centraron en el campo de la teoría de los números, prestando especial atención al estudio de las series, y desarrolló la teoría de las series de Fourier. Aplicó las funciones analíticas al cálculo de problemas aritméticos y estableció criterios de convergencia para las series. En el campo del análisis matemático perfeccionó la definición y concepto de función, y en mecánica teórica se centró en el estudio del equilibrio de sistemas y en el concepto de potencial newtoniano.

L'Hôpital, Guillaume de

(Guillaume de L'Hôpital, marqués de Sainte-Mesme; París, 1661- id., 1704) Matemático francés. Militar de profesión, se interesó por el estudio de la matemática por influencia de Bernoulli y llevó a cabo la primera exposición completa del cálculo infinitesimal en su obra *Análisis de los infinitamente pequeños para el entendimiento de las líneas curvas* (1696). La *regla de L'Hôpital* permite eliminar ciertas indeterminaciones en el paso al límite del cociente de dos funciones, aplicando el cálculo diferencial.

Liouville, Joseph

(Francia, 24 de marzo de 1809 - 8 de septiembre de 1882) matemático francés graduado en la École Polytechnique de París en 1827. Tras diversos logros académicos, Lioville organizó el *Journal de Mathématiques Pures et Appliquées* publicación que obtuvo una gran reputación, que mantiene en la actualidad. Fue uno de los primeros en leer y reconocer el mérito de las obras inéditas de Évariste Galois, que publicó posteriormente en su *journal* en el año 1846. Liouville se involucró en temas de política por algún tiempo y logró ser miembro de la Asamblea Constitucional en 1848. Después de las elecciones de 1849 abandonó el campo de la política.

Liouville trabajó en una cantidad muy diversa de campos en matemáticas, incluyendo teoría de números, análisis complejo, topología diferencial, pero también en física matemática e incluso astronomía. En la teoría de números él fue el primero en probar la existencia de los números trascendentes, y en física matemática se tiene la Teoría de Sturm-Liouville que fue una colaboración con Charles François Sturm y ahora es un procedimiento estándar para resolver cierto tipo de ecuaciones diferenciales. Se tiene además el teorema de la mecánica hamiltoniana que lleva su nombre.

Mc Laurin, Colin

(Kilmodan, 1698-Edimburgo, 1746) Matemático escocés hijo de un ministro de parroquia, quedó huérfano de padre a los seis meses y huérfano de madre a los nueve años de edad. A los once años ingresó en la universidad de Glasgow y se graduó a los catorce.

En 1725 Newton recomendó a Mc Laurin para un puesto en la universidad de Edimburgo, donde pasó el resto de su vida. Ocho años después se casó con Ana Stewart con quien tuvo siete hijos. En 1742 publicó *Treatise of fluxions*, donde introduce la llamada *serie de Maclaurin*, que permite evaluar funciones.

También en 1742 halló la fórmula que relaciona la velocidad de rotación de una esfera autogravitante con su achatamiento. Para deducirla consideró el equilibrio hidrostático entre dos columnas de líquido, una polar y otra ecuatorial, que confluyen en el centro de la Tierra.

En 1748, póstumamente, se publica *Treatise of Algebra*. En este tratado usó determinantes para resolver ecuaciones de cuatro incógnitas. Dos años después este método fue popularizado por Gabriel Cramer como *Regla de Cramer*.

Newton, Isaac

Científico inglés (Woolsthorpe, Lincolnshire, 1642 - Londres, 1727). Hijo póstumo y prematuro, su madre preparó para él un destino de granjero pero finalmente se convenció del talento de su hijo y lo envió a la Universidad de Cambridge, donde debió trabajar para pagarse los estudios. Allí Newton no destacó especialmente, pero asimiló los conocimientos y principios científicos de mediados del siglo XVII, con las innovaciones introducidas por Galileo, Bacon, Descartes, Kepler y otros.

Tras su graduación en 1665, se orientó hacia la investigación en Física y Matemáticas, y a los 29 años, ya había formulado teorías que señalarían el camino de la ciencia moderna hasta el siglo xx; por entonces ya había obtenido una cátedra en su universidad (1669).

Suele considerarse a Newton uno de los protagonistas principales de la llamada "Revolución científica" del siglo XVII y, en cualquier caso, el padre de la mecánica moderna. No obstante, siempre fue remiso a dar publicidad a sus descubrimientos, razón por la que muchos de ellos se conocieron con años de retraso.

Newton coincidió con Leibniz en el descubrimiento del cálculo integral, que contribuiría a una profunda renovación de las Matemáticas; también formuló el teorema del binomio *(binomio de Newton)*. Pero sus aportaciones esenciales se produjeron en el terreno de la Física.

Sus primeras investigaciones giraron en torno a la óptica: explicando la composición de la luz blanca como mezcla de los colores del arco iris, formuló una teoría sobre la naturaleza corpuscular de la luz y diseñó en 1668 el primer telescopio reflector, del tipo de los que se usan actualmente en la mayoría de los observatorios astronómicos; más tarde recogió su visión de esta materia en la obra *Óptica* (1703).

En su obra más importante, *Principios matemáticos de la filosofía natural* (1687), formuló rigurosamente las tres leyes fundamentales del movimiento, de estas dedujo la ley de la gravedad, que según la leyenda le fue sugerida por la observación de la caída de una manzana del árbol. Descubrió que la fuerza de atracción entre la Tierra y la Luna era directamente proporcional al producto de sus masas e inversamente proporcional al cuadrado de la distancia que las separa, calculándose dicha fuerza mediante el producto de ese cociente por una constante G; al extender ese principio general a todos los cuerpos del Universo lo convirtió en la ley de gravitación universal.

La mayor parte de estas ideas circulaban ya en el ambiente científico de la época; pero Newton les dio el carácter sistemático de una teoría general, capaz de sustentar la concepción científica del universo durante varios siglos.

Riemann, Georg Friedrich Bernhard

(Breselenz, actual Alemania, 1826-Selasca, Italia, 1866) Matemático alemán. Su padre era pastor luterano y su primera ambición, fue la de seguir sus pasos. Ingresó en el liceo de Hannover, donde estudió hebreo y trató de probar la certeza del libro del Génesis por medio de razonamientos matemáticos. En 1846 ingresó en la Universidad de Gotinga, que abandonó un año después para trasladarse a la de Berlín y estudiar bajo la tutela de, entre otros, Steiner, Jacobi y Dirichlet (quien ejerció una gran influencia sobre él).

Su carrera se interrumpió por la revolución de 1848, durante la cual sirvió al rey de Prusia. En 1851 se doctoró en Gotinga, con una tesis que fue muy elogiada por Gauss, y en la que Riemann estudió la teoría de las variables complejas y, en particular, lo que hoy se denominan superficies de Riemann, e introdujo en la misma los métodos topológicos.

En su corta vida contribuyó a muchísimas ramas de las matemáticas: integrales de Riemann, aproximación de Riemann, método de Riemann para series trigonométricas, matrices de Riemann de la teoría de funciones abelianas, funciones zeta de Riemann, hipótesis de Riemann, teorema de Riemann-Roch, lema de Riemann-Lebesgue, integrales de Riemann-Liouville de orden fraccional..., aunque tal vez su más conocida aportación fue su geometría no euclidiana, basada en una axiomática distinta de la propuesta por Euclides, y expuesta detalladamente en su célebre memoria *Sobre las hipótesis que sirven de fundamento a la geometría*.

Roberval, Gilles Personne de

(Gilles Personne o Personier de Roberval; Roberval, 1602-París, 1675) Matemático y físico francés. Fue profesor en el Colegio de Francia. Ideó el llamado «método de los indivisibles» para calcular la cuadratura de las superficies y el volumen de los sólidos. Demostró la regla de composición de fuerzas y describió la balanza que lleva su nombre.

Sierpinski, Waclaw

(Varsovia, 1882- id., 1969) Matemático polaco. Miembro fundador de la escuela matemática polaca moderna, contribuyó al progreso de la teoría de conjuntos y de la topología y favoreció la consolidación de los fundamentos lógicos de las matemáticas. Llevó a cabo importantes investigaciones sobre teoría de números.

Simpson, Thomas

(Market Bosworth, 1710- id., 1761) Matemático británico autor de numerosos estudios de análisis matemático. Siendo hijo de un tejedor, recibió poca educación formal y su primera ocupación fue la de tejedor pero a los quince años se le dio la ocupación de maestro en Nuneaton, Warwickshire, donde permaneció hasta 1733.

Desde 1736 vivió en Londres con su familia destacándose como el más distinguido de un grupo de profesores itinerantes que por esa época, impartían en los cafés de Londres, esto puede parecer extraño pero en realidad en aquel momento a los cafés se les solía llamar Universidades Penny a causa de la educación barata que ofrecían, se cobraba una mínima tasa de admisión y a continuación, mientras bebían café, los clientes podían escuchar conferencias.

Se le recuerda por su trabajo en interpolación y métodos numéricos de integración, sin embargo, el método numérico conocido hoy como *regla de Simpson*, aunque sí aparece en su obra, es en realidad debido a Newton como lo reconoció él mismo Simpson. A modo de compensación, sin embargo, el *método de Newton - Raphson* para resolver la ecuación $f(x) = 0$, en su forma actual, es debido a Simpson, Newton describió un proceso algebraico para la solución de ecuaciones polinómicas que Raphson más tarde mejoró pero, el método de aproximación de las raíces, no recurre al cálculo diferencial. La moderna forma iterativa $x_{n+1} = x_n - [f(x_n)/f'(x_n)]$ se debe a Simpson, que lo publicó en 1740.

En 1743 Simpson fue nombrado profesor de matemáticas en la Real Academia Militar de Woolwich y dos años después fue elegido miembro de la Royal Society, también fue elegido miembro de la Real Academia Sueca de Ciencias en 1758.

Taylor, Brook

(Edmonton, Inglaterra, 1685-Londres, 1731) Matemático inglés. Discípulo de Newton, continuó su obra en el campo del análisis matemático. En 1715 publicó *el Methodus incrementorum directa et inversa*, donde examinó los cambios de variable, las diferencias finitas (las cuales definió como incrementos), y presentó el desarrollo en serie de una función de una variable. Tales estudios no se hicieron famosos enseguida, sino que permanecieron prácticamente desconocidos hasta 1772, cuando el matemático francés Joseph-Louis de Lagrange subrayó su importancia para el desarrollo del cálculo diferencial. Publicó también varios trabajos sobre perspectiva, dando el primer tratamiento general de los puntos de fuga, sobre los fenómenos de capilaridad, sobre los problemas de las cuerdas vibrantes y sobre los centros de oscilación, a los que ya en 1708 había dado una solución.

Para estos resúmenes biográficos, se ha consultado las páginas

Biografiasyvidas: http://www.biografiasyvidas.com

Wikipedia: http://www.wikipedia.org/

A.3 BIBLIOGRAFÍA

Para ampliar los temas tratados, de nivel elemental con abundantes ejemplos resueltos y problemas propuestos.

—Demidovich, B. y otros autores. *Problemas y ejercicios del análisis matemático.* Ed. MIR. Moscú, 1988.

—Leithold, Louis . *El cálculo (7ª ed.).* Ed. Oxford University Press. México, 2005.

— Piskunov, Nicolai. *Cálculo diferencial e integral.* Ed. Montaner y Simón. Barcelona, 1987.

—Sadosky, M. y Guber, R. CH. de. *Elementos de cálculo diferencial e integral.* Ed. Alsina. Buenos Aires, 2004.

— Stewart, James. *Cálculo, Trascendentes tempranas (4ª ed.).* Ed. Thompson. México, 2004.

— Thomas Jr., George B. *Cálculo, una variable (11ª ed.).* Ed. Pearson/Addison Wesley. México, 2006.

Para una lectura avanzada

— Apostol, Tom M. *Análisis matemático (2ª ed.).* Ed. Reverté. Barcelona, 1986.

— Bartle, Robert G. y Sherbert, Donald R. *Introducción al análisis matemático de una variable (2ª ed.).* Ed. Limusa. México, 1996.

— Rey Pastor, J; Py Calleja, P; Trejo C. A. *Análisis matemático (8ª ed.).* Ed. Kapeluz. Buenos Aires, 1969.

— Spivak, Michael. *Cálculo infinitesimal (2ª ed.).* Ed. Reverté. México, 1999.

Para aspectos históricos del desarrollo de los temas tratados y de las matemáticas en general.

—Bell, E. T. *Historia de las matemáticas.* Ed. Fondo Educativo. México, 1995.

—Cantoral Urquiza, Ricardo y Farfán Márquez, Rosa Mª. *Desarrollo conceptual de cálculo.* Ed. Thomson. México, 2004.

—Odifreddi, Piergiorgio. *La matemática del siglo XX; de los conjuntos a la complejidad*. Katz editores. Buenos Aires, 2006.

—Stewart, Ian. *Historia de las matemáticas, en los últimos 10.000 años*. Ed. Crítica. Barcelona, 2008.

Índice Alfabético

A

Área de una superficie de revolución 268

Área en coordenadas polares, 260

Arquímedes, 321

Asíntotas, 85

Asíntotas oblicuas, 165

B

Barrow, Isaac, 321

  -Regla de Barrow, 182

Bernoulli, la familia, 322

C

Cálculo fraccional, 300

Cálculo fraccionario, 296

Cantor, Georg Ferdinand, 322

Cavalieri, Bonaventura Francesco, 323

Centro de gravedad, 270

Circunferencia trigonométrica, 315

Concavidad, 161

Conjuntos, 19, 28

  -Conjunto finito, 28

  -Conjunto vacio, 28

  -Conjuntos iguales, 28

  -Conjuntos no acotados, 21

  -Conjuntos numerables, 53

  -Cota inferior de un conjunto, 20

  -Cota superior de un conjunto, 19

  -Recubrimiento de un conjunto, 32

Continuidad, 89

Continuidad uniforme, 102

Criterio de la raíz, 226

Criterio de Leibniz, 229

Criterio del cociente, 224

Cusano, o Nicolás de Cusa, 323

Curva suave, 114

D

D'Alembert, Jean le Rond, 323

Darboux, Gastón, 324

Derivada, 109

  - Derivada de orden no entero, 300

  - Derivada de orden superior, 113

  - Derivada del área, 181

  - Derivada fraccional, 301

  - Derivada

  - Derivadas laterales, 129

  -Interpretación física de la derivada, 134

  -Interpretación geométrica de la derivada, 126

  -Reglas de derivación, 136

  -Tabla de derivadas, 136

Diferencial, 131

  -Diferenciabilidad, 134

-Interpretación geométrica de la diferencial, 132

E

Entorno reducido, 26
Euler, Leonhard, 324
Exponencial integral, 313
Extremo inferior, 137
Extremo local, 139

F

Fermat, Pierre de, 324
Fibonacci, Leonardo, 325
Formas indeterminadas, 156
Fórmula de los trapecios, 284
Fórmula de Taylor, 305, 307
Fourier, Jean-Baptiste-Joseph, 325
Función, 35, 37, 49
  -Clasificación de funciones, 49
  -Composición de funciones, 47
  -Estudio completo de funciones, 167
  -Estudio de funciones, 161
  -Función de Dirichlet, 41
  -Función escalonada, 247
  -Función Gamma, 295
  -Función monótona, 105
  -Funciones biyectivas, 50
  -Funciones crecientes, 104
  -Funciones inyectivas, 50
  -Funciones suryectivas, 49

-Funciones trigonométricas, 315
  -Grafico de la función, 40
  -Límite de la función, 208

H

Hooke, Robert, 325

I

Ínfimo, 20
Infinitesimal, 132, 133
Integración, 178
  -Aplicaciones de la integral definida, 264
  -Sustitución y cambio de límites, 259
  -Integración con el empleo de series, 313
  -Integración de funciones racionales, 191
  -Integración numérica y gráfica, 202
  -Integración por partes, 187
  -Integral de Liouville, 300
  -Integral de Riemann, 240, 243
  -Integral definida, 182
  -Integral fraccionaria, 300
  -Integral impropia de Riemann, 288
  -Integral inferior, 240
  -Integral superior, 240
  -Integrales inferior y superior, 243
  -Integrales iteradas, 298
  -Integrales trigonométricas, 189

-Métodos de integración, 283

-Métodos gráficos de integración, 283

-Propiedades de la integral definida, 250

-Regla de la cadena, 178

-Tabla de integrales directas, 179

Intervalos, 18

-Intervalo de convergencia, 234

-Intervalos anidados, 31

K

Koch, Niels Fabian Helge de, 326

-Copo de nieve de Koch, 222

L

L'Hôpital, Guillaume de, 327

Lagrange, Joseph-Louis de, 326

Leibniz, Gottfried Wilhelm, 326

Lejeune Dirichlet, Peter Gustav, 327

Ley de Hooke, 307

Límites, 75

-Comparación de límites, 228

-Existencia del límite, 75

-Límite de una función, 58

-Límite de una variable, 58

-Límite derecho, 74

-Límite infinito en infinito, 83

-Límite izquierdo, 73

Liouville, Joseph, 327

M

Máximo y mínimo, 21

Mc Laurin, Colin, 327

Método de las parábolas de Simpson, 284

Método de los rectángulos, 283

Módulo, 24

-Propiedades del módulo, 24

Momento de inercia, 274

N

Newton Isaac, 328

Números reales, 15, 17

-Módulo de un número real, 24

-Continuidad de los números reales, 21

-Sistema ampliado de los números reales, 22

O

Orden, 17

-Relación de orden, 17

P

Partición, 241

-Norma de la partición, 241

-Refinamiento de la partición, 242

Polinomio de Taylor, 305

Potencias, 327

-Derivación e integración de las series de potencias, 237

Primitivas, 175

Propiedad arquimediana, 30

Punto de acumulación, 26

Punto de inflexión, 164

Punto exterior, 26

Punto frontera, 26

Punto interior, 26

R

Radio de convergencia, 234

Raíces, 42

Recta real, 17

Recta tangente, 125

Regla de Bernoulli-L'Hôpital, 156

Regla de Barrow, 255

Relación, 35

Representación geométrica, 17

Roberval, Gilles Persone de, 329

S

Seno integral, 313

Series, 205

-Comparacion de series, 228

-Reordenamiento de una serie, 230

-Serie de Taylor, 303

-Series alternadas, 229

-Series de funciones, 233

-Series de potencias, 233

-Series numéricas, 217

-Series p, 227

Sierpinski, Waclaw, 329

-Alfombra de Sierpinski, 222

Simpson, Thomas, 329

Sólido de revolución, 264

-Volumen de un sólido de revolución, 264

Subconjunto, 28

Sucesiones, 205

-Límite de una sucesión, 207

-Subsucesiones, 213

-Subsucesión monótona, 214

-Sucesión de Cauchy, 215

-Sucesiones acotadas y monótonas, 212

-Términos de una sucesión, 205

Suma inferior, 242

Suma superior, 242

Superficie de revolución, 270

Supremo, 20

T

Taylor, Brook, 330

Teorema, 29

-Primer teorema fundamental del cálculo, 255

-Segundo teorema fundamental del cálculo, 255

-Teorema de Bolzano, 99

-Teorema de Bolzano-Weierstrass, 29

-Teorema de Darboux, 153

-Teorema de densidad, 30

-Teorema de Heine-Borel, 32

-Teorema de Rolle, 140

-Teorema del valor intermedio, 101

-Teorema del valor medio
generalizado, 152

-Teorema del valor medio, 142

-Teorema del valor medio del
cálculo integral, 254

-Teorema de convergencia
monótona, 212

Toroide, 267

Trabajo mecánico, 276

Trigonometría, 315

V

Valor medio, 144

-Consecuencias del teorema del
valor medio, 144

Valor principal de Cauchy, 289

Variables, 36

W

Weierstrass, 97

-Primer teorema de Weierstrass, 97

-Segundo teorema de Weierstrass,
98

La presente edición de *Introducción al Análisis Matemático* se
terminó de imprimir en el mes
de Marzo de 2020 en Universitas.
Pje. España 1467. Córdoba. Te: -351-4680913.
MAIL: editorialuniversitas@yahoo.com.ar

Impreso en Argentina

UNIVERSITAS
Editorial
Científica
Universitaria
CÓRDOBA

www.ingramcontent.com/pod-product-compliance
Lightning Source LLC
Chambersburg PA
CBHW080713120726
48001CB00010B/2993